Ponn / Hutterer / Braun / Birkhofer / Ehrlenspiel
Methoden der integrierten Produktentwicklung

Bleiben Sie auf dem Laufenden!
Hanser Newsletter informieren Sie regelmäßig über neue Bücher und Termine aus den verschiedenen Bereichen der Technik. Profitieren Sie auch von Gewinnspielen und exklusiven Leseproben. Gleich anmelden unter
www.hanser-fachbuch.de/newsletter

Josef Ponn
Philipp Hutterer
Thomas Braun
Herbert Birkhofer
Klaus Ehrlenspiel

Methoden der integrierten Produktentwicklung

Leitfaden für die Praxis

Über die Autoren:
Dr.-Ing. Josef Ponn, München
Dr.-Ing. Philipp Hutterer, München
Dr.-Ing. Thomas Braun, Wang
Prof. Herbert Birkhofer, Darmstadt
Prof. Klaus Ehrlenspiel, Tutzing

Print-ISBN: 978-3-446-47412-3
E-Book-ISBN: 978-3-446-48073-5
EPUB-ISBN: 978-3-446-48332-3

Alle in diesem Werk enthaltenen Informationen, Verfahren und Darstellungen wurden zum Zeitpunkt der Veröffentlichung nach bestem Wissen zusammengestellt. Dennoch sind Fehler nicht ganz auszuschließen. Aus diesem Grund sind die im vorliegenden Werk enthaltenen Informationen für Autor:innen, Herausgeber:innen und Verlag mit keiner Verpflichtung oder Garantie irgendeiner Art verbunden. Autor:innen, Herausgeber:innen und Verlag übernehmen infolgedessen keine Verantwortung und werden keine daraus folgende oder sonstige Haftung übernehmen, die auf irgendeine Weise aus der Benutzung dieser Informationen – oder Teilen davon – entsteht. Ebenso wenig übernehmen Autor:innen, Herausgeber:innen und Verlag die Gewähr dafür, dass die beschriebenen Verfahren usw. frei von Schutzrechten Dritter sind. Die Wiedergabe von Gebrauchsnamen, Handelsnamen, Warenbezeichnungen usw. in diesem Werk berechtigt also auch ohne besondere Kennzeichnung nicht zu der Annahme, dass solche Namen im Sinne der Warenzeichen- und Markenschutz-Gesetzgebung als frei zu betrachten wären und daher von jedermann benützt werden dürften.

Die endgültige Entscheidung über die Eignung der Informationen für die vorgesehene Verwendung in einer bestimmten Anwendung liegt in der alleinigen Verantwortung des Nutzers.

Bibliografische Information der Deutschen Nationalbibliothek:
Die Deutsche Nationalbibliothek verzeichnet diese Publikation in der Deutschen Nationalbibliografie; detaillierte bibliografische Daten sind im Internet unter http://dnb.d-nb.de abrufbar.

Dieses Werk ist urheberrechtlich geschützt.
Alle Rechte, auch die der Übersetzung, des Nachdruckes und der Vervielfältigung des Werkes, oder Teilen daraus, vorbehalten. Kein Teil des Werkes darf ohne schriftliche Einwilligung des Verlages in irgendeiner Form (Fotokopie, Mikrofilm oder einem anderen Verfahren), auch nicht für Zwecke der Unterrichtsgestaltung – mit Ausnahme der in den §§ 53, 54 UrhG genannten Sonderfälle –, reproduziert oder unter Verwendung elektronischer Systeme verarbeitet, vervielfältigt oder verbreitet werden.
Wir behalten uns auch eine Nutzung des Werks für Zwecke des Text- und Data Mining nach § 44b UrhG ausdrücklich vor.

© 2024 Carl Hanser Verlag GmbH & Co. KG, München
www.hanser-fachbuch.de
Lektorat: Julia Stepp
Herstellung: Eberl & Koesel Studio, Kempten
Coverkonzept: Marc Müller-Bremer, *www.rebranding.de*, München
Covergestaltung: Max Kostopoulos
Titelmotiv: © Max Kostopoulos
Satz: le-tex publishing services GmbH, Leipzig
Druck: CPI Books GmbH, Leck
Printed in Germany

Inhalt

Vorwort XIII

Über die Autoren XVII

1 Einführung 1
1.1 Worum geht es in diesem Buch? 1
    1.1.1 Kerninhalt des Buches: Praktische Methoden für die erfolgreiche Produktentwicklung 2
    1.1.2 Warum haben wir uns für die ausgewählten Methoden entschieden? 4
1.2 Wie vermitteln wir Methoden? 6
    1.2.1 Was bringt Methodik? Erfolgreiche Produkte! 6
    1.2.2 Aufbau der Kapitel dieses Buches 9
    1.2.3 Der Methodensteckbrief 10
1.3 Wie können Sie mit diesem Buch arbeiten? 11
    1.3.1 Reflektieren Sie Ihre eigene Methodik! 12
    1.3.2 Probieren Sie es einfach einmal aus! 12
1.4 Fazit 13

2 Leitgedanken für erfolgreiches Entwickeln und Konstruieren 15
2.1 Ein kurzer Ausflug in das Denken von Entwicklern und Konstrukteuren .. 16
    2.1.1 Das unbewusste, intuitive Denken 16
    2.1.2 Das bewusste Denken nach einem planmäßigen Vorgehen 18
    2.1.3 Denken vs. Methodik 19
    2.1.4 Der Trick: Externe Methoden als eigene Vorgehensmuster verinnerlichen 20

2.2		Methoden basieren auf Modellen.................................	21
2.3		Die drei Produktmodelle der Entwicklungs- und Konstruktionsmethodik	22
	2.3.1	Das Produktmodell „Gestalt": Wie sieht das Produkt aus und woraus besteht es?.....................................	23
	2.3.2	Das Produktmodell „Prinzip": Wie arbeitet das Produkt? Wie funktioniert es?..	24
	2.3.3	Das Produktmodell „Funktion": Was tut das Produkt?.........	26
2.4		Das Kegelmodell zur Darstellung des Lösungsraumes..............	27
	2.4.1	Die Entwicklungsebenen im Kegelmodell......................	27
	2.4.2	Die Elemente innerhalb der Entwicklungsebenen..............	28
	2.4.3	Das ganze Kegelmodell.......................................	29
2.5		Vorgehen identifizieren und darstellen im Kegelmodell............	30
	2.5.1	Elementare Vorgehensweisen................................	30
	2.5.2	Der Entwicklungszyklus......................................	33
2.6		Das Vorgehen übersichtlich und nachvollziehbar darstellen........	37
	2.6.1	Vorgehen darstellen im Kegelmodell und der Methodenkarte.....	37
	2.6.2	Methodenablauf darstellen im Methodennavigator.............	38
2.7		Die Entwicklungs- und Konstruktionsstrategien....................	39
3		**Ideen für neue Produkte finden**............................	**41**
3.1		Ziel des Kapitels...	41
3.2		Motivationsbeispiel: Neue Produkte für die Bahn...................	42
3.3		Methoden: Ideen für neue Produkte finden........................	44
	3.3.1	Ideenraum öffnen mit einer Suchfeldanalyse...................	44
	3.3.2	Situation oder Problem analysieren mit einem Ursache-Wirkungs-Diagramm......................	47
	3.3.3	Neue Ideen finden und mit dem Ideenblatt dokumentieren.......	50
	3.3.4	Ideen bewerten und auswählen mit einem Portfolio.............	54
3.4		Methodensteckbrief: Ideen für neue Produkte finden...............	58
3.5		Fazit..	59
4		**Anforderungen klären**......................................	**61**
4.1		Ziel des Kapitels...	61
4.2		Motivationsbeispiel: Anforderungen an einen Werkzeugkoffer.........	62
4.3		Bedeutung der Anforderungsklärung...............................	65

4.4	Methoden: Anforderungen klären	68
	4.4.1 Schritt 1: Anforderungen erheben	69
	4.4.2 Schritt 2: Anforderungen dokumentieren	71
	4.4.3 Schritt 3: Anforderungen analysieren	74
4.5	Anwendungsbeispiel: Anforderungsklärung für einen Akkuschrauber	77
	4.5.1 Schritt 1: Anforderungen erheben	78
	4.5.2 Schritt 2: Anforderungen dokumentieren	81
	4.5.3 Schritt 3: Anforderungen analysieren	81
	4.5.4 Fazit aus dem Beispiel	83
4.6	Methodensteckbrief: Anforderungen klären	84
4.7	Fazit und Ausblick	85

5 Lösungen entwickeln durch Funktionssynthese — 87

5.1	Ziel des Kapitels	87
5.2	Motivationsbeispiel: Tischkreissäge	87
5.3	Was muss ich bei einer Funktionsbetrachtung beachten?	90
	5.3.1 Welche Idee steckt hinter der Funktionsbeschreibung?	90
	5.3.2 Wie beschreibe ich Funktionen?	91
5.4	Methode: Funktionssynthese	93
5.5	Anwendungsbeispiel: Ansetzmaschine	98
	5.5.1 Worum geht es bei diesem Beispiel?	98
	5.5.2 Was waren die Herausforderungen bei der Entwicklung des Ansetzmaschinenantriebs?	99
	5.5.3 Systematische Entwicklung des Antriebs der neuen Universalmaschine mittels Funktionsbetrachtungen	101
	5.5.4 Fazit	112
5.6	Methodensteckbrief: Funktionssynthese	113

6 Vorhandene Lösungen verbessern durch Variation des Prinzips — 115

6.1	Ziel des Kapitels	115
6.2	Motivationsbeispiel: Sitze im Cockpit einer Segeljolle	115
6.3	Was müssen Sie beachten, wenn Sie die Methode „Variation des Prinzips" anwenden wollen?	117
	6.3.1 Wann können Sie die Methode anwenden?	118
	6.3.2 Warum lohnt es sich, mit „Prinzipen" zu arbeiten?	118
	6.3.3 Warum sollten Sie die Prinzipe „variieren"?	119

6.4	Merkmale von Prinzipen – das Herz der Variationsmethode	120
6.5	Methode: Variation des Prinzips	126
	6.5.1 Was brauchen Sie zu Beginn, bevor Sie mit dem Variieren beginnen?	126
	6.5.2 Wie gehen Sie beim Variieren vor?	126
	6.5.3 Was kommt beim Variieren eines Prinzips heraus?	131
	6.5.4 Erkenntnisse für das Variieren des Prinzips	131
6.6	Anwendungsbeispiel: Der XYZ-Versteller	131
	6.6.1 Die Entwicklungsaufgabe	131
	6.6.2 Die Bezugslösung	132
	6.6.3 Die Anforderungsliste	133
	6.6.4 Das Vorgehen beim Entwickeln der neuen Lösung	134
	6.6.5 Die endgültige Lösung	137
	6.6.6 Fazit	139
6.7	Methodensteckbrief: Variation des Prinzips	140

7 Vorhandene Lösungen verbessern durch Variation der Gestalt 143

7.1	Ziel des Kapitels	143
7.2	Was heißt eigentlich Gestalten?	144
7.3	Motivationsbeispiel: Der etwas andere Klemmring – eine Anordnungsvariation	145
7.4	Methode: Gestalt bewusst variieren mit Gestaltmerkmalen	148
	7.4.1 Wichtige Merkmale beim Variieren der Gestalt	148
	7.4.2 Beispiele für Merkmale in Bild 7.6 beim Variieren der Gestalt	150
	7.4.3 Wichtige Merkmale beim Variieren der Bauweise	154
	7.4.4 Beispiele für die Anwendung der Merkmale beim Variieren der Bauweise	156
7.5	Anwendungsbeispiel: Variation bei einer Wellenkupplung	160
7.6	Weitere Gestaltvariationen im Bereich Fertigung und Montage	166
7.7	Methodensteckbrief: Variation der Gestalt	167
7.8	Fazit	168
	7.8.1 Was haben Sie in diesem Kapitel erfahren?	168
	7.8.2 Welche Gestaltmerkmale sind gezeigt worden?	168
	7.8.3 Wie wählt man aus der Variationsvielfalt aus?	169

8 Neue Lösungen finden mit Lösungssammlungen ... 171

- 8.1 Ziel des Kapitels ... 171
- 8.2 Motivationsbeispiel: Korkenzieher mit Impulsantrieb ... 171
  - 8.2.1 Die Aufgabenstellung: Entwicklung eines innovativen Korkenziehers ... 171
  - 8.2.2 Die Ausgangssituation: Konventioneller Korkenzieher ... 172
  - 8.2.3 Die neue Lösung: Korkenzieher mit Impulsantrieb ... 173
  - 8.2.4 Wie kam der Konstrukteur auf die neue Lösung? ... 173
- 8.3 Nicht verwechseln: Produktkataloge vs. Lösungssammlungen ... 174
- 8.4 Die pfiffige Idee hinter den Lösungssammlungen ... 175
- 8.5 Wozu sind Lösungssammlungen gut? ... 176
- 8.6 Methode: Neue Lösungen finden mit Lösungssammlungen ... 177
  - 8.6.1 Bei welchen Fragestellungen kann die Methode helfen? ... 177
  - 8.6.2 Ausgangssituation: Was brauchen Sie, um die Methode anwenden zu können? ... 178
  - 8.6.3 Wie wende ich die Methode an? ... 178
  - 8.6.4 Was erhalten Sie aus einer Recherche in Lösungssammlungen? ... 181
- 8.7 Und wenn es keine Lösungssammlungen gibt? Wie helfen Sie sich selbst? ... 182
- 8.8 Die Gretchenfrage: Wo finden Sie Lösungssammlungen? ... 183
- 8.9 Anwendungsbeispiel: Tragarm für OP-Leuchten ... 186
  - 8.9.1 Ausgangssituation ... 186
  - 8.9.2 Die Entwicklung des neuen Gelenks ... 188
  - 8.9.3 Die neue Lösung – das Glockenkurvengelenk ... 191
  - 8.9.4 Fazit ... 193
- 8.10 Methodensteckbrief: Lösungssammlungen ... 194

9 Konzepte entwickeln mit dem Morphologischen Kasten ... 197

- 9.1 Ziel des Kapitels ... 197
- 9.2 Motivationsbeispiel: Entwicklung eines innovativen Nussknackers ... 198
- 9.3 Herausforderungen bei der Entwicklung von Konzepten ... 200
- 9.4 Methode: Morphologischer Kasten ... 202
  - 9.4.1 Grundsätzliches zur Methode ... 202
  - 9.4.2 Vorgehen bei der Anwendung ... 203
  - 9.4.3 Tipps für die praktische Anwendung ... 209
- 9.5 Anwendungsbeispiel: Konzeptentwicklung für einen elektrischen Trennschleifer ... 210

9.6	Methodensteckbrief: Morphologischer Kasten	216
9.7	Fazit und Ausblick	217

10 Eigenschaften von Lösungen ermitteln mit Orientierenden Versuchen ... 221

10.1	Ziel des Kapitels	221
10.2	Motivationsbeispiel: Entwicklung einer Wellenkupplung	221
10.3	Ziel der methodischen Vorgehensweise	223
10.4	Methode: Orientierender Versuch	224
10.5	Anwendungsbeispiel: Kite Spreaderbar – ein Gurt für den Wassersport	229
10.6	Methodensteckbrief: Orientierender Versuch	235
10.7	Vorteile und Grenzen der Methode	236

11 Lösungen bewerten und auswählen mittels Konzeptvergleich 239

11.1	Ziel des Kapitels	239
11.2	Motivationsbeispiel: Vergleich von handelsüblichen Saftpressen	239
11.3	Ziel der methodischen Vorgehensweise	242
11.4	Methode: Konzeptvergleich	243
11.5	Anwendungsbeispiel: Hinterradführung eines Motorrades	247
11.6	Methodensteckbrief: Konzeptvergleich	253
11.7	Vorteile und Grenzen der Methode	254

12 Technische Risiken bewerten mit FMEA light ... 257

12.1	Ziel des Kapitels	257
12.2	Motivationsbeispiel: Neue Saftpresse mit leistungsstärkerem Motor	258
12.3	Bedeutung der Absicherung der technischen Entwicklungsziele	260
	12.3.1 Definition und Arten von Risiken	260
	12.3.2 Maßnahmen zur Bewertung technischer Risiken	261
12.4	Methode: FMEA	263
	12.4.1 Arten und Anwendungsbereiche	263
	12.4.2 Vorgehen bei der FMEA light	264
	12.4.3 Tipps zur Anwendung der FMEA light in der Praxis	272
12.5	Anwendungsbeispiel: FMEA light für ein Applikationssystem für chemische Dübel	273
12.6	Methodensteckbrief: FMEA light	279
12.7	Fazit und Ausblick	280

13 Kostengünstig konstruieren 283
- 13.1 Zielsetzung: Umdenken 283
- 13.2 Motivationsbeispiel: Schweißen statt Gießen 283
- 13.3 Wie entstehen Kosten? Wer ist verantwortlich? 284
- 13.4 Methode: Regeln und Tricks für das kostengünstige Konstruieren 286
  - 13.4.1 Ein Überblick der Regeln 287
  - 13.4.2 Wie verändern sich die Herstellungskosten mit der Baugröße? 287
  - 13.4.3 Wie verändern sich die Herstellungskosten mit der Losgröße bzw. Stückzahl? 289
- 13.5 Lebenslaufkosten 291
- 13.6 Wann wird das Konstruieren selbst zu teuer? 292
- 13.7 Anwendungsbeispiel: Betonmischer 294
- 13.8 Die Kosten des Kunden senken 302
- 13.9 Methodensteckbrief: Kostengünstig Konstruieren 304
- 13.10 Fazit zum Kostensenken 305

14 Einsichten und Aussichten 309
- 14.1 Natürliches Denken und Methodik 309
- 14.2 Nützliche Strategien für die Entwicklungsarbeit 312
  - 14.2.1 Strategie #1: Kritisches Hinterfragen von Anforderungen 313
  - 14.2.2 Strategie #2: Denken in Alternativen 314
  - 14.2.3 Strategie #3: Frühes und regelmäßiges Prototyping 314
  - 14.2.4 Strategie #4: Abstraktion und konzeptionelles Denken 315
  - 14.2.5 Strategie #5: Zerlegung des Problems 316
  - 14.2.6 Strategie #6: Bildhaftes Denken 317
  - 14.2.7 Strategie #7: Kommunizieren mit Bildern 318
  - 14.2.8 Strategie #8: Bewusster Wechsel der Perspektive 319
  - 14.2.9 Strategie #9: Kombination aus Erfahrung und Methodik 321
- 14.3 Das Beste aus beiden Welten – natürliches Denken *und* Methodik 322

Index 325

Vorwort

Liebe Produktentwicklerinnen und Produktentwickler,

bereitet es Ihnen auch so große Freude, ein Produkt zu gestalten? Sicherlich kennen Sie den Eifer, der einen erfasst, wenn man sich an die Arbeit begibt, um die optimale Lösung für eine neue Produktidee zu finden. Zweifellos nutzen auch Sie zahlreiche Möglichkeiten, um dieses Ziel effizient zu erreichen.

Wir haben dieses Buch geschrieben, weil wir selbst vielfach die Erfahrung gemacht haben, dass es zwar hilfreiche Methoden für die Entwicklung der besten Lösung gibt, diese aber in der Konstruktionspraxis wenig angewendet werden. Zumindest sind die Regale von Hochschulen, die diesen Methodenfundus oft erarbeiten, unserer Erfahrung nach gefüllter als jene des Entwicklungsarbeitsplatzes in der Praxis. Das soll keineswegs eine Kritik an der Praxis sein. Vielmehr sehen wir großes Potenzial darin, die Welt der Entwicklungs- und Konstruktionsmethoden mit diesem Buch noch zugänglicher und anwendungsfreundlicher zu gestalten.

Wir wollen beschreiben, wie man methodisch zu guten Produkten kommt. Besonders verständlich soll die Vorgehensweise insbesondere für diejenigen sein, die sich ohne großes Methodenstudium ans Werk machen wollen. Die zahlreichen Beispiele aus der Praxis sind uns besonders wichtig. Sie belegen, dass methodisches Arbeiten im täglichen Einsatz sehr erfolgreich ist.

Alle Autoren in unserem Team bringen eine große Begeisterung für Methoden in der Konstruktion und Entwicklung mit. Unser Fundament ist die „integrierte Produktentwicklung": Neben der empirischen Konstruktionslehre und der integrierenden Denkweise steht die Methodenanwendung im Fokus. Das Bestreben, genau diese Anwendung von Methoden in der Praxis zu fördern und möglichst einfach und gleichzeitig effektiv zu gestalten, hat uns bestärkt, dieses Buch zu schreiben.

Wir haben alle erlebt, dass es nicht immer zielführend ist, einfach „aus dem Bauch heraus" zu entwickeln und zu konstruieren. Immer wieder kommt es vor, dass man dabei „vor eine Wand fährt", nicht recht weiterweiß oder am Ende unzufrieden mit dem Resultat der eigenen Arbeit ist. Genau in diesen Fällen hilft oft ein Tipp, ein Vorschlag zum Vorgehen, ein Denkanstoß oder eben eine Methode.

Sehen Sie selbst, was wir Ihnen in diesem Buch vorschlagen. Schnuppern Sie in die Kapitel, probieren Sie aus, was Sie spontan anspricht, oder verschlingen Sie das Buch von vorn bis hinten. Wir wollen Ihnen dabei behilflich sein, im entscheidenden Moment auf „Methodenbetrieb" umzuschalten und damit Ihr Wissen und Ihre Erfahrung sinnvoll und zielgerichtet zu ergänzen.

Damit dieses Buch trotz unserer unterschiedlichen Erfahrungen ein gemeinsames Werk werden konnte, haben wir uns in den zwei Jahren der Erstellung laufend abgestimmt, gegenseitig hinterfragt und korrigiert. So konnte aus den vielen Einzelerfahrungen Schritt für Schritt ein gemeinsames Verständnis über die Methodik und ihren nutzenstiftenden Praxiseinsatz reifen. Je intensiver wir in die Zusammenarbeit eintauchten, desto klarer wurde unser gemeinsames Bild und desto motivierter gingen wir zur Sache. Am Schluss war klar: Im Verständnis, wie Methoden in der Praxis erfolgreich angewendet werden, sind wir zu einem Team zusammengewachsen.

Das Schreiben eines Buches ist, ähnlich wie das Konstruieren, ein Prozess des ständigen Lernens. Lassen Sie sich von unserem Enthusiasmus gerne anstecken – und falls Unklarheiten bestehen oder Sie einen Vorschlag zur Verbesserung haben, freuen wir uns sehr, wenn Sie uns kontaktieren. Wir werden uns bemühen, die von Ihnen angesprochenen Punkte in der nächsten Auflage zu verbessern.

Danksagungen

Unser Dank gilt allen Personen und Institutionen, die unsere Arbeit unterstützt haben. Wir danken insbesondere

- Frau **Julia Stepp**, Lektorat Technik, Carl Hanser Verlag GmbH & Co. KG, für die hilfreiche und wohlwollende Unterstützung,
- Herrn **Christopher Schellhase** für die professionelle Erstellung der Zeichnungen in Kapitel 5, Kapitel 7 und Kapitel 8,
- Herrn **Prof. Dr.-Ing. Eckhard Kirchner** für die Unterstützung bei den Zeichenarbeiten in Kapitel 5 und Kapitel 6,
- Herrn **Prof. Dr.-Ing. Joachim Günther** für die vielen gemeinsamen Diskussionen, die uns wertvollen Input für eine praxisgerechte Methodenvermittlung gebracht haben, und
- der **REDPOINT.TESEON GmbH** für die Bereitstellung der digitalen Infrastruktur, die ein effizientes Projekt- und Dokumentenmanagement gewährleistete, sowie für die Gastfreundschaft, die es uns erlaubte, in ihren Räumen zahlreiche Workshops und kreative Arbeitstreffen durchzuführen

Ganz besonders bedanken wir uns bei Frau **Veronika Öttl** für ihre außerordentlich engagierte Unterstützung bei den vielfältigen Aufgaben im Buchprojekt. Ihr unermüdlicher Einsatz bei der Formatierung des Manuskripts, bei der Erstellung der Bilder und in der Korrespondenz mit dem Hanser Verlag war für das Buchteam von unschätzbarem Wert.

Wir bedanken uns auch ganz herzlich bei unseren Probelesern für ihre Durchsicht der Manuskripte und die vielen hilfreichen Kommentare:

- Herrn Dipl.-Ing. Herbert Gfreiner, KRAIBURG STRAIL GmbH & Co. KG
- Herrn Dipl.-Ing. Christian Glück, BMW AG
- Herrn Dr.-Ing. Dipl.-Ing. Design Matthias Götz, auswall GmbH & Co. KG
- Herrn Dipl.-Ing. (FH) Markus Hartmann, HILTI Entwicklungsgesellschaft mbH
- Herrn Dipl.-Ing. Hans-Peter Lederle, HILTI Entwicklungsgesellschaft mbH
- Herrn Dr.-Ing. Rene Bastian Lippert, HILTI Entwicklungsgesellschaft mbH
- Herrn Dipl.-Ing. Andreas Loebner, CH Bern

Wir bedanken uns außerdem für die freundliche Freigabe der entsprechenden Bilder bei folgenden Firmen:

- BMW AG
- Boards & More GmbH
- GETINGE Maquet GmbH
- HILTI AG
- Krinner GmbH
- Schaeffler Technologies
- KRAIBURG STRAIL GmbH & Co. KG
- MÄDLER GmbH
- Ondal Medical Systems GmbH
- Prym Fashion GmbH
- QFM Fernmelde- und Elektromontagen GmbH

Im Mai 2024
Josef Ponn
Philipp Hutterer
Thomas Braun
Herbert Birkhofer
Klaus Ehrlenspiel

Über die Autoren

Für das Buch *Methoden der integrierten Produktentwicklung* hat sich ein Team aus fünf Autoren zusammengefunden, das einen vielfältigen Erfahrungshintergrund aufweist und eine tiefe Expertise aus Industriepraxis und Wissenschaft vereint. Josef Ponn, Philipp Hutterer und Thomas Braun verfügen als Produktentwickler über langjährige Industrieerfahrung. Ihre Leidenschaft für methodisches Entwickeln bringen sie täglich in die Arbeit für ihre Unternehmen und Kunden ein. Die beiden Professoren Klaus Ehrlenspiel und Herbert Birkhofer waren vor ihrer Universitätslaufbahn über zehn Jahre in der Entwicklungs- und Konstruktionspraxis tätig. Während ihrer Professuren haben sie die Konstruktionslehre entscheidend geprägt und Standardwerke wie *Integrierte Produktentwicklung* (6. Auflage, ISBN 978-3-446-44089-0) geschaffen. Selbst als Emeriti haben sie ihre Passion für methodisches Arbeiten nicht verloren, was sich in der erfolgreichen Zusammenarbeit mit zahlreichen Unternehmen bei vielfältigen Entwicklungsprojekten widerspiegelt.

Bild 1 Die Autoren von links nach rechts: Herbert Birkhofer, Philipp Hutterer, Klaus Ehrlenspiel, Josef Ponn und Thomas Braun

Dr.-Ing. Josef Ponn studierte Maschinenbau an der Technischen Universität München und promovierte dort 2007 im Bereich der methodischen Produktentwicklung. Seitdem ist er bei der HILTI Entwicklungsgesellschaft mbH tätig. Als Methodeningenieur trug er durch den situativen und praxisorientierten Einsatz von Entwicklungsmethoden zum Erfolg zahlreicher Projekte bei. Als Projektleiter verantwortete er die Implementierung von modularen Antriebsplattformen in die Serienproduktion. Seine aktuelle Aufgabe liegt im Bereich Portfolio Cost Controlling für die Elektroantriebe bei HILTI. Zudem ist er seit mehreren Jahren als Dozent am Lehrstuhl für Produktentwicklung und Leichtbau der Technischen Universität München tätig.

Dr.-Ing. Philipp Hutterer studierte Maschinenbau an der Technischen Universität München und befasst sich seit über 20 Jahren mit der Frage „Wie entstehen gute Produkte?". Nach einer wissenschaftlichen Vertiefung der methodischen Produktentwicklung an der Technischen Universität München und Stanford University wandte er die Methoden als Management- und Prozessberater in der Mobilitäts-, Maschinen- und Anlagenbaubranche an. Inzwischen ist er Produktentwickler und Führungskraft der BMW AG. Außerdem ist er Gastdozent am Lehrstuhl für Produktentwicklung und Leichtbau der Technischen Universität München.

Dr.-Ing. Thomas Braun studierte Maschinenbau an der Technischen Universität München und promovierte dort 2005 im Bereich der strategischen Produkt- und Prozessplanung. 2006 gründete er die TESEON GmbH als Dienstleistungs- und Softwareanbieter für die Produktentwicklung. Mit der Software LOOMEO hat er das Komplexitätsmanagement erfolgreich in die industrielle Praxis überführt. Als Vorstand der REDPOINT.TESEON AG war er ab 2016 für den Beratungsschwerpunkt Produktentstehung und Innovation verantwortlich. Seit 2024 ist das Unternehmen Teil der Dataciders GmbH, ein im deutschsprachigen Raum führender Dienstleister mit Schwerpunkt Data & AI. Auch als Geschäftsführer der REDPOINT.TESEON GmbH ist seine Begeisterung für die methodische Produktentwicklung ungebrochen, mit einem besonderen Schwerpunkt auf Projekt- und Produktportfoliomanagement.

Prof. Herbert Birkhofer studierte Maschinenbau an der TH Darmstadt und promovierte 1980 an der TU Braunschweig im Bereich Konstruktionsmethodik. Er gründete 1979 ein Ingenieurbüro für Produktentwicklung und Methodikberatung, das er bis 1990 leitete. In diesem Jahr übernahm er in der Nachfolge von Prof. Gerhard Pahl das Fachgebiet Maschinenelemente und Konstruktionslehre (später Produktentwicklung und Maschinenelemente) an der TH Darmstadt, das er bis 2011 alleinverantwortlich leitete. Im Anschluss war er in der Weiterbildung in Industrie und Universitäten tätig.

Prof. Klaus Ehrlenspiel studierte Maschinenbau an der TH München und promovierte 1963 an der TH München im Bereich Maschinenelemente/Tribologie bei Prof. Gustav Niemann. Er war dann zehn Jahre Konstruktionsleiter und Technischer Leiter beim Mittelstandsunternehmen BHS Getriebetechnik in Sonthofen. Von dort wurde er zum Leiter des Lehrstuhls für Maschinenelemente an die TH Hannover berufen. Danach war er 19 Jahre (bis 1995) Leiter des Lehrstuhls für Konstruktion im Maschinenbau der Technischen Universität München. Seither verfolgte er die Weiterentwicklung der integrierten Produktentwicklung mit der Industrie.

1 Einführung

Wir freuen uns, Sie als Leser dieses Buches begrüßen zu dürfen und wünschen Ihnen viel Spaß bei der Lektüre. Ziel und Zweck dieses Kapitels ist es, Ihnen gleich zu Beginn Antworten auf drei wesentliche Fragen zu geben. Für den eiligen Leser liefern wir die Kurzfassung der Antworten gleich mit.

- **Worum geht es in diesem Buch?**

  Sie erleben die Anwendung praktischer Methoden für die Entwicklung erfolgreicher Produkte, die wir selbst vielfach eingesetzt haben.

- **Wie vermitteln wir Methoden?**

  Viele anschauliche Produkt- und Praxisbeispiele machen die Methodenanwendung greifbar. Durch eine klare Kapitelstruktur und eine einheitliche Methodenbeschreibung finden Sie sich schnell im Buch zurecht.

- **Wie können Sie mit diesem Buch arbeiten?**

  Sie können gezielt auf die für Sie relevanten Inhalte zugreifen und die hier vorgestellten Methoden nahtlos in Ihre eigene Arbeitsmethodik einbauen.

1.1 Worum geht es in diesem Buch?

Mit diesem Buch wollen wir Ihnen praktische Methoden an die Hand geben, um Sie bei der systematischen Entwicklung erfolgreicher Produkte zu unterstützen. Dies kann sowohl eine bahnbrechende neue Produktidee sein als auch die Weiterentwicklung einer bestehenden Idee. Erfolgreich ist das Produkt meist dann, wenn es die Kundinnen und Kunden überzeugt und bei dessen Benutzung begeistert.

Dass ein langjährig etabliertes Produkt deutlich besser gestaltet werden kann, zeigen wir Ihnen am Beispiel eines **Christbaumständers**. Bislang wurden die Bäume über ein Schraubprinzip von mehreren Seiten in einem Ständer fixiert (Bild 1.1 links). Nachteilig daran war allerdings, dass man alle drei Schrauben eindrehen und zugleich den Baum in senkrechter Position halten musste. Ein Christbaumständer mit der sogenannten Rundum-Einseil-Technik ist deutlich leichter zu bedienen, da lediglich mit einem Fußpedal alle fünf Fixierungen gleichzeitig mit gleichem Druck an den Baumstamm angelegt werden, während man beide Hände frei hat, um den Baum in seiner Position zu halten (Bild 1.1 rechts). Heute sind über 90 % aller im Markt angebotenen Christbaumständer mit dieser Seiltechnik ausgestattet.

Bild 1.1 Zwei Konzepte für Christbaumständer – welches davon ist das erfolgreichere? (Bild rechts: © Krinner GmbH)

1.1.1 Kerninhalt des Buches: Praktische Methoden für die erfolgreiche Produktentwicklung

Wir präsentieren Ihnen keine theoretische Abhandlung über Methoden, keine umfassende Methodensammlung, keinen großen Methodenbaukasten, bei dem Sie die Qual der Wahl haben, welche Methode Sie aus der Vielzahl an Möglichkeiten am besten auswählen. In Kapitel 3 bis Kapitel 13 beschreiben wir zentrale Aufgaben- und Problemstellungen im Entwicklungsprozess und stellen Ihnen praktische Arbeitsmethoden vor, um diese erfolgreich zu lösen.

 Wir fokussieren uns bewusst auf ausgewählte Methoden, die wir selbst vielfach angewandt und erfolgreich praktiziert haben.

Bild 1.2 gibt Ihnen einen Überblick über die Kapitel und die zugehörigen Methoden, die entlang des **Entwicklungszyklus** angeordnet sind, der uns in diesem Buch als

1.1 Worum geht es in diesem Buch?

Leitmodell dient. Der Zyklus enthält die vier Schritte „Ziele festlegen", „Lösungen erarbeiten", „Eigenschaften ermitteln" sowie „Status beurteilen". Die Details zum Entwicklungszyklus, der in der Mitte von Bild 1.2 als Kreis mit drei farbigen Sektoren dargestellt ist, erläutern wir in Kapitel 2. Dem Thema „Kostengünstig konstruieren" (Kapitel 13) kommt dabei ein besonderer Stellenwert zu, weil hier der komplette Durchlauf einer Entwicklung – mit Fokus auf die Optimierung der Produktkosten – beschrieben wird.

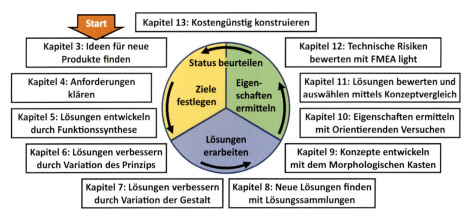

Bild 1.2 Übersicht über die Kapitel und die zugehörigen Methoden

Um Ihnen ein Gefühl dafür zu geben, mit welcher Art von **Methoden** Sie es zu tun haben, stellen wir vier konkrete Beispiele vor und gehen auch kurz auf die Wirkungsweise der Methoden ein (Bild 1.3):

- Der **Produktsteckbrief** enthält eine systematische Sammlung von Anforderungskategorien. Er wird bei der Klärung von Produktanforderungen eingesetzt (siehe Kapitel 4), die zum Schritt „Ziele festlegen" im Entwicklungszyklus gehören. Der Produktsteckbrief unterstützt mit seinem Checklistencharakter dabei, dass keine wichtigen Anforderungen vergessen werden.

- Mit der Methode **Systematische Variation** entwickeln Sie im Schritt „Lösungen erarbeiten" zielgerichtet alternative Lösungen für Ihr Problem (siehe Kapitel 6 zur Systematischen Variation des Prinzips und Kapitel 7 zur Systematischen Variation der Gestalt). Als Unterstützung dienen Ihnen dabei entsprechende Merkmalskataloge. Die Lösungen werden typischerweise in Form von Skizzen dokumentiert. Das „bildhafte Denken" spielt hier eine zentrale Rolle.

- **Lösungssammlungen** stellen Übersichten von abstrahierten Lösungen dar, in denen grundsätzliche Lösungsvorschläge wie Effekte, Prinzipe oder Gestaltentwürfe dargestellt sind. Sie dienen als Informations- und Wissensquellen für die Lösungssuche (im Schritt „Lösungen erarbeiten"). Lösungssammlungen regen die Kreativität der Entwickler an und helfen auf diese Weise, den Lösungsraum zu erweitern (siehe Kapitel 8).

- Ein **Konzeptvergleich** (siehe Kapitel 11) ermöglicht schließlich eine transparente Gegenüberstellung von Lösungsalternativen und deren Eigenschaften und unterstützt somit eine faktenbasierte Bewertung und Entscheidung im Team (Schritte „Eigenschaften ermitteln" und „Status beurteilen" im Entwicklungszyklus).

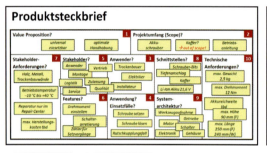
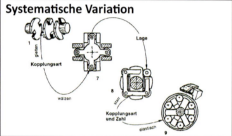

Bild 1.3 Konkrete Beispiele für Methoden in diesem Buch (Abbildung im Konzeptvergleich © BMW AG, München, Deutschland)

1.1.2 Warum haben wir uns für die ausgewählten Methoden entschieden?

Wir wollen Sie zur Methodenanwendung ermutigen, nein, Sie sogar dafür begeistern. Viele der vorgestellten Methoden können sowohl in der individuellen Entwicklungsarbeit als auch im Team angewendet werden. In Bild 1.4 zeigen wir Ihnen, wie wir bei der Auswahl vorgegangen sind. Bei der Bewertung von Methoden spielen unserer Erfahrung nach die Kriterien **Komplexität** und **Wirksamkeit** eine große Rolle. Das zeigen wir exemplarisch anhand der Methode **FMEA light** aus Kapitel 12. Die Überlegungen zur **Methodenauswahl** gelten aber auch analog für die anderen Kapitel und Methoden.

1.1 Worum geht es in diesem Buch?

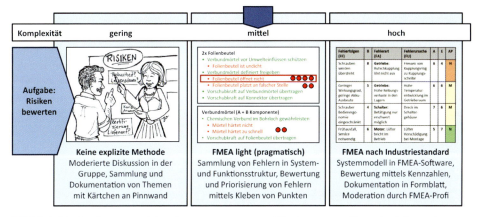

Bild 1.4 Methodenauswahl – eine ausgewogene Mischung aus Komplexität und Wirksamkeit

Ganz links im Spektrum sind die Vorgehensweisen der Kategorie „**geringe Komplexität**" zu finden. Diese sind in der Praxis recht verbreitet, weil sie pragmatisch und intuitiv anwendbar sind. Dabei kann es sich um strukturierte Gruppendiskussionen handeln, unter Umständen auch moderiert, um eine Thematik im Team abzuhandeln und einigermaßen strukturiert zu einem guten Ergebnis zu kommen. Dabei werden nicht zwingend Methoden der Produktentwicklung angewandt, allenfalls Methoden und Hilfsmittel der Moderation (wie das Sammeln von Kärtchen an Pinnwänden und die Priorisierung von Themen mittels Kleben von Punkten). Ein **Brainstorming** nach Lehrbuch folgt gewissen Regeln, um die Kreativität im Team gezielt anzuregen. Ein Brainstorming in der Praxis ist oftmals lediglich mehr oder weniger eine Diskussion in der Gruppe, ohne dass dabei explizit Methoden zum Einsatz kommen.

Ganz rechts im Spektrum befinden sich die Ansätze der Kategorie „**hohe Komplexität**". Diese bedingen oft eine gewisse Formalität (Nomenklaturen oder Regeln für die Modellierung von Systemzusammenhängen) und einen erhöhten Qualifizierungsbedarf der Anwender (Schulungen, Spezialsoftware etc.). Die volle Wirksamkeit entfaltet sich gegebenenfalls erst nach einigen Anläufen. Häufig geschieht die Anwendung der Methoden unter Einbindung von Spezialisten und professionellen Anwendern der Methode (Moderatoren, Beratern etc.). Diese Ansätze haben bei korrekter und konsequenter Anwendung eine hohe Wirksamkeit und sind in der Praxis ebenfalls weit verbreitet. Gerade bei Qualitätsmethoden ist in vielen Branchen und Firmen der Einsatz von Industriestandards verpflichtend (ISO-Zertifizierung). Allerdings sind die Einführung und Anwendung dieser Methoden eben mit entsprechendem Aufwand verbunden.

 Wir haben hier bewusst die „goldene Mitte" angepeilt. Das heißt, unser Fokus liegt auf den Methoden, die eine ausgewogene Mischung aus Komplexität und Wirksamkeit bieten.

Unser Ziel bei der Auswahl war, dass Sie als Praktiker in der Produktentwicklung die Methoden direkt selbst anwenden können. Sie brauchen weder umfassende Schulungen noch spezialisierte Moderatoren oder IT-Lösungen für die Anwendung. Diese Methoden sind vergleichsweise einfach zu verstehen und anzuwenden. Sie können damit selbst ohne großen Aufwand ihre Entwicklungs- und Konstruktionsarbeit optimieren, um trotzdem auf wirkungsvolle Weise gute Ergebnisse zu erzielen.

Zudem haben wir darauf Wert gelegt, dass wir mit unserer Methodenauswahl den gesamten Entwicklungszyklus abdecken (Bild 1.2).

1.2 Wie vermitteln wir Methoden?

In Abschnitt 1.1 haben wir erläutert, *was* Sie in diesem Buch erwartet – nämlich Methoden, die Sie bei der Entwicklung erfolgreicher Produkte einsetzen können. Jetzt wollen wir darauf eingehen, *wie* wir diese Methoden in diesem Buch vermitteln wollen. Unser Bestreben ist es, Praktiker zu erreichen, was sich in einer „praxisgerechten" **Methodenvermittlung** widerspiegeln soll:

- Viele anschauliche Praxisbeispiele machen Ihnen die Wirkung der Methoden greifbar.
- Durch eine klare Kapitelstruktur finden Sie sich schnell im Buch zurecht.
- Eine einheitliche Methodenbeschreibung unterstützt Sie bei der Methodenanwendung.

1.2.1 Was bringt Methodik? Erfolgreiche Produkte!

Die Anwendung von Methoden trägt zum Gelingen des Entwicklungsprojekts und damit auch zum Erfolg des Produkts im Markt bei. Das wollen wir Ihnen anhand einer Vielzahl von **Fallbeispielen** aus der industriellen Praxis zeigen. Bild 1.5 zeigt eine Übersicht etlicher Produktbeispiele, auf die wir in späteren Kapiteln noch genauer eingehen werden. Hinter jedem Produkt steckt auch die Geschichte einer Methodenanwendung.

 Wir wollen das Verständnis für die Methoden und deren Einsatz anhand vieler praktischer **Anwendungsbeispiele** aus unserem eigenen Erfahrungsschatz fördern.

Bild 1.5 Übersicht der Produktbeispiele in diesem Buch (mit freundlicher Genehmigung der Firmen Boards & More GmbH, HILTI AG, KRAIBURG STRAIL GmbH & Co. KG, Prym Fashion GmbH, QFM Fernmelde- und Elektromontagen GmbH und BMW AG; © BMW AG, München, Deutschland)

Folgende Inhalte erwarten Sie in den einzelnen Kapiteln:

Kapitel 3 – Kunststoffprodukte für Bahnübergangssysteme: In diesem Kapitel wird die Bedeutung der Suche nach neuen Produktideen und Produktverbesserungen betont. An guten Ideen mangelt es in der Regel nicht. Die Herausforderung ist meist, aus der Vielzahl an Ideen die spannendsten, passendsten und lukrativsten herauszufinden. Methoden helfen dabei.

Kapitel 4 – Akkuschrauber für Profis am Bau: Im Beispiel werden verschiedene Methoden angewandt, um alle wichtigen Anforderungen systematisch zu identifizieren und strukturiert zu dokumentieren. Wichtig ist dabei die Berücksichtigung verschiedener Stakeholder aus dem Produktlebenslauf sowie die kundengerechte Priorisierung der Anforderungen.

Kapitel 5 – Antrieb eines Ansetzvollautomaten für die Textilindustrie: In diesem Beispiel lösen Entwickler mithilfe einer Funktionsbetrachtung eine fast unlösbar erscheinende Aufgabe. Der Schlüssel zum Erfolg bestand darin, das Lösungsfeld mittels Funktionsbetrachtung schrittweise und systematisch nach der bestgeeigneten Lösung zu „durchforsten".

Kapitel 6 – XYZ-Versteller für Positionieraufgaben: In diesem Beispiel wies eine bestehende Lösung deutliche Mängel auf und erfüllte nicht die Anforderungen. Durch

Abstraktion der Lösung sowie die Analyse und Variation der Prinzipe konnte systematisch eine aussichtsreiche Lösungsalternative erarbeitet werden, die die Anforderungen voll erfüllte und so erfolgreich in Serie umgesetzt werden konnte.

Kapitel 7 – Wellenkupplung: In diesem Kapitel demonstrieren wir, wie durch Anwendung einer Variation der Gestalt, ausgehend von der bekannten Bauform der Oldhamkupplung, neue, patentfähige Lösungen gefunden werden konnten. Der Zweck der Übung war es, ein möglichst großes Lösungsspektrum zu erzeugen, um Konkurrenten daran zu hindern in diesem Aufgabenbereich neue Lösungen zu finden, die die eigene Produktion beeinträchtigen könnten.

Kapitel 8 – Tragarm für OP-Lampen: Durch die Nutzung einer Lösungssammlung von Getriebevarianten konnte in diesem Projekt eine überzeugende Produktinnovation generiert werden. Inspiriert durch die Vielzahl an abstrakten Lösungsansätzen im Katalog wurde ein Lösungskonzept abgeleitet, das höchst aussichtsreich erschien, was durch Entwurfsskizzen und orientierende Berechnungen bestätigt werden konnte.

Kapitel 9 – Elektrischer Trennschleifer mit Diamantwerkzeug: In diesem Beispiel unterstützte die Methode des Morphologischen Kastens dabei, eine strukturierte Übersicht über einen komplexen Lösungsraum zu erzeugen, um zielgerichtet Erfolg versprechende Gesamtkonzepte abzuleiten. Ein Schlüssel zum Erfolg war die Fokussierung auf die wichtigen konzeptentscheidenden Themen und der Ausschluss von wenig aussichtsreichen Teillösungen und Lösungskombinationen.

Kapitel 10 – Schließsystem einer Kite Spreaderbar: Dieses Beispiel demonstriert, wie sich Eigenschaften von Lösungskonzepten schnell mithilfe Orientierender Versuche ermitteln lassen. Der Schlüssel liegt in der Auswahl geeigneter Prototypen und Versuchskonzepte, um frühzeitig zu erkennen, ob sich die Entwicklung in eine zielführende Richtung bewegt.

Kapitel 11 – Hinterradführung von Motorrädern: Thema in diesem Beispiel ist der methodische Konzeptvergleich. Mittels einer Bewertungsmatrix lässt sich die Sachlage der Lösungsalternativen und deren Beurteilung für alle am Prozess Beteiligten übersichtlich darstellen. Durch diese Transparenz und Klarheit lässt sich eine intuitive Entscheidungsfindung durch eine faktenbasierte Bewertung unterstützen.

Kapitel 12 – Applikationssystem für chemische Verbunddübel: In diesem Beispiel werden mit der Methode FMEA light systematisch mögliche Fehler und Schwachstellen im System identifiziert und bewertet, um daraus Maßnahmen für die Entwicklung und Konstruktion abzuleiten. Ein wichtiger Faktor ist hierbei die Erarbeitung eines guten Systemverständnisses als Grundlage für die Analyse.

Kapitel 13 – Kostenoptimierung eines Betonmischers: Durch die Analyse der Ist-Kosten wurden die wichtigsten Kostentreiber im System identifiziert. Durch eine kreative Lösungssuche im Team konnten alternative Konzepte entwickelt und dadurch signifikante Kostensenkungspotenziale erschlossen werden.

1.2.2 Aufbau der Kapitel dieses Buches

Kapitel 3 bis Kapitel 13 folgen alle einer ähnlichen Struktur, um Ihnen die Methoden praxisgerecht zu vermitteln. Jedes Kapitel enthält verschiedene Bausteine, die in Bild 1.6 dargestellt sind.

Wesentliche Bausteine der Kapitel	Beispiel aus Kapitel 8
Motivationsbeispiel • enthält einfache, anschauliche Produktbeispiele • gibt Ihnen ein Gefühl für das Thema des Kapitels • schafft Verständnis für Situationen, in denen die Methode geeignet ist	**Korkenzieher mit Impulsantrieb** 
Methodenbeschreibung • gibt Schritt für Schritt eine Anleitung zur Methodenanwendung • enthält praktische Hinweise, Tipps und Tricks für einen wirksamen Einsatz der Methoden • greift oftmals das Motivationsbeispiel wieder auf	**Methode: Lösungssammlung** 
Anwendungsbeispiel • zeigt Produktbeispiele aus der industriellen Praxis • beschreibt detailliert Vorgehen und Ergebnis • demonstriert anschaulich die Wirksamkeit der Methoden auch bei komplexeren Produkten	**Tragarm einer OP-Leuchte** 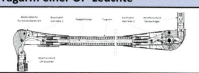

Bild 1.6 Übersicht über die Kapitelstruktur – wesentliche Bausteine (© Zeichnung: Ondal Medical Systems GmbH)

Ein Kernelement sind die zahlreichen anschaulichen Fall- und Praxisbeispiele. Zu Beginn der Kapitel finden Sie jeweils ein **Motivationsbeispiel**. Dessen Aufgabe ist es, Ihnen anhand eines einfachen und anschaulichen Produkts (ein Nussknacker, eine Zitruspresse, ein Korkenzieher) ein Gefühl für das Thema des Kapitels zu geben. Sie sollen ein Verständnis dafür entwickeln, in welchen Situationen und für welche Aufgaben und Herausforderungen die Methoden geeignet sind.

Es folgt die **Methodenbeschreibung**. Diese erklärt die Methodenanwendung Schritt für Schritt. Wir geben Ihnen praktische Hinweise, Tipps und Tricks für eine wirksame Anwendung der Methoden und ordnen die Methode in den Entwicklungsprozess ein. Häufig greifen wir hier auch wieder das Thema des Motivationsbeispiels auf und spielen die Methode daran durch.

Zum Abschluss jedes Kapitels gehen wir die Methode nochmals detailliert in einem **Anwendungsbeispiel** durch. Hierbei handelt es sich um Produkt- und Projektbeispiele aus der industriellen Praxis, die meist komplexer und näher an der Realität sind als die Produkte aus den Motivationsbeispielen. Die Anwendungsbeispiele, die wir Ihnen in Abschnitt 1.2.1 bereits kurz vorgestellt haben (Bild 1.5), sollen Ihnen die Wirksamkeit der Methoden anschaulich demonstrieren.

Jeder Einzelne von uns fünf Autoren hat seinen eigenen Stil und seine individuelle Erfahrung in der Methodenanwendung. Daher werden Sie feststellen, dass es in der Kapitelstruktur, in der Leseransprache und den Formulierungen Variationen gibt. Die hier beschriebenen Bausteine finden Sie jedoch durchgängig in allen Kapiteln.

1.2.3 Der Methodensteckbrief

Alles Wichtige zur Methode fassen wir zum Abschluss der Kapitel in einem sogenannten **Methodensteckbrief** zusammen. Bild 1.7 zeigt das Beispiel eines Steckbriefs mit seinen vier Kernelementen: der Situation, dem Methodenablauf, dem Ergebnis und der Methodenkarte.

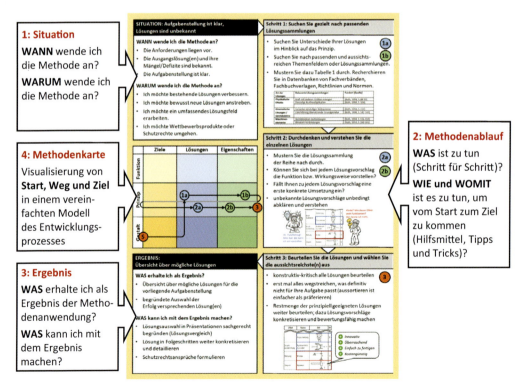

Bild 1.7 Aufbau des Methodensteckbriefs

Das erste Element ist die **Situation** (Box in der linken Spalte oben). Diese gibt darüber Auskunft, *wann* und *warum* die Methode sinnvollerweise anzuwenden ist. Das soll Ihnen bei der Methodenauswahl helfen. Dazu können Sie sich folgende Fragen stellen:

- Wo stehe ich gerade in meinem Entwicklungsprozess?
- Was genau liegt an Ergebnissen aus vorangegangenen Schritten vor?
- Was will ich in meinen nächsten Schritten bezwecken? Was ist mein Ziel?

Wenn Sie der Meinung sind, dass die Situationsbeschreibung im Methodensteckbrief genau auf Ihre aktuelle Sachlage zutrifft, dann stehen die Chancen gut, dass Ihnen die Methode weiterhilft.

Wenn die Situation geklärt ist und Sie sich sagen: „Das scheint eine passende Methode zu sein – die wende ich an!", dann können Sie in die rechte Spalte des Steckbriefs zum zweiten Element wechseln, dem **Methodenablauf**. Hier beschreiben wir Schritt für Schritt, *was* zu tun ist und *wie* es zu tun ist. Im Methodenablauf sind diese Schritte knapp und übersichtlich zusammengefasst. Die Beschreibung des Methodenablaufs erfolgt hier im Sinne eines Kochrezepts. Ausführlichere Details, praktische Anwendungstipps und weitere Hinweise finden Sie im Kapitel selbst.

Das dritte Element (Box ganz unten in der linken Spalte) beschreibt das zu erwartende **Ergebnis** der Methodenanwendung, also: „*Was* erhalte ich nach dem Durchlaufen der Methode?" und „*Was* kann ich mit dem Ergebnis anfangen?"

Das vierte und letzte Element des Methodensteckbriefs ist die **Methodenkarte**, die Sie in der linken Spalte in der Mitte finden. In dieser visualisieren wir im Sinne eines **Methodennavigators** die einzelnen Arbeitsschritte einer Methode von der Ausgangssituation (Punkt „S") bis zum Ergebnis. Hintergründe zu diesem Navigator und eine Anleitung, wie Sie damit konkret arbeiten können, finden Sie in Kapitel 2.

Wir unterstützen das Verständnis und die praktische Anwendung der Methoden durch eine anschauliche und anwendungsnahe Methodenbeschreibung.

1.3 Wie können Sie mit diesem Buch arbeiten?

Sie entwickeln und konstruieren vielleicht schon seit Langem erfolgreich, haben vielfache Erfahrungen in unterschiedlichen Branchen sowie Anwendungen und sind das, was man „eine gestandene Konstrukteurin" oder „einen gestandenen Konstrukteur" nennt. Und jetzt kommen wir und sagen Ihnen, dass Sie methodisch arbeiten sollen? Eigentlich schon fast eine Zumutung, oder nicht? Unsere Antwort ist ganz einfach: Wir wollen Ihnen Methoden nahebringen, weil Sie selbst mit großer Wahrscheinlichkeit mindestens schon teilweise methodisch arbeiten. Nur ist das Ihnen ebenso wie anderen Entwicklern und Konstrukteurinnen vielleicht gar nicht so direkt bewusst …

1.3.1 Reflektieren Sie Ihre eigene Methodik!

Sie denken und arbeiten meist nach **Erfahrung** und **Intuition**. Ihr Gehirn hat aber im Laufe Ihres Berufslebens seine eigenen, oft impliziten und unbewussten Vorgehensweisen herausgebildet. Wir sind uns sicher: Eigentlich praktizieren Sie schon eine eigene **Methodik**, vielleicht nur teilweise bewusst und wahrscheinlich auch individuell unterschiedlich ausgeprägt.

Wir wollen mit unserem Methodenbuch versuchen, dieses Potenzial zu nutzen und auszubauen. Wir wollen Ihnen die wichtigen Elemente einer Basismethodik ins Bewusstsein rufen. Darüber hinaus wollen wir Ihre selbst angeeigneten und entwickelten **Vorgehensweisen** mit konkreten Methoden und Hilfsmitteln weiterentwickeln und professionalisieren. Die hier vorgestellten Methoden sollen Ihnen helfen. Sie sollen Sie bei Ihrer täglichen Arbeit unterstützen, ohne dass Sie sich in Ihrem Denken verbiegen müssen.

1.3.2 Probieren Sie es einfach einmal aus!

Wie können Sie nun diese „fremde" Methodik, die wir Ihnen in diesem Buch präsentieren, in Ihr eigenes Vorgehen integrieren? Das heißt, wie können Sie mit diesem Buch arbeiten? Natürlich spricht nichts dagegen, das Buch vorne zu beginnen und Kapitel für Kapitel durchzulesen.

Sie können das Buch aber auch selektiv lesen und die Kapitel situationsbezogen auswählen, um die dort vorgestellten Methoden anzuwenden, frei nach dem Motto: „Oh, das klingt interessant! Das könnte ich gebrauchen." Sie können einfach bei einer Teilmethode beginnen und diese ausprobieren, z. B. die Variation der Lösungsprinzipe (Kapitel 6) oder die Variation von Gestaltelementen (Kapitel 7).

Die **Methodensteckbriefe** (und speziell die Beschreibungen in der Textbox „Situation") dienen Ihnen als Auswahlhilfe. Sie können gedanklich die Schritte im Entwicklungszyklus aus Bild 1.2 durchgehen und prüfen, wo Sie sich momentan in Ihrem Prozess befinden. In Bild 1.8 sehen Sie beispielhaft drei unterschiedliche Situationen beschrieben und im **Entwicklungszyklus** verortet, jeweils mit einem Vorschlag zu einem der Kapitel und den zugehörigen Methoden, die Ihnen in der beschriebenen Situation hilfreich sein könnten:

- Liegt Ihnen ein Projektauftrag zur Entwicklung eines neuen Produkts vor, sind Ihnen die konkreten Ziele und Anforderungen aber noch nicht vollständig klar? Dann könnte Kapitel 4 mit Methoden zur **Anforderungsklärung** für Sie interessant sein.

- Sind Ihnen die Anforderungen klar, doch Sie benötigen Inspiration bei der Suche nach neuen Lösungsideen? Hier könnten Ihnen **Lösungssammlungen**, wie in Kapitel 8 beschrieben, helfen.
- Oder liegen bereits einer oder mehrere Entwürfe vor und Sie sind sich nicht sicher, ob die Lösung funktioniert und die Anforderungen erfüllt? Wie wäre es mit Kapitel 10, in dem es um die Ermittlung von Eigenschaften mithilfe **Orientierender Versuche** geht?

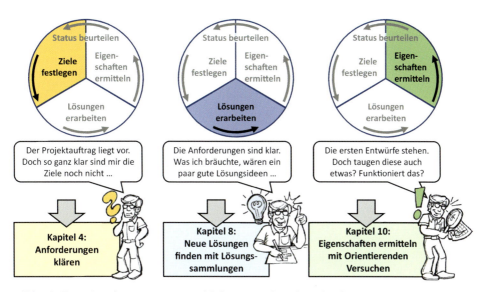

Bild 1.8 Situationsbezogene Auswahl der Kapitel und Methoden

1.4 Fazit

Zusammenfassend sind es folgende Beweggründe, die uns zum Verfassen dieses Buches bewegt haben:

- Wir wollen Sie zur Anwendung von Methoden motivieren, indem wir Ihnen den Nutzen von Methoden an vielen erfolgreichen Produktbeispielen belegen.
- Wir wollen bei Ihnen das Verständnis für den Umgang mit Methoden in der Praxis wecken bzw. vertiefen, indem wir aus eigenem Erleben vielfach Hintergründe, Tipps und Tricks bei der Methodenanwendung ansprechen.
- Wir wollen Ihnen die hier beschriebenen Methoden so nahebringen, dass Sie diese direkt in Ihrer Entwicklungs- und Konstruktionspraxis verwenden können.

Kurzum: Wir wollen unsere eigenen positiven Erfahrungen mit dem Methodeneinsatz in der Entwicklungs- und Konstruktionspraxis authentisch „rüberbringen", weil wir überzeugt sind, dass diese Erfahrungen auch anderen von Nutzen sein können. Probieren Sie es einfach einmal aus – wie bei der Speisekarte eines Restaurants! Vielleicht schmeckt Ihnen etwas?

2 Leitgedanken für erfolgreiches Entwickeln und Konstruieren

Dieses Buch soll Sie erfreuen und Ihnen weiterhelfen. Deshalb knüpfen wir an Ihr Können und Wissen an und zeigen, wie Sie z. B. aus Denkblockaden herauskommen oder wie Sie nicht an einer Superlösung vorbeihuschen. Wir haben selbst vielfach erlebt, wie wir mit einem methodischen Vorgehen in verfahrenen Entwicklungssituationen und bei scheinbar unlösbaren Zielkonflikten doch noch eine gute, marktgerechte Lösung erarbeiten konnten. Die Methodik, die wir in diesem Buch vorstellen, ist vor allem aus solchen Erfahrungen entstanden.

Wir zeigen Ihnen, welche Sicht wir auf das Konstruieren und Entwickeln haben und was die Hintergründe der Methoden in Kapitel 3 bis Kapitel 13 sind. Sie sollen ja nicht nur die im Buch beschriebenen Methoden kennenlernen und anwenden können, sondern auch verstehen, warum diese Methoden eine Produktentwicklung so erfolgreich machen können und auf welchen Prinzipen ihr Erfolg beruht. Dazu gehen wir in Abschnitt 2.1 auf das Denken von Entwicklern und Konstrukteuren ein und machen deutlich, dass Methodik nicht irgendetwas Abstraktes, Ihnen völlig Fremdes, sondern durchaus verwandt mit Ihrem individuellen Denken ist. Doch Methoden sind nicht isoliert zu betrachten. Sie beruhen auf Modellen. Den Zusammenhang von Methoden und Modellen beleuchten wir in Abschnitt 2.2. In Abschnitt 2.3 zeigen wir Ihnen dann ganz konkret, dass die im Buch vorgestellten Methoden auf drei (Produkt-)Modellen beruhen. Um Produktmodelle in der Entwicklungs- und Konstruktionsarbeit einzuordnen, haben wir ein Kegelmodell zur Darstellung unserer Überlegungen entwickelt (Abschnitt 2.4). Mit diesem Kegelmodell beschreiben wir dann anschaulich unser Vorgehen beim Entwickeln und Konstruieren (Abschnitt 2.5). Um die Vorgehensbeschreibungen aber auch einfach handhaben zu können, haben wir das Kegelmodell in eine Methodenkarte „umgezeichnet" (Abschnitt 2.6). Sie ist die Grundlage eines Methodennavigators, mit dem wir Ihnen für jede unserer Methoden ein Werkzeug an die Hand geben, um das passende Vorgehen zu praktizieren. Ein kurzer Verweis auf grundlegende Denkstrategien für das Entwickeln und Konstruieren in Abschnitt 2.7 beendet dieses Kapitel.

Um Ihnen diese theoretischen Ausführungen zu veranschaulichen, erläutern wir alle wichtigen Aussagen anhand eines Leitbeispiels. Bild 2.1 zeigt Ihnen die Konzeptskizze einer **Kurbelpresse** für leichte bis mittlere Stanz-, Präge- und Umformarbeiten. Am Beispiel des Antriebs dieser Presse veranschaulichen wir unsere Ausführungen und platzieren diese zur besseren Erkennbarkeit in den Kästen mit Bleistiftsymbol.

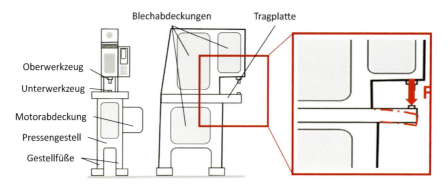

Bild 2.1 Konzeptskizze der Kurbelpresse

2.1 Ein kurzer Ausflug in das Denken von Entwicklern und Konstrukteuren

Sie arbeiten in der Entwicklung und Konstruktion von Produkten und Systemen. Sie stellen Bauteile, Komponenten und Produkte mit CAD-Systemen dar, handhaben den Datentransfer mit PDM-Systemen und optimieren Lösungen mit Berechnungs- und Simulationssoftware. Dies alles und vieles mehr machen Sie, um Lösungen zu erarbeiten und um diese von der Aufgabenstellung bis zur kompletten Produktdokumentation darzustellen. Das ist Ihre gewohnte Welt der Entwicklungs- und Konstruktionsarbeit. Jetzt stellen Sie sich einmal vor, Sie könnten sich bei Ihrer Arbeit selbst beobachten. Sie stehen quasi neben sich und sehen sich bei Ihrer Arbeit zu. Was sehen Sie?

2.1.1 Das unbewusste, intuitive Denken

Für die Kurbelpresse nach Bild 2.1 sollen Sie Abdeckungen in den Gestellseitenwänden konstruieren. Wie selbstverständlich sehen Sie dafür abgekantete Blechdeckel vor. Diese versehen Sie unten mit zwei Laschen, um sie in das Gestell einzuhängen.

Oben sehen Sie zwei Vorreiber[1] vor, um die Deckel im Gestell zu sichern. Sie haben in diesem Moment Lösungen (abgekantete Blechdeckel, Laschen, Vorreiber) genutzt und ein Vorgehen (Blechplatte abkanten zu Blechdeckel, unten Laschen anschweißen, oben Bohrungen einbringen und Vorreiber einschrauben) durchlaufen, ohne sich darüber bewusst viele Gedanken zu machen.

Was Sie dabei gerade selbst erlebt haben, ist eine häufig praktizierte Art des Denkens, das sogenannte **unbewusste, intuitive Denken** (Ehrlenspiel 2003; Ehrlenspiel/Meerkamm 2017). Dabei werden bereits bestehende **Denkmuster** (Ehrlenspiel/Birkhofer 2021) aktiviert, die Sie früher einmal in Ihrem Alltags- und Berufsleben gespeichert haben. Sie lösen eine Aufgabe spontan, weil Ihr Gehirn selbsttätig auf verinnerlichte **Lösungsmuster** oder **Vorgehensmuster** zurückgreift. Durch einen äußeren Reiz (das Betrachten der Skizze) wird eine Lösung oder ein Vorgehen spontan „aus der Dunkelheit Ihres Unbewusstseins" hervorgeholt. Das Denken dazu passiert quasi automatisch im **neuronalen Netzwerk Ihres Gehirns**, ohne dass Sie hier bewusst eingreifen.

In vielen Alltagssituationen, aber auch beim Entwickeln und Konstruieren arbeiten Sie bevorzugt intuitiv und nutzen dazu ohne großes Nachdenken Ihr im Unbewussten gespeichertes Wissen. Diese Art des gleichsam selbstverständlichen Denkens hat ein Mitarbeiter eines Automobilzulieferers treffend charakterisiert. Auf die Frage „Wie kommen Sie jetzt gerade auf diese Lösung?" antwortete er ganz erstaunt: „Bei uns macht man das so!" Das überwiegende Denken beim Entwickeln und Konstruieren verläuft intuitiv, auf internalisierte Denkmuster zurückgreifend, und damit schnell und vielfach erfolgreich. Sie wissen wie's geht! Nicht auszudenken, wenn Sie dabei jede Ihrer Überlegungen im Detail rational abklären und bewusst entscheiden wollten …

Dieser Rückgriff auf gespeicherte Erfahrung ohne wesentliche Neuverknüpfung von Lösungselementen ist aber nur eine Spielart des Denkens. Ihr Gehirn ist nämlich nicht nur ein gigantisch großer Wissensspeicher, aus dem Sie Lösungen oder Vorgehensmuster abgreifen können. Vielmehr verarbeitet und verknüpft Ihr Gehirn im Unbewussten auch permanent gespeichertes Wissen – und das Tag und Nacht, ob Sie das wollen oder nicht. Als „unbewusst arbeitende Wissensverarbeitungsmaschine" kann Ihr Gehirn neuartige Lösungen hervorbringen, aber auch absonderliche Denkergebnisse, wie Sie es sicherlich aus Träumen kennen.

 Beispiel Kurbelpresse
Sie betrachten die Skizze der Kurbelpresse in Bild 2.1 und denken sofort: „Diese Motorabdeckung ragt so weit nach rechts hinaus. Kann man die Presse nicht schmaler machen und den Motor hochkant einbauen?"

---

[1] Vorreiber sind einfache Beschläge mit einem drehbaren Hebel zum Verriegeln von flächigen Abdeckungen.

Dieser Gedanke kommt Ihnen urplötzlich, ohne dass Sie zuvor bewusst danach gesucht hätten. Es ist ein Einfall, der – ausgelöst durch einen äußeren Reiz (das Betrachten der Konzeptskizze der Presse) – einen kreativen Denkprozess in Ihrem Gehirn aktiviert. Dabei werden spontane Verbindungen in Ihrem neuronalen Netz im Gehirn aktiviert und eine interne Auswertung der vielen Denkprozesse ergibt den plötzlichen Einfall. Dieser Einfall ist typisch für **kreatives Denken**, das eine Denkarbeit im Unbewussten bezeichnet, mit der eine neue, oft ungewohnte Idee erzeugt wird und ins Bewusstsein tritt.

Wissenschaftler (Müller 1991; Kahneman 2014) nennen diese Ausprägungen des unbewussten Denkens den **Normalbetrieb** des Gehirns (Bild 2.2 links). Beim Entwickeln und Konstruieren äußert sich dieser Denkprozess oft in schnell aufeinanderfolgenden, scheinbar unreflektierten Einfällen. Sie werden oft in spontanen Skizzen und Zeichnungen festgehalten. Schon während des Skizzierens verändern Sie Ihre Vorstellungen und korrigieren die Skizze (Frankenberger/Badke-Schaub 1998).

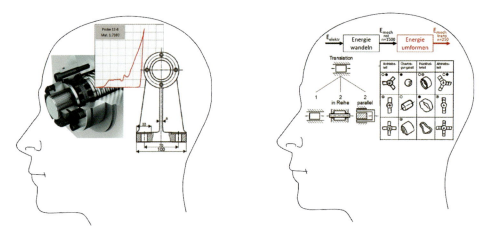

Bild 2.2 Das Denken von Entwicklern und Konstrukteuren: Normalbetrieb (links) vs. Rationalbetrieb (rechts) (© Foto: Schaeffler Technologies AG & Co. KG)

2.1.2 Das bewusste Denken nach einem planmäßigen Vorgehen

Wenn es allerdings kritisch wird, wenn es anders nicht mehr weitergeht oder Ihre Entscheidung eine besondere Tragweite für Sie, das Unternehmen oder die Kunden hat, dann gehen Sie wahrscheinlich zum **bewussten, rationalen Denken** über. Sie halten inne, analysieren die Situation, gehen schrittweise und systematisch vor, suchen nach Ursache-Wirkungs-Beziehungen, beachten gezielt Vorgaben, Regeln und Anleitungen und legen dann ihr Vorgehen fest. Sie können dieses bewusste Denken nach eigenem Ermessen machen oder bewährte Vorgehensweisen nutzen, die Ihnen bekannt sind oder die Sie in Seminaren oder Publikationen kennengelernt haben. Solche **bewährten Vorgehensweisen**, die publiziert, vermittelt und trainiert werden, nennen wir **Methoden**.

Auch für diese Art des bewussten, rationalen Denkens haben Wissenschaftler einen Begriff geprägt. Sie nennen es den **Rationalbetrieb** (Müller 1991). Typische Ausdrucksformen dafür sind schematische Darstellungen, in denen Strukturen, Beziehungen oder Abfolgen visualisiert werden, mit denen Sie komplexe Zusammenhänge grafisch darstellen, um sich einen Überblick, ein Verständnis des vorliegenden Problems zu verschaffen (Bild 2.2 rechts). So lieben viele Entwickler und Methodiker vor allem Tabellen- und Matrixdarstellungen, in denen unterschiedliche Sachverhalte gegenübergestellt werden, um Zusammenhänge zu erkennen. Solche Darstellungen finden Sie z. B. in Methoden wie FMEA[2], QFD[3] oder Morphologischen Kästen (siehe Kapitel 9), mit denen Sie vielleicht schon Erfahrungen gesammelt haben.

Die beiden Denkarten (unbewusst vs. bewusst bzw. intuitiv vs. rational) beschreiben isolierte Vorstellungen über das Denken. In der Realität überlagern und vermischen sich beide oft untrennbar.

2.1.3 Denken vs. Methodik

Entwickeln und Konstruieren ist eine hoch anspruchsvolle Art des Problemlösens. Ihr Gehirn hat in all den Berufsjahren seine eigene, individuelle Vorgehensweise entwickelt und kultiviert, um konstruktive Probleme zu lösen (siehe auch Kapitel 14). Es nutzt dabei blitzschnell diese **Vorgehensmuster**, ohne dass Sie sich dessen bewusst sind.

Beispiel Kurbelpresse

Sie sehen die Skizze der Kurbelpresse (Bild 2.1) und sagen spontan: „Die Füße des Pressengestells sind sehr dünn. Die Presse könnte vielleicht bei höheren Taktzahlen ins Schwingen geraten."

Das gleiche Ergebnis dieser Analyse könnten Sie auch durch Anwenden einer Checkliste zur „richtigen" Gestaltung von Pressengestellen erkennen, also durch Anwenden einer Konstruktionsmethode. Doch in diesem Fall braucht Ihr Gehirn diese „externe" Hilfestellung nicht. Es hat diese Checkprozedur schon lange als Routine verinnerlicht und ist mit diesen im Gehirn eingeschliffenen Folgen von Denkschritten viel schneller in der Analyse. Checklisten wären Ihnen da nur lästig. Sie wissen doch, wie so etwas geht.

---

[2] FMEA = Failure Mode and Effects Analysis (siehe Kapitel 12)
[3] QFD = Quality Function Deployment

Wenn Sie aber versuchen, sich Ihre intuitive Analyse bewusst zu machen, werden Sie erkennen, dass Ihr Vorgehen durchaus Ähnlichkeiten zur Methode „Checklisteneinsatz" hat. Sie „scannen" mit Ihren Augen blitzschnell die Bauelemente der Presse durch und stocken gedanklich dort, wo der visuelle Eindruck von der Pressenskizze und ihre durchs Sehen aktivierten Denkmuster hinsichtlich der Beanspruchung und des Verhaltens der Presse nicht ihren Erwartungen entsprechen. „Das sieht (für mich) komisch aus!" Nichts anderes bewirken Checklisten, die ein Objekt Punkt für Punkt durchgehen und durch Fragen oder Checks dazu anregen, Problemzonen zu erkennen.

Die bereits zitierten Untersuchungen zeigen, dass viele internalisierte und unbewusst genutzte Vorgehensmuster beim Entwickeln und Konstruieren durchaus Ähnlichkeiten mit den Vorgehensvorschlägen von Entwicklungs- und Konstruktionsmethoden haben. Allerdings kann Sie Ihre eigene, unbewusst gespeicherte Methodik auch täuschen, ja sogar in die Irre führen. Immer dann, wenn sich die Randbedingungen, die Arbeitssituation oder das Aufgabengebiet ändern, kann es passieren, dass ihre „unbewusst praktizierte Denkmethodik" plötzlich nicht mehr passt. Nicht umsonst heißt es spöttisch: Wer einen Hammer hat, für den ist jedes Problem ein Nagel.

2.1.4 Der Trick: Externe Methoden als eigene Vorgehensmuster verinnerlichen

Methoden, wie wir sie Ihnen hier im Buch vermitteln wollen, sind nichts anderes als gesammelte, verdichtete und publizierte Erfahrungen anderer mit erfolgreichen Vorgehensweisen. Diese Personen haben aus eigenen Erfolgen und Fehlern beim Entwickeln und Konstruieren gelernt und Ihr Wissen darüber in Handlungsanleitungen formuliert.[4] Es ist daher nicht erstaunlich, dass diese Erfahrungen vielfach auch Ihrer eigenen, individuell gewonnenen Erfahrung im Berufsleben entsprechen.

Ganz typisch für die Ähnlichkeit zwischen individuellen Vorgehensmustern und publizierten Entwicklungs- und Konstruktionsmethoden ist die folgende Episode: Bei einem international agierenden Hersteller von Antriebstechnikprodukten wurde die extern durchgeführte Entwicklung einer Anlage für die automatisierte Keilriemenfertigung präsentiert. Nach der Präsentation der Methodik mit ihrem Vorgehen und den Ergebnissen kam der Konstruktionsleiter auf den Vortragenden zu und sagte: „Das, was Sie uns an Vorgehensweisen und Überlegungen erzählt haben, habe ich mir all die Jahre mehr oder weniger selbst beigebracht. Nicht so klar herausgearbeitet, nicht so bewusst angewandt, aber im Grunde haben Sie mir erzählt, wie ich beim Konstruieren denke!"

---

[4] Diese in Regeln und Anleitungen verdichteten Erfahrungen nennt man in der einschlägigen Literatur Heuristiken.

Fazit

Probieren Sie doch einfach einmal aus, sich die für Sie nützlichen Entwicklungs- und Konstruktionsmethoden aus diesem Buch anzueignen, sie zu praktizieren und sie dabei Schritt für Schritt zu verinnerlichen. Überführen Sie schrittweise die Ihnen wichtig erscheinenden Methoden vom Rational- in den Normalbetrieb und erweitern Sie das Repertoire Ihres unbewussten Denkens gezielt, um noch schneller und noch besser konstruktive Probleme zu lösen.

2.2 Methoden basieren auf Modellen

„Prima", werden Sie jetzt vielleicht sagen, „her mit den Methoden." Doch da gilt es, zuvor noch eine Hürde zu nehmen.

Beispiel Kurbelpresse

Sehen Sie sich die Tragplatte der Presse mit dem Unterwerkzeug an (Detail rechts in Bild 2.1). Da schlägt jahrelang das Oberwerkzeug drauf. Um diese Platte dauerfest auszulegen, müssen Sie eine geeignete Geometrie und einen passenden Werkstoff festlegen. Damit können Sie dann eine Festigkeitsberechnung machen. Diese Berechnung basiert aber auf einem ausgeklügelten Festigkeitsmodell.[5] Ohne dieses Modell können Sie nur raten, wie tief sich die Platte absenkt und wie lange sie die Beanspruchung ohne bleibende Verformung oder gar Bruch erträgt.

Sie erkennen an diesem einfachen Beispiel: Methoden basieren auf Modellen. So ist es auch bei den hier im Buch beschriebenen Methoden. Grundlage einer jeden Entwicklungs- und Konstruktionsmethode sind **Modelle**, die aktuell wichtige Elemente und Beziehungen beim Entwickeln und Konstruieren beschreiben und in Beziehung setzen. Nur mit Modellen haben wir die Chance, generelle Aussagen über Eigenschaften und Verhalten technischer Produkte zu treffen, die über den konkreten Einzelfall hinaus gültig sind.

Fazit

Modelle sind die Grundlagen von Methoden. Sie zu kennen und zu verstehen hilft bei der Methodenanwendung ungemein, weil man damit Anwendungsbereiche, Potenziale und Grenzen einer Methode viel besser einschätzen kann.

---

[5] Im Beispiel ist es ein Dauerfestigkeitsdiagramm mit den entsprechenden Auslegungsanweisungen.

2.3 Die drei Produktmodelle der Entwicklungs- und Konstruktionsmethodik

Doch welche Modelle sind für die Entwicklung und Konstruktion wichtig? Wir sehen uns nochmals die Kurbelpresse an (Bild 2.3 links). Stellen Sie sich jetzt vor, Sie hätten diese Presse konstruiert und sollten sie in einer Broschüre für Kunden beschreiben. Wahrscheinlich würde Ihre Beschreibung ähnlich ausfallen wie in Bild 2.3 rechts.

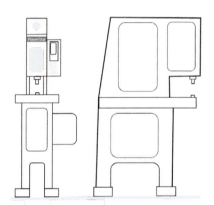

Die dargestellte Kurbelpresse wird vorzugsweise in der Textilindustrie für Stanz-, Schneid- und Applikationsvorgänge eingesetzt. Die Presse kann je nach Verwendungszweck im Dauer- oder im Einzeltakt arbeiten. Mit 3000 N Maximalkraft und 120 Takten/min im Dauerlauf erfüllt die Kurbelpresse alle Kundenwünsche hinsichtlich Einsatzbreite und Leistungsbedarf. Die Presse wird über einen Asynchronmotor und eine Schwungscheibe angetrieben und gewährleistet einen stromsparenden und kostengünstigen Betrieb. Die schmale Bauart und die gute Zugänglichkeit durch große Wartungsöffnungen machen die Presse besonders servicefreundlich. Die Aluguss-Konstruktion des Pressengestells und die robuste Bauart sichern eine lange Lebensdauer.

Bild 2.3 Die Kurbelpresse (links) und ihre Beschreibung in einer Kundenbroschüre (rechts)

Und jetzt überlegen Sie einmal: Was steht in dieser Beschreibung? Sie erkennen sicherlich folgende Elemente:

- **Funktionen**, die beschreiben, **was die Presse tut oder tun soll** (Hier z. B. wird sie vorzugsweise für Stanz-, Schneid- und Applikationsvorgänge eingesetzt und kann im Dauer- oder Einzeltakt arbeiten.)
- **Prinzipe**, die beschreiben, **wie oder womit die Presse arbeitet** (hier z. B. Kurbelpresse, Asynchronmotor, Schwungscheibe)
- Angaben zur **Gestalt**, die beschreiben, **wie die Presse aussieht und woraus sie besteht** (hier z. B. schmale Bauart, große Wartungsöffnungen, Aluguss-Konstruktion)

Egal, welches Produkt Sie beschreiben, Sie nutzen immer Angaben zu Funktion, Prinzip und Gestalt, um ein Produkt zu charakterisieren und es anderen verständlich zu machen. Sie können diese Aussage gerne überprüfen: Rufen Sie doch einfach im Internet Produkte auf, lesen Sie deren Beschreibungen und analysieren Sie den Text hinsichtlich der drei Produktmodelle.

2.3 Die drei Produktmodelle der Entwicklungs- und Konstruktionsmethodik

Genau deswegen nennen wir diese drei Angaben **Produktmodelle**. Sie sind für Ingenieure und Konstrukteure nichts Neues, vielmehr nutzen sie diese ganz selbstverständlich. Ob Sie eine Verkaufsanzeige lesen, einem Kunden Ihren Produktentwurf erläutern, sich mit dem Service über die Beseitigung einer Schwachstelle austauschen – immer verwenden Sie diese drei Produktmodelle (oft unbewusst), um ein Produkt detailliert zu beschreiben. Wegen ihrer grundsätzlichen Bedeutung zur Charakterisierung eines Produkts sind diese Produktmodelle auch die Grundlage unserer Methoden (siehe Kapitel 3 bis Kapitel 13). Im Folgenden sehen wir uns diese genauer an und beginnen mit dem Produktmodell „Gestalt", weil Ihnen das am vertrautesten ist.

2.3.1 Das Produktmodell „Gestalt": Wie sieht das Produkt aus und woraus besteht es?

Gestaltmodelle sind **virtuelle Produktdarstellungen**, die die geometrisch-stofflichen Eigenschaften von Produkten darstellen. Sie setzen die Anforderungen der Aufgabenstellung in ein grafisches Modell mit zusätzlichen Werkstoffangaben sowie mit Fertigungs-, Montage- und Benutzungsanweisungen in Stücklisten, Produktionsunterlagen und Betriebsanleitungen um. Die Spannweite von Gestaltmodellen ist außerordentlich groß und reicht von einfachen Handskizzen über grobmaßstäbliche Entwürfe bis hin zu technischen Zeichnungen und 2D- und 3D-CAD-Modellen. Bild 2.4 zeigt beispielsweise verschiedene Gestaltmodelle für einen **Motorradlenker**. In Bild 2.5 sehen Sie den Antrieb der Kurbelpresse als Gestaltmodell (Entwurfszeichnung).

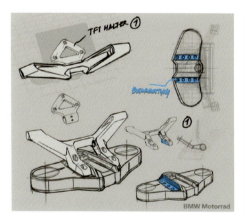

Bild 2.4 Gestaltmodelle für einen Motorradlenker (© BMW AG, München, Deutschland)

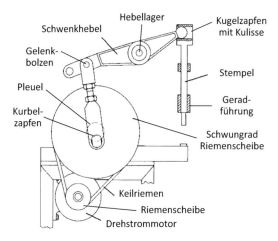

Bild 2.5
Antrieb der Kurbelpresse
als Gestaltmodell

 Beispiel Kurbelpresse

Ein Drehstrommotor treibt über einen Riementrieb eine Schwungscheibe an. In dieser ist ein Pleuel exzentrisch gelagert, der seine Druck- und Zugkraft auf einen Schwenkhebel überträgt. Das vordere Ende des Hebels überträgt die Kraft über eine Paarung des Kugelzapfens mit der Kulisse auf den senkrecht angeordneten, in Geradführung gelagerten Stempel. In der 2D-Entwurfszeichnung des Antriebs erkennen Sie die Bauteile und können sich einen Eindruck von ihrer Art, Anordnung und Größe machen. Die Wirkprinzipe oder gar die Funktion der Antriebskomponenten erschließen sich nur mit entsprechendem technischem Sachverstand aus dem Entwurf.

Die Gestaltebene ist die konkreteste der drei Entwicklungsebenen. Sie können dort die Geometrie, den Werkstoff und die Anordnung der Bauteile verändern (siehe Kapitel 7) und damit wiederum den Antrieb im Hinblick auf Lebensdauer, Kraftübertragung oder Herstellungskosten optimieren. Sie behalten dabei die Antriebsprinzipe und die Funktionsstruktur des Antriebs mit ihren Teilfunktionen bei.

2.3.2 Das Produktmodell „Prinzip": Wie arbeitet das Produkt? Wie funktioniert es?

Lösungen in Produkten basieren auf einem Prinzip (auch Arbeitsweise, Funktionsprinzip, Wirkung genannt), mit dem wir angeben, welcher **physikalische Effekt**[6] bzw. welches **Wirkprinzip** dieser Lösung zugrunde liegt. In Bild 2.6 rechts sehen Sie

---

[6] Dies trifft bei vielen Produkten des Maschinenbaus zu, gilt aber genauso für chemische oder biologische Phänomene, z. B. in Produkten der Verfahrenstechnik, Medizintechnik oder chemischen Industrie.

2.3 Die drei Produktmodelle der Entwicklungs- und Konstruktionsmethodik

den Antrieb der Kurbelpresse als Ketten von Viergelenkgetrieben in einer rot dargestellten Prinzipskizze.

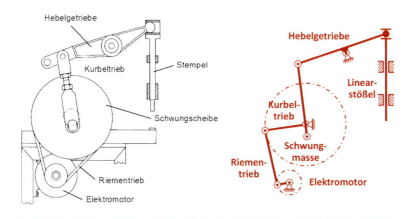

Entwurf Kurbelpressenantrieb   Prinzip Kurbelpressenantrieb

Bild 2.6 Antrieb der Kurbelpresse als Prinzipskizze in Rot (ohne Elektromotor dargestellt)

Beispiel Kurbelpresse

In der Prinzipskizze sind keine Bauteile dargestellt, sondern Antriebskomponenten wie ein Riementrieb (dargestellt als Viergelenkgetriebe), eine Schwungmasse, ein Kurbeltrieb, ein Hebelgetriebe und ein Linearstößel. Für die Auslegung und Optimierung interessieren nicht mehr die Bauteilmerkmale Form und Werkstoff, sondern vor allem physikalische Größen wie Kräfte und Momente, die Übertragungsfunktionen und die Kraftflüsse (*actio* und *reactio*). Damit kann der Antrieb im Hinblick auf Antriebsleistung, Pressennennkraft, Arbeitsvermögen oder Betriebskosten optimiert werden. Sie ahnen wahrscheinlich, dass es noch andere Prinzipe gibt, um die Stanze anzutreiben, z. B. statt des Riementriebs einen elektrischen Direktantrieb oder einen elektrohydraulischen Zylinder. Sie sehen, das Verbesserungspotenzial wird auf der Prinzipebene ungleich größer als auf der Gestaltebene, aber natürlich steigt damit auch der Änderungsaufwand und das Entwicklungsrisiko.

Die Prinzipebene behandelt Lösungen auf deutlich abstrakterem Niveau als die Gestaltebene. Der Lösungsraum ist dadurch viel überschaubarer. Jedem Prinzip entsprechen ja sehr viele Gestaltausführungen. Wenn Sie daher vor der Produktgestaltung erst geeignete Prinzipe ermitteln und nur diese weiterverwenden, sondern Sie alle ungeeigneten Prinzipe aus der weiteren Lösungsfindung aus. Durch diese „Vorsortierung" der Prinziplösungen sind Sie daher sehr schnell und effizient bei der Lösungssuche und – ganz wichtig – deutlich sicherer hinsichtlich der Lösungsqualität.

In Kapitel 8 wird beschrieben, wie Sie mithilfe von **Lösungssammlungen** (Sammlungen von Prinzipen) sehr schnell und gezielt zu aussichtsreichen Prinzipen kommen. Kapitel 6 geht ausführlich darauf ein, wie Sie mit der Methode **Variation des Prinzips** den Lösungsraum systematisch erweitern und so gezielt aufgabengerechte Lösungen erarbeiten können.

2.3.3 Das Produktmodell „Funktion": Was tut das Produkt?

Funktionsmodelle in der in diesem Buch vorzugsweise verwendeten Art[7] (siehe Kapitel 5) dienen der Beschreibung der Stoff-, Energie- und Signalflüsse von Lösungen. Die klassische Darstellung ist die **Black-Box-Darstellung** mit **Ein- und Ausgangsgrößen** und der Angabe der **Operation(en)**, die die Eingangsgrößen in die Ausgangsgrößen transformieren. Eine gut verwendbare Systematik für Funktionen hat Roth entwickelt (Roth 1994, S. 84).

Produkte erfüllen in der Regel eine **Gesamtfunktion**, die den Zweck des ganzen Produkts beschreibt. Sie lässt sich meist in einfachere **Teilfunktionen** aufspalten, die Sie wiederum mit ihrem Zusammenhang in einer **Funktionsstruktur** innerhalb einer **Systemgrenze** darstellen können. Was innerhalb der Systemgrenze liegt, ist Entwicklungsobjekt, außerhalb liegt die Produktumgebung.

Bild 2.7 zeigt den Antrieb der Kurbelpresse als Gesamtfunktion und als Funktionsstruktur mit Teilfunktionen.

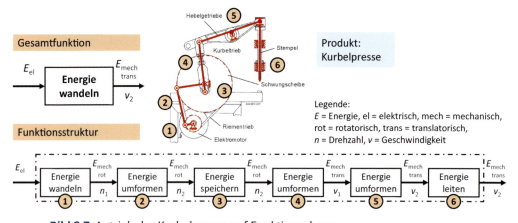

Bild 2.7 Antrieb der Kurbelpresse auf Funktionsebene

---

[7] Es gibt daneben auch eine andere Art von Funktionsmodellen, mit denen Beziehungen zwischen Bauteilen beschrieben werden, z. B „Welle lagern" oder „Flansch positionieren" (siehe Kapitel 12). Diese Funktionen setzen aber einen Entwurf voraus, in dem Bauteile und Komponenten vorliegen. Deswegen können diese Funktionen beim Gestalten eines Produkts hilfreich sein, nicht aber wenn es um die Erarbeitung von Produktkonzepten geht, in denen noch gar keine Bauteile vorliegen.

Beispiel Kurbelpresse

Die Gesamtfunktion des Pressenantriebs liegt darin, elektrische Energie, die der Kunde in seinem Netz hat, in eine translatorische Hubbewegung des Stempels mit definierter Nennkraft umzuformen. Die Funktionsstruktur beschreibt, wie der Konstrukteur des Antriebs diese Gesamtfunktion mit verschiedenen Teilfunktionen (Energietransformationen) erfüllt hat. Sie sehen in Bild 2.7 erstaunlich viele Teilfunktionen in einer Reihenschaltung, von denen jede eine einzelne Transformation des Energieflusses beschreibt. Jede Teilfunktion wird durch einzelne Komponenten des Pressenantriebs realisiert.

Im Unterschied zur Prinzip- oder gar Gestaltebene sind Lösungen auf der Funktionsebene sehr abstrakt (Black Boxes mit Ein- und Ausgangsgrößen). Sie können sich damit aber auch sehr schnell einen Überblick verschaffen, wie ein Produkt funktionell strukturiert ist (Funktionsanalyse) oder sein soll (Funktionssynthese). Ziel einer **Funktionsanalyse** ist es, einfache, betriebssichere, zuverlässige und kostengünstige Lösungen zu erarbeiten. Dazu beschreiben Sie vorhandene Produkte mit Funktionen, überprüfen diese dann kritisch und variieren sie, falls erforderlich (siehe Motivationsbeispiel in Kapitel 5). Bei der Suche nach neuen Lösungen fragen Sie, wie man die Gesamtfunktion gleich von Anfang an möglichst einfach lösen kann (siehe Anwendungsbeispiel in Kapitel 5). Wenn Sie direkt von der Gesamtfunktion ausgehen und daraus schrittweise Funktionsstrukturen systematisch ableiten, machen Sie eine **Funktionssynthese**.

Fazit

Mit den drei Produktmodellen „Gestalt", „Prinzip" und „Funktion" sind die Modelle für unsere Entwicklungs- und Konstruktionsmethoden beschrieben. Diese Produktmodelle sind jedem Entwickler und Konstrukteur geläufig und er verwendet sie vielfach unbewusst. Sie im Entwicklungs- und Konstruktionsprozess bewusst wahrzunehmen und gezielt einzusetzen führt schneller und sicherer zum Erfolg.

2.4 Das Kegelmodell zur Darstellung des Lösungsraumes

2.4.1 Die Entwicklungsebenen im Kegelmodell

Eben haben wir Ihnen die drei Produktmodelle nahegebracht. Jetzt wollen wir sie miteinander in Beziehung setzen und übersichtlich darstellen. Jedes Produktmodell spannt eine Ebene auf, in der Sie entsprechende Lösungen erarbeiten bzw. finden können:

- Auf der **Funktionsebene** legen Sie fest: Was soll das Produkt tun?
- Auf der **Prinzipebene** legen Sie fest: Wie soll das Produkt arbeiten (funktionieren)?
- Auf der **Gestaltebene** legen Sie fest: Wie sieht das Produkt aus?

Auf der Funktionsebene gibt es vergleichsweise wenige, abstrakte Lösungen in Form von Teilfunktionen. Die Lösungsmenge ist hier noch recht gering und die Fläche der Funktionsebene klein. Auf der Prinzipebene haben wir schon deutlich konkretere Lösungen in Form physikalischer Effekte oder Wirkprinzipe. Die Lösungsmenge und damit die Fläche der Prinzipebene ist hier weitaus größer als auf der Funktionsebene. Sehr groß dagegen ist die Lösungsmenge auf der Gestaltebene, da jede Geometrie- und Werkstoffvariante von Bauteilen und Komponenten als eigenständige Lösung angesehen werden kann. Diesem „Anwachsen" der Lösungsmengen trägt unser Kegelmodell Rechnung, das die drei Ebenen mit ihrer zunehmenden Größe übereinander anordnet. Die kleine **Funktionsebene** liegt oben, die größere **Prinzipebene** in der Mitte und die große **Gestaltebene** unten. Wenn Sie noch bedenken, dass die beim Entwickeln und Konstruieren zu verarbeitende Informationsmenge und damit auch der Arbeitsaufwand „von oben nach unten" ganz erheblich zunehmen, ist die Darstellung der **Entwicklungsebenen** in einem **Kegelmodell** nur konsequent (Bild 2.8).

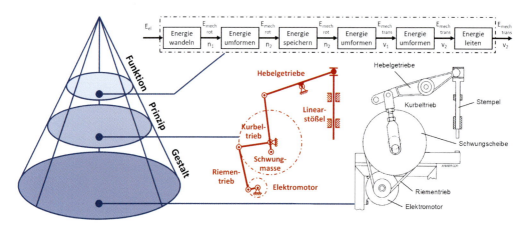

Bild 2.8 Das Kegelmodell mit den drei Entwicklungsebenen Funktion, Prinzip und Gestalt

2.4.2 Die Elemente innerhalb der Entwicklungsebenen

Die Entwicklungsebenen sind jetzt eingeführt, aber was passiert in den einzelnen Ebenen? Lesen Sie dazu nochmals die Beschreibung der Kurbelpresse: „… *Die Aluguss-Konstruktion des Pressengestells und die robuste Bauart sichern eine lange Lebensdauer…*". Analysieren Sie einmal, was dieser Auszug aus der Beschreibung grundsätzlich aussagt (Bild 2.9). Die **Lösung** „Pressengestell" hat die **Eigenschaft** „Aluguss-Konstruktion", die mit dem **Ziel** „lange Lebensdauer" verglichen wird. Lösungen, Eigenschaften und Ziele definieren die drei Elemente innerhalb einer Entwicklungsebene, die in jeder Entwicklung permanent bearbeitet und miteinander in Beziehung gesetzt werden (siehe auch Entwicklungszyklus in Abschnitt 2.5.2). Sie werden als Sektoren innerhalb der Entwicklungsebenen dargestellt (Bild 2.9).

Bild 2.9 Die drei Elemente innerhalb jeder Entwicklungsebene: Ziele, Lösungen und Eigenschaften

2.4.3 Das ganze Kegelmodell

Jetzt sind alle Details des Kegelmodells behandelt. Es gibt die drei Entwicklungsebenen und auf **jeder** Entwicklungsebene gibt es Ziele, Lösungen und Eigenschaften. Daraus folgt die 3D-Darstellung des Kegelmodells mit seinen drei Entwicklungsebenen und den drei verschiedenfarbigen Sektoren Ziele, Lösungen und Eigenschaften (Bild 2.10).

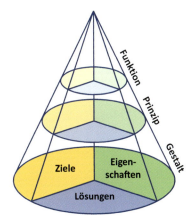

Bild 2.10
Das ganze Kegelmodell

Sie können jetzt die Ergebnisse ihrer Entwicklungs- und Konstruktionsarbeit dort einordnen. So wie es in Bild 2.10 dargestellt ist, ist es ein reines **Objektmodell**, das noch nichts über Arbeitsschritte oder Tätigkeiten im Entwicklungsprozess aussagt.

 Fazit
Das Kegelmodell ordnet die Elemente, um die es in der Entwicklung und Konstruktion geht. Beim täglichen Arbeiten hilft diese Übersicht, zu erkennen, wo Sie gerade stehen und wohin Sie gehen können, um erfolgreich weiterzuarbeiten.

2.5 Vorgehen identifizieren und darstellen im Kegelmodell

Wir zeigen Ihnen jetzt, wie Sie im Kegelmodell Ihr Vorgehen (Aktivitäten, Tätigkeiten) darstellen können.

2.5.1 Elementare Vorgehensweisen

Diese Vorgehensweisen ergeben sich daraus, dass Sie Arbeitsschritte als (hier rote) Pfeile darstellen, die den Übergang zwischen den jeweiligen Flächen (Ebenen, Felder) charakterisieren.

In eine Entwicklungsaufgabe einsteigen

Wo beginnen Sie bei einer neuen konstruktiven Aufgabenstellung? Grundsätzlich können Sie auf jeder der drei Entwicklungsebenen einsteigen und dort das jeweilige Produktmodell bearbeiten. Doch schon der „richtige" Einstieg ist ein erster Schlüssel für Ihren Entwicklungserfolg. Wir wollen Ihnen diese Frage mit zwei Szenarien am Beispiel der Kurbelpresse beantworten (Bild 2.11).

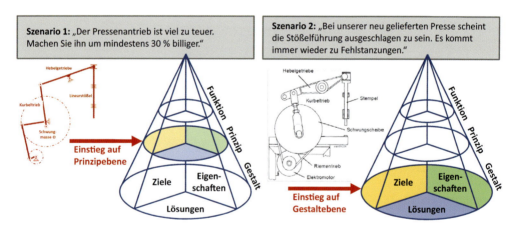

Bild 2.11 Einstieg auf unterschiedlichen Entwicklungsebenen – zwei Szenarien

Szenario 1

Ihr Chef sagt Ihnen: „Der Pressenantrieb ist viel zu teuer, machen Sie ihn um mindestens 30 % billiger!" Sie wissen aus Erfahrung, dass Sie dieses Kostenziel mit einer Änderung der Bauteilgestalt oder mit anderen Bauteilwerkstoffen nicht erreichen können. Sie müssen grundsätzlichere Veränderungen am bestehenden Antrieb vornehmen und mindestens auf der Prinzipebene einsteigen. So ersetzen Sie vielleicht, wie in Bild 2.17 dargestellt, das große Schwungrad mit dem Keilriementrieb durch einen Getriebemotor, der am Abtrieb über ein Pleuel direkt auf das Hebelgetriebe wirkt. Vielleicht überlegen Sie sogar einen Einstieg auf der Funktionsebene, um die „ellenlange" Funktionskette in Bild 2.7 radikal zu vereinfachen und einen Direktantrieb für die Stempelbewegung zu realisieren.

Szenario 2

Ihr Chef sagt Ihnen: „Unser Kunde ist sauer! Bei unserer neu gelieferten Presse scheint die Stößelführung ausgeschlagen zu sein. Er hat immer wieder Fehlstanzungen!" Sie wissen: Wenn eine Pressenführung ausgeschlagen ist, ist diese Führung überbeansprucht oder es sind unzureichende Werkstoffpaarungen verwendet worden. Im ersten Fall können Sie Durchmesser, Länge und Abstand der Führungsbuchsen verändern. Im zweiten Fall müssen Sie geeignetere Werkstoffpaarungen und Schmierstoffe einsetzen. Bauteilabmessungen bzw. Werkstoffe zu ändern ist eine klassische Gestaltungsaufgabe. Sie steigen also bei Ihrer Umkonstruktion auf der Gestaltungsebene ein. Eine Prinzip- oder gar Funktionsänderung wäre in diesem Fall viel zu aufwendig und mit unnötigen Risiken behaftet.

Ihre eigenen Erfahrungen zeigen Ihnen vielfach, wann Sie eine Funktionsbetrachtung machen, wann Sie eine Suche nach Lösungsprinzipen angehen, wann Sie sich auf die Gestaltung eines Bauteils konzentrieren. Dies kann Ihnen kein **Ablaufplan** vorschreiben. Das müssen Sie je nach dem konkreten Problem und der konkreten Entwicklungssituation im Hier und Jetzt entscheiden. Mehr zur situativen Auswahl von geeigneten Schritten im Vorgehen und passenden Methoden zur Unterstützung der Aktivitäten finden Sie bei Ponn (Ponn 2007).

Und es gilt: Wenn man sich bewusst klarmacht, an welcher Stelle man zu entwickeln beginnt, geht die Entwicklungsarbeit schneller und bringt bessere Ergebnisse.

Abstrahieren und Konkretisieren

Sie können **Lösungen konkretisieren** (Übergang von oben nach unten), um sie näher an den endgültigen Entwicklungsstatus zu bringen (Bild 2.12 links). Dies ist dann zu empfehlen, wenn Sie auf der aktuellen Entwicklungsebene das Lösungspotenzial ausgeschöpft haben und keine aussichtsreichen Lösungsalternativen bzw. Lösungsvarianten mehr erkennen.

Wenn Sie **Lösungen abstrahieren** (Übergang von unten nach oben), gehen Sie zurück auf grundsätzlichere Modelle, um das Lösungsfeld z. B. von der Gestaltebene auf die Prinzipebene auszuweiten (Bild 2.12 links). Das machen Sie bevorzugt dann, wenn Sie auf der ursprünglichen Entwicklungsebene nicht mehr vorankommen und keinen Entwicklungserfolg absehen können.

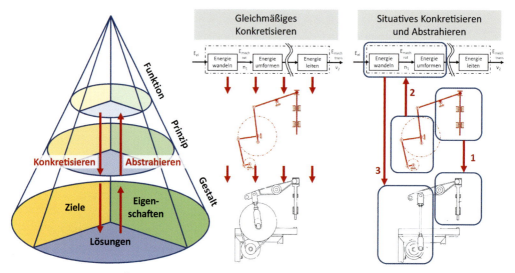

Bild 2.12 Der Übergang zwischen den Entwicklungsebenen – Abstrahieren und Konkretisieren

In einigen Entwicklungsvorhaben mag es sinnvoll sein, alle Komponenten komplett auf einer Entwicklungsebene zu bearbeiten und erst danach alle Lösungen zur nächsten Ebene zu konkretisieren (Bild 2.12 Mitte).

> **Beispiel Kurbelpresse**
> Ausgehend von der Funktionsstruktur des gesamten Antriebs werden für jede Teilfunktion zunächst Teillösungen auf Prinzipebene erarbeitet und erst danach alle Teillösungen gestaltet und in den Gesamtentwurf integriert.

In der Regel erkennen Sie aber besondere Schwerpunkte oder Risiken (siehe Kapitel 12) bei bestimmten Lösungen, die in einer Vorausschau konkretisiert und abgeklärt werden müssen (z. B. durch Orientierende Versuche, siehe Kapitel 10), bevor andere Komponenten bearbeitet werden. Oder Sie erkennen, dass z. B. eine Lösungsentscheidung nicht zum Erfolg führt und einen Rücksprung auf eine vorherige Entwicklungsebene erfordert. Bild 2.12 rechts zeigt solch ein situatives Konkretisieren und Abstrahieren.

2.5 Vorgehen identifizieren und darstellen im Kegelmodell

Beispiel Kurbelpresse

In Bild 2.12 rechts wird der gesamte Antrieb als Prinzipskizze entworfen. Das Hebelgetriebe mit dem Stempel wird zu einem Gestaltentwurf konkretisiert (Schritt 1). Beim restlichen Antriebsbereich mit Motor, Schwungscheibe und Riementrieb bestehen jedoch Bedenken bezüglich Kosten und Taktzeiten. Die Entwickler gehen zu einer Funktionsbetrachtung dieser Antriebskomponenten zurück (Schritt 2) und erkennen, dass die einzelnen Teilfunktionen anders angeordnet und in einer Zulieferung zusammengefasst (Getriebemotor) viel kostengünstiger und leistungsfähiger realisiert werden können (Schritt 3).

Im Entwicklungsprozess kann es passieren, dass Lösungen z. B. aus Funktions-, Risiko- oder Kostengründen abgesichert werden müssen oder dass eine Lösung verworfen und mit der Lösungssuche „neu" begonnen werden muss. Das erfordert punktuelle Vor- oder Rücksprünge zwischen den Entwicklungsebenen. Das Verständnis des Kegelmodells mit seinen drei Entwicklungsebenen hilft Ihnen, diese Vor- und Rücksprünge gezielt vorzunehmen und dabei den Überblick über den Lösungsfortschritt zu behalten.

2.5.2 Der Entwicklungszyklus

Bisher wurde das Arbeiten mit den Entwicklungsebenen betrachtet. Doch auch innerhalb einer Entwicklungsebene können Sie sehr wohl in den einzelnen Sektoren und durch den Übergang zwischen Sektoren aktiv werden (Bild 2.13).

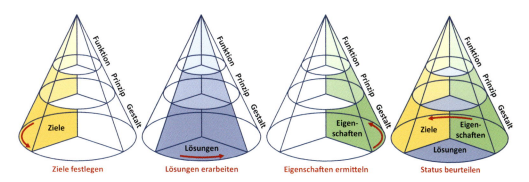

Bild 2.13 Der Entwicklungszyklus mit seinen vier Schritten

Ziele festlegen

Ziele können Sie z. B. durch Marktforschung, Kundenbefragung oder Wettbewerbsanalysen ermitteln und in Lastenheften, Pflichtenheften und Anforderungslisten dokumentieren. Ohne Ziel kein Weg! Jede Entwicklung braucht klare Zielvorgaben im Pflichtenheft bzw. in der Anforderungsliste.

Beispiel Kurbelpresse

Die Überarbeitung der vorliegenden Kurbelpresse soll nach der neuen Anforderungsliste (Bild 2.14) erfolgen. Gestiegene Anforderungen durch ein breiteres Spektrum an zu verarbeitenden Umformteilen und neuen, hochfesten Werkstoffen erfordern deutlich höhere Pressennennkräfte.

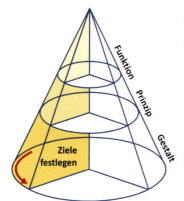

QL 82-21 E					BI-TA	021012	1
Auftragsnummer			Produkt	Kurbelpresse C5000	Bearbeiter	Datum	Blatt
Gliederung	FF BF ZF W		Anforderungen				Verantwortlich Klärung durch
		Nr	Bezeichnung	Werte, Daten, Erläuterung			
	FF	1	Leistungsklasse	5000-40			MT
Leistung	FF	2	Nennkraft 5mm vor UT	5000N			MT
	ZF	3	Nennkraft 10mm vor UT	3500N			MT
	BF	4	Hub	> 45mm			MT
	FF	5	Betriebsart	Einzeltakt oder Durchlauf (wahlweise)			MT
Bauraum	BF	6	Abmessungen	H <1700mm B <800mm T <800mm			SV
Termine		7	Termine	Prototyp 07.11. 0-Serienbeginn 03.12			

Bild 2.14 Ziele festlegen – Anforderungsliste (Ausschnitt) für die neue Kurbelpresse

Lösungen erarbeiten

Lösungen erarbeiten Sie z. B. durch Recherchen in Zulieferkatalogen oder im Internet bzw. durch Ändern, Umkonstruieren oder Variieren einer bestehenden Lösung. Dies ist eine der Kernaufgaben von Entwicklern und Konstrukteuren. Mehrere Methoden in diesem Buch gehen auf diese Aufgabe ein.

 Beispiel Kurbelpresse

Die aktuelle Kurbelpresse kann den wachsenden Anforderungen nicht mehr entsprechen. Insbesondere aufgrund anderer Werkstoffe der zu verarbeitenden Umformteile übersteigen die erforderlichen Pressennennkräfte das Leistungsvermögen der aktuellen Presse. Ziel ist es, die „alte" Presse mit möglichst geringem Aufwand zu ertüchtigen. Bild 2.15 zeigt die bisherige Ausführung des Pressenantriebs und daneben eine Alternative, die durch Variation der Funktionsstruktur ermittelt wurde und gleichzeitig auch deutlich kostengünstiger ist.

Der bisherige Entwurf sieht einen Drehstrommotor vor, der über einen Riementrieb eine Schwungscheibe antreibt, die über einen Kurbeltrieb und ein Hebelgetriebe den Stößel betätigt. Wegen der viel höheren Energiespeicherkapazität wird beim geänderten Entwurf die Schwungscheibe auf die Motorwelle an der Motorrückseite montiert (wesentlich höhere Drehzahl und quadratisch höheres Schwungmoment). Der Motor wird gegen einen Getriebemotor ausgetauscht und treibt am Getriebeausgang direkt die Kurbel eines Kurbelgetriebes an. Das Hebelgetriebe und die Stößelführung bleiben unverändert.

2.5 Vorgehen identifizieren und darstellen im Kegelmodell

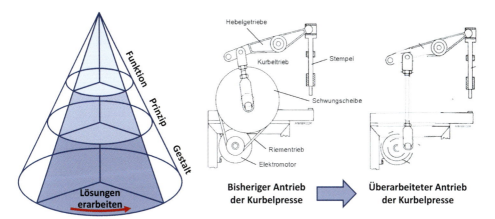

Bild 2.15 Lösungen erarbeiten – bisheriger und überarbeiteter Antrieb der Kurbelpresse

Eigenschaften ermitteln

Eigenschaften von Lösungen ermitteln Sie z. B. durch Analysieren, Messen, durch Versuche mit Mustern bzw. Prototypen oder durch Berechnungen und Simulationen. Lösungseigenschaften zu ermitteln ist oft eine Aufgabe, die von speziellen Abteilungen übernommen und von dafür geschulten Fachkräften durchgeführt wird. Häufig kommen dabei aufwendige Versuchseinrichtungen oder leistungsfähige Berechnungs- und Simulationstools zum Einsatz.

 Beispiel Kurbelpresse

Die Nennkraftauslegung der neuen Presse wurde durch Berechnungen abgesichert und an einer umgebauten Kurbelpresse durch Nennkraftmessungen mittels Kraftmessdosen evaluiert. Bild 2.16 zeigt den Kraftwegverlauf, aufgenommen von einem Oszillografen.

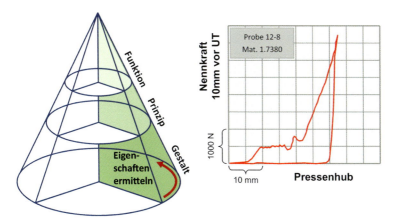

Bild 2.16 Eigenschaften ermitteln – Nennkraftverlauf der Kurbelpresse

Status beurteilen

Diese abschließende Beurteilung setzt Eigenschaften von Lösungen mit den entsprechenden Zielen in Beziehung, fällt ein Urteil über die Zielerreichung und ermöglicht eine Entscheidung über das weitere Vorgehen.

> **Beispiel Kurbelpresse**
>
> Der Vergleich der Messungen mit den Anforderungen belegt, dass der neue Pressenantrieb den gestiegenen Anforderungen voll gerecht wird (Bild 2.17). Die Freigabe für die Fertigung einer Nullserie von fünf Pressen für Vorzugskunden wird erteilt.

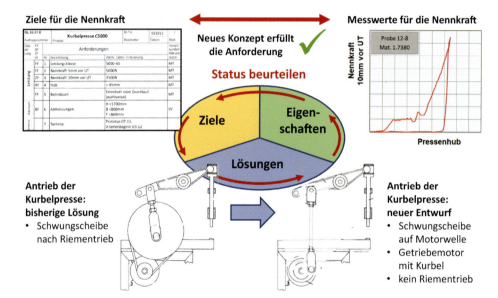

Bild 2.17 Status beurteilen am Beispiel des Pressenantriebs

Die vier Arbeitsschritte des Entwicklungszyklus sind grundsätzlicher Natur und für jedes Entwicklungs- und Konstruktionsvorhaben relevant. Das zeigt in vergleichbarer Weise das viel früher entwickelte, aus der Kybernetik stammende **TOTE-Schema** mit seiner Arbeitsfolge Test – Operate – Test – Exit (Miller et al. 1960). In gleicher Weise beschreibt der **PDCA-Zyklus** (auch PDCA-Methode oder nach seinem Urheber Deming-Kreis genannt) ein zyklisches Vorgehen aus Plan, Do, Check, Act im Qualitätsmanagement (Deming 1982; Imai 1992). Beide Methoden leiten ihren Namen aus den Anfangsbuchstaben des Handlungszyklus ab. Sie formulieren grundsätzliche Methoden zur kontinuierlichen Verbesserung von Produkten und Prozessen mit einem iterativen Vorgehen. Welche Methoden, welches Vorgehen, welche Hilfsmittel dafür eingesetzt werden, muss jedoch immer im konkreten Fall entschieden werden.

Fazit

Die hier beschriebenen Vorgehensweisen bestimmen den gesamten Entwicklungs- und Konstruktionsprozess. Sie zu kennen und gezielt einzusetzen hilft ganz entscheidend, um effizient vorzugehen und Zeit und Kosten im Entwicklungsprozess einzusparen.

2.6 Das Vorgehen übersichtlich und nachvollziehbar darstellen

2.6.1 Vorgehen darstellen im Kegelmodell und der Methodenkarte

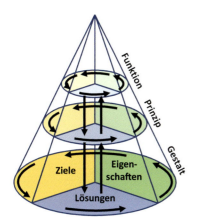
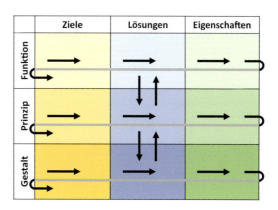

Bild 2.18 Entwicklungsaktivitäten im Kegelmodell (links) und in der Methodenkarte (rechts)

Sie haben jetzt das Kegelmodell kennengelernt, das den gesamten Lösungsraum für Entwicklungsaktivitäten aufspannt. Sie können in diesem Modell Ihre Entwicklungstätigkeiten und die Ergebnisse verorten. Wenn Sie das im Kegelmodell machen (Bild 2.18 links), „fliegen" Sie quasi mit Ihren einzelnen Aktivitäten (Pfeile) in diesem kegelförmigen Raum von Ergebnis zu Ergebnis. So anschaulich diese 3D-Darstellung für den Verlauf eines Entwicklungsprojekts auch ist, so unhandlich ist sie allerdings für die praktische Handhabung. Deshalb haben wir den räumlichen Entwicklungskegel in die Ebene überführt. Wir stellen die Kegelflächen und Sektoren in einer Matrix dar, die wir als **Methodenkarte** bezeichnen (Bild 2.18 rechts). Die Achsen der Matrix sind in der Vertikalen die drei Entwicklungsebenen Funktion, Prinzip und Gestalt und in der Horizontalen die Sektoren Ziele, Lösungen und Eigenschaften. Da alle Matrixfelder gleich groß sind, entfällt auch die Restriktion der Kegeldarstellung mit einer kleinen Funktionsebene. In der Matrixdarstellung in Bild 2.18 sind bereits Pfeile eingetragen, die vertikal das Konkretisieren bzw. Abstrahieren von Lösungen symbolisieren, während horizontal das Arbeiten mit und zwischen Zielen, Lösungen und Eigenschaften dargestellt ist.

2.6.2 Methodenablauf darstellen im Methodennavigator

Für die in diesem Buch beschriebenen Methoden schlagen wir jeweils ein konkretes Vorgehen mit einer Folge von Arbeitsschritten vor. Dieses Vorgehen bilden wir durch ein Pfeilnetzwerk mit Zuständen (Kreise mit Nummerierung) und Vorgängen (Pfeile) anschaulich in der Methodenkarte ab. Von einem Startpunkt S aus durchlaufen wir verschiedene Entwicklungszustände und beenden die Anwendung der jeweiligen Methode am Endpunkt (hier Punkt 3). So können wir nicht nur ein Vorgehen nachträglich abbilden, sondern vor allem auch einen **Methodennavigator** (Bild 2.19) für Praktiker als Handlungsanleitung vorweg bereitstellen. Er zeigt Ihnen das konkrete Vorgehen, wenn Sie eine der beschriebenen Methoden anwenden wollen. Der Methodennavigator ist das Herzstück des Methodensteckbriefs, wie er in Kapitel 1 beschrieben wird. In Bild 2.19 rechts finden Sie ein paar „Verkehrsregeln" für das Navigieren auf der Methodenkarte, die Ihnen (wie wir hoffen) die Orientierung erleichtert und die Lesbarkeit der Methodendurchläufe in den Steckbriefen erhöht.

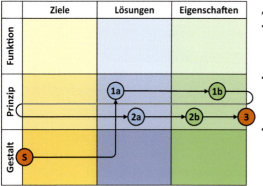
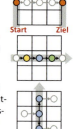

Bild 2.19 Der Methodennavigator (links) und einige „Verkehrsregeln" (rechts)

Fazit

Nutzen Sie den Methodennavigator im Methodensteckbrief, um Ihr Vorgehen zu reflektieren und einzuordnen. Sie können damit Ihr Vorgehen eventuell auch optimieren.

2.7 Die Entwicklungs- und Konstruktionsstrategien

Wir haben eingangs in Abschnitt 2.1 einen Ausflug in die Denkpsychologie unternommen, um über das Denken beim Entwickeln und Konstruieren zu reflektieren und Sie zur Selbstreflexion anzuhalten: „Was mache ich eigentlich bei meiner Arbeit und wie kommt das zustande, was ich auf dem Papier oder auf dem Bildschirm als Ergebnis sehe?" Diese grundsätzlichen Überlegungen wollen wir hier noch kurz ergänzen, bevor wir sie am Schluss dieses Buches in Kapitel 14 ausführlich aufgreifen. Wir wollen Ihnen zeigen, dass Methoden im Allgemeinen und nicht nur die in diesem Buch angesprochenen auf einer vergleichsweise kleinen Zahl von Strategien beruhen, mit denen wir Menschen im Laufe der Evolution gelernt haben, auch sehr komplexe Probleme zu lösen (Dörner 1989; Strohschneider/von der Weth 2002). Wir können dies dank dieser Strategien, obwohl unser Gehirn dafür gar nicht ausgebildet und seine Leistungsfähigkeit grundsätzlich limitiert ist. Diese Limitierungen unseres Gehirns beim Agieren in einer komplexen Umgebung (Natur, Wirtschaft, Gesellschaft, Technik, …) umgehen wir, indem wir mit diesen **Denkstrategien** die Komplexität reduzieren und sie für uns bewältigbar machen. Typische Strategien sind z. B. folgende:

- Wenn uns ein Problem zu unübersichtlich ist, zerlegen wir es in kleinere „Häppchen".

- Wenn uns ein Problem unbekannt, fremd erscheint, betrachten wir es aus einem anderen Blickwinkel, d. h. aus einer anderen Sicht.

- Wir vertrauen nicht immer der erstbesten Lösung, sondern suchen nach Alternativen, getreu dem Motto: Es gibt immer noch eine andere Lösung und oft eine noch bessere.

Diese und andere sind eminent wichtige Strategien, die unser Denken vielfach unbewusst steuern und die wir Ihnen in Kapitel 14 nahebringen wollen. Wenn Sie die im Buch präsentierten Methoden lesen, denken Sie vielleicht an diese Strategien. Sie werden schnell merken, dass unsere Methoden nicht „vom Himmel gefallen sind", sondern dass sie diese Strategien in unterschiedlicher Weise, aber ganz konkret nutzen, um konstruktive Probleme zu „knacken" und zügig zu erfolgreichen Lösungen zu kommen.

Wir wünschen Ihnen nun viele Erkenntnisse und Einsichten beim Lesen dieses Buches!

Literatur

Deming, W. E.: Out of the crisis. Massachusetts Institute of Technology Press, Cambridge 1982

Dörner, D.: Die Logik des Misslingens. Strategisches Denken in komplexen Situationen. Rowohlt, Reinbek 1989

Ehrlenspiel, K.: On the Importance of the Unconscious and the Cognitive Economy in Design. In: *Lindemann, U.:* Human Behaviour in Design. Individuals, Teams, Tools. Springer, Berlin 2003. S. 25–41

Ehrlenspiel, K./Birkhofer, H.: Memorandum „Gedanken zur Konstruktionsmethodik". Unveröffentlichtes Manuskript. Tutzing/Darmstadt 2021

Ehrlenspiel, K./Meerkamm, H.: Integrierte Produktentwicklung. Denkabläufe, Methodeneinsatz, Zusammenarbeit. 6. Auflage. Carl Hanser Verlag, München 2017

Frankenberger, E./Badke-Schaub, P.: Designers. The Key to Successful Product Development. Springer, London 1998

Imai, M.: Kaizen. Der Schlüssel zum Erfolg der Japaner im Wettbewerb. Wirtschaftsverlag Langen Müller/Herbig, München 1992

Kahneman, D.: Schnelles denken, langsames Denken. Pantheon, München 2014

Miller, G. A./Galanter, E./Pribram, K. H.: Plans and the Structure of Behavior. Holt, Rinehart & Winston, New York 1960

Müller, J.: Akzeptanzbarrieren als berechtigte und ernstzunehmende Notwehr kreativer Konstrukteure. Nicht immer nur böser Wille, Denkträgheit oder alter Zopf. In: *Hubka, V. (Hrsg.):* Proceedings of ICED 1991. Edition Heurista, Zürich 1991

Ponn, J.: Situative Unterstützung der methodischen Konzeptentwicklung technischer Produkte. Produktentwicklung München, Band 69. Dr. Hut, München 2007. Zugleich: Dissertation. TU München 2007

Roth, K.: Konstruieren mit Konstruktionskatalogen. Band I: Konstruktionslehre. Springer, Berlin 1994

Strohschneider, S./Weth, R. von der: Ja, mach nur einen Plan. Pannen und Fehlschläge – Ursachen, Beispiele, Lösungen. 2. Auflage. Huber, Bern 2002

3 Ideen für neue Produkte finden

Warum sollten Unternehmen laufend Ideen für neue Produkte finden? Die Sicherung und Steigerung des Umsatzes und der Wettbewerbsfähigkeit sind wichtige Faktoren für einen dauerhaften Erfolg. Oft erfordern neue Technologien und Fortschritte die Reaktion eines Unternehmens. Produktneuheiten sind notwendig, um die Kundenbindung zu erhalten und zusätzliche Kunden zu gewinnen. Auch Unzufriedenheit mit bestehenden Produkten oder erkannte, noch nicht befriedigte Verbesserungsbedarfe sind Auslöser dafür, nach neuen Ideen für Verbesserungen und Neuprodukten zu suchen.

3.1 Ziel des Kapitels

Nicht alle Ideen führen automatisch zu erfolgreichen Produkten. Oft bedarf es einer Vielzahl an Kandidaten, die in den Innovationsprozess einfließen, von denen im Laufe des Prozesses dann viele ausgesiebt werden und von denen sich schlussendlich nur wenige als erfolgreiche Produkte am Markt durchsetzen. Zum Beispiel schafft es in der Pharmabranche durchschnittlich nur jeder hundertste Ideenkandidat zum Blockbuster. Der Erfolg dieses einen Produkts muss schließlich auch die Entwicklungsaufwände für viele Fehlversuche mitfinanzieren.

In diesem Kapitel zeigen wir Ihnen, wie Sie systematisch neue **Produktideen finden**, bewerten und die am meisten Erfolg versprechenden Ideen auswählen können. Sie erfahren, wie Ihnen ein methodisches Vorgehen in der frühen Phase der Produktentwicklung hilft, das Risiko von Fehlschlägen zu mindern, Kosten zu senken und die Effizienz zu steigern.

3.2 Motivationsbeispiel: Neue Produkte für die Bahn

Wie wichtig es ist, sich systematisch und regelmäßig Gedanken zu neuen Produkten zu machen und ein kontinuierliches Ideenmanagement zu betreiben, zeigt das Beispiel der KRAIBURG STRAIL GmbH & Co. KG. Als Hidden Champion ist das in Tittmoning in Bayern ansässige Unternehmen weltweit Marktführer bei **Bahnübergangssystemen**. Die ursprüngliche Geschäftsidee des Unternehmens beruht auf einer genialen Idee: Gummimehl, das bei der Reifenrunderneuerung als Abfallprodukt entsteht, wird weiterverwendet und zu Gummiplatten verarbeitet. Hierbei handelt es sich um Bahnübergangsplatten, die im Bahnübergang die Kreuzung des Straßenverkehrs mit der Schiene ermöglichen. Die Platten sind für alle gängigen Schienen- und Schwellenformen verfügbar, bieten mit ihrer rutschfesten Oberfläche eine hohe Sicherheit am Bahnübergang, sind langlebig, ökologisch nachhaltig und darüber hinaus auch noch schnell und einfach ein- und ausbaubar. Das Geschäft mit den Bahnübergangssystemen STRAIL® (Bild 3.1) läuft seit vielen Jahren erfolgreich. Warum sollte man sich also Gedanken über neue Produkte machen?

Bild 3.1 STRAIL® Bahnübergangsplatten (mit freundlicher Genehmigung der KRAIBURG STRAIL GmbH & Co. KG)

Die Entwicklung und Zulassung neuer Produkte im Bahnbereich benötigen oft mehrere Jahre. Als Newcomer muss man einen langen Atem beweisen, um erfolgreich in den Bahnmarkt einzutreten. Dennoch wird der Wettbewerb mit neuen Spielern über die Zeit intensiver. Gerade in einer Phase, in der Bahnübergangssysteme stark nachgefragt werden, hat das Unternehmen beschlossen, die Suche nach neuen Produktideen, Produktverbesserungen und neuem Kundennutzen zu forcieren, um die gute Kundenbindung als „Partner der Bahn" weiter zu vertiefen.

3.2 Motivationsbeispiel: Neue Produkte für die Bahn

In moderierten Workshops hat KRAIBURG STRAIL im Jahr 2012 systematisch neue Ideen entwickelt. Die Ergebnisse zeigten schnell, dass es nicht an guten Ideen mangelt. Die Herausforderung lag eher darin, aus der Vielzahl an Ideen die spannendsten, für das Unternehmen passendsten und schlussendlich am meisten Erfolg versprechenden herauszufinden. Die Quellen für neue Ideen waren vielfältig und wurden in den Workshops systematisch bearbeitet. Von Anregungen aus Kundengesprächen des Vertriebs über Auswertungen aus Produktbeobachtungen bis hin zur berühmten Idee morgens unter der Dusche konnten viele Kandidaten in den Ideentrichter[1] eingefüllt werden. Im weiteren Verlauf und insbesondere im Rahmen einer Bewertung der Ideen nach Attraktivität und Risiko hat das Unternehmen sich unter anderem für die Entwicklung von Lärmschutzprodukten entschieden. Bereits 2016 konnte KRAIBURG STRAIL die neu entwickelten Lärmschutzprodukte auf der InnoTrans – der wichtigsten Messe für Bahnprodukte – vorstellen (Bild 3.2).

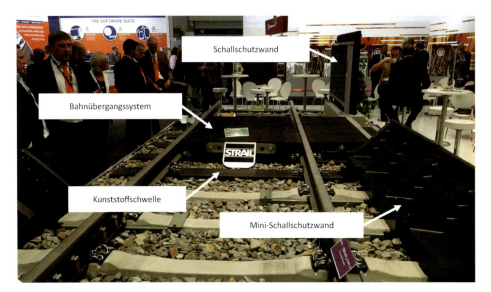

Bild 3.2 KRAIBURG STRAIL präsentiert seine neuesten Produkte auf der Messe InnoTrans in Berlin (mit freundlicher Genehmigung der KRAIBURG STRAIL GmbH & Co. KG)

In Bild 3.2 sind auch die Prototypen für die neue Kunststoffschwelle STRAILway® zu sehen. Die Produktidee, Bahnschwellen aus Kunststoff herzustellen und damit bestehende Schwellen zu substituieren, war ebenfalls in der Ideenoffensive entstanden, jedoch zunächst bei der Auswahl durchgefallen. Warum diese Produktidee im weiteren Verlauf doch wieder aufgegriffen wurde und sich zu einer erfolgreichen Produktinnovation mausern konnte, erfahren Sie im Laufe des Kapitels.

---

[1] Das Bild des Trichters verdeutlicht hier sehr gut den Vorgang des Auffangens und Kanalisierens von Ideen.

3.3 Methoden: Ideen für neue Produkte finden

In diesem Kapitel zeigen wir Ihnen, wie Sie in vier einfachen Schritten systematisch zu aussichtsreichen Ideen für neue Produkte kommen. Sie erfahren

- wie und wo Sie die **Ideenfindung für neue Produkte** am besten **angehen** können,
- wie Sie dazu eine vorliegende **Ausgangssituation oder ein Problem analysieren**,
- wie Sie kreativ **neue Ideen identifizieren und dokumentieren**, und
- wie Sie **Ideen bewerten und die „richtigen" Ideen auswählen** (vgl. dazu auch Kapitel 11).

Für jeden der Schritte existiert eine Vielzahl an Einzelmethoden. Die im Folgenden ausgewählten Methoden helfen Ihnen dabei, möglichst schnell und mit geringem Aufwand Ideen zu identifizieren, die für eine weitere Ausarbeitung Potenzial bieten. Bild 3.3 illustriert Schritt für Schritt den Vorgehensplan, in den die beschriebenen Methoden eingeordnet sind. Zu jedem Schritt wird vorab kurz die Methode erklärt und dann anhand eines Beispiels aus der Praxis ihre Anwendung gezeigt.

Der Methodensteckbrief am Ende dieses Kapitels (Bild 3.15) fasst die angewendeten Methoden zusammen und soll Ihnen als Vorlage für die eigene Suche nach Ideen dienen.

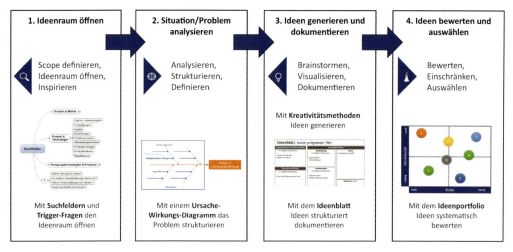

Bild 3.3 Schritte und Methoden zum Finden neuer Ideen

3.3.1 Ideenraum öffnen mit einer Suchfeldanalyse

Der erste Schritt auf der Suche nach neuen Ideen hängt stark von der vorliegenden Ausgangssituation ab. Ist bereits ein Kundenbedarf oder eine Anforderung für ein neues Produkt bekannt oder ist ein vorhandenes Problem benannt, so können Sie direkt in den zweiten Schritt der Analyse einsteigen. Besteht jedoch die Freiheit, „auf der grünen Wiese" nach neuen Produkt-, Service- oder gar Geschäftsideen Ausschau zu halten, so bietet es sich an, zunächst einmal den Ideenraum möglichst weit aufzuspannen und zu erkunden. Vorgaben oder Randbedingungen, die z. B. aus der Geschäftsstrategie des Unternehmens resultieren, sollten Sie dabei berücksichtigen, wenn Sie den Scope Ihrer Suchfeldanalyse definieren.

Methode: Suchfeldanalyse

Wie und wo können Sie am besten nach neuen Ideen suchen? Lassen Sie sich von Checklisten inspirieren, die Assoziationen zu verschiedenen **Suchfeldern** wecken. Am besten gestalten und erweitern Sie über die Zeit Ihre eigene **Checkliste**, die Ihnen zukünftig als Startpunkt für die Ideenfindung dient. In Bild 3.4 sehen Sie eine Checkliste in Form einer Mindmap. Eine Mindmap beschreibt eine kognitive Technik zur visuellen Organisation von Gedanken oder Zusammenhängen, die ausgehend von einem zentralen Knoten angeordnet und mit Zweigen und Unterzweigen detailliert werden. Die in Bild 3.4 dargestellte Mindmap ist gegliedert in die drei Bereiche **Markt**, **Produkt** und **Fertigungstechnologie**. Dies sind gleichzeitig drei grundlegende Stoßrichtungen, in die Sie Ihre Ideensuche lenken bzw. auch einschränken können (Braun 2004). Definieren Sie ganz gezielt: Was ist innerhalb Ihres Suchraumes, also **in scope**, und was ist außerhalb, d. h. **out of scope**? Sie können dazu die **Suchfelder** in der Mindmap wie einer Checkliste durchgehen und abhaken. Damit legen Sie die Leitplanken für Ihre Ideensuche fest.

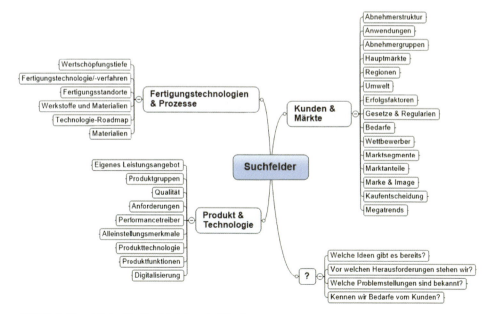

Bild 3.4 Checkliste für Suchfelder als Mindmap

Eine Mindmap als Checkliste hat den Charme, dass Sie damit die aufnotierten Suchbereiche jederzeit umstrukturieren und neu gliedern können. Zudem können Sie nach Belieben neue Suchfelder einfügen. So wächst Ihre Checkliste über die Zeit kontinuierlich und Sie können sie für viele Ideenrunden als Ausgangspunkt verwenden. Hinter jedem Stichwort können Sie – als Unteräste – weitere Begriffe oder auch Links hinterlegen. Als Beispiel sei das Suchfeld **Megatrends** genannt: Sie können relevante, Ihr Produkt betreffende Megatrends hinterlegen oder auf eine Quelle dazu verweisen. Zum Beispiel stellt das Zukunftsinstitut auf seiner Website kontinuierlich aktuelle Megatrends zur Verfügung (*https://www.zukunftsinstitut.de/blog-megatrends*).

Anwendungsbeispiel: Suchfelder für neue Produktideen bei KRAIBURG STRAIL

Ziel der Ideenfindung bei KRAIBURG STRAIL im Rahmen einer Innovationsoffensive war es, den Ideentrichter für die Entwicklung neuer erfolgreicher Produkte zu füllen. Für den Scope der Ideensuche wurde als Vorgabe aus der Unternehmensstrategie formuliert, mit Innovationen möglichst auf den bestehenden internationalen Markt der Bahnkunden abzuzielen. Mit den bisherigen STRAIL®-Produkten hatte man sich eine führende Position im Markt erarbeitet und diese Erfolgsgeschichte galt es mit neuen Produkten für die Bahnkunden weiterzuschreiben. Ganz bewusst wurde der Lösungsraum durch diese Vorgabe eingeschränkt und darauf verzichtet (zumindest in dieser Innovationsoffensive), in neuen Märkten, wie z. B. dem Straßenverkehr, nach Potenzialen für neue Anwendungen der Gummitechnologie zu suchen. Aus der Erfahrung heraus wusste man, dass die Veränderung mehrerer Parameter – wie z. B. Produkt und Markt gleichzeitig, auch als Diversifizierung bezeichnet (vgl. Ansoff 1988) – viel Komplexität und Aufwand erzeugt, die man als Mittelständler erst einmal bewältigen muss.

Die Kreativitätsrunden wurden mithilfe der Suchfeldchecklisten vorbereitet. Dazu wurden Suchfeldbereiche ausgewählt und relevante Suchfelder in Form von Ideen auslösenden Fragestellungen formuliert, wie in Bild 3.5 zu sehen. Mit diesen **Trigger-Fragen** gelang es, die Kreativität der Workshopteilnehmer gezielt in die ausgewählten Suchfelder zu lenken.

Bild 3.5 Trigger-Fragen zu Suchfeldern für neue Produktideen bei der KRAIBURG STRAIL GmbH & Co. KG

Bereits bei der Vorbereitung und Formulierung der Suchfelder wurde die Produktfunktion „Lärmschutz" als aussichtsreich identifiziert und daraus die Suchfeldfrage „Einsatzpotenziale für Lärmschutz?" abgeleitet. Aus dieser wiederum entstanden in den Workshops – und den Inkubationszeiträumen zwischen den Workshops – zahlreiche Produktideen. Sie legten schließlich die Grundlage für die Untersuchung und Ausarbeitung eines neuen Produktbereichs, in dem das Unternehmen heute erfolgreich tätig ist: einer neuen Generation von Lärmschutzprodukten (vgl. auch Bild 3.2).

3.3.2 Situation oder Problem analysieren mit einem Ursache-Wirkungs-Diagramm

In vielen Fällen ist der Auslöser dafür, sich Gedanken zu einem neuen oder verbesserten Produkt zu machen, eine spezifische Ausgangssituation, wie etwa ein aufgetretenes Problem oder ein Verbesserungsbedarf bei dem bestehenden Produkt. Hier empfiehlt es sich, die Situation bzw. das Problem systematisch zu analysieren, um dessen Ursachen zu ergründen. Sehr oft entstehen dabei automatisch Ideen für Neues oder für Verbesserungen.

Methode: Ursache-Wirkungs-Diagramm

Analysemethoden basieren darauf, ausgehend von einer Fragestellung oder einem Problem Schritt für Schritt mögliche **Ursachen zu identifizieren** und immer feiner zu ergründen. Darauf aufbauend können dann Maßnahmen zur Lösung initiiert werden oder die Ursachen als Ausgangspunkt für eine kreative Lösungssuche dienen.

Ein einfaches und gleichzeitig höchst effektives Werkzeug ist das **Ursache-Wirkungs-Diagramm** (Bild 3.6). Es wird in verschiedenen Ausprägungen angewendet und ist auch als **Fischgrät- oder Ishikawa-Diagramm** (Syska 2006, S. 63–65) bekannt. Ähnlich wie eine Mindmap verfolgt es das Prinzip der Strukturierung und Aufgliederung eines Betrachtungsobjekts in seine Einzelteile.

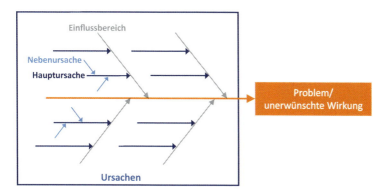

Bild 3.6 Aufbau eines Ursache-Wirkungs-Diagramms

Schritte

1. **Definition:** Formulieren Sie die zu analysierende Fragestellung möglichst präzise.

2. **Haupt-Einflussgrößen und Ursachen identifizieren:** Bestimmen Sie die Einflussgrößen, die für das Problem hauptsächlich relevant sind. Zeichnen Sie diese als abgehende Zweige in das Ursache-Wirkungs-Diagramm ein.

3. **Nebenursachen identifizieren:** Erkunden Sie zu den Haupteinflussgrößen – für jeden Knochen des Fischgräts – diejenigen Ursachen, die am wahrscheinlichsten für dieses Problem verantwortlich sind.

4. **Verfeinern** Sie das Diagramm bei Bedarf weiter, um sicherzustellen, dass die Ursachen möglichst vollständig berücksichtigt wurden.

5. **Bewerten** Sie gegebenenfalls die identifizierten Ursachen nach deren Wichtigkeit.

Die identifizierten Ursachen dienen als Ausgangspunkt für die sich anschließende Lösungssuche und Ideenfindung.

Anwendungsbeispiel: Vermeidung von Spaltbildung bei Bahnübergangsplatten

Das modular aufgebaute Bahnübergangssystem STRAIL® besteht aus einzelnen Vollgummiplatten, die durch Verspannelemente miteinander verbunden werden. Die aus Edelstahl gefertigten Spannstangen mit Außengewinde (Bild 3.9) werden durch die Bohrungen einer Platte geführt und in die Innengewinde der Flansche der Spannstangen der vorherigen Platten fest verschraubt, wie in Bild 3.7 zu sehen. Die durch den darüberfahrenden Straßenverkehr hochbelasteten Bahnübergangsplatten werden somit dauerhaft gegen Verschiebung im Gleis sowie gegen Spaltbildung zwischen zwei Platten gesichert. Der Fall der Spaltbildung ist unter allen Umständen zu vermeiden, da Spalten in der Fahrbahn insbesondere für Fahrräder und Motorräder eine erhebliche Gefahrenquelle darstellen würden.

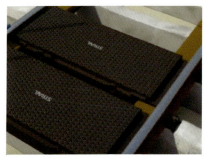 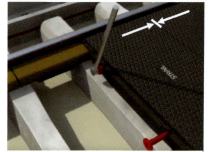

vor der Verspannung   keine Spaltbildung

Bild 3.7 Die STRAIL® Bahnübergangsplatten werden mit Spannstangen gegen Spaltbildung gesichert (mit freundlicher Genehmigung der KRAIBURG STRAIL GmbH & Co. KG)

3.3 Methoden: Ideen für neue Produkte finden

Im Rahmen der laufenden Produktoptimierung wurde unter anderem nach Ideen gesucht, um das Produkt zusätzlich gegenüber unbeabsichtigter Spaltbildung abzusichern. Mithilfe eines Ursache-Wirkungs-Diagramms wurden potenzielle Ursachen für eine unerwünschte Wirkung „Spaltbildung" systematisch untersucht.

Schritt 1

Mit der Spaltbildung als unerwünschter Wirkung wurde das Ursache-Wirkungs-Diagramm eröffnet.

Schritt 2

Im zweiten Schritt wurden im Team alle wesentlichen **Einflussfaktoren** gesammelt und als Hauptzweige im Diagramm beschrieben, die auf die Spaltbildung ursächlich einwirken können. Als eine mögliche Ursache für Spaltbildung wurde auch das Aufdrehen der Spannstangen identifiziert. Würde sich eine Spannstange (durch welche Nebenursache auch immer) aufdrehen, so könnte dies in Kombination mit weiteren Einflussfaktoren, wie etwa der Krafteinwirkung durch bremsenden oder drehenden Verkehr auf der Bahnübergangsplatte, dazu führen, dass sich zwei Platten auseinander bewegen und zwischen ihnen ein Spalt entsteht.

Schritte 3 und 4

In einer weiteren Detaillierungsrunde im Team konnten weitere auslösende Ursachen identifiziert und dem Diagramm als Unterzweige hinzugefügt werden, wie in Bild 3.8 dargestellt.

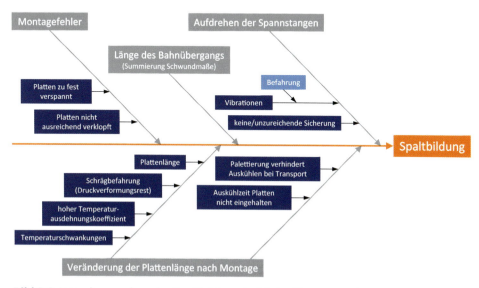

Bild 3.8 Ursachenanalyse der Spaltbildung bei Bahnübergangsplatten

Schritt 5

Bei der Bewertung der Ursachen nach ihrer Wichtigkeit stellte sich heraus, dass im Rahmen von Produktoptimierung die weiteren Hauptäste des Ursache-Wirkungs-Diagramms hinreichend erledigt waren. Zum Beispiel wurde die Problematik der temperaturbedingten Längenausdehnung der Gummiplatte bereits durch entsprechende Verstärkungseinlagen gelöst. Die nachfolgende Ideensuche konnte sich somit auf die Spannstangen konzentrieren.

Auch wenn die Ideensuche schon Thema von Abschnitt 3.3.3 ist, so möchten wir Ihnen an dieser Stelle die Ergebnisse der sich in diesem Beispiel anschließenden Ideenfindung nicht vorenthalten. Ein mögliches Aufdrehen der Spannstangen wurde schließlich mit einem ebenso einfachen wie genialen Mechanismus zusätzlich abgesichert. Die Flansche der Spannstangen wurden mit einem Dorn ausgerüstet (Bild 3.9). In jede weitere an eine Platte montierte Gummiplatte dringt der Fixationsdorn ein und arretiert sich dadurch selbst. Der Enddorn der letzten Spannstange kann mit einer einfachen Aufdrehsicherung fixiert werden.

Das Anwendungsbeispiel zeigt auch eindrucksvoll, dass eine intensive Ursachenanalyse bei der Ideenfindung schon oft „die halbe Miete" für eine Lösung ist.

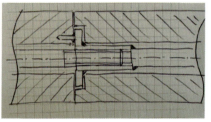

Bild 3.9 Fixationsdorn als Lösung zur Vermeidung des Aufdrehens (mit freundlicher Genehmigung der KRAIBURG STRAIL GmbH & Co. KG)

3.3.3 Neue Ideen finden und mit dem Ideenblatt dokumentieren

Wenn Sie den Ideenraum aufgespannt haben bzw. ein Problem analysiert haben, stellt sich nun die Herausforderung der eigentlichen Ideensuche. Dafür existieren vielfältige, in der Literatur ausführlich beschriebene Methoden, die verwendet werden können, um neue Ideen zu generieren. **Brainstorming**-Methoden basieren darauf, vorwiegend durch spontane Assoziation neue Ideen zu erzeugen. Ziel von systematischen **Kreativitätsmethoden** ist es, durch ein schrittweises, strukturiertes Vorgehen die Intuition zu „lenken". Schließlich nutzen Methoden wie TRIZ (Altschuller 1998) die Erkenntnisse und Gesetzmäßigkeiten der Technikevolution zur methodischen Erarbeitung von Produkt- und Verfahrensideen. Neuere Ansätze, wie beispielsweise das **Design Thinking** (Brenner/Uebernickel 2016), verwenden und kombinieren verschiedene Kreativitätsmethoden in einem iterativen und flexiblen Prozess.

Unsere Erfahrung aus zahlreichen Produktentwicklungsprojekten hat uns gezeigt, dass es in der Praxis nur selten an der Quantität von Ideen mangelt. Glaubt man vielen Erzählungen, so entstehen die besten Ideen ohnehin völlig unkoordiniert beim morgendlichen Brausen in der Dusche – nicht selten jedoch nach einer vorausgegangen Inkubationsphase, derer sich der Inventor oft gar nicht bewusst ist. Die Auswahl und Anwendung aus dem Fundus zahlreicher Kreativitätsmethoden – vom klassischen Brainstorming bis hin zur spezialisierten Kreativitätstechnik – wollen wir hier nicht weiter vertiefen. Damit ließe sich ein eigenes Buch füllen. Genau derartige Methodensammlungen existieren bereits zuhauf und lassen sich bei Bedarf „anzapfen" (z. B. Nöllke 2010). Sowohl für den einzelnen Ideengeber als noch viel mehr für ein Unternehmen ist es aber ungeheuer wichtig, den Strom an Ideen – wie in einem Trichter – aufzunehmen und koordiniert in Produktentwicklungen zu lenken. Ideen, für die wie im Motivationsbeispiel des Kapitels die Zeit noch nicht reif ist, müssen dabei wiederauffindbar abgespeichert werden. Grundlage dafür wiederum ist es, Ideen adäquat zu beschreiben und zu dokumentieren. So können sie z. B. in einer Ideendatenbank abgelegt und gegebenenfalls zu einem späteren Zeitpunkt reaktiviert werden.

Bild 3.10 Vorlage für das Ideenblatt zur Dokumentation von Ideen

Methode: Ideenblatt

Ein einfaches Werkzeug für die Aufbereitung und Dokumentation von Ideen ist das **Ideenblatt** (Bild 3.10). Es verlangt vom Ideengeber ein Minimum an Informationen, das er zur Präsentation seiner Idee vorlegen sollte. Diese Informationen müssen so gehaltvoll sein, dass eine erste Einschätzung der Idee hinsichtlich seiner Weiterverfolgung abgegeben werden kann. Dies kann in Ihrem Unternehmen z. B. in einem Gremium „Ideenrunde" geschehen, in dem Sie regelmäßig zusammenfinden. Ideen, die diese erste Hürde nehmen, werden als so potenzialträchtig bewertet, dass der Aufwand gerechtfertigt ist, sie in einer nachfolgenden Konzeptphase weiter auszuarbeiten.

Schritte

1. **Aussagekräftiger Titel:** Finden Sie einen kurzen prägnanten Titel für die Idee.

2. **Ideenbeschreibung in Bild und Text:** Beschreiben Sie die Idee in wenigen Stichpunkten. Ein Bild sagt mehr als tausend Worte. Verwenden Sie Skizzen, um Ihre Idee zu illustrieren. Beschreiben Sie den Auslöser der Idee oder welches Problem die Idee beim Kunden löst. Nehmen Sie die Perspektive des Anwenders ein und fokussieren Sie sich auf den Kundennutzen.

3. **Erste Einschätzung der Idee:** Nehmen Sie eine erste Einschätzung Ihrer Idee vor. Welches Potenzial bietet die Idee auf dem Markt? Wer wäre die Zielgruppe? Haben Sie schon eine Vorstellung zu Preisen? Wie würde sich das Produkt oder der Service rechnen? Überlegen Sie gleichzeitig auch, welche Risiken oder Unwägbarkeiten bestehen. Ist die Idee gut umsetzbar? Gibt es Alternativen?

Neben der Beschreibung der Idee mittels Skizze und Text verlangt das Ideenblatt in der dargestellten Ausführung vom Ideengeber auch die Beschreibung des Kundennutzens. In gewisser Weise zwingt die hier vom Ideenblatt geforderte Information den Ideengeber dazu, sich in die Perspektive des Kunden hineinzuversetzen. Schließlich muss der Wurm dem Fisch schmecken und nicht dem Angler.

Das Ideenblatt kann als Dokumentationsmittel bei Ideenworkshops verwendet werden. Gleichzeitig kann es jederzeit als Vorlage dienen, um Ideen, die im alltäglichen Doing entstehen, aufwandsarm zu dokumentieren und dem Ideenmanagement zuzuführen. Das Ideenblatt kann zudem individuellen Bedürfnissen der Anwender oder auch speziellen Einsatzfällen angepasst werden, wie das folgende Beispiel zeigt.

Anwendungsbeispiel: Ideenworkshop mit Ideenblättern

Die größte Eisenbahnmesse der Welt, die InnoTrans, findet alle zwei Jahre in Berlin statt. Unternehmen, die im Bahnbereich Produkte anbieten – von der Lokomotive über den Fahrkartenautomaten bis hin zum Bahnübergangssystem – kommen mit ihren Mitarbeitern zusammen, um ihre neuesten Errungenschaften den Kunden zu präsentieren und um sich selbst über die neuesten Trends und Innovationen im Bahnsektor zu informieren. Eine ideale Gelegenheit, um im Rahmen eines **Innovationsworkshops** das Entwicklungsteam sowie alle Handelsvertreter und Vertriebsmitarbeitenden zusammenzubringen, um Ideen für neue Produkte zu generieren und ein-

3.3 Methoden: Ideen für neue Produkte finden

zusammeln. Am Vortag der Messe kamen über 50 Personen bei KRAIBURG STRAIL zu einem Workshop zusammen, um ihre Erfahrungen und Erkenntnisse aus den weltweiten Märkten zu reflektieren und Ideen für zukünftige, den Nerv der Kunden treffende Produkte einzubringen. Im Rahmen des Innovationsworkshops entstanden in kurzer Zeit viele wertvolle Ideen.

Im Vorfeld wurde zur Anregung bereits das **Value Proposition Canvas** (Osterwalder et al. 2015) ausgegeben – ein wirkungsvolles Instrument, um das Leistungsversprechen eines Produkts oder einer Dienstleistung zu beschreiben. Die Teilnehmer sollten sich insbesondere Gedanken zu ihren Kundenprofilen machen (Bild 3.11). Wer genau sind die Kunden im Bahnmarkt und wie ticken diese in der Ausübung ihrer Tätigkeiten? Das Value Proposition Canvas bietet hierzu eine hervorragende Anregung, denn es leitet die Sicht auf die Perspektive des Kunden.

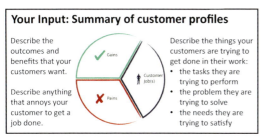

Bild 3.11 Value Proposition: Vorbereitung der Kundenprofile und Workshopfragen (in Anlehnung an Osterwalder et al. 2015)

Im Workshop wurden mit Trigger-Fragen (Abschnitt 3.3.1, Bild 3.5) die Erkenntnisse, Ideen, Anforderungen und Potenziale eingesammelt, zu denen sich die Teilnehmer schon im Vorfeld Gedanken gemacht hatten und die nun in der Runde durch Diskussionen zusätzlich inspiriert wurden. Zur Dokumentation der Ideen wurde das Ideenblatt als Vorlage ausgegeben. In diesem Fall wurde das Ideenblatt von den Moderatoren zusätzlich an die Abfrage zur Value Proposition angepasst.

Zur Beschreibung der Idee sollte auf dem Ideenblatt insbesondere angegeben werden, auf welche Tätigkeit des Kunden die Idee Bezug nimmt, welchen Vorteil sie für den Anwender bringt und welchen Schmerz sie beim Kunden lindert. Die Potenzialabfrage wurde in Form der Beurteilung von Vor- und Nachteilen durchgeführt. Über 70 Ideen entstanden so in kurzer Zeit und bildeten einen wertvollen Input für die Weiterverfolgung im Innovationsmanagement des Unternehmens. Bild 3.12 zeigt beispielhaft ein während des Workshops ausgefülltes Ideenblatt.

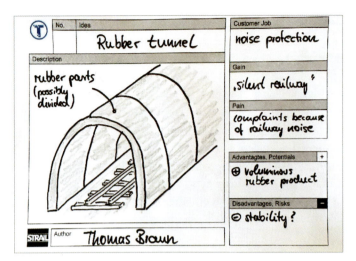

Bild 3.12 Beispielideenblatt im Rahmen des Kreativitätsworkshops bei der KRAIBURG STRAIL GmbH & Co. KG

3.3.4 Ideen bewerten und auswählen mit einem Portfolio

Nicht alle Ideen führen zu erfolgreichen Produkten. Ein wesentlicher Schritt in der Produktentwicklung beststeht darin, in einer frühen Phase diejenigen **Ideen** auszufiltern, die die besten Aussichten auf Erfolg aufweisen. Je neuer und unbekannter eine Idee oder ihre Umgebung allerdings ist, desto schwerer fällt oft diese Einschätzung. Bewertungsmethoden (siehe auch Kapitel 11) unterstützen die objektive Entscheidungsfindung im Auswahlwahlprozess und verbessern die Erfolgsaussichten für die nachfolgenden Entwicklungsschritte. Für eine schnelle erste Bewertung sollten die Methoden möglichst einfach anzuwenden sein.

Methode: Attraktivitäts-Risiko-Portfolio

Zur Bewertung und Auswahl von Ideen hat sich die Methode des **Attraktivitäts-Risiko-Portfolios** in der Praxis vielfach bewährt. Sie konzentriert sich auf die Betrachtung der beiden wesentlichen Dimensionen Attraktivität und Risiko.

Schritte

1. **Bewertungskriterien festlegen:** Definieren Sie die Kriterien anhand derer die Ideen bewertet werden sollen. Formulieren Sie die aus Ihrer Sicht wichtigsten Attraktivitäts- und Risikokriterien.
2. **Gewichtung hinzufügen:** Optional können Sie die Bewertungskriterien gewichten, um ihre relative Bedeutung zu berücksichtigen.

3.3 Methoden: Ideen für neue Produkte finden

3. **Ideen bewerten:** Bewerten Sie jede Idee anhand der definierten Kriterien. Führen Sie die Bewertung im Team durch, um mehrere Meinungen zu berücksichtigen.
4. **Portfolio erstellen:** Tragen Sie die bewerteten Ideen in das Attraktivitäts-Risiko-Portfolio ein.
5. **Portfolio analysieren:** Bewerten Sie die eingetragenen Ideen anhand ihrer Position im Portfolio. Achten Sie dabei insbesondere auf die Verortung der Ideen zueinander.
6. **Ideen auswählen:** Ideen im oberen rechten Quadranten – mit hohem Potenzial und geringem Risiko – sind Topkandidaten mit Priorität für die Weiterverfolgung.

Die Bewertungskriterien können Sie individuell für Ihr Unternehmen der spezifischen Situation und den Anforderungen anpassen. Zum Beispiel kann durch die Kriterien eingestellt werden, wie nahe Produktideen an einer bestehenden Produktstrategie sein sollten oder welche Freiheitsgrade auf der Suche nach Innovationen erlaubt sind.

Das Portfolio sollte kontinuierlich überprüft und aktualisiert werden, um z. B. Änderungen im Markt und den Unternehmensprämissen zu berücksichtigen. Die Verteilung der Ideen im Portfolio gibt Ihnen auch einen Hinweis darauf, wie ausgewogen Ihr Ideenportfolio ist.

Bild 3.13 Attraktivitäts-Risiko-Portfolio zur Bewertung von Ideen

Anwendungsbeispiel: Ideenportfolio

Bei dem im Motivationsbeispiel beschriebenen Kreativitätsworkshop bei KRAIBURG STRAIL wurden initial zahleiche Ideen gefunden. In einer gemeinsamen Bewertungsrunde sollten diese dann mithilfe eines Attraktivitäts-Risiko-Portfolios bewertet und eine Entscheidung, über die im weiteren Verlauf auszuarbeitenden Ideen getroffen werden.

Schritt 1

Zunächst wurden die Bewertungskriterien für die beiden Dimensionen Attraktivität und Risiko des Portfolios definiert. Zur Beurteilung der Attraktivität wurden die Kriterien „Ertragspotenzial" und „Marktvolumen" herangezogen. Das Risiko sollte durch die Kriterien „technisches Risiko" und „Entfernung vom Stammgeschäft" bewertet werden.

Schritt 2

Für die Bewertungskriterien wurde zusätzlich eine Gewichtung festgelegt. Insbesondere sollte durch die Übergewichtung der „Entfernung vom Stammgeschäft" sichergestellt werden, dass vor allem Ideen, die in den aktuellen Kernmärkten ansetzen, eine höhere Gewichtung erhalten.

Schritt 3

Die Bewertung der Ideen erfolgte durch die Vergabe von Schulnoten von 1 bis 6 im Team. Vertreter aus Entwicklung, Vertrieb und Geschäftsführung einigten sich in der Diskussion jeweils auf einen gemeinsamen Wert für jedes Kriterium aller Ideen.

Schritt 4

Das Ergebnis der Bewertung wurde berechnet und in ein vorbereitetes Portfolio – basierend auf der Vorlage in Bild 3.13 – auf einem Flipchart eingetragen.

Schritte 5 und 6

In der anschließenden Diskussion einigte man sich auf eine Auswahl an Ideen, die im Rahmen des Innovationsprozesses weiterverfolgt werden sollten.

Die aussichtsreichsten Ideen bildeten die Ausgangsbasis für eine anschließende Weiterverfolgung im Produktentwicklungsprozess. So wurden neben Ideen für zusätzliche kundenwerte Funktionen – z. B. die Auslegung auf noch höhere Lasten – vor allem potenzialträchtige Ideen für die Neuentwicklung von Schallschutzprodukten ausgewählt. Bild 3.2 zeigt die Vorstellung der daraus resultierenden ersten Mini-Schallschutzwand auf der Messe InnoTrans. Auf der Website des Unternehmens (*https://www.strail.de*) werden die entstandenen Schallschutzprodukte erfolgreich angeboten.

Im Ideenportfolio von Bild 3.14 ist auch zu sehen, dass die Produktidee **Kunststoffschwelle**, also Schwellen zukünftig aus Kunststoffen herzustellen und als Substitutionsprodukt für die im Markt etablierten Schwellensysteme anzubieten, bei der Ideenbewertung zunächst alles andere als gut abgeschnitten hat, obwohl die Vorteile der Produktidee offensichtlich waren: Eine nachhaltige Schwelle aus Kunststoff wäre zu 100 % recycelbar. Sie hätte eine äußerst hohe Lebensdauer und vor allem würde sie sich durch ihre hervorragende Bearbeitbarkeit für Einsatzfälle wie Brücken oder

Weichen eignen, in denen Schwellen vor Ort den Gegebenheiten angepasst werden müssen. Die schlechte Bewertung ergab sich jedoch aus der damaligen Marktsituation und beruhte darauf, dass der Markt in den relevanten Zielsegmenten zu diesem Zeitpunkt durch die viel günstigere Holzschwelle besetzt war. Die Chancen und insbesondere das Ertragspotenzial für eine Kunststoffschwelle wurden daher damals zurecht als gering eingestuft. Die Produktidee wurde zunächst zurückgestellt.

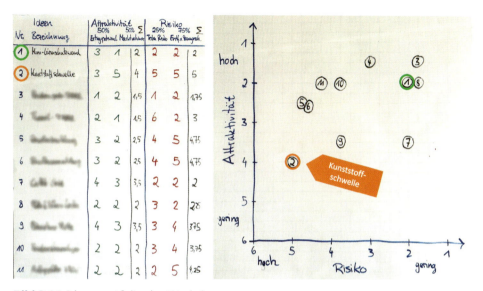

Bild 3.14 Ideenportfolio des Workshops

Doch die Zeiten – insbesondere die Randbedingungen im Markt – ändern sich. Zum Gamechanger wurde das von der EU angestoßene Kreosot-Verbot: Mit der Ankündigung des Gesetzgebers, die giftigen Teerölderivate zu verbieten, mit denen Holzschwellen für eine längere Haltbarkeit getränkt werden, tat sich für die Produktidee Kunststoffschwelle die Chance auf, in die bestehende Lücke zu stoßen. KRAIBURG STRAIL beschloss im weiteren Verlauf den Einstieg in die Entwicklung von Kunststoffschwellen. Bereits 2016 konnte die Firma neben den neu entwickelten Lärmschutzprodukten auch einen Prototyp der Kunststoffschwelle STRAILway® vorstellen. STRAILway®-Kunststoffschwellen sind heute Teil des Produktprogramms der KRAIBURG STRAIL GmbH & Co. KG. Das Beispiel zeigt somit auch eindrucksvoll, wie wichtig es ist, das Ideenmanagement zu einem kontinuierlichen Prozess im Unternehmen zu machen. Denn auch der Zeitpunkt, zu dem eine Idee reif für den Markt ist, kann über den Erfolg entscheiden.

3.4 Methodensteckbrief: Ideen für neue Produkte finden

Bild 3.15 zeigt den Methodensteckbrief für die Ideenfindung.

SITUATION: Bedarf an neuen Produkten oder Lösungen

WANN wende ich die Methode an?
- Ich bin mit dem bestehenden Produkt, einer Funktion oder einer Eigenschaft unzufrieden.
- Ich habe Kundenwünsche ermittelt oder Verbesserungspotenziale erkannt und möchte dafür Lösungen finden.

WARUM wende ich die Methode an?
- Ich möchte systematisch Ideen für ein neues Produkt erarbeiten.
- Ich möchte aus bestehenden Ideen die vielversprechendsten auswählen.

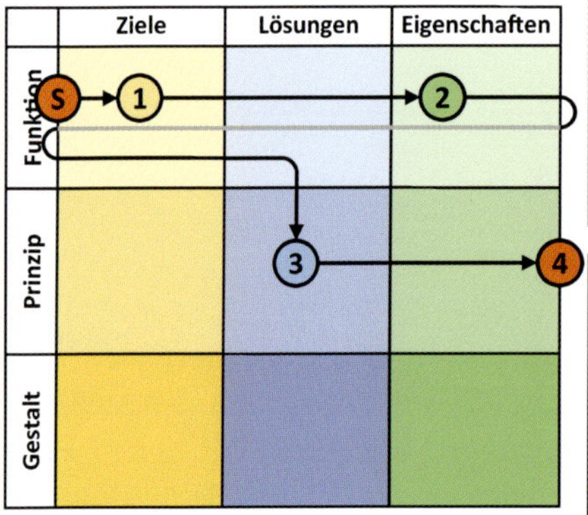

ERGEBNIS: neue Produktideen und Lösungsfelder mit Potenzial

WAS erhalte ich als Ergebnis?
- neue, nach Attraktivität und Risiko bewertete Ideen
- Überblick über Suchfelder
- Erkenntnisse zu einem Problem, Kundennutzen oder Verbesserungspotenzial

WAS kann ich mit dem Ergebnis machen?
- Die aussichtsreichsten Ideen bilden die Ausgangsbasis für eine anschließende Weiterentwicklung im Produktentwicklungsprozess.

Schritt 1: Öffnen Sie den Ideenraum mit einer Suchfeldanalyse
- Suchfelder für neue Produkte definieren
- Fragestellungen für die Ideengenerierung formulieren

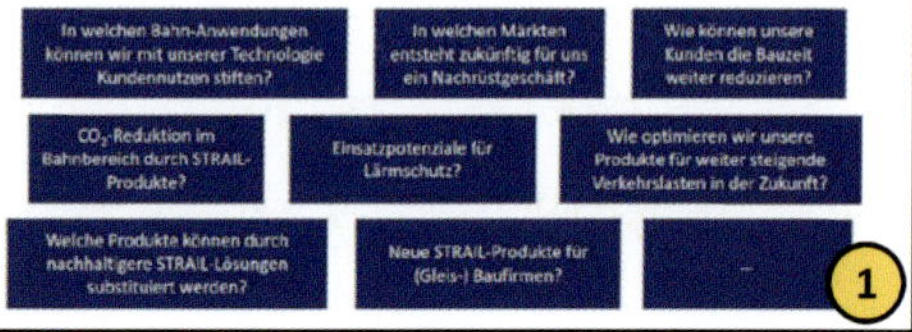

Schritt 2: Analysieren Sie das Problem mit einem Ursache-Wirkungs-Diagramm
- Problem definieren
- Ursachen identifizieren
- Nebenursachen ermitteln
- Einflussgrößen weiter verfeinern
- Ursachen nach ihrer Wichtigkeit bewerten

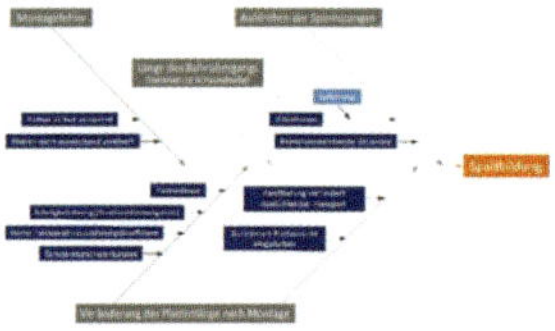

Schritt 3: Generieren Sie Ideen und dokumentieren Sie diese mit dem Ideenblatt
- aussagekräftigen Ideentitel finden
- Idee mit Bild und Text beschreiben, Fokus auf dem Kundennutzen
- Idee nach Potenzialen und Risiken bewerten

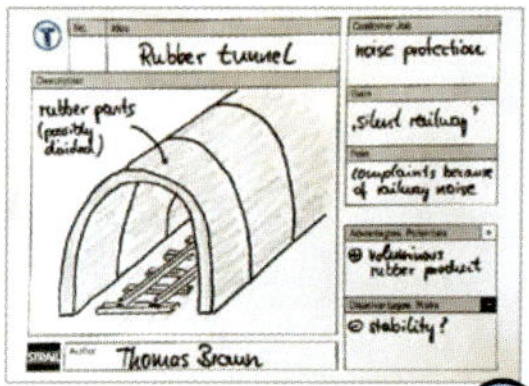

Schritt 4: Bewerten Sie Ihre Ideen mit einem Attraktivitäts-Risiko-Portfolio
- Bewertungskriterien festlegen
- optional Gewichtung hinzufügen
- Ideen bewerten
- Portfolio erstellen
- Ideen im Portfolio analysieren
- Ideen auswählen

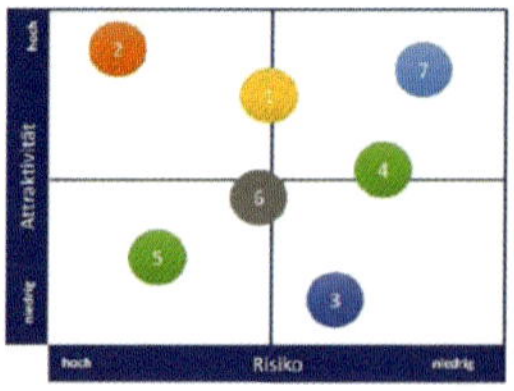

Bild 3.15 Methodensteckbrief für die Ideenfindung

3.5 Fazit

In diesem Kapitel haben wir beschrieben, wie Sie die Suche nach neuen Produktideen systematisch gestalten und mit einfachen, aber effektiven Methoden durchführen können. Im Wechselspiel aus Divergenz und Konvergenz kann der Lösungsraum gezielt geöffnet werden und mit Analysemethoden die Situation oder ein bestehendes Problem untersucht werden. Bei der Ideengenerierung haben wir ein besonderes Augenmerk auf die Visualisierung und Dokumentation der Ideen gelegt. Dies ist auch die Basis für ein kontinuierliches Ideenmanagement im Unternehmen. Oft ist es nicht die Herausforderung, eine neue Idee zu finden, sondern aus vielen Ideen genau die „richtige" auszuwählen. Ein Portfolio mit den Dimensionen Attraktivität und Risiko empfehlen wir für eine möglichst objektive Bewertung und Auswahl der am meisten Erfolg versprechenden Ideen.

Das vorgestellte einfache methodische Vorgehen hilft Ihnen, die Effizienz in der frühen Phase der Produktentwicklung zu steigern und eine gute Entscheidungsgrundlage für die Ideenauswahl zu generieren. Das Risiko von Fehlschlägen lässt sich somit minimieren und die Wahrscheinlichkeit für erfolgreiche Produktinnovation erhöhen.

Das Praxisbeispiel zeigt eindrucksvoll auf, wie neben Systematik und Methodik auch äußere Randbedingungen Einfluss auf die Ideenfindung nehmen können, z. B., wenn sich regulatorische Bedingungen kurzfristig verändern oder die Marktsituation plötzlich einen Wandel erfährt. Die Fähigkeit, sich Veränderungen anzupassen, kann ebenfalls entscheidend für den Erfolg sein.

Literatur

Ansoff, H. I.: Corporate Strategy. Überarbeitete Auflage. Penguin Books, London 1988

Altschuller, G.: Erfinden. Wege zur Lösung Technischer Probleme. Limitierter Nachdruck. VEB-Verlag Technik, Berlin 1998

Brenner, W./Uebernickel, F.: Design Thinking for Innovation. Research and Practice. Springer, Cham 2016

Braun, T.: Vorgehen zur Strategischen Produkt- und Prozessplanung. In: *Gausemeier, J./Lindemann, U./ Schuh, G. (Hrsg.):* Planung der Produkte und Fertigungssysteme für die Märkte von morgen. Ein praktischer Leitfaden für mittelständische Unternehmen des Maschinen- und Anlagenbaus. VDMA Verlag, Frankfurt am Main 2004, S. 17–42

Nöllke, M.: Kreativitätstechniken. 6. Auflage. Haufe-Lexware, München 2010

Osterwalder, A./Pigneur, Y./Bernarda, G./Smith, A.: Value Proposition Design. Entwickeln Sie Produkte und Services, die Ihre Kunden wirklich wollen. Die Fortsetzung des Bestsellers Business Model Generation. Campus Verlag, Frankfurt 2015

Syska, A.: Produktionsmanagement. Das A–Z wichtiger Methoden und Konzepte für die Produktion von heute. Gabler Verlag, Wiesbaden 2006

4 Anforderungen klären

4.1 Ziel des Kapitels

Anforderungen sind geforderte oder anzustrebende Eigenschaften des zu entwickelnden Produkts, wie dessen Leistung, Robustheit, Gewicht, Ergonomie oder die Kosten. Sie stellen die Maßgabe für die Lösungsfindung und die Basis für die Bewertung und Auswahl von Lösungskonzepten und ausgearbeiteten Gestaltlösungen dar. Die Qualität eines Produkts bemisst sich daran, wie gut die Anforderungen erfüllt sind. Werden Anforderungen vergessen oder falsch definiert, kann das gravierende Folgen haben. Werden diese Fehler im Laufe des Projekts erkannt, führt das oft zu einem erhöhten Aufwand im Entwicklungsprozess durch zeit- und kostenintensive Änderungsschleifen und möglicherweise zu einer Verzögerung der Markteinführung. Eine mangelhafte Qualität des Ergebnisses kann sogar den Misserfolg des Produkts im Markt bedeuten.

In diesem Kapitel stellen wir Ihnen Methoden und Hilfsmittel zur strukturierten Anforderungsklärung vor. Ziel und Zweck dieser Methoden sind vor allem folgende Aspekte:

- Es werden keine wichtigen Anforderungen vergessen.
- Anforderungen werden richtig formuliert und interpretiert.
- Anforderungen werden kunden- und stakeholdergerecht priorisiert.

4.2 Motivationsbeispiel: Anforderungen an einen Werkzeugkoffer

Die Bedeutung einer kritischen Anforderungsklärung zeigen wir Ihnen am Beispiel der Entwicklung einer neuen Generation eines **Werkzeugkoffers** für handgeführte Elektrowerkzeuge (wie Bohrhämmer, Akkuschrauber oder Winkelschleifer). Schon in einer frühen Projektphase kristallisierten sich unter anderem folgende Anforderungen als wichtig heraus:

- geringes Gewicht: Der Koffer soll leicht und ergonomisch zu tragen sein.
- Kompaktheit: Der Koffer soll gut verstaubar sein (auch in Bereichen mit wenig Platz).
- hohe Robustheit: Der Koffer soll widerstandsfähig gegen Beschädigungen sein (auch im „rauen Baustellenbetrieb").
- intuitiver und ergonomischer Öffnungsmechanismus
- gute Verstaumöglichkeit für unterschiedliche Objekte (Werkzeuge, Zubehör, Verbrauchsmaterialien, Bedienungsanleitung etc.)
- Schutz der unterzubringenden Objekte vor Beschädigung
- Reduktion der Herstellungskosten gegenüber dem Vorgängerprodukt

Im Folgenden betrachten wir den Öffnungsmechanismus des Werkzeugkoffers. Bei dem bisherigen Koffermodell funktionierte die Entriegelung und Öffnung nach dem Flip-down-Prinzip, d. h., der Clip, mit dem der Koffer verschlossen wird, war an der Bodenseite des Koffers befestigt. Der Koffer ließ sich mit einer Öffnungsbewegung des Clips nach unten entriegeln, und der Koffer wurde mit dem Anheben des Deckels geöffnet (Bild 4.1 links).

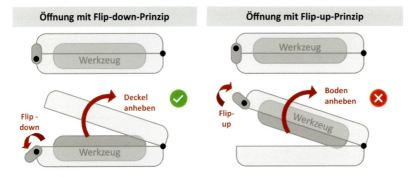

Bild 4.1 Öffnungsmechanismen für einen Werkzeugkoffer

4.2 Motivationsbeispiel: Anforderungen an einen Werkzeugkoffer

Es gab etliche Stimmen von Kunden, dass dieses Prinzip nicht intuitiv sei. Stattdessen wurde ein Öffnungsmechanismus nach dem Flip-up-Prinzip favorisiert, d. h. ein Entriegeln des Clips mit einer Bewegung nach oben und einer Öffnungsbewegung des Deckels nach oben (Bild 4.1 rechts). Das fühle sich natürlicher an, weil nur eine Bewegung für das Entriegeln des Koffers und das Anheben des Deckels notwendig sei. Leider führte das Flip-up-Prinzip bei diesem Koffermodell dazu, dass nicht der Deckel, sondern der Boden angehoben wurde. Dadurch fielen entweder die Gegenstände im Koffer aus ihrer Verstauposition oder der Anwender blickte auf die Unterseite des Koffer-Inlays und stellte fest, dass er den Koffer falsch herum geöffnet hatte.

Wie könnte man jetzt mit diesem Problem im Entwicklungsprojekt umgehen? Wie sollte man die Anforderungen an das neu zu entwickelnde Produkt formulieren? Man könnte ja aufgrund des Kundenfeedbacks eine Öffnung nach dem Flip-up-Prinzip als Anforderung für eine neue Koffergeneration formulieren, richtig? Das Team, das mit der Entwicklung der nächsten Generation des Werkzeugkoffers betraut war, führte eine umfassende **Kundenbefragung** durch, um sich ein möglichst aussagekräftiges und differenziertes Bild in Bezug auf folgende Fragen zu erarbeiten:

- Was wird im bestehenden Produkt als positiv bewertet, was wird als Schwachstelle gesehen?
- Welche Themen sind den Kunden am wichtigsten, welche sind nebensächlich?
- Welche Features haben das Potenzial zu begeistern und den Kunden einen Mehrwert zu liefern?
- Bei welchen Themen gehen die Meinungen der Kunden auseinander?
- Bei welchen Themen herrschen die größten Unklarheiten?

Der Öffnungsmechanismus war dabei explizit Gegenstand der Befragung. Das Ergebnis war, dass es hier keine klare Präferenz in der Kundenbasis gab. Für etwa gleich viele Kunden (etwa 50 % der Befragten) erschien eine Öffnung nach dem Flip-down-Prinzip intuitiv. Dies resultierte aus der Gewohnheit, dass die Koffer dieser Marke schon seit jeher so geöffnet wurden. Für langjährige Kunden erschien das deswegen intuitiv. Außerdem hatte das Prinzip noch viele andere Vorteile, unter anderem eine bessere Stabilität und Robustheit des Clips.

Aufgrund dieser Erkenntnisse wurde entschieden, den Öffnungsmechanismus nach dem Flip-down-Prinzip in der neuen Koffergeneration beizubehalten. Ziel musste es also sein, eine intuitive Öffnung des Koffers zu ermöglichen unter der Maßgabe, dass die Öffnung nach dem Flip-down-Prinzip erfolgte. Also wurden folgende Anforderungen formuliert:

- Deckel und Boden des Koffers müssen leicht und intuitiv zu erkennen sein (damit der Koffer korrekt mit dem Boden nach unten zum Öffnen positioniert wird).
- Kunden müssen klar erkennen können, wie der Koffer korrekt zu öffnen ist.

Damit ging es in die Lösungssuche. Wie realisiert man nun aber eine intuitive Öffnung auch für Kunden, für die der Flip-up-Mechanismus logischer bzw. natürlicher erscheint? Der Schlüssel lag in einer klaren Unterscheidungsmöglichkeit von Deckel und Boden. Dies wurde durch eine geänderte Gehäuseteilung realisiert. Während die Höhe des Bodens und des Deckels im alten Modell ein Verhältnis von 50:50 aufwiesen, wurde für die neue Koffergeneration ein Verhältnis von 70:30 (Boden zu Deckel) gewählt (Bild 4.2). Dadurch erfolgte nun intuitiv eine korrekte Positionierung des Koffers auf dem Untergrund mit dem Boden nach unten und dem Deckel nach oben. Zudem wurde der Schriftzug des Firmenlogos auf dem Clip platziert. War die Schrift zu lesen, lag der Koffer auf der richtigen Seite. Die korrekte Positionierung des Koffers unterstützte damit auch eine intuitivere Öffnung.

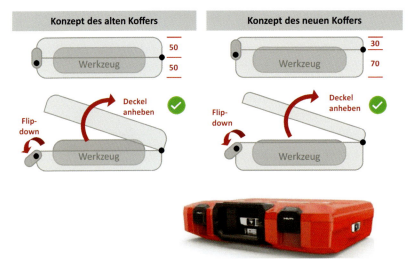

Bild 4.2 Lösungskonzept für die neue Generation des Werkzeugkoffers
(© Foto: HILTI AG)

Das Beispiel zeigt, dass Kundenwünsche und -präferenzen manchmal auseinandergehen oder sogar widersprüchlich sind. Für Entwickler ist es daher wichtig, wie dieser Input interpretiert und bewertet wird und wie daraus Anforderungen formuliert werden. Das Bestreben der Entwickler sollte es sein, die Anforderungen möglichst lösungsneutral zu formulieren, um sich Freiheitsgrade für die Gestaltung des Produkts offen zu halten.

4.3 Bedeutung der Anforderungsklärung

Die Grundlage für ein Entwicklungsprojekt ist in der Regel ein **Entwicklungsauftrag**. Entwicklungsaufträge stammen aus (Baumgart 2016, S. 425; Bender/Gericke 2021, S. 180)

- der internen Produktplanung (z. B. auf Basis eines strategischen Produktportfolios),
- konkreten Aufträgen externer Kunden oder Kooperationspartner (z. B. auf Basis eines Lastenheftes), oder
- innerbetrieblichen Aufträgen zur Produktoptimierung (z. B. Reduktion der Herstellungskosten oder Erhöhung der Produktqualität).

Unabhängig vom Ursprung eines Auftrags ist der erste Schritt im Entwicklungsprojekt immer die Klärung der **Anforderungen**, also der geforderten oder anzustrebenden **Eigenschaften** des zu entwickelnden Produkts. Die Organisation IREB, das International Requirements Engineering Board, definiert Anforderungen folgendermaßen (Pohl/Rupp 2021, S. 1):

- ein notwendiges Bedürfnis eines Stakeholders
- eine Fähigkeit oder Eigenschaft, die ein System erfüllen muss
- eine dokumentierte Repräsentation eines Bedürfnisses, einer Fähigkeit oder Eigenschaft

Quellen für Anforderungen sind Dokumente und Personen, die unterschiedliche Sichten auf das Produkt besitzen. Wichtigste Quelle sind die **Kunden**, für die das Produkt vorgesehen ist. Daneben gibt es noch viele andere **Stakeholder** (Interesseneigner). Das sind Personen oder Organisationen, die direkt oder indirekt in verschiedenen Phasen des Produktlebenszyklus Einfluss auf die Anforderungen an das Produkt haben oder auf die das Produkt Auswirkungen hat (nach Pohl/Rupp 2021, S. 2). Stakeholder sind neben den Kunden z. B. Produktplanung, Fertigung, Montage, Qualität, Service oder Logistik.

Neben der zentralen Funktion in Bezug auf den internen Entwicklungsprozess nehmen Anforderungen auch nach außen hin eine wichtige Rolle ein, beispielsweise als Basis für die Kooperation mit Zulieferern und Entwicklungspartnern. So können Teile der Anforderungsdokumentation in der Form von Lastenheft und Pflichtenheft als Vertragsgrundlage herangezogen werden (Ponn/Lindemann 2011, S. 40):

- Das **Lastenheft** ist dabei die vom Auftraggeber festgelegte Gesamtheit der Anforderungen an die Lieferungen und Leistungen eines Auftragnehmers innerhalb eines Auftrags. Im Lastenheft wird also mit den Auftraggebern und Kunden festgelegt, was das Produkt können soll.

- Im **Pflichtenheft** finden sich die vom Auftragnehmer erarbeiteten Realisierungsvorgaben aufgrund der Umsetzung des Lastenheftes. Im Pflichtenheft dokumentiert der Lieferant demnach, wie die Kundenanforderungen umgesetzt werden. Das Pflichtenheft enthält in der Regel vertraglich bindende Anforderungen, die vom zu entwickelnden Produkt erfüllt werden müssen.

Ziel des Lasten- und Pflichtenheftprozesses ist die Einigung der beteiligten Parteien auf einen Liefer- und Leistungsumfang, der die Kundenanforderungen mit der Erfahrung und der Expertise des Auftragnehmers ergänzt. Damit soll ein Rahmen für eine technisch machbare und wirtschaftlich sinnvolle Umsetzung durch den Auftragnehmer geschaffen werden (Bender/Gericke 2021, S. 183).

Herausforderungen bei der Anforderungsklärung

Eine kritische und gründliche Anforderungsklärung ist für den Erfolg der Entwicklung und des Produkts im Markt von hoher Bedeutung. Es gibt zahlreiche Fallstricke zu beachten. Dazu zählen unter anderem folgende:

- **Anforderungen werden vergessen.**
    - Kunden äußern ihre Anforderungen oftmals nicht explizit. Sind sie mit gewissen Eigenschaften zufrieden, bleibt das unerwähnt. Durch eine geänderte Lösung kann es sein, dass den Kunden dann plötzlich doch etwas fehlt oder sie eine Verschlechterung am Produkt in Bezug auf eine Eigenschaft wahrnehmen, die die Entwickler gar nicht auf dem Schirm gehabt hatten.
    - Manchmal kann es auch helfen, Kunden nach Pain Points (also Schwachstellen oder von Kunden wahrgenommene Unzulänglichkeiten) im aktuellen Produkt zu fragen. Diese sind in der Regel leichter zu formulieren.
- **Anforderungen werden falsch interpretiert.**
    - Manchmal werden von Kunden Dinge gefordert, die eigentlich schon Lösungen sind. Bei kritischer Analyse kommt dann häufig die eigentliche Anforderung ans Licht, die das tatsächliche Kundenbedürfnis widerspiegelt, aber noch nicht den Lösungsraum einschränkt.
    - Dies haben wir im Motivationsbeispiel an der Thematik des Öffnungsmechanismus gesehen. Die eigentliche Anforderung war eine „intuitive Öffnung des Koffers", nicht bereits ein spezifisches Öffnungsprinzip.
    - Hier hilft eine pragmatische Verifikation der Anforderung via Mockup oder Funktionsmuster mit dem Ziel der Klärung, ob die Anforderung richtig interpretiert wurde.

- **Anforderungen werden falsch priorisiert.**
  - Die Anforderungen an ein Produkt sind meistens vielfältig und stehen oft auch miteinander im Konflikt. Hier gilt es, die richtigen Prioritäten zu setzen.
  - Zum Beispiel sollte in der Entwicklung der Fokus nicht zu sehr auf die Leistung des Produkts gelegt werden, wenn die Kunden eher Kompaktheit und ein geringes Gewicht honorieren.
  - Eine Gefahr ist es auch, dass bei einem Zielkonflikt ein Kompromiss gewählt wird, der am Ende die Anforderungen von keinem der Stakeholder (Kunden, Hersteller, Nutzer) erfüllt.

Ansätze in der Praxis und Fokus des Kapitels

Die **Anforderungsklärung** umfasst zahlreiche Aktivitäten, von der Identifikation und Erhebung über die Strukturierung und Dokumentation bis hin zur Analyse und Priorisierung der Anforderungen. Anforderungen werden zu Beginn eines Entwicklungsprojekts in dem zu diesem Zeitpunkt erforderlichen Umfang geklärt. In Folge werden sie während des gesamten Entwicklungsprozesses angepasst, konkretisiert und erweitert und für die Bewertung von generierten Lösungsalternativen herangezogen (Ponn/Lindemann 2011, S. 35).

Darüber hinaus sind (vor allem in großen arbeitsteiligen Organisationen) weitere Prozesse notwendig, die als **Anforderungsmanagement** zusammengefasst werden können. Dazu gehören Abstimmung, Kommunikation und Freigabe, Anpassung und Pflege sowie die Rückverfolgung der Anforderungen (Baumgart 2016). Als übergeordneter Ansatz hat sich in vielen Unternehmen das sogenannte **Requirements Engineering**, mit eigenen Prozessen, Rollen und Systemen für das Datenmanagement, etabliert (Die SOPHISTen 2020; Pohl/Rupp 2021).

Im Fokus des Kapitels stehen die Aktivitäten und Methoden für die Anforderungsklärung (Bild 4.3 links). Auf die Prozesse des Anforderungsmanagements (Bild 4.3 rechts) werden wir in diesem Kapitel nicht weiter eingehen. Bei Interesse finden Sie vertiefende Informationen bei Baumgart, Pohl und Rupp sowie Bender und Gericke (Baumgart 2016, Pohl/Rupp 2021, Bender/Gericke 2021).

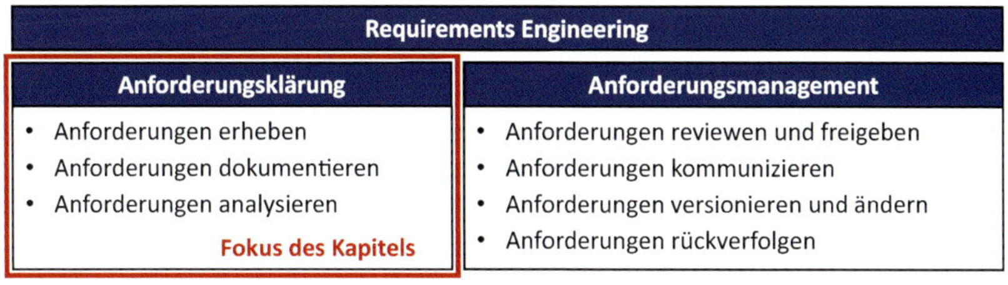

Requirements Engineering	
Anforderungsklärung	**Anforderungsmanagement**
• Anforderungen erheben • Anforderungen dokumentieren • Anforderungen analysieren **Fokus des Kapitels**	• Anforderungen reviewen und freigeben • Anforderungen kommunizieren • Anforderungen versionieren und ändern • Anforderungen rückverfolgen

Bild 4.3 Kernprozesse im Requirements Engineering und Fokus des Kapitels

4.4 Methoden: Anforderungen klären

Die Anwendung von Methoden hilft Ihnen dabei, alle wichtigen Anforderungen zu identifizieren, Abhängigkeiten und Prioritäten zu erkennen und Anforderungen strukturiert zu dokumentieren als Grundlage für weitere Schritte in der Entwicklungsarbeit. Die Methoden können Sie zu Beginn des Projekts einsetzen, um klare Ziele herauszuarbeiten, bevor Sie sich auf die Suche nach Lösungen machen. Doch auch später im Projekt ist es abhängig vom Entwicklungsfortschritt hilfreich, die Anforderungsdokumentation wieder aufzugreifen und gegebenenfalls auch zu überarbeiten, d. h. auf Vollständigkeit, Korrektheit und Konsistenz zu überprüfen. Das ist vor allem deswegen sinnvoll, weil man mit dem Fortschritt der Lösungsentwicklung den konkreten Einfluss der Lösung auf die Anforderungen besser erkennt, z. B. die Auswirkungen des Konzepts auf Handhabung, Gewicht, Kosten, Fertigung usw.

Das Vorgehen lässt sich in drei Schritte gliedern (Bild 4.4), die wir im Folgenden näher beschreiben. In der Praxis werden diese Schritte nicht streng sequenziell durchgeführt, sondern iterativ durchlaufen. Typische Gelegenheiten für eine Iteration sind folgende:

- Kunden formulieren im Entwicklungsprozess plötzlich neue Anforderungen.
- Externe Faktoren machen eine erneute Prüfung oder Bewertung der Anforderungen notwendig, beispielsweise ein Wettbewerber, der ein neues Produkt auf den Markt bringt.
- In der Entwicklung ergeben sich neue Potenziale oder Restriktionen, die eine Überprüfung oder Neubewertung der Anforderungen erfordern.

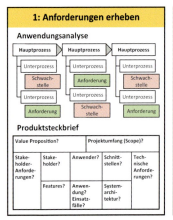

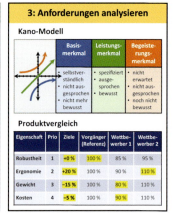

Bild 4.4 Schritte und ausgewählte Methoden für die Anforderungsklärung

Für jeden der Schritte aus Bild 4.4 stellen wir je zwei Methoden vor, die praktisch anwendbar sind und sich unserer Erfahrung nach als wirkungsvoll erwiesen haben. Darüber hinaus existieren viele weitere Methoden, über die Sie bei Interesse bei Baumgart, Die SOPHISTen, Pohl und Rupp oder Bender und Gericke 2021 mehr Details finden (Baumgart 2016, Die SOPHISTen 2020, Pohl/Rupp 2021, Bender/Gericke 2021).

4.4.1 Schritt 1: Anforderungen erheben

Im ersten Schritt gilt es, Anforderungen zu identifizieren und zu sammeln. Grundsätzlich gibt es folgende Quellen für Anforderungen (Die SOPHISTen 2020, S. 14):

- **Stakeholder:** Personen, Organisationen oder Institutionen, die direkt oder indirekt Einfluss auf das Produkt haben
- **Dokumente:** beispielsweise Gesetze, Normen, Handbücher oder Qualitätsberichte
- **Systeme:** beispielsweise Vorgängerprodukt oder Produkte der Konkurrenz

Eine wichtige Quelle für Anforderungen sind die Kunden. Die Erhebung der **Kundenanforderungen** ist aber oft eine Herausforderung. Beispielsweise ist der Endkunde meist keine einzelne Person, sondern eine große anonyme Kundengruppe mit durchaus heterogenen Wünschen und Bedürfnissen, wie Sie am Beispiel des Werkzeugkoffers gesehen haben. Die Entwicklungsabteilungen stehen häufig auch gar nicht im direkten Kundenkontakt, sondern erhalten Informationen zu Kundenanforderungen vom Produktmanagement.

Es empfiehlt sich das Anlegen und die Pflege einer **Stakeholder-Liste**. Um zudem zu verhindern, dass wichtigen Anforderungen vergessen werden, sind möglichst viele relevante Dokumente für die Sammlung der Anforderungen heranzuziehen, wie Marktanalysen, gültige Normen oder Qualitätsberichte zu Ausfällen und Reparaturhäufigkeiten (Baumgart 2016, S. 432).

Die Anwendungsanalyse

Eine Methode, die wertvollen Input liefert, ist die **Anwendungsanalyse** (alternative Bezeichnungen: Anwendungs-FMEA oder Applikations-FMEA, siehe Ponn 2016, S. 811). Dabei wird der Anwendungsprozess eines Produkts systematisch untersucht, um Erkenntnisse hinsichtlich der Interaktion von Nutzern mit dem Produkt und mögliche **Schwachstellen** des Produkts zu ermitteln. Aus diesen Themen lassen sich dann gezielt Anforderungen für die neue Produktgeneration ableiten.

Im ersten Schritt gliedern Sie dabei den **Anwendungsprozess** des Produkts in seine Teilprozesse. Zu den einzelnen Prozessschritten sammeln Sie dann mögliche Schwachstellen und Anforderungen, wie es in Bild 4.5 exemplarisch für den Werkzeugkoffer dargestellt ist. Rote Kästchen entsprechen dabei Schwachstellen UND grüne Kästen entsprechen Anforderungen.

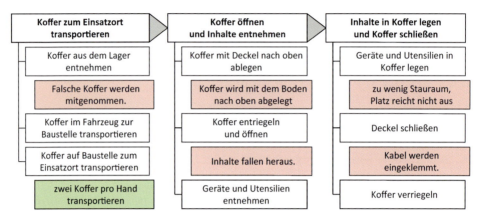

Bild 4.5 Anwendungsanalyse: Sammlung von Schwachstellen und Anforderungen

Am wirkungsvollsten ist es, wenn dies nicht als rein theoretische Übung erfolgt, sondern wenn der Prozess praktisch anhand von geeigneten Referenzprodukten (z. B. das eigene Vorgängermodell und relevante Wettbewerbsprodukte) durchgeführt wird, im Sinne eines Gebrauchstests – am besten in einem Team, in dem mehrere Sichten vertreten sind, also nicht nur die Entwicklung, sondern auch die Anwendung (Kollegen aus dem Produkttest oder gar Vertrauenskunden).

Eine Voraussetzung für den Einsatz der Methode ist ein Produkt, bei dem die Anwendung gut beobachtet werden kann und sich gut in einzelne Schritte gliedern lässt. Auch sollte man sich der Tatsache bewusst sein, dass dabei die Ist-Situation analysiert wird und daher vielleicht auch eher Schwachstellen und Probleme in einem möglicherweise veralteten System gefunden werden. Dennoch lassen sich hier gute Erkenntnisse gewinnen, die im Hinblick auf das neu zu entwickelnde Produkt als Anforderungen formuliert werden können.

Der Produktsteckbrief

In der Praxis hat sich auch der Einsatz des **Produktsteckbriefs** bewährt (Baumgart 2016, S. 434). Bei diesem handelt es sich um eine Frageliste, die zur Aufgabenklärung in der frühen Projektphase genutzt werden kann, z. B. im Rahmen eines moderierten Workshops im Projektteam. Mithilfe dieses Leitfadens steuert ein Moderator die Diskussionen und fokussiert das Team auf die relevanten Themen. Die Visualisierung der Frageliste ist im Beispiel an die Darstellung von Geschäftsmodellen in Form eines sogenannten **Business Model Canvas** (Osterwalder/Pigneur 2010) angelehnt (Bild 4.6).

Bild 4.6 Produktsteckbrief (in Anlehnung an Baumgart 2016)

4.4.2 Schritt 2: Anforderungen dokumentieren

Durch die Erschließung relevanter Quellen, den Einbezug verschiedener Stakeholder aus dem Produktlebenslauf und die Anwendung von Methoden wie der Anwendungsanalyse oder dem Produktsteckbrief können schnell sehr viele Anforderungen zusammengetragen werden. Um hier nicht den Überblick zu verlieren, ist es wichtig, eine geeignete **Anforderungsdokumentation** aufzusetzen und diese aktuell zu halten. Dabei ist auf folgende Grundsätze Wert zu legen:

- eine klare Strukturierung der Anforderungen
- eindeutige und konsistente Formulierung der Anforderungen
- Vollständigkeit der Anforderungsspezifikation
- Modifizierbarkeit und Erweiterbarkeit
- Rückverfolgbarkeit

Regeln zur Formulierung von Anforderungen

Bei der Spezifikation von Anforderungen müssen gewisse Qualitätskriterien eingehalten werden, um eine zielgerichtete Entwicklung zu ermöglichen (Bender/Gericke 2021, S. 198; Baumgart 2016, S. 431). Bild 4.7 gibt eine Übersicht über wichtige Qualitätskriterien, jeweils mit Beispielen für schlechte und bessere Formulierungen:

- **Lösungsneutral:** Der Lösungsraum sollte nicht zu früh eingeschränkt werden.
- **Eindeutig:** ohne Spielraum für Interpretationen; einfache, für alle Stakeholder verständliche Formulierung

- **Vollständig:** Nennung aller relevanten Zusatzinformationen (Rahmenbedingungen)
- **Priorisiert:** hinsichtlich der Relevanz gewichtet, Forderung („Das **muss** das Produkt können.") vs. Wunsch („Das **sollte** das Produkt können.")
- **Verifizierbar:** durch die Spezifikation testbarer Produktmerkmale und Angabe messbarer (möglichst quantitativer) Ausprägungen
- **Realisierbar:** zwar ambitioniert, aber technisch und wirtschaftlich machbar

Kriterium	Schlechte Formulierung	Gute Formulierung
lösungsneutral	Das Gehäuse ist aus Edelstahl auszuführen.	Das Gehäuse **muss** gegenüber Seewassereinwirkung korrosionsresistent sein.
eindeutig	Die Beschleunigung des Fahrzeugs sollte so hoch wie möglich sein.	Das Fahrzeug **muss** in 4 s von 0 auf 100 km/h beschleunigen können.
vollständig	Der Haupteinsatzbereich ist Stahlbeton.	Die Einsatzbereiche **sind** Stahlbeton (60 %), unbewehrter Beton (30 %) und Asphalt (10 %).
priorisiert	Reduktion des Gewichts um 20 %	Gegenüber dem Vorgängermodell **muss** das Gewicht um 15% reduziert werden (Forderung).
verifizierbar	Das Gerät muss absolut baustellenrobust sein.	Das Gerät **darf** nach einem Fall aus 1 m Höhe keine Beschädigungen aufweisen.
realisierbar	Die Produktkosten müssen um 75 % reduziert werden.	Die Produktkosten **müssen** gegenüber der vorherigen Produktgeneration um mindestens 15 % reduziert werden.

Bild 4.7 Formulierungsregeln für Anforderungen

Darüber hinaus gibt es auch noch Kriterien, die mit dem Prozess der Abstimmung und Kommunikation zu tun haben: Anforderungen sollten gültig und aktuell (z. B. durch ein Review bestätigt), vereinbart (freigegeben durch alle Stakeholder) und rückverfolgbar (zur Quelle der Anforderung) sein.

Die Anforderungsliste

Eine einfache Möglichkeit zur strukturierten Dokumentation aller Anforderungen stellt die **Anforderungsliste**, eine tabellarische Übersicht aller Anforderungen, dar. Für den formalen Aufbau von Anforderungslisten gibt es keinen einheitlichen Standard. Oft entwickeln Organisationen hier ihre eigenen Tabellenformate (Bender/Gericke 2021, S. 217). Bild 4.8 zeigt beispielhaft den Ausschnitt einer Anforderungsliste für den Werkzeugkoffer mit folgenden Spalten:

- **ID:** Jede Anforderung erhält eine Identifikationsnummer (ID), um sie später eindeutig identifizieren und referenzieren zu können. Über die ID können Anforderungen auch mit den zugehörigen Tests verknüpft werden, die zur Überprüfung der Anforderung definiert werden.

4.4 Methoden: Anforderungen klären

- **Priorität:** Hier wird die Wichtigkeit bzw. Verbindlichkeit angegeben. Unterscheiden lässt sich nach Pflicht bzw. Forderung (F) und Wunsch (W).
- **Anforderung:** Hier wird der eigentliche Inhalt der Anforderung, mit ihrem Merkmal und den geforderten Ausprägungen bzw. Werten, beschreiben. In der Formulierung der Anforderung wird die Verbindlichkeit durch die Verwendung von Schlüsselwörtern zum Ausdruck gebracht: „muss" für eine Forderung, „sollte" für einen Wunsch.
- **Quelle:** In dieser Spalte wird der Ursprung der Anforderung, beispielsweise der betreffende Stakeholder oder ein Dokument, festgehalten. Zusätzliche Bemerkungen könnten in einer weiteren Spalte aufgenommen werden.
- **Verantwortlich:** Hier sind zwei Interpretationen möglich – einerseits Verantwortliche im Sinne der Urheber oder Verfasser der dokumentierten Anforderung, andererseits Verantwortliche im Sinne von für die Umsetzung der Anforderung zuständigen Mitarbeitern oder auch Ansprechpartner bei Änderungen und Rückfragen. Nutzen Sie die Spalte so, wie es für Ihre Organisation zielführend ist. Gegebenenfalls machen hier auch zwei separate Spalten Sinn.
- **Datum:** Datum der Dokumentation der Anforderung oder ihrer letzten Änderung

ID	Prio	Anforderung	Quelle	Verantwortlich	Datum
1		**Robustheit und Haltbarkeit**			
1.1	F	Der Koffer **muss** volle Funktionsfähigkeit über die gesamte Lebensdauer des Werkzeugs aufweisen.	Qualität	F. Fischer	30.03.2022
1.2	F	Der Koffer **darf** nach einem Fall aus 1 m Höhe keine Beschädigungen aufweisen.	Qualität	F. Fischer	30.03.2022
2		**Ergonomie und Bedienung**			
2.1	F	Gegenüber dem Vorgängermodell **muss** das Gewicht um 15 % reduziert werden.	Kundenbefragung	M. Maier	11.05.2022
2.2	F	Boden und Deckel **müssen** für den Anwender klar erkennbar sein (Unterstützung einer intuitiven Öffnung).	Anwendungsanalyse	H. Huber	27.04.2022
2.3	W	Die Griffgestaltung **sollte** einen bequemen Transport von zwei Koffern gleichzeitig in einer Hand ermöglichen.	Anwendungsanalyse	H. Huber	27.04.2022
3		**Aufbewahrung von Gegenständen**			
3.1	F	Das Kofferinnere **muss** eine stabile Positionierung und Fixierung des Werkzeugs gewährleisten.	Marketing	M. Maier	11.05.2022
4		**Zusätzliche Features**			
4.1	W	Dem Anwender **sollte** es ermöglicht werden, den Koffer abzusperren.	Marketing	M. Maier	11.05.2022

Bild 4.8 Auszüge einer Anforderungsliste am Beispiel Werkzeugkoffer

Wichtig ist es vor allem, Änderungen an der Liste nachvollziehbar zu dokumentieren. Dazu sollte der Änderungsstatus festgehalten werden. Veraltete Anforderungen sollten auch nicht einfach gelöscht, sondern entsprechend gekennzeichnet werden. In professionellen Anforderungsmanagement-Systemen findet das Änderungsmanagement über Versionierung und Baselines statt (Die SOPHISTen 2020, S. 39). Unter Baseline wird ein unveränderbarer Stand an Anforderungen verstanden, auf den man auch zu einem späteren Zeitpunkt wieder als Referenz zurückgreifen kann.

Da eine Anforderungsliste schnell recht umfangreich werden kann, bietet sich eine Gliederung in Abschnitte oder Unterkapitel an. Zum Beispiel ist eine Gliederung nach Komponenten, vor allem bei komplexeren Systemen, sinnvoll. Eine Klassifikation der Anforderungen kann nach folgenden Kriterien erfolgen, die ebenfalls für die Gliederung der Anforderungsliste herangezogen werden können (Pohl/Rupp 2021, S. 3–6; Bender/Gericke 2021, S. 217):

- **Funktionale Anforderungen:** Hierbei handelt es sich um Anforderungen bezüglich des Ergebnisses oder des Verhaltens, die von einer Funktion des Systems bereitgestellt werden sollen.
- **Qualitätsanforderungen:** Dies sind Anforderungen, die sich auf Qualitätsmerkmale (z. B. Leistung, Kompaktheit oder Zuverlässigkeit) beziehen, die nicht durch funktionale Anforderungen abgedeckt werden.
- **Randbedingungen (Constraints):** Hierbei handelt es sich um Anforderungen, die den Lösungsraum jenseits dessen einschränken, was notwendig ist, um die funktionalen Anforderungen und die Qualitätsanforderungen zu erfüllen (z. B. organisatorische oder technologische Vorgaben).

Organisatorische Vorgaben können auch Projektanforderungen genannt werden und beziehen sich beispielsweise auf die Form der Projektsteuerung oder den Zieltermin für die Markeinführung.

4.4.3 Schritt 3: Anforderungen analysieren

Sind Anforderungen gesammelt und strukturiert dokumentiert, ist es wichtig, diese zu analysieren und zu bewerten. Zwischen Anforderungen gibt es Wechselwirkungen, die vor allem mit der zunehmenden Konkretisierung der technischen Lösung sichtbar werden. Bei der Detaillierung der technischen Lösung ergeben sich neue, konkretere Anforderungen. Zudem werden Widersprüche und **Zielkonflikte** zwischen konkurrierenden Anforderungen sichtbar. Entwickler müssen hier häufig Entscheidungen treffen. Für diese Situationen sind eine Gewichtung und Priorisierung der Anforderungen von Bedeutung. Hierzu wollen wir im Folgenden zwei hilfreiche Methoden vorstellen.

Das Kano-Modell

Das **Kano-Modell** unterscheidet Produktanforderungen hinsichtlich ihres Einflusses auf die Kundenzufriedenheit (Kano et al. 1984). Das Modell klassifiziert Produktmerkmale und zugehörige Anforderungen in Basismerkmale, Leistungsmerkmale und Begeisterungsmerkmale (Bild 4.9):

- **Basismerkmale** beziehen sich auf implizite Anforderungen. Kunden sprechen ihre Basisanforderungen nicht explizit aus, sondern setzen ihre Erfüllung implizit als selbstverständlich voraus. Nicht erfüllte Basisanforderungen bewirken bei ihnen eine hohe Unzufriedenheit.

- **Leistungsmerkmale** sind die bewusst verlangten Systemeigenschaften. Die Kundenzufriedenheit verhält sich proportional zum Erfüllungsgrad der Leistungsanforderungen. Sie werden von allen wettbewerbsfähigen Produkten mehr oder weniger stark erfüllt.

- **Begeisterungsmerkmale** beziehen sich auf Eigenschaften, die Kunden nicht erwarten. Kunden sprechen sie nicht aus und erwarten auch nicht ihre Erfüllung. Die Kundenzufriedenheit verhält sich überproportional zum Erfüllungsgrad von Begeisterungsanforderungen.

Bild 4.9 Klassifizierung von Produktmerkmalen und zugehörigen Anforderungen für den Werkzeugkoffer (nach dem Kano-Modell)

 Beispiel Werkzeugkoffer
Im Beispiel des **Werkzeugkoffers** entsprechen eine intuitive Öffnung sowie eine hohe Robustheit und lange Lebensdauer den Basismerkmalen. Diese werden als selbstverständlich vorausgesetzt. Gewicht und Stauraum sind Leistungsmerkmale. Je leichter der Koffer ist und je mehr Platz er im Inneren bietet, um Werkzeuge und andere Utensilien unterzubringen, desto höher ist die Zufriedenheit der Kunden. Ein Begeisterungsmerkmal ist z. B. die neue Option, komfortabel zwei Koffer in einer Hand zu tragen (dank eines zusätzlichen Griffs). Stimme eines Kunden hierzu: „Damit kann ich bequem vier kleine Werkzeuge auf einmal transportieren – das spart enorm Zeit, super!"

Wenn sich Begeisterungsmerkmale am Markt durchsetzen und von immer mehr Wettbewerbern in ihren Produkten umgesetzt werden, setzt ein Prozess der Gewöhnung bei den Kunden ein. Dadurch entwickeln sich Begeisterungsmerkmale mit der Zeit in Leistungs- und schließlich Basismerkmale.

Der Produktvergleich

Eine weitere Methode, um die Bedeutung einzelner Anforderungen herauszuarbeiten und auch Wechselbeziehungen und Zielkonflikte zwischen verschiedenen Anforderungen zu erfassen, ist der **Produktvergleich**. Damit bezeichnen wir eine Tabelle, die übersichtlich wesentliche kundenrelevante Eigenschaften visualisiert. Mit dem eigenen Vorgängerprodukt und relevanten Wettbewerbsprodukten als Referenz lassen sich hier Prioritäten für das neue Produkt ableiten. Die Ergebnisse dieser Analyse kommen beispielsweise aus einem **Produktbenchmarking**.

Beispiel Werkzeugkoffer

Einen Produktvergleich sehen Sie am Beispiel des Werkzeugkoffers in Bild 4.10. Die höchste Bedeutung wurde hier dem Kriterium der Robustheit beigemessen. Das bestehende Produkt wies gegenüber der Konkurrenz bereits deutliche Vorteile auf (best in class). Der erste Platz in der Liste signalisierte, dass hier keine Kompromisse zulässig waren. Neben der Rangfolge zeigt Bild 4.10 auch den Entwicklungsbedarf im neuen Produkt gegenüber dem Vorgängermodell. Hier lag ein Fokus vor allem auf der Verbesserung der ergonomischen Bedienung und einem intuitiven Öffnungsmechanismus. Die Pfeilrichtungen in der Spalte *Priorität* signalisieren die Richtung für die Optimierung des jeweiligen Kriteriums. Bei Robustheit und Stauraum geht es um die Verbesserung des Wertes, bei Gewicht und Kosten um die Reduzierung des Wertes. Bei Kriterien, die nur schwer in quantitativen Größen zu beschreiben sind, können alternativ auch qualitative Angaben gemacht werden, z. B. in Form von sogenannten Harvey Balls, wie sie in Bild 4.10 am Beispiel des Kriteriums Bedienergonomie zu sehen sind.

Eigenschaft	Priorität	Nachfolger (Ziele)	Vorgänger (Referenz)	Wettbewerber 1	Wettbewerber 2
Robustheit und Haltbarkeit Funktionsfähigkeit über Lebensdauer	1 ⬆	100 % +0 %	100 % Best in class	85 %	95 %
Ergonomische Bedienung inklusive intuitiver Öffnung	2 ⬆	◐	◐	◐	◑ Best in class
hoher Stauraum für Werkzeuge und Zubehör	3 ⬆	110 % +10 %	100 %	90 %	110 % Best in class
leichter Transport niedriges Gewicht	4 ⬇	90 % −10 %	100 %	85 % Best in class	110 %
hohe Wirtschaftlichkeit niedrige Herstellungskosten	5 ⬇	95 % −5 %	100 %	90 % Best in class	110 %

Bild 4.10 Produktvergleich für den Werkzeugkoffer

Wenn Sie diese Schritte mit den vorgeschlagenen Methoden durchlaufen, haben Sie die wesentlichen Anforderungen erfasst, einen guten Stand der Anforderungsdokumentation erarbeitet und sind sich Ihrer Prioritäten bewusst. Damit sind Sie gut gerüstet, in die Suche nach Lösungskonzepten einzusteigen.

4.5 Anwendungsbeispiel: Anforderungsklärung für einen Akkuschrauber

In diesem Fallbeispiel geht es um die Entwicklung eines **Akkuschraubers** (siehe auch Baumgart 2016). Es war eine neue Generation des Geräts für den Baustellenbetrieb bis hin zur Serienreife zu entwickeln. Der Hauptzweck dieses Produkts ist es, Schrauben in verschiedene Untergründe zu setzen, um damit eine Verbindung herzustellen, die bei Bedarf auch wieder gelöst werden kann. Bild 4.11 zeigt beispielhaft den Einsatz zur Befestigung von Profilblechen mithilfe von Selbstbohrschrauben.

In diesem konkreten Fall waren die **Entwicklungsschwerpunkte** aus Sicht des Produktmarketings zum einen die Verbesserung der Handhabbarkeit und zum anderen die universelle Einsetzbarkeit des Schraubers sowie insbesondere auch die Reduktion der Herstellungskosten im Vergleich zum Vorgänger. Ausgangspunkt für das Projekt war ein Entwicklungsauftrag, abgeleitet aus der strategischen Produkt-Roadmap.

Bild 4.11 Akkuschrauber in der Anwendung (© HILTI AG)

4.5.1 Schritt 1: Anforderungen erheben

Im Rahmen der Aufgabenklärung führte das Entwicklungsteam eine **Anwendungsanalyse** durch. Das Team untersuchte hierbei den eigentlichen Schraubvorgang, aber auch vor- und nachgelagerte Prozesse. Ziel der Übung war es, mögliche **Schwachstellen** des aktuellen Systems zu identifizieren und neue Anforderungen für die nachfolgende Produktgeneration abzuleiten. Drei übergeordnete Schritte des **Anwendungsprozesses** sind der Transport des Geräts zum Einsatzort auf der Baustelle, die Vorbereitung und Inbetriebnahme des Geräts und die eigentliche Anwendung, nämlich das Setzen der Schrauben in den Untergrund. Diese drei Schritte wurden vom Team heruntergebrochen auf konkretere Detailschritte, von denen einige in Bild 4.12 dargestellt sind.

Der Prozess wurde im Rahmen eines Workshops anhand des eigenen Vorgängermodells sowie ausgewählter Wettbewerbsgeräte durchlaufen. Teilnehmer waren Entwickler, Testingenieure und Produktmanager des Projektteams, Entwickler aus anderen Abteilungen, die Erfahrung mit anderen Schraubertypen hatten, sowie Vertrauenskunden mit langjähriger Anwendungserfahrung. Die Schritte der Vorbereitung, Inbetriebnahme und eigentlichen Anwendung wurden im Sinne eines „Hands on" von allen Teilnehmern praktisch durchgeführt. Die dabei gewonnenen Eindrücke – Schwachstellen und Anforderungen – wurden parallel gleich auf Kärtchen mitdokumentiert. Die Ergebnisse sind in Ausschnitten in Bild 4.12 zu sehen.

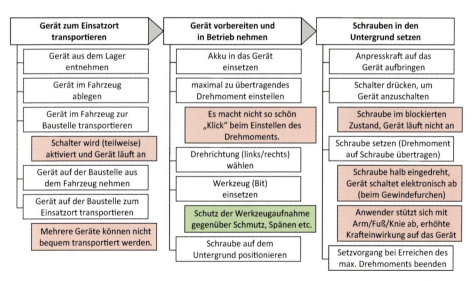

Bild 4.12 Anwendungsanalyse für den Akkuschrauber: Sammlung von Schwachstellen und Anforderungen

4.5 Anwendungsbeispiel: Anforderungsklärung für einen Akkuschrauber

Beispielsweise wurde beim Transport festgestellt, dass der Schalter teilweise aktiviert werden konnte und das Gerät dann anlief. Daher wurde das Vorsehen einer Einschaltsperre als Anforderung formuliert. Für die Einstellung des maximal zu übertragenden Drehmoments gibt es den drehbaren Skalaring. Ein Kritikpunkt aus der Analyse heraus war es, dass keine saubere Rückmeldung an den Anwender erfolgte, wenn eine bestimmte Stufe eingestellt worden war. Außerdem wurde die Schwachstelle identifiziert, dass das Gerät teilweise abschaltete, wenn die Schraube nur halb eingedreht war, z. B. beim Gewindefurchen. Hier stellte sich die Frage, ob der Schrauber für diese Anwendung vorgesehen war oder nicht. Gerade in der Anforderungsklärung war es wichtig, ein klares Bild davon zu erarbeiten, was die Anwendungsbreite des Schraubers sein sollte und welche Anwendungen auszuschließen waren, da dies Auswirkungen auf die Auslegung und Dimensionierung des Antriebsstranges hatte.

Etliche der gefundenen Schwachstellen bezogen sich auf die Robustheit des Geräts und auch auf Themen wie naheliegenden Missbrauch. Das Gerät wird nicht unbedingt immer nur für die Zwecke verwendet, für die es vorgesehen ist. Durch die Analyse wurden etliche spezifische Anforderungen an die Robustheit identifiziert, die wiederum in einen Katalog mit klaren Maßnahmen (z. B. Komponententests) aufgenommen wurden, um die Robustheit des Geräts abzutesten.

Zur strukturierten Dokumentation der Anforderungen wurde im nächsten Schritt ein **Produktsteckbrief** erstellt (Bild 4.13). Darin konsolidierte das Team Informationen aus vorangegangenen Aktivitäten wie der Anwendungsanalyse und einer durch das Marketing organisierten Kundenbefragung. Ein wichtiger Aspekt war eine klare Vorstellung im Hinblick auf die **Value Proposition**. Hier waren die Hauptstoßrichtungen eine universelle Einsetzbarkeit und eine optimale Handhabung des Geräts. Eine verbesserte universelle Einsetzbarkeit bedeutete hier konkret die Möglichkeit für Arbeiten in zusätzlichen Untergründen sowie auch mit weiteren Schraubentypen.

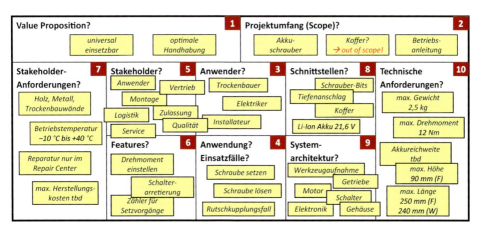

Bild 4.13 Produktsteckbrief für den Akkuschrauber

Als Nächstes diskutierte das Team den Projektumfang. Der Koffer wurde hier explizit ausgeschlossen, weil dieser in einem separaten Projekt entwickelt wurde. Bei der Anwendungsanalyse war als Schwachstelle identifiziert worden, dass mehrere Geräte nicht bequem transportiert werden konnten. Da neben dem Schrauber oft auch andere kleine Akkugeräte auf der Baustelle benötigt werden (wie Bohrhämmer und Winkelschleifer), wurde der Wunsch geäußert, mehrere Koffer auf einmal (am besten zwei pro Hand) transportieren zu können, um sich Wege zwischen Fahrzeug und Einsatzort zu sparen. Diese Information wurde an das Projektteam des Koffers weitergeleitet, das dankbar für den Input war und dieses Thema in die eigene Anforderungsliste aufnahm.

In Bezug auf die Anwendung des Geräts stellte sich die Frage, welche Branchen abgedeckt werden sollten. Als mögliche Anwender wurden Trockenbauer, Elektriker und Installateure identifiziert. Zudem wurden die konkreten Einsatzfälle oder Lastfälle in der Applikation unterschieden. Neben dem Setzen und Lösen der Schraube waren insbesondere auch die Situationen zu berücksichtigen, in denen die Rutschkupplung ausgelöst wird. Dieser Fall war für gewisse Komponenten entscheidend für deren Auslegung bzw. Dimensionierung. Neben den Anwendern wurden weitere wichtige **Stakeholder**, wie Zulassung, Montage, Vertrieb und Service, identifiziert.

Das nächste Thema waren die Features bzw. Funktionalitäten des Geräts mit Mehrwert für die Kunden. Die Einstellbarkeit des maximalen Drehmoments und eine Schalterarretierung kamen als Input aus der Anwendungsanalyse. Als weiteres Feature wurde ein Zähler für Setzvorgänge diskutiert. Schließlich wurden Themen im Feld **Stakeholder-Anforderungen** gesammelt. Hier wurden die Untergründe diskutiert, in die geschraubt werden sollte. Weitere Aspekte von Relevanz waren unter anderem die Einsatztemperaturen, das Reparaturkonzept und die maximalen Herstellungskosten.

Im nächsten Schritt ging es auf die rechte Seite des Produktsteckbriefs, die einen stärkeren technischen Fokus hatte. Hier wurden die **Schnittstellen** zu benachbarten Systemen geklärt. Das Gerät musste in den Koffer passen. Das mag zwar trivial klingen, erforderte aber dennoch eine Abstimmung bzw. klare Vorgaben. Zudem stellte sich die Frage, für welche Bits die Kompatibilität gewährleistet werden sollte: nur für die eigenen Bits oder möglicherweise auch für Produkte des Wettbewerbs? Im Hinblick auf die Systemarchitektur wurde das Gerät in wesentliche Hauptkomponenten gegliedert: Werkzeugaufnahme, Getriebe, Motor, Elektronik, Schalter und Gehäuse. Zudem wurden wichtige **technische Anforderungen** festgehalten, z. B. das maximale Gewicht, das maximale Drehmoment, die Akkureichweite (wie viele Anwendungen sind mit einer Akkuladung möglich?) und die wichtigsten geometrischen Maße.

4.5.2 Schritt 2: Anforderungen dokumentieren

Nachdem im Produktsteckbrief viele Themen gesammelt worden waren, übertrug das Team die Anforderungen im nächsten Schritt in eine strukturierte Dokumentation in Form einer **Anforderungsliste**, wie sie in Ausschnitten in Bild 4.14 dargestellt ist. Hier wurden die Angaben präzisiert und mit quantitativen Zielwerten versehen.

ID	Anforderung	Prio	Quelle	Verantwortlich	Datum
1	Leistungsanforderungen				
1.1	Das maximale Drehmoment des Geräts **muss** 12 Nm betragen.	F	Marketing	P. Müller	21.06.2022
1.2	Die maximale Leerlaufdrehzahl des Geräts **muss** 2.000 1/min betragen.	F	Marketing	P. Müller	21.06.2022
2	Mechanische Anforderungen				
2.1	Die Länge des Geräts **muss** maximal 250 mm betragen.	F	Marketing	P. Müller	21.06.2022
2.2	Die Länge des Geräts **sollte** maximal 240 mm betragen.	W	Marketing	P. Müller	21.06.2022
2.3	Das Gewicht des Geräts **muss** maximal 2,5 kg betragen.	F	Marketing	P. Müller	21.06.2022
3	Schnittstellen				
3.1	Das Gerät **muss** kompatibel mit Akkus des Typs N mit einer Versorgungsspannung von 21,6 V (DC) sein.	F	Entwicklung	B. Schneider	24.05.2022
4	Features				
4.1	Das Gerät **muss** dem Anwender die Einstellung des maximalen Drehmoments in 9 Stufen ermöglichen.	F	Marketing	P. Müller	21.06.2022
4.2	Das Gerät **sollte** einen Zähler für Setzvorgänge besitzen.	W	Marketing	P. Müller	16.08.2022
5	Robustheitsanforderungen				
5.1	Das Gerät **muss** bei minimalen Betriebstemperaturen von −10 °C funktionsfähig sein.	F	Qualität	T. Schmidt	24.05.2022
5.2	Das Gerät **muss** bei maximalen Betriebstemperaturen von +40 °C funktionsfähig sein.	F	Qualität	T. Schmidt	24.05.2022

Bild 4.14 Anforderungsliste für den Akkuschrauber (in Ausschnitten)

4.5.3 Schritt 3: Anforderungen analysieren

Um den Fokus für die Lösungssuche zu schärfen, analysierte das Entwicklungsteam im Folgenden die Anforderungen im Hinblick auf die Bedeutung für die Kunden mithilfe des **Kano-Modells** (Bild 4.15):

- Als **Basismerkmale** wurden Funktionalitäten wie eine Schalterarretierung oder die Anzeige des Ladezustandes der Batterie eingestuft. Diese gehörten auch bei Geräten der Konkurrenz in diesem Segment bis auf wenige Ausnahmen zur Grundausstattung. Sollten diese im Produkt fehlen, hätte das deutlich negative Auswirkungen auf die Kundenzufriedenheit.

- Als wichtige **Leistungsmerkmale** wurden unter anderem das maximale Drehmoment, die Einstellbarkeit des Drehmoments und der Preis des Geräts festgelegt. Die Ausprägung dieser Kriterien hat direkten Einfluss auf die Kundenzufriedenheit.

- Als **Begeisterungsmerkmale** wurden ein Zähler für Setzvorgänge und ein Tracking des Gerätestandortes über das Handy diskutiert. Derartige Features würden Kunden einen erheblichen Zusatznutzen bieten und waren noch nicht standardmäßig in vergleichbaren Produkten in diesem Marktsegment verfügbar.

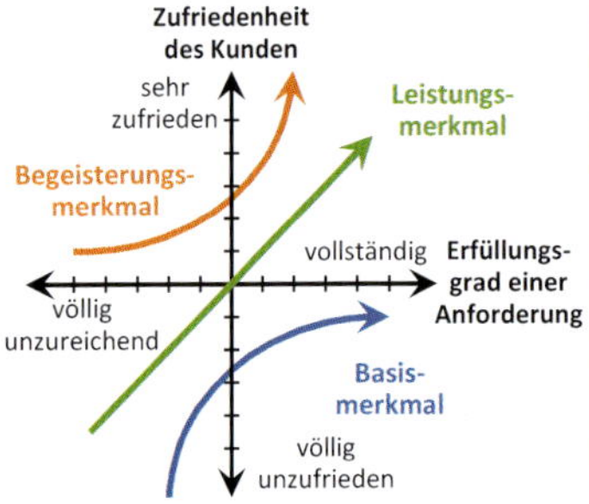

Basismerkmal	Leistungsmerkmal	Begeisterungsmerkmal
• selbstverständlich • nicht ausgesprochen • fast nicht mehr bewusst	• spezifiziert • ausgesprochen • bewusst	• nicht erwartet • nicht ausgesprochen • noch nicht bewusst
Umschaltung zwischen Links- und Rechtslauf ermöglichen	Einstellbarkeit des maximalen Drehmoments in 9 Stufen	Zähler für Setzvorgänge
Anzeige Ladezustand der Batterie	maximales Drehmoment von 12 Nm	Tracking des Gerätestandorts über Handy
Einschaltsperre bzw. Schalterarretierung	Preis des Produkts (Input Marketing TBD)	etc.
etc.	etc.	

Bild 4.15 Klassifikation von Anforderungen an den Akkuschrauber nach dem Kano-Modell

Im Anschluss erstellte das Team einen **Produktvergleich** und konzentrierte sich dabei vor allem auf wichtige Leistungs- und Begeisterungsmerkmale, weil sich über diese die Differenzierung gegenüber der Konkurrenz maßgeblich beeinflussen ließ. Es wurden fünf Kriterien ausgewählt: Features, Gewicht, Akkureichweite, Leistung und Kosten (siehe Bild 4.16). Da sich diese Kriterien gegenseitig beeinflussten, wurde eine Rangfolge erstellt, die die Kernelemente der **Value Proposition** reflektierte. So wurde der Feature Content als das wichtigste Kriterium festgelegt, während die Kosten nur Platz 5 belegten. Die Argumentation des Marketings war es, dass sich über einen hohen Feature Content und eine optimierte Ergonomie auch höhere Verkaufspreise erzielen lassen würden. Einen hohen Stellenwert hatten zudem das Gewicht und die Akkureichweite.

4.5 Anwendungsbeispiel: Anforderungsklärung für einen Akkuschrauber

Eigenschaft	Priorität	Nachfolger (Ziele)	Vorgänger (Referenz)	Wettbewerber 1	Wettbewerber 2	Wettbewerber 3
Features Funktionalitäten mit Mehrwert	1 ⬆	◐	◐	◔	● Best in class	◐
Gewicht Gerät und Akku	2 ⬇	80 % −20 %	100 %	80 % Best in class	105 %	110 %
Akkureichweite Setzungen pro Akkuladung	3 ⬆	110% +10 %	100 %	90 %	95 %	105 % Best in class
Leistung max. Drehmoment	4 ⬆	100 % +0 %	100 % Best in class	85 %	90 %	95 %
Herstellkosten Gerät und Akku	5 ⬇	95 % −5 %	100 %	90 % Best in class	110 %	115 %

Bild 4.16 Produktvergleich für den Akkuschrauber

Das eigene Vorgängergerät entsprach der Referenz (jeweils 100 % in den Dimensionen, die sich quantitativ beschreiben lassen). In die Tabelle wurden auch noch die drei wichtigsten Wettbewerbsprodukte mit ihren Werten eingetragen und es wurde festgehalten, welches Gerät in jeder Dimension eine führende Position einnahm (best in class). Für jede der fünf Hauptdimensionen legte das Team die Zielwerte fest und glich diese auch noch einmal mit den Anforderungen in der Anforderungsliste ab. Es wurde noch einmal deutlich, dass ein Hauptfokus der Entwicklung auf die Implementierung von kundenrelevanten Features und die Reduktion des Gewichts zu legen war, wobei auch die Herstellungskosten moderat gesenkt werden sollten. Mit diesen klaren Vorstellungen ging das Team auf die Suche nach Lösungsideen und Konzepten.

4.5.4 Fazit aus dem Beispiel

Die Anwendung der einzelnen Methoden half dabei, wichtige Anforderungen zu identifizieren und strukturiert zu dokumentieren als Grundlage für eine regelmäßige Kontrolle, Anpassung und Erweiterung über den ganzen Entwicklungsprozess hinweg. Methoden der Analyse wie das Kano-Modell und der Produktvergleich unterstützten dabei, den Blick auf das Wesentliche zu bewahren.

4.6 Methodensteckbrief: Anforderungen klären

Bild 4.17 zeigt den Methodensteckbrief „Anforderungen klären".

SITUATION: Start des Entwicklungsprojekts, Entwicklungsauftrag liegt vor

WANN wende ich die Methode an?
- zu Beginn eines Entwicklungsprojekts oder entwicklungsbegleitend, wenn es z. B. zu einer größeren Richtungsänderung kommt
- Es liegt ein Entwicklungsauftrag vor, z. B. aus einer internen Produktplanung oder auf Basis konkreter Aufträge externer Kunden.

WARUM wende ich die Methode an?
- Ich möchte einen strukturierten Überblick und keine wichtigen Anforderungen vergessen.
- Ich möchte Anforderungen richtig formulieren, interpretieren und kundengerecht priorisieren.

Schritt 1: Anforderungen erheben
- Berücksichtigung aller relevanten Perspektiven verschiedener Stakeholder, um Anforderungen möglichst umfassend und vollständig zu erheben
- **Anwendungsanalyse** strukturierte Untersuchung des Anwendungsprozesses
- **Produktsteckbrief** Frageliste zur gezielten Identifikation von Anforderungen

Schritt 2: Anforderungen dokumentieren
- strukturierte Dokumentation von Anforderungen in einer Form, die ein regelmäßiges Überprüfen und Aktualisieren ermöglicht
- **Formulierungsregeln für Anforderungen** Qualitätskriterien zur Formulierung guter Anforderungen
- **Anforderungsliste** zentrales Arbeitsdokument mit inhaltlichen und organisatorischen Details

ERGEBNIS: strukturierte Dokumentation der Anforderungen

WAS erhalte ich als Ergebnis?
- strukturierte Sammlung und Dokumentation von Anforderungen
- kundengerechte Priorisierung von Anforderungen

WAS kann ich mit dem Ergebnis machen?
- Nutzung der Anforderungen als Input für die Lösungssuche
- Nutzung der Anforderungen, um daraus Kriterien zur Bewertung von Lösungen abzuleiten

Schritt 3: Anforderungen analysieren
- Erkennen von Abhängigkeiten und Wechselbeziehungen zwischen Anforderungen und Definition der richtigen Prioritäten
- **Kano-Modell** Klassifikation von Anforderungen bezüglich Bedeutung für den Kunden
- **Produktvergleich** Überblick über Topziele und Prioritäten unter Berücksichtigung des Benchmarks

Bild 4.17 Methodensteckbrief „Anforderungen klären"

4.7 Fazit und Ausblick

Die in diesem Kapitel vorgestellten Methoden können als Bausteine in einem übergeordneten **Requirements Engineering** eingesetzt werden, auf das wir hier nicht weiter eingegangen sind. Beispielsweise kann die Sammlung von Anforderungen mithilfe eines Produktsteckbriefs im Rahmen eines moderierten Workshops erfolgen (RE Start-Workshop nach Baumgart 2016).

Bei Projekten in der Einzelfertigung oder Kleinserie sind vielleicht gar nicht so viele Methoden nötig. Hier hilft es unter Umständen bereits, die Anforderungen strukturiert in einer Anforderungsliste zu sammeln, im Projektverlauf zu aktualisieren und vor allem Änderungen gut zu dokumentieren. Für die Anforderungsklärung und das Anforderungsmanagement gibt es darüber hinaus noch viele weitere Methoden. Diese sind zum Teil etwas komplexer und bedürfen der Übung bzw. professioneller Moderation, können aber noch wirksamer dabei helfen, die Qualität der Anforderungen zu verbessern. Dies ist ein kleiner Ausblick für interessierte Leser:

- **Anforderungen erheben:** Zur Identifikation von Anforderungen können neben checklistenbasierten Abfragen auch Kreativitätstechniken eingesetzt werden.

- **Anforderungen dokumentieren:** Bei der natürlichsprachlichen Formulierung helfen Satzschablonen, um die Anforderungsqualität zu steigern. Alternativ können Anforderungen auch modellbasiert dokumentiert werden, z. B. über Use-Case-Diagramme (Die SOPHISTen 2020). Vor allem bei komplexen Systemen haben sich professionelle Anforderungsmanagement-Systeme bewährt. Diese ermöglichen die Verknüpfung von Anforderungen über mehrere Hierarchiestufen des Produkts hinweg und auch mit den zugehörigen Tests sowie eine Versionierung.

- **Anforderungen analysieren:** Die Methode **Quality Function Deployment (QFD)** (Saatweber 2011) ist sehr wirkungsvoll für die systematische Identifikation wichtiger Produktmerkmale basierend auf den Kundenanforderungen, indem die Marktsicht und die Techniksicht verknüpft werden.

Der wichtigste Faktor bei der Anforderungsklärung ist (wie bei den meisten Methoden) der Mensch. In diesem Fall geht es darum, alle relevanten Stakeholder bei der Sammlung und Bewertung der Anforderungen zu berücksichtigen. Neben Vertretern der „Stimme des Kunden" (z. B. das Produktmarketing) sind das unter anderem Vertreter interner Unternehmensbereiche wie Einkauf, Qualität, Zulassung, Produktion, Logistik, Service etc. Diese sollten frühzeitig ins Projekt mit eingebunden werden, um deren Belange gleich zu Beginn mit in die Entwicklung einfließen zu lassen.

Literatur

Baumgart, I.: Requirements Engineering. In: *Lindemann, U. (Hrsg):* Handbuch Produktentwicklung. Carl Hanser Verlag, München 2016, S. 425–452

Bender, B./Gericke, K. (Hrsg.): Pahl/Beitz Konstruktionslehre. Methoden und Anwendung erfolgreicher Produktentwicklung. 9. Auflage. Springer Vieweg, Berlin 2021

Die SOPHISTen: Requirements Engineering. 5. komplett überarbeitete Auflage, SOPHIST GmbH, Nürnberg 2020

Kano, N./Seraku, N./Takahashi, F./Tsuji, S.: Attractive Quality and Must-Be Quality. In: The Journal of the Japanese Society for Quality Control, Band 14, 1984, S. 39–48

Osterwalder, A./Pigneur, Y.: Business Model Generation. A Handbook for Visionaries, Game Changers, and Challengers. 1. Auflage. John Wiley & Sons, New York 2010

Pohl, K./Rupp C.: Basiswissen Requirements Engineering. 5. überarbeitete und aktualisierte Auflage. dpunkt Verlag, Heidelberg 2021

Ponn, J.: Absicherung der technischen Entwicklungsziele. In: *Lindemann, U. (Hrsg):* Handbuch Produktentwicklung. Carl Hanser Verlag, München 2016, S. 805–837

Ponn, J./Lindemann, U.: Konzeptentwicklung und Gestaltung technischer Produkte. Systematisch von Anforderungen zu Konzepten und Gestaltlösungen. 2. Auflage. Springer, Berlin 2011

Saatweber, J.: Kundenorientierung durch Quality Function Deployment. 3. Auflage. Symposion Publishing, Düsseldorf 2011

5 Lösungen entwickeln durch Funktionssynthese

5.1 Ziel des Kapitels

In diesem Kapitel wollen wir Ihnen zeigen, wie Sie mit Funktionsbetrachtungen ganz gezielt neue Produktkonzepte erarbeiten können. Sie gehen von den Anforderungen und einer vereinfachten Funktionsstruktur aus und entwickeln sie dann schrittweise zu immer detaillierteren Strukturen. Bei jeder Funktionsstrukturvariante klären und überprüfen Sie mögliche Realisierungen so lange, bis eine anforderungskonforme Gesamtlösung ermittelt wird. Wenn Sie mit Funktionsdarstellungen noch keine Erfahrungen sammeln konnten, empfehlen wir Ihnen, zuerst die Grundlagen in Kapitel 2 zu lesen.

5.2 Motivationsbeispiel: Tischkreissäge

Stellen Sie sich vor, Sie hätten eine Tischkreissäge aus dem Baumarkt gekauft. Sie wollen damit endlich gerade, saubere Schnitte in Holz machen. Doch Ihre Freude mit der Maschine währt nur kurz. Schon nach wenigen Betriebsstunden wird die Hubverstellung des Sägeblattes immer schwergängiger und blockiert schließlich. Diese Hubverstellung wollen wir hier als Motivationsbeispiel genauer betrachten.

Was erwarten Sie als Benutzer von einer Hubverstellung an einer Kreissäge? Sie wollen ein Handrad[1] drehen und damit das Sägeblatt mit wenig Kraftaufwand betriebssicher und exakt anheben bzw. absenken. Mit Ihrer Erwartung haben Sie bereits die **Gesamtfunktion** der Hubverstellung beschrieben. Sehen Sie sich nun einmal an, was

---

[1] Das Handrad als Bedienelement für die Hubverstellung wird hier als Festforderung angenommen.

der Konstrukteur der Tischkreissäge gemacht hat, um diese Gesamtfunktion zu erfüllen (Bild 5.1).

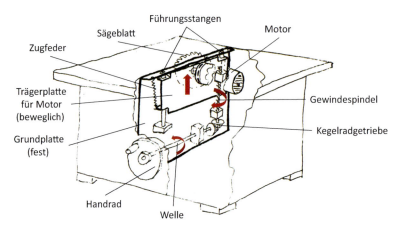

Bild 5.1 Prinzipskizze der Tischkreissäge mit der Hubverstellung der Trägerplatte mit Motor und Sägeblatt

Er hat ein Handrad vorgesehen, mit dem er über eine Welle und ein Kegelrad-Getriebe eine Gewindespindel antreibt. Diese verschiebt die Motor-Trägerplatte mit dem schweren Antriebsmotor und dem Sägeblatt senkrecht auf und ab (Bild 5.2 links). Die Trägerplatte ist mit zwei Rundstangen und Lagerböcken auf der Grundplatte geführt (Bild 5.2 rechts).

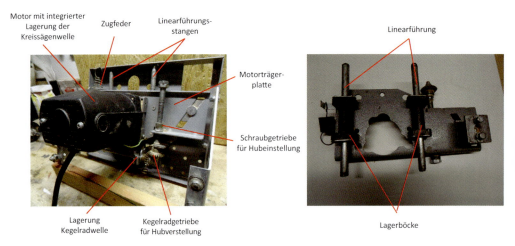

Bild 5.2 Hubverstellung an einer Tischkreissäge; links: reale Hubverstellung; rechts: Geradführung der Motorträgerplatte (um die Waagerechte gekippt und von der Rückseite dargestellt)

Die Führungsstangen stehen wegen des dazwischen angeordneten Motors weit auseinander. Der senkrechte Abstand der Lagerböcke ist nur circa halb so groß wie der waagerechte Abstand der Führungsstangen. Bei diesem kurzen Lagerabstand und der Doppelpassung der Führungsstangen neigt diese Führung natürlich zum Verkanten und Klemmen. Verstärkt wird die Klemmneigung noch durch den außermittig angebrachten Gewindespindeltrieb zum Anheben des Motors. Um dieses Verkanten der Führung zu verhindern, ist eine Zugfeder auf der anderen Seite der Motorträgerplatte angebracht, die ein „Gegenkippen" der Trägerplatte bewirken und damit das Klemmen der Führung verhindern soll. Sie sehen auch, dass das Kegelradgetriebe der Hubverstellung und die Linearführung der Motorträgerplatte offen liegen und nicht gegen Staub und Späne geschützt sind, was zur Schwergängigkeit oder zum Blockieren der Hubverstellung geradezu einlädt.

Die Prinzipskizze in Bild 5.3 zeigt Ihnen, welche **Teilfunktionen** der Konstrukteur in der Hubverstellung realisiert hat. Sie haben vorangehend mit der Gesamtfunktion beschrieben, was Sie von der Hubverstellung dieser Kreissäge erwarten. Sie sehen jetzt in Bild 5.3, dass in der Hubverstellung zur Erfüllung dieser Gesamtfunktion mehrere Teilfunktionen „reinkonstruiert" wurden. Warum? Muss das so aufwendig sein? Was ist hier schiefgelaufen?

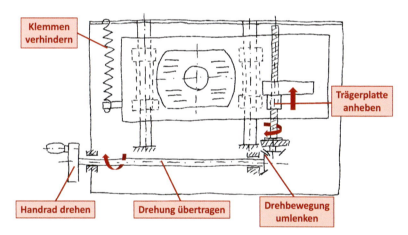

Bild 5.3 Prinzipskizze der Hubverstellung mit Teilfunktionen (rot dargestellt)

Um die Gesamtfunktion zu realisieren, wurde hier Folgendes getan:

- Es wurden zu viele **Teilfunktionen** in der Hubverstellung realisiert.
- Es wurden **Teillösungen** verwendet, die nicht optimal geeignet sind.

Vielleicht erkennen Sie ja schon an diesem Beispiel, dass es sich zu Beginn einer Entwicklungsaufgabe durchaus lohnen kann, erst einmal über Gesamt- und Teilfunktionen nachzudenken. Natürlich können Sie stattdessen auch sofort mit dem Konstruieren in der CAD-Software „loslegen". Doch denken Sie immer daran: Die Kunden interessieren nicht die Führungsklötze, Blechteile, Kegelräder oder Federn, die Sie entwerfen, wenn Sie die Aufgabenstellung bearbeiten.

Die Kunden wollen die **Funktionen**, für die sie das Produkt gekauft haben, gut und sicher erfüllen können. Außerdem wollen sie das Produkt zu einem angemessenen Preis erwerben, und das bedeutet: Der Hersteller muss die **Lösungen** für die Funktionen wirtschaftlich herstellen können. Natürlich kriegt man eine Lösung mit entsprechendem Aufwand irgendwie hin (siehe Zugfeder an der Trägerplatte der Hubverstellung, die ein Klemmen der Geradführungen verhindern soll). Doch diese „Reparaturstrategie" sollten Sie sich beim Konstruieren nicht zu eigen machen.

Das Arbeiten mit (Gesamt- und Teil-)Funktionen zeigen wir Ihnen in diesem Kapitel. Methoden zur Auswahl und Gestaltung von Teillösungen stellen wir Ihnen in Kapitel 6 (Variation des Prinzips), Kapitel 7 (Variation der Gestalt) und Kapitel 8 (Lösungen finden mit Lösungssammlungen) vor.

5.3 Was muss ich bei einer Funktionsbetrachtung beachten?

Funktionen sind gedankliche Vorstellungen (Modelle), mit denen Sie lösungsneutral beschreiben können, was eine Lösung tut oder tun soll.

5.3.1 Welche Idee steckt hinter der Funktionsbeschreibung?

Gleich zu Beginn dieses Kapitels haben Sie Folgendes erfahren: **Funktionen beschreiben, was ein Produkt oder eine Komponente tut oder tun soll.** In dieser Definition sehen Sie zwei Möglichkeiten angedeutet:

- Sie können mit Funktionen beschreiben, was ein entwickeltes oder realisiertes Produkt **tut**, um diese **Ist-Funktionen** dann kritisch zu hinterfragen, wie im Motivationsbeispiel der Hubverstellung für eine Kreissäge. Dann machen Sie eine **Funktionsanalyse**.

- Oder Sie beschreiben mit **Soll-Funktionen**, was ein Produkt **tun soll**, und versuchen daraus dann (möglichst wenige) Teilfunktionen abzuleiten und dafür „gute" Lösungen zu finden. Dann machen Sie eine **Funktionssynthese**. Diese wird in diesem Kapitel beispielhaft anhand der Hubverstellung der Kreissäge und ausführlich am Anwendungsbeispiel in Abschnitt 5.5 erläutert.

Sie fragen jetzt wahrscheinlich: „Ist das nicht das Gleiche?" Schön wär's! Sehen Sie sich nochmals kurz die Funktionsdarstellung der Kreissägen-Hubverstellung in

Bild 5.3 an. Die Zugfeder hat z. B. die Teilfunktion „Klemmen der Führung verhindern". Das tut sie. Doch soll eine Hubverstellung wirklich die Teilfunktion „Klemmen verhindern" aufweisen? Diese Teilfunktion ist doch nur durch die unglücklich gestaltete Lösung dieser Geradführung bedingt. Also weg damit! Lösen wir die Führung anders.

Unsere Erfahrung aus vielen Projekten zeigt uns: Je größer die Abweichungen zwischen Ist- und Soll-Zustand sind und je mehr unerwünschte Teilfunktionen realisiert wurden, desto problematischer ist meist die vorhandene Lösung im Hinblick auf Entwicklungsaufwand, Fehleranfälligkeit und Herstellungskosten.

Es folgen noch ein paar Erfahrungen aus Ehrlenspiel und Meerkamm, Pahl et al. sowie Ponn und Lindemann (Ehrlenspiel/Meerkamm 2017, S. 507 ff.; Pahl et al. 2004, S. 214 ff.; Ponn/Lindemann 2011, S. 293–307). Die Funktionsbetrachtung kann helfen,

- Vorfixierungen und eingefahrene Denkmuster zu vermeiden,
- eine unübersichtliche Gesamtfunktion in kleinere und einfacher zu lösende Teilfunktionen aufzuspalten,
- schwierig zu realisierende oder besonders wichtige Teilfunktionen zu erkennen, und
- ein gemeinsames Verständnis zwischen unterschiedlichen Abteilungen und Disziplinen bei der Integration mechanischer, elektrischer, mechatronischer und Softwarelösungen zu erreichen.

All das sollte uns Entwicklern zu denken geben und uns motivieren, sich mit den Methoden der Funktionsanalyse und Funktionssynthese zu befassen

5.3.2 Wie beschreibe ich Funktionen?

Sie haben zwei Möglichkeiten, **Funktionen zu beschreiben**:

1. Eine Möglichkeit liegt in Ihrem **technischen Sprachgebrauch** (Bild 5.3). Hier sind die Funktionen so beschrieben, wie sie ein Konstrukteur wohl benennen würde.
   - Vorteile:
     - Die Formulierung ist geläufig und ohne Lernaufwand anwendbar.
     - Sie ist leicht anpassungsfähig an die jeweilige Aufgabe und Branche.
   - Nachteile:
     - Die Anzahl möglicher Formulierungen ist sehr groß und es können Definitions- und Kommunikationsprobleme auftreten. Ihr Kollege würde lieber „Drehmoment leiten" schreiben statt „Drehung übertragen". Was ist jetzt richtig? Was ist zweckmäßiger?

2. Die andere Möglichkeit erfolgt mithilfe von Funktionen mit **standardisierten Ein- und Ausgangsgrößen** (Bild 5.4). Als standardisierte Größen empfehlen wir Ihnen, physikalische oder logische Größen (Signale) zu verwenden. In Bild 5.4 ist es die Größe Drehbewegung φ.

- Vorteile:
  - Die Beschreibungen sind definiert. Es gibt nur eine begrenzte Anzahl von Funktionen. Für Stoff-, Energie- oder Signalflüsse eignen sich die standardisierten Funktionen nach Roth (Roth 1994, S. 84) gut.
  - Unterschiedliche Produkte können mit den gleichen Beschreibungen dargestellt werden. Dies erleichtert das Erkennen von Ähnlichkeiten zwischen Produkten ungemein.
  - So entdecken Sie viel leichter unnötige und nicht wertschöpfende Funktionen.
- Nachteile:
  - Die Anwendung muss erlernt werden und ist erst einmal ungewohnt.

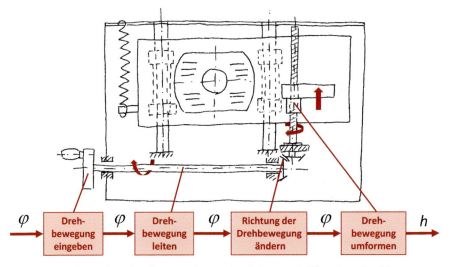

Bild 5.4 Funktionsbeschreibung mit standardisierten Größen (φ = Drehbewegung, h = Hubbewegung)

Zum letztgenannten Vorteil: Sehen Sie sich noch einmal kurz Bild 5.4 an. In dieser Funktionsstruktur mit standardisierten Größen tritt die Größe φ (Drehung) mehrmals hintereinander auf. Sie verändert sich über drei Teilfunktionen hinweg nicht, es passiert in den Teilfunktionen also nichts Wertschöpfendes. Die Drehbewegung wird hier nur um die Trägerplatte herum „spazieren geführt". Solche Effekte, aus denen

Sie sofort Verbesserungspotenzial ableiten können, sehen Sie natürlich in Darstellungen mit standardisierten Funktionen besser, weil es dabei nur wenige Größen gibt, die einheitlich verwendet werden.

5.4 Methode: Funktionssynthese

Wir beschreiben im Weiteren nur die Methode **Funktionssynthese**. Der Trick der Funktionssynthese besteht darin, zu Beginn erst einmal Ihr Produktwissen bewusst „beiseitezulegen", um grundsätzlich nachzudenken, welche Funktionen Ihr Produkt wirklich erfüllen muss, und damit in die Lösungssuche einzusteigen.

Anwendungsbereiche einer Funktionssynthese

Zu den Anwendungsbereichen zählen folgende:

- in Entwicklungssackgassen, wenn die bisherigen Lösungen nicht mehr den Anforderungen genügen und keine überzeugenden Lösungsalternativen ersichtlich sind

- bei der bewussten Suche nach innovativen Lösungen abseits ausgetretener Lösungspfade oder im Hinblick auf Wettbewerbsvorteile (Wir sind die Innovationschampions!)

- bei der Absicherung von Schutzrechten und der Formulierung von Schutzrechtsansprüchen (Welche sonstigen Lösungen können damit auch noch für uns abgedeckt werden?)

- zur Umgehung von Schutzrechten Dritter (Wo geht ein Weg an „denen da" vorbei?)

Wenn es überhaupt eine Lösung gibt – wir finden Sie!

Das Arbeiten mit der Funktionssynthese ist schwieriger als das Arbeiten mit der **Funktionsanalyse**, weil man „vom grünen Tisch weg" bewusst ohne Vorbilder agiert. Doch bei einiger Übung kann dies deutlich schneller gehen und direkter zu aussichtsreichen Lösungskonzepten führen als der Umweg über die Funktionsanalyse. Dies liegt auch daran, dass bei der Funktionsanalyse manche Bearbeiter an der bestehenden Lösung hängen und – gerade wenn sie Urheber dieser Lösung sind – gerne tausend Gründe finden, warum etwas anderes *nicht* geht.

Voraussetzungen für eine Funktionssynthese

Zu den Voraussetzungen zählen folgende:

- eine konkrete und abgesicherte Beschreibung der **Kundenanforderungen** (Marketing, Verkauf) mittels einer Anforderungsliste (siehe auch Kapitel 4, „Anforderungen klären")
- die **Gesamtfunktion** für Ihre Entwicklungsaufgabe, die wie folgt ermittelt werden kann:
  - Die Gesamtfunktion kann direkt aus den Kundenanforderungen nach dem Motto: „Was erwarten die Kunden funktionell von dem Produkt?" ermittelt werden.
  - Alternativ reduzieren Sie eine bereits bestehende Funktionsstruktur von bewährten Vorgänger- oder geeigneten Wettbewerbsprodukten und überprüfen und vereinfachen diese dann durch eine **Funktionsanalyse** bis zur Gesamtfunktion.

Beispiel zur Hubverstellung der Kreissäge

Leiten Sie die Gesamtfunktion aus der Funktionsstruktur der Hubverstellung nach Bild 5.5 ab.

Bild 5.5 Gesamtfunktion der Hubverstellung als Startpunkt für die Funktionssynthese

Vorgehen bei der Funktionssynthese mit Tipps & Tricks

Bei der Funktionsanalyse steuern und beflügeln[2] Sie die Lösungssuche ganz gezielt durch ein systematisches Vorgehen. Der Trick ist dabei, die Lösungssuche erst einmal mit der allereinfachsten Funktionsstruktur (in der Regel der Gesamtfunktion) zu beginnen und diese dann schrittweise (iterativ) zu erweitern (Bild 5.6). Die Funktionsvarianten, die Sie so erzeugen, dienen Ihnen als Leitvorstellung für die Lösungssuche.

---

[2] Beflügeln heißt hier, dass Sie durch das systematische Ausweiten Ihrer Funktionsbetrachtung angeregt, ja gleichsam angehalten werden, in einer bestimmten Richtung nach Lösungen zu suchen.

5.4 Methode: Funktionssynthese

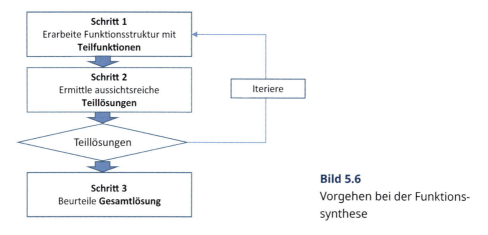

Bild 5.6
Vorgehen bei der Funktionssynthese

Schritt 1: Erarbeiten Sie Funktionsstrukturen mit Teilfunktionen

Beginnen Sie mit einer Gesamtfunktion als einfachster Funktionsstruktur. Nach der ersten Iteration erweitern Sie die Funktionen systematisch durch Aufspalten oder Ergänzen.

Tipps & Tricks

Konzentrieren Sie sich beim ersten Durchlauf auf den **Hauptumsatz**:

- Der **Hauptumsatz** ist ursächlich der Energie-, Signal- oder Stofffluss, der die Gesamtfunktion maßgeblich bestimmt.
- Ein **Nebenumsatz** ist der Energie-, Signal- oder Stofffluss, der den Hauptumsatz unterstützt bzw. ermöglicht.

Ermitteln Sie als Erstes aussichtsreiche Gesamtlösungen für den Hauptumsatz. Erst danach können Sie bei Bedarf Nebenumsätze bearbeiten, wobei Sie analog vorgehen.

Schreiben Sie erst einmal die Funktionen im allgemeinen Sprachgebrauch auf. Sie können sie dann in einem zweiten Schritt in normierte Funktionen übertragen, wenn sich das anbietet. Hilfreich für die Darstellung ist oft die Metaplantechnik. Schreiben Sie jede Teilfunktion auf eine Karte (noch besser auf selbstklebende Post-its) und bauen Sie ihre Funktionsstrukturen auf. Das geht auch am Rechner, aber alle müssen das sehen und mitgestalten können. Tun Sie das bitte unbedingt im Team und beziehen Sie den Verkauf und das Marketing mit ein. Die haben das Ohr am Puls der Kunden!

Beispiel Hubverstellung

Bild 5.7 zeigt die Gesamtfunktion der Hubverstellung nach Bild 5.5.

Bild 5.7
Gesamtfunktion nach Bild 5.5

Schritt 2: Ermitteln Sie aussichtsreiche Teillösungen

Halten Sie dazu nur Lösungen fest, die die Funktion(en) komplett und direkt (mit einem Prinzip) erfüllen. Suchen Sie Lösungen intuitiv aus Erfahrung oder durch Methoden der Ideenfindung (Kapitel 3) bzw. der Prinzipvariation (Kapitel 6), über Lösungssammlungen (Kapitel 8) oder mit dem Morphologischen Kasten (Kapitel 9).

Tipps & Tricks

In der Regel werden Sie zu Beginn keine Lösungen finden, weil es für stark vereinfachte Funktionsstrukturen meist kein einzelnes Prinzip gibt, das sie direkt und komplett erfüllt. Aber: Dann haben Sie das nachgewiesen (Lösungssicherheit).

Beispiel Hubverstellung

Wäre es eine Lösung, die Drehbewegung am Handrad direkt in eine Hubbewegung der Motorträgerplatte umzuformen (Bild 5.8)? Geeignet sind Schraubgetriebe (Skizze), Kurvengetriebe, Kreuzschleifengetriebe und Schubkurbelgetriebe nach der Lösungssammlung „Mechanische Umformer" in Nordmann und Birkhofer (Nordmann/Birkhofer 2003, S. 63–71).

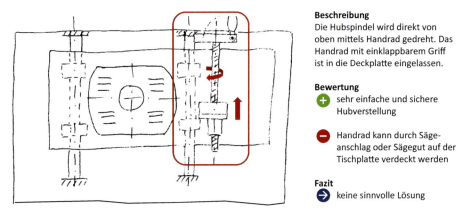

Bild 5.8 Direkte Hubbewegung mit senkrecht angeordneter Hubspindel

Führen Sie die Schritte 1 und 2 iterativ so lange durch, bis Sie für alle Teilfunktionen aussichtsreiche Teillösungen gefunden haben, die Grundlage für die weitere Entwicklungsarbeit sein können.

Schritt 1a: Erarbeiten Sie Funktionsstrukturen mit Teilfunktionen (Aufspalten der Gesamtfunktion)

Beispiel Hubverstellung

Spalten Sie die Gesamtfunktion in zwei Teilfunktionen auf. Das führt zu zwei möglichen Varianten der Funktionsstruktur (Bild 5.9).

5.4 Methode: Funktionssynthese

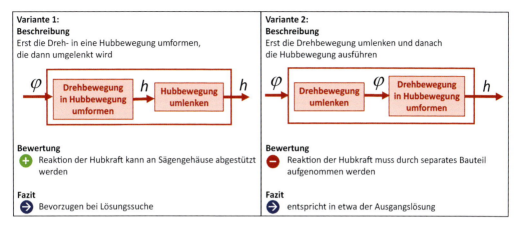

Bild 5.9 Gesamtfunktion aufspalten mit zwei Funktionsvarianten

Schritt 2a: Ermitteln Sie aussichtsreiche Teillösungen (hier für die aufgespaltenen Teilfunktionen)

 Beispiel Hubverstellung

Suchen Sie eine Lösung für beide Teilfunktionen der Funktionsvariante V1 (Bild 5.10) mit der Lösungssammlung „Mechanische Umformer" in Nordmann und Birkhofer (Nordmann/Birkhofer 2003, S. 36–71).

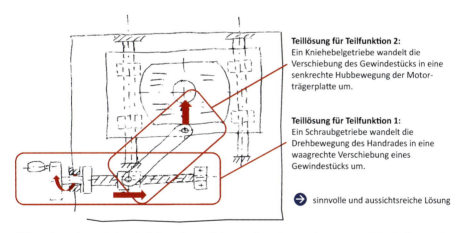

Bild 5.10 Hubantrieb mit Schraubgetriebe und nachgeordnetem Kniehebelgetriebe

Schritt 3: Bilden Sie die Gesamtlösung(en) und beurteilen Sie diese

Setzen Sie die zuvor ermittelten Teillösungen zu **Gesamtlösungen** zusammen. Ziehen Sie zur Beurteilung unbedingt eine Anforderungsliste heran. Gehen Sie dabei möglichst systematisch vor (siehe Kapitel 11, „Lösungen bewerten und auswählen mit Konzeptvergleich").

Tipps & Tricks

Visualisieren Sie Ihre Beurteilung per Flipchart oder Metaplantechnik und halten Sie sie für spätere Rückfragen oder weitere Entwicklungen schriftlich fest (Post-its). Tun Sie das im Team!

Beispiel Hubverstellung

Bild 5.11 zeigt eine Weiterentwicklung der Lösung. Durch Verwendung von zwei Koppelstangen lässt sich eine klemmsichere Verstellung gewährleisten.

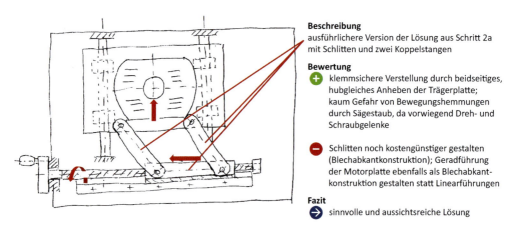

Bild 5.11 Hubverstellung nach Bild 5.10 mit doppelten Koppelstangen

Was kommt bei einer Funktionssynthese als Ergebnis heraus?

- ein weitgehend vollständiges Lösungsfeld von funktionellen Varianten
- die bewusste Entscheidung für die Lösung(en), die weiterbearbeitet werden soll(en)
- Lösungssicherheit hinsichtlich Wettbewerbsprodukten und Schutzrechtsansprüchen

5.5 Anwendungsbeispiel: Ansetzmaschine

5.5.1 Worum geht es bei diesem Beispiel?

Am Beispiel der Ansetzmaschine sollen Sie nachempfinden, wie Entwickler mithilfe einer Funktionsbetrachtung für eine fast unlösbar erscheinende Aufgabe doch noch eine erfolgreiche Lösung erarbeiteten.

Viele Textilprodukte wie Jeans, Outdoor- oder Sportbekleidung haben Druckknöpfe, Haken oder Accessoires aus Metall oder Kunststoff, die nicht angenäht, sondern durch einen kombinierten Stanz- und Umformprozess auf den Trägerstoff „gesetzt" werden (Bild 5.12 links). Dabei wird ein Knopfoberteil durch den Trägerwerkstoff mit einem Knopfunterteil (meist ein niet- oder nagelförmiges Teil) verbunden. Hierfür werden in der Textilindustrie elektrisch angetriebene Ansetzvollautomaten mit automatischer Teilezuführung in der Serien- und Massenfertigung eingesetzt, wobei eine Bedienperson vor der Maschine sitzt, den Trägerwerkstoff zwischen einem Ober- und Unterwerkzeug der Ansetzmaschine einlegt und über ein Fußpedal den Ansetzvorgang auslöst (Bild 5.12 rechts). Das Oberwerkzeug mit dem darin angeordneten Druckknopfoberteil fährt dann nach unten, durchtrennt den Trägerstoff und vernietet das Druckknopfoberteil mit dem im Unterwerkzeug liegenden Unterteil.

Bild 5.12 Links: Druckknopfteile an Textilien (hier Knopfloch) angesetzt, rechts: Bedienperson beim Ansetzen (Ansetzmaschine mit Werkzeugen angedeutet, DKN = Druckknopf)

Derartige Ansetzmaschinen werden grundsätzlich im Einzeltaktverfahren betrieben. Nach dem Auslösen des Ansetzvorgangs setzt die Maschine den Druckknopf an, das Oberwerkzeug fährt wieder zurück in die obere Halteposition, den oberen Totpunkt (OT), und stoppt. Erst nach erneutem Betätigen des Fußpedals wird ein neuer Ansetzvorgang ausgelöst. So kann die Bedienperson zwischenzeitlich den Trägerstoff in die neue Ansetzposition verschieben bzw. einen neuen Trägerstoff einlegen.

5.5.2 Was waren die Herausforderungen bei der Entwicklung des Ansetzmaschinenantriebs?

Ein Hersteller von Druckknopfsystemen und den entsprechenden Ansetzmaschinen (Halb- und Vollautomaten) fusionierte mit einem amerikanisch-japanischen Unternehmen. Zentrale Herausforderung war damals, die Vielfalt der nationalen Maschinenversionen zu bereinigen und eine international einsetzbare „Universalmaschine" zu kreieren.[3)] In einem Entwicklungsworkshop mit allen beteiligten Unternehmen wurden dafür die Anforderungen definiert, indem die wesentlichen Anforderungen der nationalen Maschinen einander gegenübergestellt wurden und das jeweilige Leistungsmaximum als die gültige Anforderung für die neue Universalmaschine definiert wurde (Bild 5.13).

Anforderungsmerkmal	Bandbreite der nationalen Leistungsdaten	Festgelegte Anforderung an die neue „Universalmaschine"
Ansetzprodukte	Druckknöpfe d = 6, 8, 10, 12 und 18 mm	Druckknöpfe d = 5 bis 20 mm
Produktwechsel	keiner, viertel-/halbjährlich, 1–2-mal/Monat	wöchentlich
Eingangsenergie	220 V Wechselstrom und 380 V Drehstrom	wahlweise 220 V Wechselstrom oder 380 V Drehstrom
Taktleistung im rechnerischen Dauerbetrieb (Antrieb läuft durch)	45 bis 180 Takte/min = 0,75 bis 3,0 Takte/s	180 Takte/min = 3 Takte/s
Hub des Oberwerkzeugs	22 mm bis 48 mm	50 mm
Maximale Ansetzkraft	1200 N bis 3500 N	3500 N
Wartungsintervalle	von 1-mal/Jahr bis 1-mal/Monat	≤ 1-mal/Jahr
Lebensdauer Antrieb	zwischen 2 Jahren und dauerfest	möglichst dauerfest
Herstellungskosten Antrieb (Losgröße 25 Stück)	950 bis 1800 €	< 1000 €

Bild 5.13 Anforderungen an die Universalmaschine und insbesondere den Antrieb (Auszug)

Aus Marketingsicht war die so entstandene Anforderungsliste ein voller Erfolg. Alle nationalen Anforderungen waren erfüllt. Jede Nation fand ihre spezifischen Bedürfnisse repräsentiert. Aus Entwicklersicht war die Anforderungsliste jedoch ein einziges Desaster:

1. Die technischen Abhängigkeiten zwischen den Anforderungen waren überhaupt nicht berücksichtigt worden, so z. B. die Auswirkungen von Hub des Oberwerkzeugs, Ansetzkraft und Taktzeit auf die Antriebsleistung.

2. Auch in wirtschaftlicher Hinsicht wurden die Anforderungen rigide formuliert, frei nach dem Motto: Wenn man schon mal etwas ganz Neues macht ... So sollten die Kosten der Universalmaschine keinesfalls die Kosten der bisherigen Standardmaschinen übersteigen.

---

[3] Im Folgenden gehen wir aus Platzgründen nur auf die Entwicklung des Ansetzmaschinenantriebs ein.

Zur Projektierung des Antriebs der Universalmaschine

Der Ansetzkraftverlauf ist deutlich nichtlinear mit fast kraftfreier Zustellung im Leerhub, etwa 1000 N für das Durchstoßen des Trägermaterials und anschließendem steilem Anstieg auf Maximalkraft von 3500 N für das Vernieten der Druckknopfteile (Bild 5.14). Beim Rückhub treten nur Reibungs- und Beschleunigungskräfte auf.

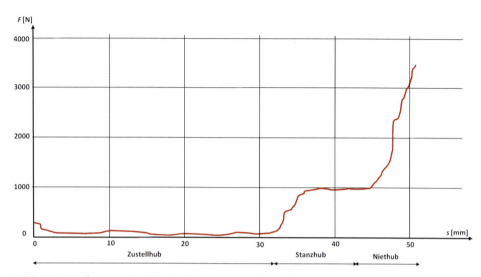

Bild 5.14 Kraftwegverlauf beim Ansetzen (nur Vorhub)

Die besondere Herausforderung der Antriebsentwicklung war also, in der sehr kurzen Taktzeit den hochgradig nichtlinearen Ansetzvorgang mit den geforderten Kräften auszuführen und nach dem Rückhub das Oberwerkzeug in OT wieder sicher abzustoppen. Diese anspruchsvollen Anforderungen mussten noch dazu mit einem rigiden Herstellungskostenziel erfüllt werden.

5.5.3 Systematische Entwicklung des Antriebs der neuen Universalmaschine mittels Funktionsbetrachtungen

Die folgenden Ausführungen stellen die dargestellten Funktionen farbig dar, um den Lösungsfortschritt zu verdeutlichen:

- **Schwarz:** alles, was vorgegeben oder bisher festgelegt wurde
- **Rot:** alles, was aktuell bearbeitet werden soll (aktuelle Aufgabe)
- **Grau:** alles, was noch bearbeitet, aber derzeit erstmal zurückgestellt wird

Stellen Sie sich einmal vor, wie Sie dieses Antriebsproblem lösen würden. Natürlich fallen Ihnen sofort Lösungen ein: ein Gewindespindelantrieb oder vielleicht ein

Schwungradantrieb. Doch wie sicher wären Sie dann, einen geeigneten, ja den besten Antrieb gefunden zu haben? Den damaligen Entwicklern war klar, dass die extremen Anforderungen einer grundsätzlichen Vorgehensweise bedurften. Sie entschlossen sich dazu, eine Funktionssynthese durchzuführen. Diese Entwicklung sollen Sie jetzt selbst nachvollziehen.

Antriebsentwicklung für den Hauptumsatz

Womit fangen Sie an? Der Antrieb soll elektrische Energie in mechanische Energie wandeln. Also ist der Energiefluss der Hauptumsatz. Damit beginnen Sie.

Schritt 1: Erarbeite Funktionsstruktur mit Teilfunktionen

Was soll der Antrieb aus Kundensicht leisten? Sie starten mit der Gesamtfunktion im Black-Box-Modell (Bild 5.15). Einfacher geht's nicht. Von links geht die Eingangsenergie E_{elektr} hinein und herauskommen soll eine mechanische Energie, die translatorisch mit Vor- und Rückhub oszilliert. Das ist es, was der Antrieb leisten soll.

Bild 5.15
Gesamtfunktion des Antriebs der Universalmaschine: elektrischer Direktantrieb

Schritt 2: Ermittle aussichtsreiche Teillösungen

Der elektrische Direktantrieb

Das Einfachste wäre natürlich, einen elektrischen Direktantrieb[4] für diese Gesamtfunktion zu kaufen. Wenn die Kosten stimmen würden, wäre man dieses Entwicklungsproblem auf einen Schlag los. Sie kennen sicherlich elektrische Direktantriebe für Translationsbewegungen als **Linearantriebe** oder als **Elektromagnete**. Beide Antriebslösungen sind aber bei den geforderten Kräften zu teuer. Außerdem müssen sie nach dem Arbeitshub umgesteuert bzw. in OT-Position rückgestellt werden. Das kostet wegen der Beschleunigungsphasen Zeit, was ein früher erstellter Prototyp mit Magnetantrieb auch bewiesen hat.

 Fazit
Ein elektrischer Direktantrieb ist nicht möglich, also kehren wir zurück zur Funktionsbetrachtung.

---

[4] Mit Direktantrieb ist hier eine Lösung gemeint, die mit einem einzigen Wandler ohne weitere interne Wandler bzw. Umformer die Gesamtfunktion erfüllt.

5.5 Anwendungsbeispiel: Ansetzmaschine

Schritt 1a: Erarbeite Funktionsstruktur mit Teilfunktionen

Ihre Aufgabe ist es jetzt, schrittweise und systematisch Funktionsvarianten aus der Gesamtfunktion nach Bild 5.15 abzuleiten (Ihr Fahrplan für das weitere Vorgehen) und festzustellen, ob sich dahinter eine realisierbare, vielleicht sogar aussichtsreiche Lösung verbirgt. Wie macht man das? Wenn es also mit dem ersten Funktionsansatz (Gesamtfunktion) nicht geht, kann man dann nicht die Gesamtfunktion in einfachere Funktionen auflösen, die auf realisierbare oder aussichtsreiche Lösungen hinführen?

Sehen Sie sich die Funktion nach Bild 5.15 noch einmal an. Auf der Eingangsseite kann man nichts verändern. Elektrische Energie ist als Eingang vorgegeben. Es gibt keine Pneumatik und keine Hydraulik. Doch auf der Ausgangsseite könnte man versuchen, einfacher zu werden. Man könnte ja erst einmal die hin- und hergehende Translationsbewegung (trans, osz) weglassen. Sie wandeln die elektrische Energie erst in mechanische Energie mit Rotationsbewegung um und formen diese dann in einem zweiten Funktionsblock mit irgendeinem Getriebe in die geforderte oszillierende Translationsbewegung um (Bild 5.16).

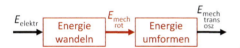

Bild 5.16
Der Antrieb mit Elektromotor und „irgendeinem" Getriebe

Schritt 2a: Ermittle aussichtsreiche Teillösungen

Antriebe mit konventionellen Elektromotoren

Für den ersten Funktionsblock „Energie wandeln" fallen Ihnen sofort Elektromotoren als Lösungen ein. Diese gibt es in vielen Ausführungen und sie sind preiswert. Darum kümmern Sie sich zuerst. Einen passenden Energieumformer gehen Sie dann im nächsten Schritt an.

- **Der vielpolige Elektromotor**

  Sie überlegen: Für die geforderte Taktzahl bräuchten Sie einen Motor mit ca. 250 U/min am Abtrieb (reine Betriebszeit + Einschaltzeiten). Derart langsam laufende, vielpolige Elektromotoren gibt es, aber sie wären hier weder von den Kosten noch vom Bauraum her angebracht. **Diese Lösung ist nicht wirtschaftlich.**

- **Der vierpolige Elektromotor**

  Die Standardausführung bei Wechsel- und Drehstrommotoren sind vierpolige Motoren. Diese drehen ca. 1500 U/min = 25 U/s, was aber viel zu schnell ist. Der Motor müsste dann ca. 1,4 kW leisten, um in der geforderten Taktzeit von 0,33 Sekunden das Drehmoment für die maximale Nietkraft aufzubringen. **Diese Lösung ist zu schwer und zu teuer.**

Schritt 1b: Erarbeite Funktionsstruktur mit Teilfunktionen

Ein Elektromotor alleine geht also nicht. Deshalb muss die Funktion „Energie wandeln" in eine elektrische und eine nachgeschaltete mechanische Teilfunktion aufgeteilt werden (Bild 5.17).

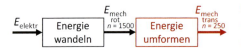

Bild 5.17 Der vierpolige Elektromotor mit Reduziergetriebe

Schritt 2b: Ermittle aussichtsreiche Teillösungen

Elektromechanische Antriebe

Der kostengünstige vierpolige Elektromotor ergibt dann Sinn, wenn man seine Abtriebsdrehzahl mit einem Reduziergetriebe von 1500 U/min auf etwa 250 U/min verringert und damit das Abtriebsdrehmoment entsprechend erhöht. Das sieht schon ganz vernünftig aus, zumal es solche Getriebemotoren als kompakte Einheiten in einer großen Variantenfülle handelsüblich gibt.

> **Fazit**
>
> Der vierpolige Getriebemotor erscheint als Energiewandler aussichtsreich. Deshalb springen wir weiter zur nächsten Teilfunktion.

Schritt 1c: Erarbeite Funktionsstruktur mit Teilfunktionen

Bild 5.18 zeigt die bisher erarbeitete Funktionsstruktur. Der erste „Doppelblock" (hier mit eigener Systemgrenze dargestellt) beschreibt, was der vierpolige Getriebemotor tut. Jetzt fehlt uns noch eine Lösung für den roten Block „Energie umformen 2", der die Drehbewegung am Ausgang des Reduziergetriebes in eine oszillierende Translationsbewegung mit Vor- und Rückhub umformt.

Bild 5.18 Die Funktion des rückkehrenden Getriebes

5.5 Anwendungsbeispiel: Ansetzmaschine

Schritt 2c: Ermittle aussichtsreiche Teillösungen

Das rückkehrende mechanische Getriebe

Für die Lösungssuche entnehmen Sie aus einer Lösungssammlung[5] zwei unterschiedliche Lösungen (Bild 5.19).

Mit einem **Kurvenscheibengetriebe** könnten Sie den Kraftverlauf jedem Druckknopftyp ideal anpassen. Der zu verarbeitende Druckknopftyp soll aber bis zu wöchentlich verändert werden. Dann müssten Sie die Kurvenscheibe wechseln. Sie bräuchten einen ganzen Satz von Kurvenscheiben für das komplette Druckknopfsortiment. Den Rückhub des Oberwerkzeugs haben Sie damit auch noch nicht gelöst.	Kurvenscheibengetriebe mit Stößel
Ein **Kurbeltrieb** passt nie so ganz exakt in seinem Kraftverlauf auf einen bestimmten Druckknopftyp, aber er wäre universell einsetzbar. Man könnte ja die Motorleistung für den ungünstigen Fall auslegen.	Kurbeltrieb (Schubkurbel)

Bild 5.19 Zwei aussichtsreiche Lösungen für mechanische, rückkehrende Getriebe (Ausschnitt aus Nordmann/Birkhofer 2003, S. 36–72)

Fazit

Als mechanischer Umformer scheint ein Kurbeltrieb aussichtsreich. Als Backup-Lösung bleiben Kurvenscheibengetriebe. Alle Teillösungen sind aussichtsreich.

Schritt 3: Beurteile Gesamtlösung

Der gesamte Antrieb mit vierpoligem Elektromotor, Reduziergetriebe und Kurbeltrieb

Sie haben jetzt alles zusammen, was den Antrieb ausmacht. Ein vierpoliger Getriebemotor als Zukaufteil wandelt die elektrische Eingangsenergie in eine mechanische Energie mit Rotationsbewegung. Ein Energieumformer 1 (Rädergetriebe) reduziert die Drehzahl, erhöht das Drehmoment am Abtrieb und treibt einen zweiten Energieumformer (Kurbeltrieb) an, der den Stößel mit dem Oberwerkzeug im Vor- und Rückhub bewegt (Bild 5.20).

---

[5] Lösungssammlungen und ihr Einsatz in der Produktentwicklung werden in Kapitel 8 ausführlich behandelt.

Funktionsdarstellung:

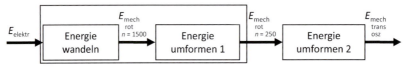

Mögliche Lösung:

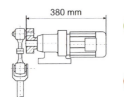

Bewertung

- ist als kompakte Einheit erhältlich
- bewährte Zulieferung mit vielen Leistungsvarianten und Bauformen
- Kurbeltrieb als rückkehrendes Getriebe hat nichtlinearen Kraftverlauf, gut der Stanznietkraft angepasst

⊖ • Kurbeltrieb ist kein Zulieferteil (→ Eigenfertigung)

Fazit

→ Aussichtsreiche Lösung:
Der vierpolige Getriebemotor als Zukaufteil mit einem selbst gefertigten Kurbeltrieb soll weiterverwendet werden.

Bild 5.20 Der gesamte Antrieb mit vierpoligem Elektrogetriebemotor und Kurbeltrieb

Der Energiefluss scheint jetzt in Ordnung zu sein. Sie haben ihn systematisch hergeleitet. Doch wie verhält es sich mit dem Schalten des Antriebs? Wie sieht der Signalfluss, insbesondere beim Stoppen im OT, aus?

Antriebsentwicklung für den Nebenumsatz (Signalfluss)

Als Nächstes erfolgt die Antriebsentwicklung für den Nebenumsatz.

Schritt 1: Erarbeite Funktionsstruktur mit Teilfunktionen
Elektrische Unterbrechung in OT-Position

Was brauchen Sie an Signalen? Sie wollen den Antrieb über ein Fußpedal einschalten (S_{Ein}) und er soll selbstständig nach dem Ansetzvorgang den Stößel mit dem Oberwerkzeug in OT ausschalten (S_{OT}). Bild 5.21 zeigt den Signalfluss in punktierter roter Linie für das Ein- und Ausschalten der elektrischen Energiezufuhr. Sie messen also zusätzlich die Oberwerkzeugposition am Ausgang des Kurbeltriebs und schalten den Energiefluss wieder aus, wenn das Oberwerkzeug beim Rückhub OT erreicht hat.[6]

---

[6] Natürlich müssen das Einschaltsignal des Fußpedals und das Ausschaltsignals bei Erreichen von OT noch miteinander verknüpft werden und dafür muss ein eigener Funktionsblock in Bild 5.21 eingeführt werden. Das soll hier aber aus Gründen der Vereinfachung unterbleiben.

5.5 Anwendungsbeispiel: Ansetzmaschine

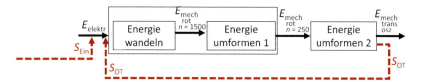

Bild 5.21 Der Signalfluss (punktierte rote Linien) im energetisch optimierten Antrieb

Schritt 2: Ermittle aussichtsreiche Teillösungen

Doch je nach Reibungs- und Verschleißzustand des gesamten Antriebsstranges stoppt der Getriebemotor mal früher, mal später. Er muss aber exakt in OT stehen bleiben – und das sicher. Nicht auszudenken, wenn er noch lange nachläuft, der Stößel wieder nach unten fährt und die Bedienperson einen Finger im Werkzeugbereich hat …

 Fazit
Die Lösung ist nicht betriebssicher.

Schritt 1a: Erarbeite Funktionsstruktur mit Teilfunktionen

Elektrisches Ausschalten alleine reicht also nicht. Der mechanische Energiefluss muss unbedingt selbst unterbrochen werden – und das sicher! Ob dann der elektrische Energiefluss ebenfalls unterbrochen werden muss, muss im Einzelfall untersucht werden.

Mechanische Unterbrechung in OT-Position

Wo aber können Sie den mechanischen Energiefluss unterbrechen? Sehen Sie sich Bild 5.22 an: Überall dort, wo ein mechanischer Energiefluss auftritt, können Sie den Energiefluss unterbrechen.

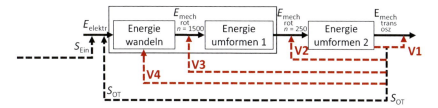

Bild 5.22 Vier Varianten, den mechanischen Energiefluss zu unterbrechen

Schritt 2a: Ermittle aussichtsreiche Teillösungen

- **Variante V1:** Sie unterbrechen den mechanischen Energiefluss am Antriebsausgang, also am Stößel mit dem Oberwerkzeug. „Wie das?", fragen Sie. Sie bauen hier eine Art „mechanischer Translationskupplung" ein. Diese trennt den Stößel und/oder das Oberwerkzeug mechanisch von dem eigentlichen Antrieb (Motor mit Getriebe), der kontinuierlich durchläuft. Sie koppeln den Stößel mit dem Oberwerkzeug beim Auslösen mechanisch (z. B. durch eine Klemmvorrichtung) an den Antrieb an und lösen ihn in OT mechanisch wieder vom Antrieb ab.

- **Variante V2:** Sie unterbrechen den mechanischen Energiefluss zwischen dem Abtrieb des Getriebemotors und dem Eingang in den Kurbeltrieb. Diese Unterbrechung der Drehbewegung (der Rotationsenergie) kann mit einer handelsüblichen Kupplungsbremskombination[7] realisiert werden.

- **Variante V3:** Sie unterbrechen den mechanischen Energiefluss innerhalb des Getriebemotors zwischen Elektromotorausgang und Getriebeeingang.

- **Variante V4:** Sie unterbrechen den mechanischen Energiefluss an der Entstehungsstelle, also im Elektromotor. Die Drehbewegung des Rotors wird durch eine mechanische Reibbremse gestoppt. Derartige Getriebebremsmotoren gibt es als Zulieferkomponenten in zahlreichen Ausführungsformen und Baugrößen.

Die Varianten werden in Bild 5.23 beurteilt.

Variante	Vorteile	Nachteile
Variante 1	• interessante Lösung aus Gründen der Energieeinsparung (Der gesamte Antrieb vorher könnte weiterlaufen und Energie speichern.)	• Lösung unklar? Man könnte sich z. B. ein umlaufendes Zugmittel (Band, Kette) vorstellen. Der Stempel wird am abwärtslaufenden Teil des Zugmittels angeklemmt, fährt nach unten und über die Umlenkung dann wieder nach oben bis in OT, wo die Klemmung wieder gelöst wird. → Eigenkonstruktion, hohes Entwicklungsrisiko → Lösung zurückstellen
Variante 2	• interessante Lösung aus Gründen der Energieeinsparung (Der Getriebemotor vorher könnte weiterlaufen.) • erprobte Zulieferkomponente	• baut sehr groß wegen großen schaltbaren Drehmoments am Getriebeausgang • nach Durchsicht von Zulieferkatalogen relativ teuer • Zusätzlich sind auch noch zwei Wellenkupplungen vor und hinter der Kupplungsbremskombination erforderlich.
Variante 3	-	• Damit lösen Sie ja gerade den Verbund aus Motor und Getriebe wieder auf, den Sie zuvor so kostengünstig realisiert haben.
Variante 4	• sichere und wirtschaftliche Lösung • kann als integrierte Komponente (Getriebebremsmotor) komplett zugekauft werden	• kritisch wegen permanenten Start-Stopp-Betriebs, deswegen Schalthäufigkeiten • Lebensdauer der Bremse und Nachlaufzeiten noch abklären

Bild 5.23 Vor- und Nachteile der aussichtsreichsten Teillösungen

---

[7] Eine Kupplungsbremskombination ist eine Antriebseinheit, bei der die Drehmomentübertragung zur Beschleunigung und zur Verzögerung der Abtriebswelle wechselseitig geschaltet werden kann. Die Drehmomentübertragung erfolgt reibschlüssig.

Schritt 3: Beurteile Gesamtlösung

Sicheres Abschalten in OT kann wahrscheinlich am besten durch elektrisches Abschalten und gleichzeitiges mechanisches Abbremsen des Rotors des Elektromotors realisiert werden. Dies bedingt einen vierpoligen Getriebebremsmotor. Das Ergebnis Ihrer Funktionssystematik zeigt Ihnen, dass die Anforderungen wahrscheinlich mit einem Antrieb erfüllt werden können, der bereits bekannt und in einigen Ansatzmaschinen auch bereits realisiert ist.

Sie schließen die Entwicklung mit der weiteren Auslegung des Antriebs ab. Um die benötigten maximalen Stanz- und Ansetzkräfte über das Motordrehmoment sicher bereitzustellen, müssen Sie einen Getriebemotor mit 0,75 kW einsetzen. Er baut allerdings recht groß, ist schwer und kostet mehr, als Sie dafür eigentlich vorgesehen haben. Doch vor allem wird die zulässige Schalthäufigkeit und Lebensdauer der mechanischen Bremse im Motor deutlich überschritten. Ein Ausweichen auf einen anderen Hersteller bringt keinen Erfolg, da die Getriebebremsmotoren herstellerübergreifend weitgehend einheitlich in Aufbau und Leistungsdaten sind.

Ihr Antriebskonzept erfüllt die Festforderungen der Universalmaschine nicht. Jetzt bloß nicht aufgeben! Sie haben ja bisher alle Varianten systematisch auf ihre Eignung hin „abgeklopft". Wenn es überhaupt eine Lösung gibt, dann werden Sie diese Lösung finden. Also, woran liegt dieser Fehlschlag ursächlich? Ihr Getriebemotor mit 0,75 kW ist zu groß. Seine Bremse schafft die benötigten Schalthäufigkeiten nicht und hat auch eine zu geringe Lebensdauer. Ein Blick in die Herstellertabelle zeigt Ihnen, dass ein kleinerer Motor mit 0,37 kW sowohl bei den Schalthäufigkeiten als auch bei der Lebensdauer der Bremse die Anforderung erfüllt. Zudem baut er deutlich kleiner, ist leichter und billiger. Doch dieser Motor hat zu wenig Leistung und bringt nicht die erforderlichen Stanz- und Nietkräfte. Ein unlösbares Dilemma?

Fazit

Kehren wir also in der Antriebsentwicklung zurück zum Hauptumsatz (Energiefluss).

Schritt 1: Erarbeite Funktionsstruktur mit Teilfunktionen

Integration eines Schwungrades als Energiespeicher

Bei Ihrem bisherigen Antriebskonzept muss der Motor die benötigte Antriebskraft allein über sein Drehmoment bereitstellen. Er arbeitet aber im Zustell- und Rückhub fast leer. Sie denken jetzt wahrscheinlich sofort: „Ein klassischer Fall für den Einsatz eines Schwungrades als Energiespeicher!" Sie nehmen einfach den nächstkleineren Getriebebremsmotor und bauen ein Schwungrad in den Antriebsstrang ein, um die Kraftspitzen zu überwinden. Doch wo setzen Sie das Schwungrad ein? Die Möglichkeiten können Sie wieder ganz systematisch aus Bild 5.24 ableiten.

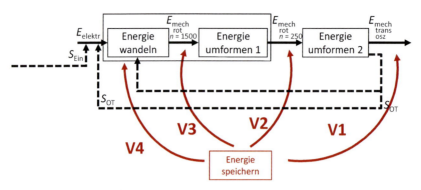

Bild 5.24 Varianten für den Einbau eines Schwungrades in den Antriebsstrang des gescheiterten Konzepts

Schritt 2: Ermittle aussichtsreiche Teillösungen

Überall dort, wo es einen mechanischen Energiefluss gibt, können Sie zumindest theoretisch ein Schwungrad als Energiespeicher einbauen (Bild 5.25). Die Varianten V1 bis V3 scheiden aus. Variante 4 sieht funktionell prima aus, doch wie bekommen Sie das Schwungrad in den Motor? Sie klicken auf die Schnittdarstellung des Motors. Da soll ein Schwungrad rein? Aber da ist doch schon eines drin! Der Rotor des Motors hat doch eine Massenträgheit Θ und diese dreht sich mit 1500 U/min. Kann man dieses „kostenlos" mitgelieferte Schwungrad nicht mitnutzen? Sie rechnen den Ansetzvorgang dynamisch nach – und tatsächlich, der Motor schafft deutlich mehr an Ansetzkraft, bleibt aber leider noch unter den geforderten 3500 N Maximalkraft.

Variante	Vorteile	Nachteile
Lösungsidee V1 ist eine **Schwungmasse**, die mit dem Oberwerkzeug auf- und abfährt (quasi ein Ansetzhammer).	-	viel zu schwer und zu groß, Verfahrgeschwindigkeit zu klein → ungeeignet
Lösungsidee V2 ist ein **Schwungrad**, das Sie direkt auf die Abtriebswelle des Getriebes setzen.	-	wird sehr groß und schwer, weil Drehzahl relativ niedrig ist → ungeeignet
Lösungsidee V3 ist ein **Schwungrad** zwischen Motor und Getriebe.	sehr gut, weil höhere Drehzahl und damit ein quadratisch höheres Schwungmoment	Der Verbund im Getriebemotor wird aufgelöst, der zuvor so gut hergeleitet wurde.
Lösungsidee V4 ist ein **Schwungrad** innerhalb des schnelllaufenden Motors.	funktionell sehr gut, braucht keine separaten Kupplungen	Integration in Motor unklar

Bild 5.25 Vor- und Nachteile der aussichtsreichsten Teillösungen mit Schwungrad als Energiespeicher

Wenn die Drehzahl nicht reicht, muss sie eben größer werden. Sie überlegen: Konventionelle Elektromotoren drehen am schnellsten in der zweipoligen Ausführung, nämlich mit ca. 3000 U/min. Wenn man einen solchen Elektromotor als Getriebebremsmotor nähme (Bild 5.24), würde die kinetische Energie E_{kin} des Rotors viermal so groß wie bei der bisherigen halben Drehzahl des vierpoligen Motors. Sie würden den Antrieb dann weniger als statischen, sondern viel mehr als dynamischen Antrieb nutzen. Abschließend klären Sie schnell noch die zulässige Schalthäufigkeit und Lebensdauer der Bremse mit dem Hersteller: Das passt!

> **Fazit**
> Die endgültige Lösung ist ein zweipoliger Elektrogetriebemotor mit integriertem Schwungradspeicher und Kurbeltrieb.

Schritt 3: Beurteile Gesamtlösung

Der Antrieb sieht gut aus, ist kompakt und klein (Bild 5.26). Die Funktionsstruktur ist jetzt deutlich einfacher geworden. Alle Anforderungen werden erfüllt. Lediglich der Kurbeltrieb muss noch konstruiert und „drangebaut" werden.

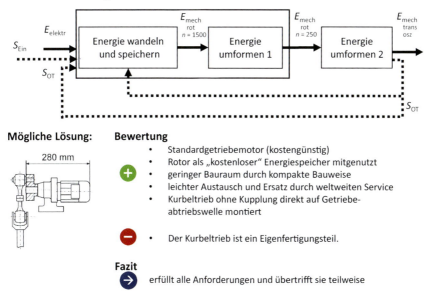

Bild 5.26 Der endgültige Antrieb mit zweipoligem Elektromotor, Reduziergetriebe und Kurbeltrieb

Die Feinauslegung der Variante V4 in Rücksprache mit einem Hersteller von Getriebebremsmotoren ergab eine völlig ausreichende Schalthäufigkeit und Lebensdauer der Bremse. Lediglich zwei Anpassungen am Getriebeausgang seitens des Getriebemotorherstellers sind erforderlich:

- Das Radiallager am Getriebeausgang muss verstärkt werden, um die großen Radialkräfte beim Ansetzen aufzunehmen.
- Die Passfederverbindung an der Ausgangswelle des Getriebes muss verklebt werden, um deren Ausschlagen durch die fast schlagartige Drehmomentenspitze beim Nietvorgang zu unterbinden.

Bild 5.27 links zeigt die endgültige Lösung des Antriebs und Bild 5.27 rechts die ausgeführte Universalansetzmaschine (Birkhofer 2004; Birkhofer 2012).

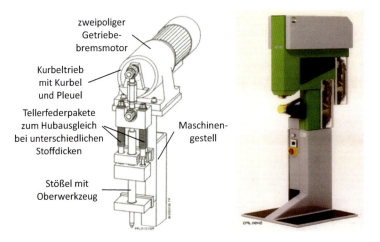

Bild 5.27 Links: Antrieb der Ansetzmaschine, rechts: Universalansetzmaschine
(© Foto: Prym Fashion GmbH)

5.5.4 Fazit

Das Beispiel des Antriebs dieser Universalansetzmaschine soll Ihnen zeigen, wie man mittels einer Funktionsbetrachtung schrittweise und systematisch das Lösungsfeld für eine Entwicklungsaufgabe nach der bestgeeigneten Lösung „durchforstet". Natürlich finden Sie dabei Lösungen, die entweder unsinnig sind, die schon lange bekannt sind oder die für die konkrete Aufgabe nichts taugen. Der Formalismus ist lediglich eine Richtschnur fürs Vorgehen. Über die Qualität der gefundenen Lösung sagt er nichts aus. Deswegen ist immer auch eine Beurteilung der jeweiligen Lösungen notwendig.

5.6 Methodensteckbrief: Funktionssynthese

Bild 5.28 zeigt den Methodensteckbrief für die Funktionssynthese.

SITUATION: Kundenanforderungen liegen vor, Lösung noch komplett offen

WANN wende ich die Methode an?
- in „Entwicklungssackgassen"
- bei bewusster Suche nach grundlegenden Produktinnovationen
- bei der Umgehung oder Absicherung von Schutzrechten und zur Formulierung von Schutzrechtsansprüchen

WARUM wende ich die Methode an?
- Ich will einen systematischen Zugang zu neuen und besseren Lösungen.
- Ich will das Projekt planbar und gezielt angehen und ein vollständiges Lösungsspektrum anstreben.

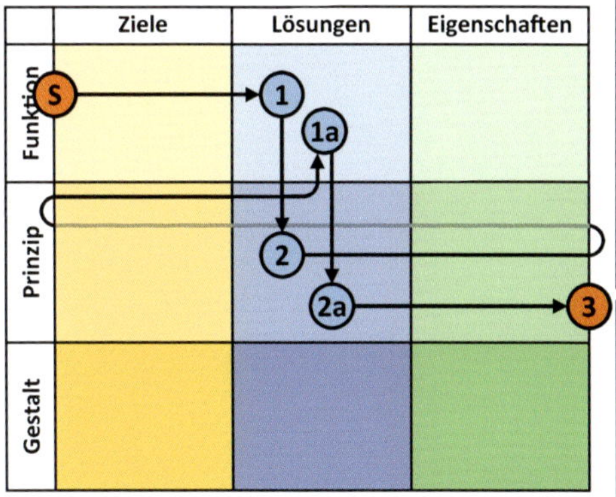

Schritt 1: Erarbeiten Sie Funktionsstrukturen mit Teilfunktionen
- Beginnen Sie mit einer Gesamtfunktion als einfachster Funktionsstruktur.
- Konzentrieren Sie sich beim ersten Durchlauf auf den Hauptumsatz.

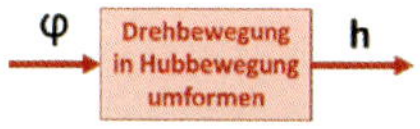

Schritt 2: Ermitteln Sie aussichtsreiche Teillösungen
- Ermitteln Sie aussichtsreiche Lösungen für die Gesamtfunktion.
- Halten Sie dazu nur Lösungen fest, die die Funktion(en) komplett und direkt erfüllen.

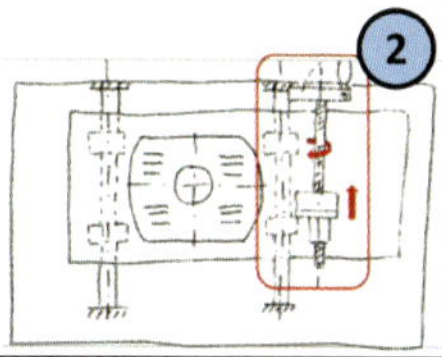

Schritt 1a: Erarbeiten Sie Funktionsstrukturen mit Teilfunktionen (Aufspalten der Gesamtfunktion)
- Erweitern Sie systematisch die Funktionen durch Aufspalten oder Ergänzen.
- Erstellen Sie Varianten der Funktionsstruktur.

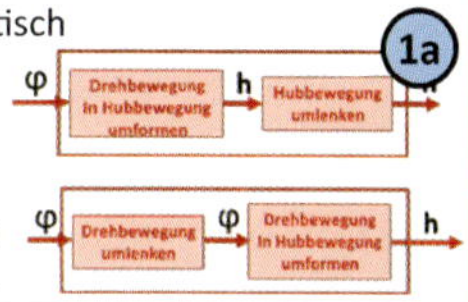

Schritt 2a: Ermitteln Sie aussichtsreiche Teillösungen (für die aufgespalteten Teilfunktionen)
- Ermitteln Sie Teillösungen für jede Teilfunktion.
- Nutzen Sie Methoden aus Kapitel 3 (Ideenfindung), Kapitel 6 (Prinzipvariation) und Kapitel 8 (Lösungssammlungen).

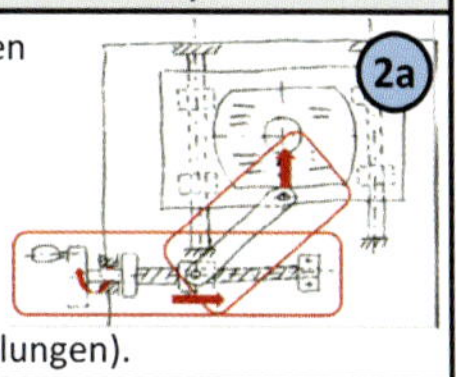

Führen Sie die Schritte 1 und 2 iterativ durch, bis genügend aussichtsreiche Teillösungen vorliegen.

Schritt 3: Bilden Sie die Gesamtlösung(en) und beurteilen Sie diese
- Setzen Sie die Teillösungen zu Gesamtlösungen zusammen (siehe Kapitel 8).
- Nutzen Sie zur Beurteilung die Anforderungsliste.

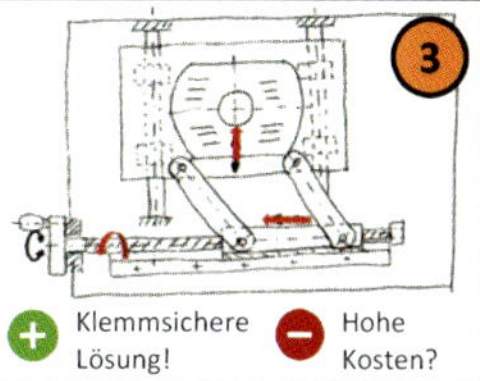

ERGEBNIS: Vollständiges Lösungsfeld aus funktioneller Sicht

WAS erhalte ich als Ergebnis?
- ein weitgehend vollständiges Lösungsfeld von funktionellen Varianten
- Lösungssicherheit hinsichtlich Wettbewerbsprodukten und Schutzrechtsansprüchen

WAS kann ich mit dem Ergebnis machen?
- Ich kann das Lösungsfeld gezielt nach den für meinen Fall besten Lösungen auswerten.
- Es unterstützt bei der Formulierung von umfassenden Schutzrechtsansprüchen.

Bild 5.28 Methodensteckbrief für die Funktionssynthese

Literatur

Birkhofer, H.: There is nothing as practical as a good theory. An attempt to deal with the gap between design research and design practice. In: International Design Conference – Design 2004, Dubrovnik 2004

Birkhofer, H.: Angewandte Produktentwicklung. Vorlesungsunterlagen des Fachgebiets Produktentwicklung und Maschinenelemente der TU Darmstadt. Darmstadt 2012

Ehrlenspiel, K./Meerkamm, H.: Integrierte Produktentwicklung. Denkabläufe, Methodeneinsatz, Zusammenarbeit. 6. Auflage. Carl Hanser Verlag, München 2017

Nordmann, R./Birkhofer, H.: Maschinenelemente und Mechatronik I. 3. überarbeitete Auflage. Shaker, Aachen 2003

Pahl, G./Beitz, W./Feldhusen, J./Grote, K.-H.: Pahl/Beitz Konstruktionslehre. Grundlagen erfolgreicher Produktentwicklung. Methoden und Anwendungen. 6. Auflage. Springer, Berlin 2004

Ponn, J./Lindemann, U.: Konzeptentwicklung und Gestaltung technischer Produkte. Systematisch von Anforderungen zu Konzepten und Gestaltlösungen. 2. Auflage. Springer, Berlin 2011

Roth, K.: Konstruieren mit Konstruktionskatalogen. Band I: Konstruktionslehre. Springer, Berlin 1994

6 Vorhandene Lösungen verbessern durch Variation des Prinzips

6.1 Ziel des Kapitels

In diesem Kapitel wollen wir Ihnen zeigen, wie Sie Lösungen auf Prinzipebene erarbeiten können, wenn Sie beim Konstruieren mit Geometrie- und Werkstoffänderungen allein nicht mehr weiterkommen.

6.2 Motivationsbeispiel: Sitze im Cockpit einer Segeljolle

Stellen Sie sich vor, Sie haben eine kleine Segeljolle gekauft. Im Cockpit (Bild 6.1) soll der Vorschoter mal backbords, mal steuerbords sitzen können, um von dort das Vorsegel zu bedienen. Der Vorbesitzer der Jolle hatte dazu seitlich an der Innenseite der Spanten waagerechte Führungsleisten vorgesehen, in die er bei Bedarf Sitzbretter hineinsteckte. Doch wohin mit den Sitzbrettern, wenn er sie nicht braucht? Und wie oft wohl hat er sich daran beim Bewegen im Cockpit das Schienbein angeschlagen? Sie brauchen die Sitze, aber nicht so wie sie der Vorbesitzer vorgesehen hat.

„Wie realisiere ich bloß die zwei Sitze für den Vorschoter im Cockpit dieser Jolle?" Ihr Segelkamerad rät Ihnen: „Ganz einfach: Du baust **Klappsitze** ein. Runterklappen und draufsitzen, hochklappen – und weg ist der Sitz"! Doch so klar ist das hier nicht. Um einigermaßen bequem darauf sitzen zu können, muss die Sitzfläche mindestens 40 cm über den Bodenbrettern sein, sonst hat der Vorschoter beim Sitzen die Knie am Kinn. Wenn Sie Klappsitze mit 30 cm Sitztiefe bauen und die Sitze hochklappen, ist die Sitzvorderkante 70 cm über den Bodenbrettern. Damit ragt sie 15 cm über den Cockpitrand hinaus – eine böse Stolperfalle, wenn der Vorschoter mal schnell nach vorne aufs Vordeck muss.

Bild 6.1 Bauraum für zwei Vorschoter-Sitze im Cockpit einer Jolle

Das muss also anders gehen. Klar ist Folgendes:

- Die Sitze müssen stabil sein. Sie treten schließlich beim Ein- oder Aussteigen mit dem ganzen Gewicht darauf.
- Die Sitzfläche muss mindestens 30 × 30 cm betragen.
- Die Sitze müssen schnell aus dem Cockpitbereich verschwinden können (freier Durchgang im Cockpit).
- Als Einbauraum für die Sitzlagerung ist beidseitig nur der Hohlraum zwischen den Spanten verfügbar.
- Die Fertigung soll nur mit Heimwerkerausrüstung möglich sein.
- Die Lösung sollte „schiffig" aussehen, d. h. zum Design dieses Holzbootes passen.

Bild 6.2 zeigt die neue Lösung. Der Sitz wird geklappt, aber gerade umgekehrt zur Klapprichtung „normaler" Klappsitze. Zum Sitzen wird er hoch- und zum Verstauen runtergeklappt. Beim Hochklappen rasten gummifederbelastete Arretierklinken über das hintere Sitzbrett ein und halten den Sitz in waagerechter Sitzposition. Für das Herunterklappen drücken Sie diese Arretierklinken mit einem in der Sitzvorderkante integrierten Griff weg und klappen die Sitzfläche nach unten (ein Handgriff für beide Betätigungen). Im weggeklappten Zustand verschwindet der Sitz fast komplett zwischen den Spanten (Bild 6.2 links).

Sie werden jetzt wahrscheinlich denken: „Prima Idee und eine gute Lösung. Wie der Konstrukteur wohl darauf gekommen ist?" Aber das war keine Idee und kein super Einfall, vielmehr ist das Finden dieser Lösung quasi „erzwungen" worden mit einer Systematik der Wirkbewegungen, die der Bootseigner neben dem Boot stehend auf einem Blatt Papier entwickelt hat. Nach ungefähr 20 Minuten Skizzieren, Überlegen und Nachmessen war klar, welche Lösungen nicht gehen, und dies waren alle anderen. Nur die umgekehrte Bewegung eines üblichen Klappsitzes versprach in diesem Fall Erfolg.

Bild 6.2 Vorschotersitz: nach unten geklappt (links), angehoben (Mitte) und hochgeklappt in Sitzposition (rechts)

Stimmen Sie zu? Das ist zugegebenermaßen recht wenig Aufwand für das Finden einer praktikablen und zuverlässigen Lösung. Sie wollen wissen, wie diese Systematik aussieht? Wir zeigen sie Ihnen in Abschnitt 6.5 und erläutern daran das Vorgehen. Übrigens sind die Sitze seit fast 20 Jahren im Einsatz und haben sich schon auf vielen Segeltörns auf den bayerischen Seen, auf der Ostsee und sogar auf den rauen Wassern von Loch Ness in Schottland bestens bewährt.

6.3 Was müssen Sie beachten, wenn Sie die Methode „Variation des Prinzips" anwenden wollen?

Beim Konstruieren kann erst gestaltet werden, wenn das Prinzip[1] einer Lösung feststeht. Solange Sie nicht wissen, ob der Vorschotersitz geklappt oder verschoben wird, macht es auch keinen Sinn, z. B. eine Schwenklagerung zu konstruieren. Das **Erarbeiten von Lösungsprinzipen** ist daher von grundsätzlicher Art im Vergleich zum Gestalten mit Geometrie- und Werkstofffestlegungen (siehe auch Kapitel 2).

---

[1] Zur Definition von Prinzipen siehe auch Kapitel 2.

6.3.1 Wann können Sie die Methode anwenden?

Die Methode der **Variation von Prinzipen** kann Ihnen in folgenden Situationen helfen:

- wenn grundsätzliche Produktvarianten erarbeitet werden sollen oder müssen, weil bisherige Lösungen vor allem in ihrer Wirkungsweise nicht mehr die Anforderungen erfüllen oder sie mit Geometrie- und Werkstoffanpassungen allein nicht mehr ertüchtigt werden können
- wenn gezielt nach neuen Lösungen gesucht werden soll, um sich vom Wettbewerb abzusetzen oder sich am Markt zu positionieren
- um eingefahrene Denkmuster aufzubrechen und tradierte, aber mittlerweile überholte Entwicklungspfade zu verlassen
- wenn eigene Produkte mit Schutzrechten abgesichert und die Schutzrechtsansprüche auf das Abdecken eines ganzen Lösungsfeldes ausgeweitet werden sollen
- wenn Wettbewerbslösungen oder Schutzrechte von Wettbewerbern eigene Entwicklungen be- oder verhindern und Sie diese Schutzrechte umgehen wollen

6.3.2 Warum lohnt es sich, mit „Prinzipen" zu arbeiten?

Manchmal lohnt es sich, nicht gleich mit Gestaltmodellen in Form von technischen Zeichnungen oder CAD-Modellen zu arbeiten, sondern zunächst mit Prinzipen:

1. Stellen Sie sich einmal vor, Sie haben ein unpassendes Prinzip als Lösung genommen, weil Ihnen nichts anderes einfiel oder es ganz schnell gehen musste. Denken Sie an die gesteckten Sitzbretter des Vorbesitzers in der Jolle. Sie versuchen dann dieses Prinzip so zu gestalten, dass es doch noch den Anforderungen entspricht. Welche konstruktiven „Klimmzüge" müssten Sie vermutlich anstellen, welche Aufwände wären dann notwendig, um Ihr Prinzip „zu retten" und nicht neu anfangen zu müssen? Die Sitzbretter und die Führungsleisten sind schnell gemacht. Doch dann bräuchten Sie auch noch Ablagen dafür im Cockpit, wo gar kein Platz ist. Außerdem sollen die Bretter leicht eingeschoben werden (Griffe!), dürfen aber bei Schräglage der Jolle nicht herausrutschen, weshalb Sie Einrastungen vorsehen müssen. Und wo legen Sie die Sitzpolster hin?

 Wir meinen: Ein überzeugendes Prinzip ist eine gute Voraussetzung für den Erfolg eines Produkts. Ein ungeeignetes Prinzip ist ein starkes Indiz für dessen Misserfolg!

6.3 Was müssen Sie beachten, wenn Sie die Methode „Variation des Prinzips" anwenden wollen?

2. Wenn Sie das Prinzip einer Lösung darstellen wollen, müssen Sie nur einen Bruchteil der gesamten Produkteigenschaften darstellen. Konkrete Geometrie- und Werkstoffeigenschaften interessieren dabei meist noch nicht. So können Sie Prinzipe viel einfacher, schneller und prägnanter z. B. in Form von Strichskizzen oder Entwurfsskizzen darstellen, weil Sie viel weniger Produktinformationen berücksichtigen müssen (Bild 6.3).

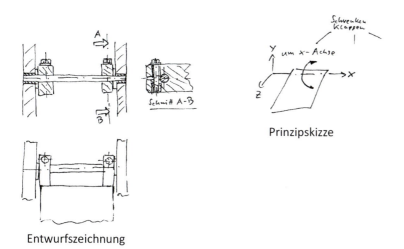

Prinzipskizze

Entwurfszeichnung

Bild 6.3 Zwei Darstellungen eines schwenkbaren Klappsitzes (links: Entwurfszeichnung mit vielen Details, rechts: „simple" Prinzipskizze)

 Tipps & Tricks
Mit **Prinzipskizzen** können Sie die Wirkungsweise von Produkten und Komponenten schnell darstellen, einfach dokumentieren und verständlich kommunizieren.

6.3.3 Warum sollten Sie die Prinzipe „variieren"?

Warum sollten Sie die Prinzipe „variieren"? Die schlichte Antwort lautet: Sie gewinnen damit eine Menge Lösungssicherheit. Außerdem ist das Variieren einfach und geht schnell (siehe Abschnitt 6.5). Das **Variieren von Prinzipen** verschafft Ihnen einen Überblick über ein **Lösungsfeld**. Sie sehen alle Lösungen und deren typische Eigenschaften. Im direkten Vergleich können Sie deren Vor- und Nachteile viel besser einschätzen, die Lösungen objektiver beurteilen und so die Weichen für den nachfolgenden Gestaltungsprozess stellen. Ein weiteres Argument für diese Methode ist Folgendes: Mit der Variation von Prinzipen schaffen Sie eine Voraussetzung, aussichtsreiche Lösungen mit der Methode des Morphologischen Kastens (siehe Kapitel 9) zu finden oder eine systematische Punktbewertung (siehe Kapitel 11) durchzuführen.

6.4 Merkmale von Prinzipen – das Herz der Variationsmethode

In Kapitel 2 haben wir Ihnen Produktmodelle gezeigt, die jeweils charakteristische Merkmale von Lösungen beschreiben. Die klassischen Merkmale von Lösungen, die Sie in technischen Zeichnungen oder CAD-Modellen angeben, sind Struktur-, Geometrie- und Werkstoffmerkmale der Bauteile und Baugruppen. Mit diesen **Gestaltmerkmalen** beschreiben Sie aber nicht direkt das Prinzip einer Lösung. Ein Laie erkennt aus Ihrer Zeichnung nicht, ob Sie einen *Schiebe*sitz oder einen *Klapp*sitz konstruiert haben. Wenn Sie Prinzipe Ihrer Lösung direkt festlegen oder variieren wollen, brauchen Sie andere, **prinziprelevante Merkmale**.

In diesem Abschnitt zeigen wir Ihnen, wie Sie **direkt** bei den Merkmalen von Prinzipen ansetzen können. Damit brauchen Sie nicht erst eine Lösung zu gestalten, um diese Gestaltinformationen anschließend wieder zu verwerfen, weil Sie zwischenzeitlich doch ein anderes Prinzip vorziehen. Es reichen Skizzen wie in Bild 6.3 rechts. Sie fragen jetzt natürlich zu Recht: Welche Merkmale von Prinzipen gibt es denn überhaupt, die Sie variieren und festlegen können, um neue Produkte zu erarbeiten? Bild 6.4 bis Bild 6.7 zeigen Ihnen die **Prinzipmerkmale**, die in der Literatur von Ehrlenspiel und Meerkamm (Ehrlenspiel/Meerkamm 2017, S. 564 ff.) sowie Roth (Roth 1994) angeführt werden und die wir in unserer Konstruktionspraxis als besonders hilfreich erkannt haben. Die Merkmale werden in Spalte 3 erläutert, in Spalte 4 beispielhaft dargestellt und in Spalte 5 jeweils mit Werten konkretisiert. Wird die Aufzählung der Werte für die Merkmale in Spalte 5 mit „...." beendet, deutet dies an, dass die Aufzählung unvollständig ist und es noch weitere Werte geben kann.

Nach Bild 6.7 zeigen wir Ihnen die Anwendungen je einer der dort aufgeführten **Merkmalsvariationen** am Beispiel eines innovativen Korkenziehers (siehe Motivationsbeispiel aus Kapitel 8).

6.4 Merkmale von Prinzipen – das Herz der Variationsmethode

Bild 6.4 zeigt die Merkmale zur Variation eines Prinzips, anhand derer die Art des Prinzips oder des zugrunde liegenden **physikalischen Effekts** als Ganzes geändert wird.

	Variationsmerkmale	Erläuterung	Beispiele	Werte	Nr.
Prinzip, Effekt	Effektart	Ein physikalischer Effekt wird durch einen anderen ersetzt, der die gleiche Funktion erfüllt.	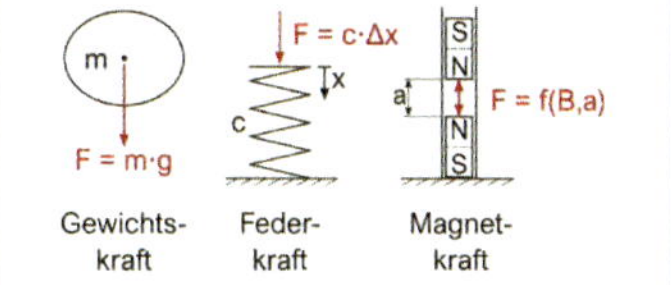 Gewichtskraft, Federkraft, Magnetkraft	Gravitation, Elastizität, Induktion, Wärmedehnung …	1
			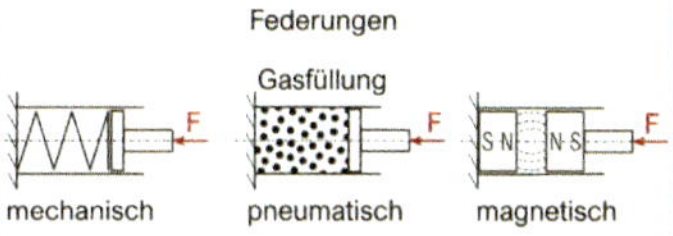 Federungen: mechanisch, pneumatisch (Gasfüllung), magnetisch	mechanisch, pneumatisch, hydraulisch, elektrisch, magnetisch, optisch, thermisch, chemisch, biologisch …	2
	Schlussart	Die Art der Verbindung zwischen zwei Körpern wird durch eine andere Verbindungsart ersetzt.	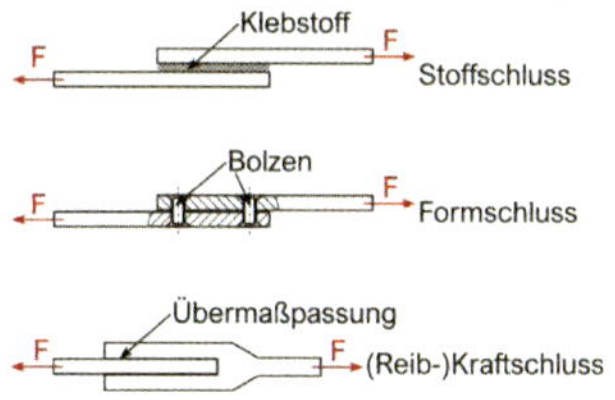 Klebstoff → Stoffschluss; Bolzen → Formschluss; Übermaßpassung → (Reib-)Kraftschluss	Stoffschluss, Formschluss, (Reib-)Kraftschluss	3
	Lagerungsprinzip	Das physikalische Prinzip einer Lagerung wird durch ein anderes Lagerungsprinzip ersetzt.	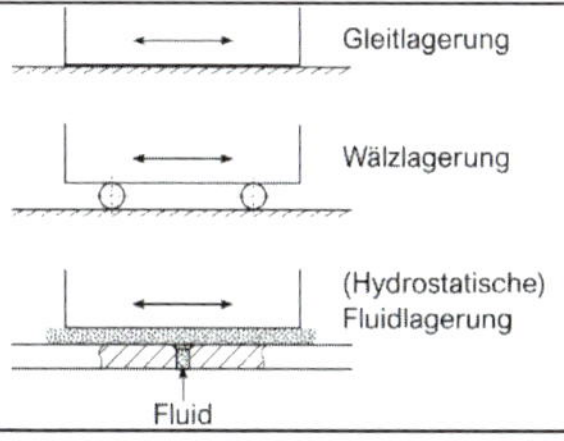 Gleitlagerung, Wälzlagerung, (Hydrostatische) Fluidlagerung	Wälz-, Gleit-, Fluidlagerung …	4

Bild 6.4 Variationsmerkmale, mit denen die Art des Prinzips verändert wird

Bild 6.5 zeigt die Merkmale zur **Variation der Kinematik** mechanischer Prinzipe.

Variationsmerkmale		Erläuterung	Beispiele		Werte	Nr.
Glieder und Gelenke in mechanischen Systemen	Gestellwechsel	Die Kinematik von Getriebegliedern wird wechselseitig geändert.	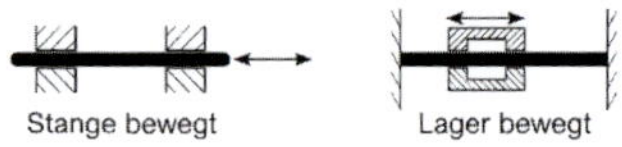 Stange bewegt	Lager bewegt	bewegt ⇔ ruhend (ortsfest)	5
	Gelenkwechsel	Ein Gelenk wird durch ein anderes mit anderer Kinematik ersetzt. Der Gelenk-Freiheitsgrad bleibt gleich.	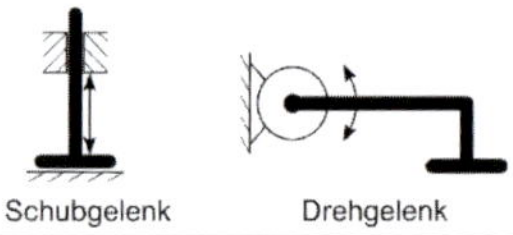 Schubgelenk	Drehgelenk	Translations-, Rotations-, Schraubgelenk …	6
	Gelenkwechsel	Ein Gelenk wird durch ein Gelenk mit anderer Geometrie oder anderem Werkstoff ersetzt.	Drehgelenke	Blattfedern Elastische Gelenke	Festkörpergelenk, elastisches Gelenk, Schneidengelenk …	7
		Mehrere Gelenke werden durch ein Gelenk mit gleichem Gesamtfreiheitsgrad ersetzt und umgekehrt.	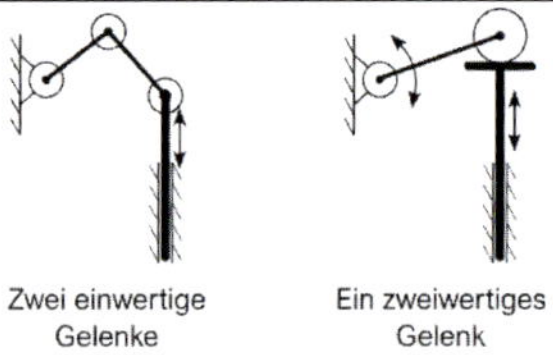 Zwei einwertige Gelenke	Ein zweiwertiges Gelenk	ein-, zwei-, mehrwertige Gelenke	8

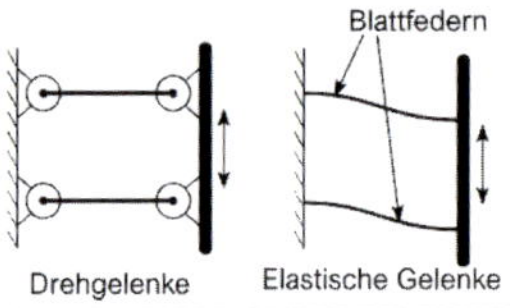

Bild 6.5 Variationsmerkmale, mit denen die Kinematik mechanischer Prinzipe verändert wird

Bild 6.6 zeigt die Merkmale zur **Variation eines Prinzips, mit denen Wirkbewegungen oder Wirkkräfte verändert werden**.

Variationsmerkmale		Erläuterung	Beispiele	Werte	Nr.
Wirkbewegung	Bewegungsart	Die Bewegungsart ändert sich.	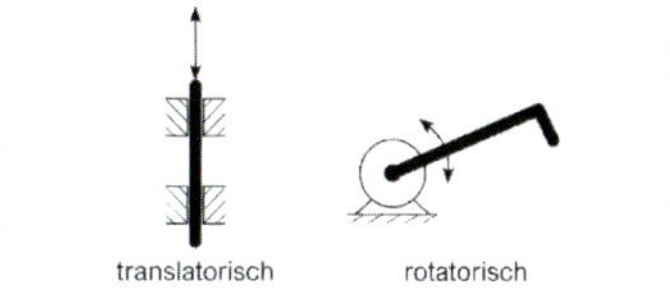 translatorisch, rotatorisch	rotatorisch, translatorisch; einfach, kombiniert ...	9
	Bewegungsorientierung	Richtung bzw. Richtungssinn im Koordinatensystem werden verändert.	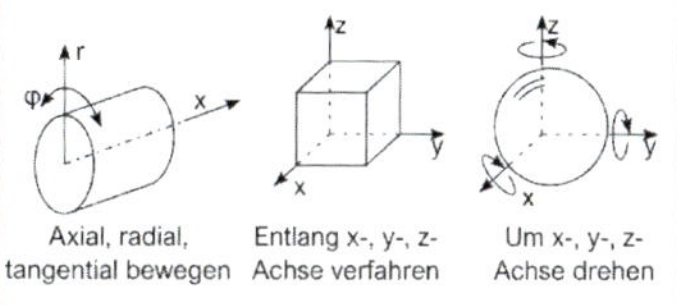 Axial, radial, tangential bewegen; Entlang x-, y-, z-Achse verfahren; Um x-, y-, z-Achse drehen	radial, axial, tangential; in x-, in y-, in z-Richtung verfahren; um x-/y-/z-Achse drehen	10
	zeitlicher Verlauf	Der Bewegungsverlauf wird geändert.	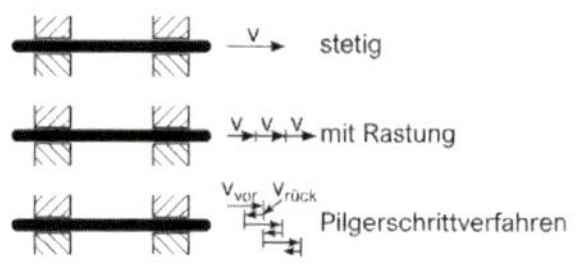 stetig; mit Rastung; Pilgerschrittverfahren	stetig, oszillierend, mit Rast, mit Pilgerschritt (Teilrücklauf); gleichförmig, ungleichförmig ...	11
Wirkkräfte	Kraftangriff	Die Anzahl der Kraftangriffspunkte wird verändert.	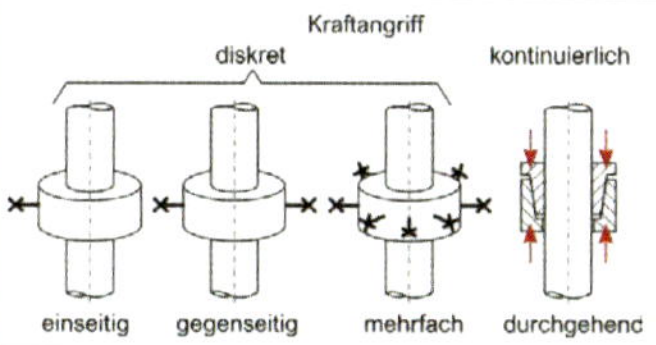 Kraftangriff diskret / kontinuierlich; einseitig, gegenseitig, mehrfach, durchgehend	diskret (einseitig, gegenseitig, mehrfach) oder durchgehend (kontinuierlich) ...	12
	Kraftfluss	Die Richtung der Kraftwirkung wird verändert.	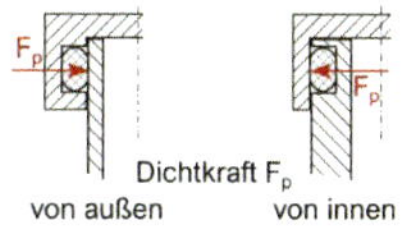 Dichtkraft F_p von außen, von innen	von außen nach innen, von innen nach außen; von oben nach unten, von unten nach oben ...	13
		Der Kraftfluss wird innerhalb eines Bauteils unterschiedlich geführt.	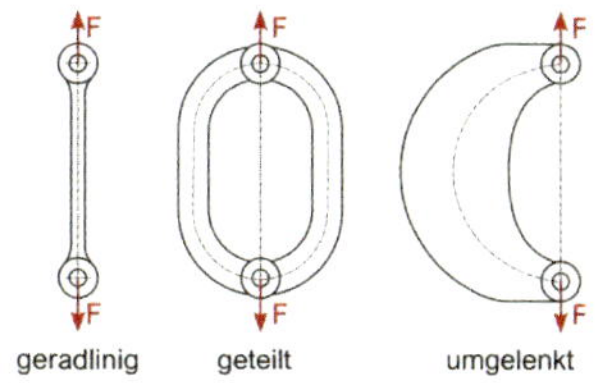 geradlinig, geteilt, umgelenkt	geradlinig, geteilt umgelenkt ...	14
	statische Bestimmtheit	Kraftleitende Systeme werden so gestaltet, dass die Kräfte auf jedem Kraftangriffsort wirksam sind.	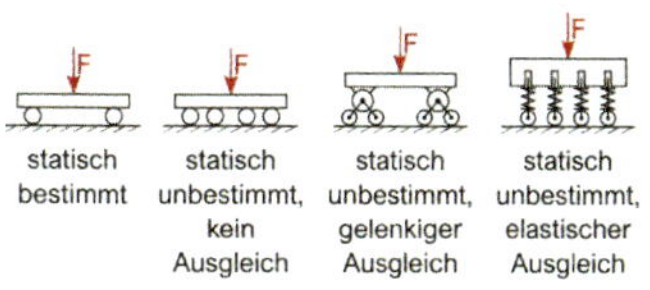 statisch bestimmt; statisch unbestimmt, kein Ausgleich; statisch unbestimmt, gelenkiger Ausgleich; statisch unbestimmt, elastischer Ausgleich	statisch unbestimmt, statisch bestimmt; kein Ausgleich, gelenkiger, elastischer, hydraulischer Ausgleich ...	15

Bild 6.6 Variationsmerkmale, mit denen Wirkbewegungen oder Wirkkräfte verändert werden

Bild 6.7 zeigt die Merkmale zur **Variation eines Prinzips, mit denen die Geometrie oder die stofflichen Eigenschaften von Wirkelementen verändert werden**.

Variationsmerkmale		Erläuterung	Beispiele	Werte	Nr.
Wirkelemente	Anzahl	Die Anzahl der Wirkelemente wird verändert.	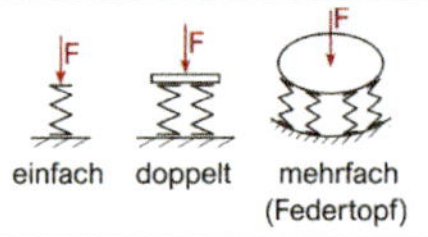 einfach, doppelt, mehrfach (Federtopf)	einfach, doppelt, mehrfach ...	16
	Anordnung (Relativlage)	Die Lage im Raum (im Koordinatensystem) wird verändert.	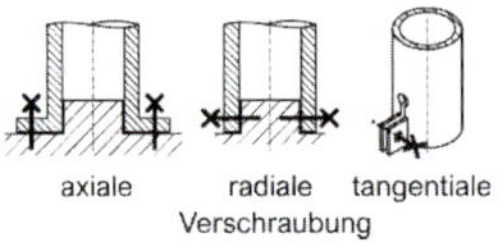 axiale, radiale, tangentiale Verschraubung	axial, radial, tangential; vertikal, horizontal, schräg; innen, außen; oben, unten; symmetrisch, asymmetrisch ...	17
		Die Art der Schaltung von Wirkelementen wird verändert.	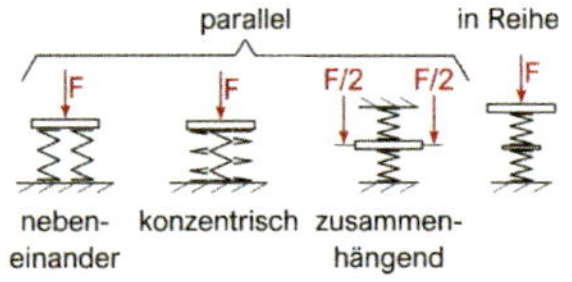 parallel (nebeneinander, konzentrisch), in Reihe (zusammenhängend)	parallel, in Reihe (sequentiell) ...	18
		Die Art der Lagerung wird verändert.	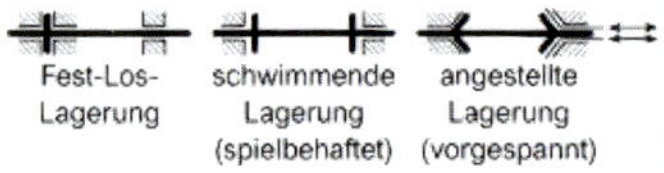 Fest-Los-Lagerung, schwimmende Lagerung (spielbehaftet), angestellte Lagerung (vorgespannt)	Fest-/Loslagerung, schwimmend, angestellt; X-/O-Anordnung ...	19
stoffliche Eigenschaften		Der Aggregatszustand des Wirkelements wird geändert.	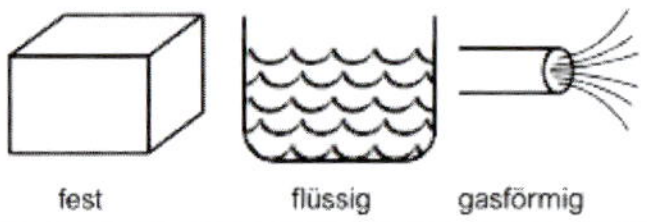 fest, flüssig, gasförmig	fest, flüssig, gasförmig, Plasma ...	20
		Das Verhalten des Wirkelements wird verändert.	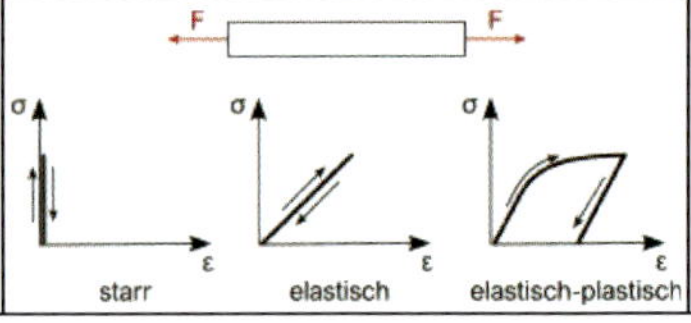 starr, elastisch, elastisch-plastisch	starr, elastisch, plastisch, viskos ...	21

Bild 6.7 Variationsmerkmale, mit denen Geometrie oder stoffliche Eigenschaften von Wirkelementen verändert werden

6.4 Merkmale von Prinzipen – das Herz der Variationsmethode

Einige der Merkmale werden in Bild 6.8 anhand des **Korkenzieherbeispiels** beschrieben.

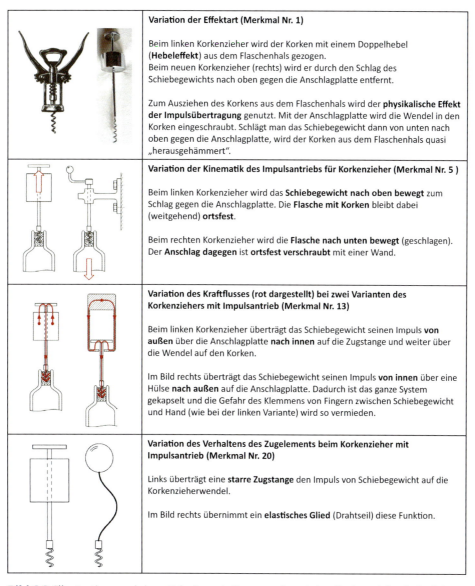

	Variation der Effektart (Merkmal Nr. 1) Beim linken Korkenzieher wird der Korken mit einem Doppelhebel (**Hebeleffekt**) aus dem Flaschenhals gezogen. Beim neuen Korkenzieher (rechts) wird er durch den Schlag des Schiebegewichts nach oben gegen die Anschlagplatte entfernt. Zum Ausziehen des Korkens aus dem Flaschenhals wird der **physikalische Effekt der Impulsübertragung** genutzt. Mit der Anschlagplatte wird die Wendel in den Korken eingeschraubt. Schlägt man das Schiebegewicht dann von unten nach oben gegen die Anschlagplatte, wird der Korken aus dem Flaschenhals quasi „herausgehämmert".
	Variation der Kinematik des Impulsantriebs für Korkenzieher (Merkmal Nr. 5) Beim linken Korkenzieher wird das **Schiebegewicht nach oben bewegt** zum Schlag gegen die Anschlagplatte. Die **Flasche mit Korken** bleibt dabei (weitgehend) **ortsfest**. Beim rechten Korkenzieher wird die **Flasche nach unten bewegt** (geschlagen). Der **Anschlag dagegen** ist **ortsfest verschraubt** mit einer Wand.
	Variation des Kraftflusses (rot dargestellt) bei zwei Varianten des Korkenziehers mit Impulsantrieb (Merkmal Nr. 13) Beim linken Korkenzieher überträgt das Schiebegewicht seinen Impuls **von außen** über die Anschlagplatte **nach innen** auf die Zugstange und weiter über die Wendel auf den Korken. Im Bild rechts überträgt das Schiebegewicht seinen Impuls **von innen** über eine Hülse **nach außen** auf die Anschlagplatte. Dadurch ist das ganze System gekapselt und die Gefahr des Klemmens von Fingern zwischen Schiebegewicht und Hand (wie bei der linken Variante) wird so vermieden.
	Variation des Verhaltens des Zugelements beim Korkenzieher mit Impulsantrieb (Merkmal Nr. 20) Links überträgt eine **starre Zugstange** den Impuls von Schiebegewicht auf die Korkenzieherwendel. Im Bild rechts übernimmt ein **elastisches Glied** (Drahtseil) diese Funktion.

Bild 6.8 Illustrationen einiger Prinzipvariationen anhand des Korkenzieherbeispiels

6.5 Methode: Variation des Prinzips

Jetzt zeigen wir Ihnen, wie Sie mithilfe der Merkmalstabellen diese Methode anwenden und was Sie dabei beachten sollen.

6.5.1 Was brauchen Sie zu Beginn, bevor Sie mit dem Variieren beginnen?

Wenn Sie ein Prinzip variieren wollen, brauchen Sie

- eine **Bezugslösung**, also ein Vorläufer-, ein Wettbewerbsprodukt oder einen eigenen Entwurf, von dem Sie ausgehen können, und
- die wesentlichen **Anforderungen**, die neu erfüllt werden müssen und denen Ihre Bezugslösung nicht oder nur unzureichend gerecht wird.

Wir zeigen Ihnen zunächst, wie Sie die Variation des Prinzips durchführen können. Dies erläutern wir am Beispiel des Jollensitzes. Das Vorgehen erläutern wir dann ausführlich anhand des Anwendungsbeispiels des XYZ-Verstellers in Abschnitt 6.6.

6.5.2 Wie gehen Sie beim Variieren vor?

Schritt 1: Bestimmen Sie die Prinzipe in Ihrer Bezugslösung, die den neuen Anforderungen nicht entsprechen

- Grenzen Sie die Bereiche in Ihrer Bezugslösung ein, die den wesentlichen neuen Anforderungen nicht mehr entsprechen (umranden Sie z. B. betreffende Bereiche in der Zeichnung farbig).
- Überlegen Sie, welche Prinzipe diese kritischen Bereiche enthalten und welche dieser Prinzipe ursächlich für das Nichterfüllen von Anforderungen sind. Welche Prinzipe „sind schuld" an dem Problem (siehe Bild 6.9)?
- Skizzieren Sie die Prinzipe möglichst einfach in **Strichstrukturen**, da dies schnell geht. Die Skizzen sollen möglichst vom gleichen Bearbeiter erstellt werden, damit sie in Darstellung und Erscheinung einheitlich ausfallen. Sonst fällt vielleicht ein geeignetes Prinzip „hinten runter", nur weil es ungünstig dargestellt wurde.

Tipps & Tricks
Je weniger wirklich relevante Problemverursacher Sie definieren, desto einfacher geht die Variantenerarbeitung. Wenn der erste Durchlauf nicht erfolgreich ist, dann machen Sie einen weiteren Durchlauf mit den zunächst zurückgestellten Prinzipen.

Kritische Baugruppe in Bild 6.9: Stecksitz mit den Führungsleisten an den Spant-Innenwänden

Prinzip hier: Geradführung der Sitzplatte mit waagerechter Einschub- und Ausziehbewegung

Bild 6.9 „Alte Lösung" mit Stecksitz (mangels Zeichnung nachempfunden)

Schritt 2: Überlegen Sie, welche Merkmale dieses Prinzips für Ihr Problem wichtig sind

- Der Stecksitz z. B. hat eine Reihe von Merkmalen: Größe, Form, Bewegungsrichtung, Gewicht, Art der Bewegung, Material, Dicke der Sitzplatte, ...
- Welche sind für dieses Problem unwichtig? Größe, Form, Gewicht, Material, Dicke der Sitzplatte

  → Wenn Sie diese Merkmale verändern, z. B. eine dickere Sitzplatte vorsehen, löst das nicht Ihr Problem. Sortieren Sie diese Merkmale deshalb aus.

- Welche Merkmale sind für dieses Problem wichtig? Bewegungsrichtung, Art der Bewegung

  → Diese Merkmale zu verändern (z. B. klappen statt schieben) könnte zu einer Lösung hinführen.

Nehmen Sie also wichtige, aussichtsreich erscheinende Merkmale für das weitere Vorgehen mit. Dabei ist es hilfreich, wenn Sie sich die wichtigen Merkmale nicht nur überlegen, sondern einfach einmal die Liste der Merkmale in Abschnitt 6.4 durchscannen.

Tipps & Tricks

Seien Sie „großzügig" bei der „Schuldzuweisung", soll heißen, vermeiden Sie unbedingt, zu viele Merkmale für die weitere Betrachtung mitzunehmen. Sie „ersticken" sonst in der Variantenmenge. Stattdessen können Sie in einem weiteren Durchlauf noch andere Merkmale hinzunehmen, falls der erste Durchlauf nicht erfolgreich war.

Schritt 3: Variieren Sie nun die vorher ermittelten relevanten Merkmale, indem Sie die zugehörigen Werte ermitteln und systematisch miteinander zu einem Variantenbaum kombinieren

a) Beurteilen Sie die verbliebenen Merkmale nach ihrer Wichtigkeit und ihrem zu erwartenden Beitrag für die Lösungsfindung. Was ist ganz besonders wichtig? Was fällt sofort ins Auge? Mit diesem Merkmal beginnen Sie. Die anderen Merkmale bearbeiten Sie dann mit fallender Wichtigkeit.

b) Tragen Sie die Ihnen für Ihre Anwendung zielführend erscheinenden Werte für das erste Merkmal nebeneinander in einer Skizze oder Liste auf. Ein Beispiel zeigt Bild 6.10.

c) Ergänzen Sie dann eine zweite Zeile, indem Sie jeder vorherigen Variante alle Werte für das zweite ausgewählte Merkmal anhängen. Falls Sie weitere Merkmale ausgewählt haben, verfahren Sie in den nächsten Zeilen analog. So entsteht ein Variantenbaum.

Beispiel Vorschotersitz

Das Merkmal „Bewegungsart" (Bild 6.6, Merkmal 9) erscheint am grundsätzlichsten. Dieses Merkmal variieren Sie zuerst und nehmen für den ersten Durchlauf erst einmal die einfachsten Beispiele Translation und Rotation. Das Merkmal 10 „Bewegungsorientierung bzw. Bewegungsrichtung" passt direkt dazu: Translation und Rotation haben grundsätzlich drei Varianten im kartesischen Koordinatensystem. In Kombination mit den Varianten von Merkmal 9 spannen Sie ein Lösungsfeld von sechs Prinzipen auf (Bild 6.10). Für die „Feinvariation" können Sie dann für die aussichtsreichen Varianten (und *nur* für diese) noch den Richtungssinn (in positiver und in negativer Bewegungsrichtung) ergänzen.

6.5 Methode: Variation des Prinzips

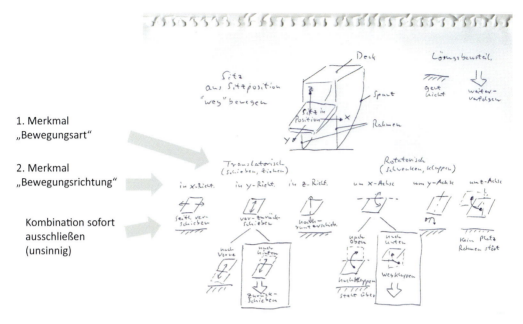

Bild 6.10 Systematik „Vorschotersitz aus der Sitzposition wegbewegen" (originale Handskizze)

d) Beurteilen Sie nach jedem Kombinationsschritt unbedingt gleich, ob diese Kombination sinnvoll ist:
- wenn Kombination geeignet erscheint → Lösungsast weiterverfolgen
- wenn Kombination eventuell denkbar → Lösungsast vorerst zurückstellen (ist Reserve, falls erster Durchgang nicht zum Erfolg führt)
- wenn Kombination nicht passt oder unsinnig ist → Lösungsast dieses Baumes abschneiden
- Auch wenn Sie beim Durchlauf meinen, ein Topprinzip entdeckt zu haben: Machen Sie den ersten Durchlauf fertig. Es könnte ja noch ein weiteres Prinzip auftauchen, das sogar noch besser ist, und das Sie ebenfalls verwenden oder das Sie im Verbund einsetzen können.

Mit diesem **alternierenden Generieren und Beurteilen** von Kombinationen nehmen Sie nur die Kombinationen mit, die aussichtsreich sind. Der Variantenschrott mit ungeeigneten oder unsinnigen Varianten wird sofort aus der weiteren Betrachtung ausgeschieden. Das spart sehr viel Zeit und Aufwand.

Schritt 4: Vergleichen Sie im Variantenbaum die als aussichtsreich erkannten Prinzipe und wählen Sie das oder die wenigen aus, die Sie weiterverfolgen wollen

Beispiel Vorschotersitz

Aus der Gesamtzahl möglicher Lösungen fallen nach einer überschlägigen Berechnung fast alle aus der Beurteilung heraus (Bild 6.11). Lediglich der „umgekehrte" Klappsitz erscheint aussichtsreich und bildet die Grundlage für die realisierte Lösung.

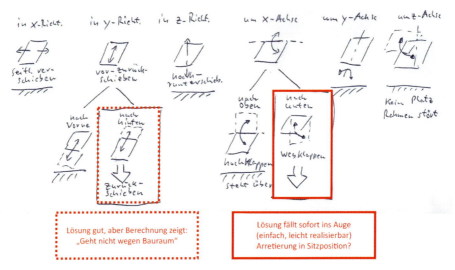

Bild 6.11 Aussichtsreiche Varianten und abschließende Beurteilung

Wie Sie erkennen können, führt Sie diese **Variationsmethode** mit der **integrierten Variantenbewertung** quasi zwangläufig zu aussichtsreichen Varianten. Diese sind aber noch keine Lösungen, sondern jetzt müssen Sie diese mit Ihrem Wissen, Ihrer Erfahrung gestalten und zu einer tragfähigen Lösung realisieren.

Und vielleicht erkennen Sie jetzt: Die Variationsmethode versucht nicht, eine mögliche Lösung direkt „anzusteuern". Vielmehr werden Sie systematisch und gleichsam zwangläufig durch den „Prozess" der Lösungsfindung geführt. Erst über Ihre Bewertung der Varianten kommen Sie dann zu aussichtsreichen Lösungen.

6.5.3 Was kommt beim Variieren eines Prinzips heraus?

Als Ergebnis des Variierens erhalten Sie Folgendes:

- **immer** mehrere Varianten, die Ihnen Ideen für erfolgreiche Lösungen liefern
- **oft** eine Variantenübersicht, die Ihnen das Beurteilen von Varianten im Hinblick auf das Erfüllen der Anforderungen wesentlich erleichtert (Bild 6.10)
- **häufig** einen **systematischen Variantenbaum**, der im Rahmen der gewählten Merkmale alle Varianten in einer vollständigen und geordneten Übersicht zeigt (siehe Bild 6.15 beim Anwendungsbeispiel)

Das Variieren dient also nicht nur dem Erarbeiten Erfolg versprechender Lösungen, sondern ganz maßgeblich auch der **Lösungsabsicherung** gegenüber eigenen oder Wettbewerbsprodukten und im Hinblick auf den Umfang von Schutzrechtsansprüchen.

6.5.4 Erkenntnisse für das Variieren des Prinzips

In Anlehnung an Ehrlenspiel und Meerkamm (Ehrlenspiel/Meerkamm 2017, S. 562–564) lässt sich die Methode uneingeschränkt auf jede vorliegende Bezugslösung anwenden, wenn diese ein oder mehrere Prinzipe hat, die den Anforderungen nicht mehr genügen. Voraussetzung dafür ist, dass die Bearbeiter sich in den Merkmalen zur Variation auskennen, die dort aufgezeigten Prinzipvarianten verstehen und hinsichtlich ihrer Eigenschaften einschätzen können. Unsere Erfahrung zeigt: Mit dem Essen kommt der Appetit!

Die Methode selbst sagt aber nie, was oder warum variiert werden soll. Für die Auswahl der relevanten Merkmale zum Variieren und für die Beurteilung der Eignung der erzeugten Zwischen- und Endvarianten sind immer Erfahrung und kreatives Denken erforderlich. Das Variieren um seiner selbst willen ist zwecklos und vertane Zeit. Die „Kunst" beim systematischen Variieren ist immer, die richtige Balance zu finden zwischen dem Aufwand für das Durchführen der Variation und der realistischen Einschätzung, was die Variation an Erfolgspotenzial in sich birgt. Dabei hilft vor allem die gesammelte Erfahrung mit dieser Methode.

6.6 Anwendungsbeispiel: Der XYZ-Versteller

6.6.1 Die Entwicklungsaufgabe

Glasfasern werden bei der Produktion auf Trommeln in Längen von mehreren Kilometern aufgewickelt und müssen danach vor der Installation hinsichtlich ihrer optischen Qualität geprüft werden (Bild 6.12 links). Dazu wird Laserlicht von einem Sender durch die auf der Trommel aufgewickelte Faser in einen Empfänger geleitet und die optische Dämpfung des Signals beim Durchgang durch die Faser ermittelt. Sie ist ein Maß für die optische Qualität der Faser.

Um das Laserlicht in die Faser ein- und aus der Faser auszuleiten, müssen die beiden freien Enden der Faserwindung in drei Koordinaten sehr genau der Optik eines Senderlasers und eines Lichtsignalempfängers angekoppelt werden. Der lichtleitende Faserquerschnitt ist nur ca. 50 µm dick und muss genau im optischen Fokus von Sender und Empfänger liegen. Diese Positionieraufgabe übernehmen sogenannte XYZ-Versteller (Bild 6.12 rechts), die üblicherweise manuell bedient werden. Auf ihnen wird das Faserende eingespannt und in den drei Raumrichtungen feinfühlig verstellt, bis die Mitten von Faser und Laserstrahl fluchten.

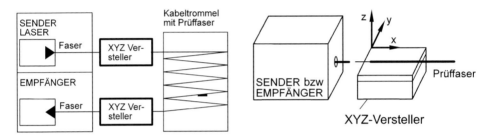

Bild 6.12 Links: Je ein XYZ-Versteller koppelt ein Glasfaserende an den Senderlaser bzw. an die Empfängeroptik an. Rechts: Das Faserende vor dem Sender/Empfänger mit Koordinatensystem für die Einstellbewegung

6.6.2 Die Bezugslösung

In einem mittelständischen Unternehmen, das sich auf die Qualitätskontrolle von Glasfasern spezialisiert hat, sollen derartige XYZ-Versteller entwickelt und für den eigenen und den Kundenbedarf produziert werden. Das Unternehmen hat einen XYZ-Versteller als Prototypen entwickelt und gefertigt (Bild 6.13). Da das Faserende in drei Koordinaten verstellt werden soll, lag es für die Entwickler nahe, drei kleine Linearschlitten orthogonal aufeinander anzuordnen und so die räumliche Einstellung des Faserendes zu ermöglichen. Leider war das Gerät unbrauchbar. Neben der zerklüfteten Bauweise war der größte Nachteil, dass sich das Spiel in den drei Schlitten überlagerte und keine sichere Einstellung möglich war. Bei jeder Drehung an einem der Verstellknöpfe wackelte das zu justierende Glasfaserende unkontrolliert. Zudem waren die Kosten deutlich zu hoch.

6.6 Anwendungsbeispiel: Der XYZ-Versteller

Bild 6.13
Der ursprüngliche Prototyp des XYZ-Verstellers
(© QFM Fernmelde- und Elektromontagen GmbH)

6.6.3 Die Anforderungsliste

Ein Ingenieurbüro wurde beauftragt, schnellstens eine funktionssichere und kostengünstigere Lösung zu erarbeiten (Birkhofer 2012). In einer ersten Besprechung wurde die Aufgabenstellung geklärt und aus Lasten- und Pflichtenheft eine Anforderungsliste formuliert (Bild 6.14).

QL 82-21 E			XYZ-Verstelleinheit		BI-TA	7.3 82
Auftragsnummer			Produkt		Bearbeiter	Datum
Gliederung	FF BF ZF		Anforderungen			
		W	Nr	Bezeichnung	Werte, Daten, Erläuterung	
Umgebung		BF	1	Faser-Abmessungen	Mantel ⌀ 1,5-3 mm Faser ⌀ 125 μm Kern ⌀ 50 μm TM 503-7854 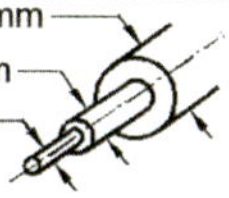	
		FF	2	Einschübe Tectronix		
Verstelleinheit		FF	3	Verstellung	von Hand	
		FF	4	Verstellhub	X = 6mm, Y, Z = 1mm	
		BF	5	Winkelabweichung	≤ 2 Grad (Kopplungswirkungsgrad)	
		FF	6	Genauigkeit	Spielfrei, reproduzierbar	
		BF	7	Optische Ablesung	10 μm in allen Koordinaten	
		ZF	8	Farbe / Design	wie optische Geräte	
Wirtschaftliche Daten		ZF	9	Herstellkostenziel (HKL)	Max 300 €	
		ZF	10	Stückzahl	50 - 100 / Jahr; 50 / Charge	

Bild 6.14 Anforderungsliste für den XYZ-Versteller (Ausschnitt)

6.6.4 Das Vorgehen beim Entwickeln der neuen Lösung

Nachfolgend wird die Entwicklung anhand des ausführlichen Methodenvorgehens nach Abschnitt 6.5.2 beschrieben.

Schritt 1: Bestimmen Sie die Prinzipe in Ihrer Bezugslösung, die den neuen Anforderungen nicht entsprechen

Im Muster des XYZ-Verstellers sind folgende Elemente verbaut:

- Eine Spanneinheit: Sie spannt die Faser mittels magnetischer Klappen.
- Drei Schlitten mit Linearführungen und manuellem Verstellantrieb mit Feingewindespindel: Mit ihnen wird die Faser in drei Raumrichtungen positioniert.
- Die Optik mit Mini-Mikroskop: Mit ihr wird die Voreinstellung der Faserposition visuell kontrolliert.

In der Bezugslösung ist offensichtlich, dass die Verstelleinheit mit ihren drei Schlitten das Problem darstellt. Das Einspannen der Faser und die optische Kontrolle der Faserposition sind unproblematisch, wie Versuche mit dem Muster gezeigt haben. Die Linearschlitten jedoch sind in mehrfacher Hinsicht das Hauptproblem. Zwar lässt sich jeder für sich feinfühlig einstellen (der Feingewindetrieb ist in Ordnung), ihr Lagerspiel überlagert sich aber durch ihre Reihenschaltung (einer auf dem anderen). Zudem bewirkt diese „Pagodenanordnung" der Linearschlitten ein zerklüftetes und wenig vertrauenerweckendes Aussehen.

Als Fazit bleibt Folgendes zu sagen:

- Die Lagerspiele überlagern sich.
- Die Schlittenanordnung ist unschön.

Schritt 2: Überlegen Sie, welche Merkmale dieses Prinzips für Ihr Problem wichtig sind

Aus der Anforderungsliste wird klar, dass für die Zustellung in Längsrichtung der Faser ein Einstellhub von ca. 6 mm erforderlich ist, um Lageabweichungen beim Einlegen und Fixieren der Faser auf dem Gerät zu kompensieren. Doch quer zur Faser ist nur ein minimaler Hub von +/– 0,5 mm notwendig, um die durch das Aufwickeln der Faser auf die Trommel eingeprägte Faserkrümmung auszugleichen.

Diese Anforderungen waren der „Fingerzeig" zum Erarbeiten einer neuen Lösung. Um diesen minimalen Versatz in Richtung quer zur Faserlängsachse auszugleichen, braucht es nicht zwei komplette Linearschlitten. Die Überlegung war folgende: Beim Zustellen in x-Richtung kommt man wegen des großen Hubes um eine exakte Geradführung wohl nicht herum. Doch für die sehr kleinen Hübe quer zur Faser (y- und

6.6 Anwendungsbeispiel: Der XYZ-Versteller

z-Richtung) müssten doch auch andere, wirtschaftlichere und vor allem kleiner zu bauende Führungsprinzipe möglich sein? Kann man die beiden kleinen Hübe nicht anders realisieren? Ohne Geradführung? Mit anderen Gelenken? Mit einer anderen Bewegung?

In Bild 6.5 finden sich die Variationsmerkmale, die Gelenkvariationen beschreiben. Aussichtsreich erscheint vor allem das Merkmal **Gelenkwechsel** (Kirchner 2020, S. 167–169). Vielleicht hilft ja ein „anderes Gelenk"?

- Merkmal 6 → hier Translations- und Rotationsgelenk
- Merkmal 7 → hier Festkörper- und elastisches Gelenk

Interessant erscheint auch das Merkmal 18 (Art der Schaltung von Wirkelementen) in Bild 6.7. Man könnte ja z. B. eine Parallelogrammführung vorsehen. Dann wäre das eine echte Geradführung.

- Merkmal 18 → parallel oder in Reihe (sequenziell)

Schritt 3: Variieren Sie nun die vorher ermittelten relevanten Merkmale, indem Sie die zugehörigen Werte ermitteln und systematisch miteinander zu einem Variantenbaum kombinieren

a) Beurteilen Sie die verbliebenen Merkmale nach ihrer Wichtigkeit und ihrem zu erwartenden Beitrag für die Lösungsfindung.

b) Tragen Sie die Ihnen für Ihre Anwendung zielführend erscheinenden Werte für das erste Merkmal nebeneinander auf.

c) Ergänzen Sie dann eine zweite Zeile, indem Sie jeder vorherigen Variante alle Werte für das zweite ausgewählte Merkmal anhängen.

d) Beurteilen Sie nach jedem Kombinationsschritt unbedingt gleich, ob diese Kombination sinnvoll ist.

Dank dieser Überlegungen entstand relativ schnell ein Variantenbaum (Bild 6.15). Die Arbeitsschritte b) bis d) wurden dabei mehrmals hintereinander durchgeführt:

- Die erste Ebene des Variantenbaumes bildete der Wechsel zwischen „echten" Gelenken und Federgelenken, was zwei grundsätzlich verschiedene Lösungsklassen begründet.
- Die zweite Ebene unterschied die Bewegungsarten Translation und Rotation. Interessant war hierbei Folgendes: Die sich aus der Variation zwangläufig ergebende Wellbalg- oder Membranführung hatten die Bearbeiter vorher überhaupt nicht „auf dem Schirm". Sie wurde erst durch die Systematik „gefunden".

- In der 3. Ebene wurde die Anordnung der Wirkkörper variiert. Das war vorab nicht geplant, ergab sich aber spontan bei der Betrachtung der beiden, schon skizzierten Ebenen.
- Die 4. Ebene nach Merkmal 4 in Bild 6.4 erschien nur für die exakten Geradführungen zweckmäßig. Vielleicht helfen (vorgespannte?) Wälzführungen, das Lagerspiel zu verringern?

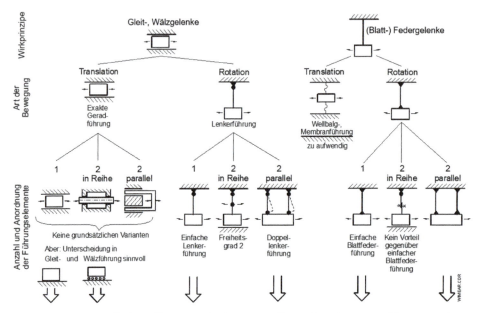

Bild 6.15 Systematik der Führungsprinzipe, um Teile exakt oder angenähert gerade zu führen

Schritt 4: Vergleichen Sie im Variantenbaum die als aussichtsreich erkannten Prinzipe und wählen Sie das oder die wenigen aus, die Sie weiterverfolgen wollen

Die Pfeile am unteren Ende des Variantenbaumes in Bild 6.15 geben die Prinzipe an, die aussichtsreich erschienen und für das Entwerfen weiterverfolgt wurden. Wie Sie in Bild 6.15 erkennen, wurden unsinnige oder zu aufwendige Varianten sofort ausgeschieden. Das spart erheblichen Aufwand und führt zielgerichtet zu den wirklich interessanten Varianten.

6.6.5 Die endgültige Lösung

Der Variantenbaum war Grundlage für den Aufbau eines Morphologischen Kastens[2], der die gesamte Einstellung der Glasfaserenden in den drei Raumrichtungen umfasst. Erste orientierende Berechnungen (z. B. wie lange wird eine Lenkerführung?) und Abschätzungen des Fertigungsaufwands ergaben, dass neben einer exakten Geradführung eine reine Lenkerführung für die Realisierung der Führung in y- und z-Achse durchaus zweckmäßig erschien. Jetzt mussten nur noch die möglichen Kombinationen der exakten und mit Lenker angenäherten Geradführungen für die drei Koordinaten systematisch miteinander kombiniert werden. So entstehen „ganz automatisch" die drei möglichen Grundprinzipe für die Gesamtlösungen der Faserführung in drei Koordinaten (Bild 6.16).

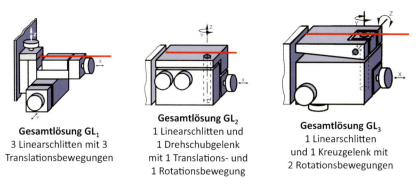

Gesamtlösung GL$_1$
3 Linearschlitten mit 3 Translationsbewegungen

Gesamtlösung GL$_2$
1 Linearschlitten und 1 Drehschubgelenk mit 1 Translations- und 1 Rotationsbewegung

Gesamtlösung GL$_3$
1 Linearschlitten und 1 Kreuzgelenk mit 2 Rotationsbewegungen

Bild 6.16 Die drei Konzepte für die Gesamtlösungen (rot dargestellt die einzuspannende Glasfaser)

In Bild 6.16 können Sie Folgendes gut erkennen:

- Alle Konzepte haben einen Linearschlitten für die Verschiebung in x-Richtung.
- GL$_1$ entspricht der ursprünglichen Eigenlösung, bei der drei Linearschlitten orthogonal aufeinander angeordnet sind.
- GL$_2$ hingegen verwendet für die Bewegung in y-Richtung eine Drehung um die z-Achse über einen Stift mit einer Bohrung. Dieser kann aber gleichzeitig als zweiwertiges Drehschubgelenk genutzt werden. In die Platte mit der Aufnahme für die Faser (rot dargestellt in Bild 6.16) ist ein Stift eingepresst. Platte und Stift können in der Bohrung gedreht werden (Drehgelenk) aber unabhängig davon auch senkrecht verschoben werden (Schubgelenk). Mit der Drehbewegung kann das Faser-

---

[2] Zum Prinzip des Morphologischen Kastens siehe Kapitel 9.

ende seitlich und mit der Hubbewegung senkrecht verschoben werden. Das entspricht genau der Variation „Gelenkwechsel" in Bild 6.5.

- GL$_3$ hat für die y- und z-Achse je eine Drehbewegung in Form eines Kreuzgelenks. Hier werden beide Bewegungen des Faserendes in y- und z-Richtung durch Drehungen um die y- und um die z-Achse **unabhängig voneinander** realisiert.

Nach gründlicher Beurteilung wurde die Variante GL$_2$ als am aussichtsreichsten beurteilt. Sie ist einfacher herzustellen und sicherer in der Faserpositionierung. Das Drehschubgelenk in dieser Variante wurde im endgültigen Produkt sehr einfach realisiert. Ein Zylinderstift DIN 7979 (Bild 6.17) wird als Achse genutzt, die sich in einer Gehäusebohrung mit entsprechender Passung drehen und verschieben lässt.

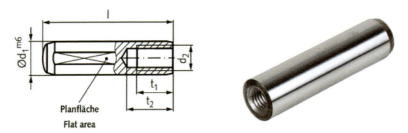

Bild 6.17 Der Zylinderstift DIN 7979 als Achse des zweiwertigen Drehschubgelenks für GL$_2$ (© Foto: MÄDLER GmbH)

Damit wurde eine extrem preiswerte Lösung realisiert, die den Aufwand für die ursprünglich dafür verwendeten zwei Linearschlitten um den Faktor 50 unterbot. Mit diesem „Multifunktionaltrick", also der Mehrfachnutzung eines Bauteils, lässt sich eine verblüffend einfache Realisierung der y- und der z-Bewegung erreichen. Bild 6.18 zeigt die endgültige Lösung. Die Glasfaser (hier nicht dargestellt) wird unter die beiden silberfarbenen Klappen in eine Längsnut eingespannt. Mittels der drei Drehknöpfe kann das Faserende feinfühlig verstellt und die Faserposition über das Mini-Mikroskop betrachtet werden. Der neue XYZ-Versteller sieht nicht nur wegen seines Designs deutlich ansprechender aus als die eigenentwickelte Variante. Er funktioniert auch dank der Auslegung der Passung zwischen Stift und Bohrung und der entsprechenden Werkstoffwahl ohne erkennbares Spiel, ist sicher zu bedienen und kostet vor allem dank des „simplen" Drehschubgelenks nur etwa 40 % des eigenentwickelten Musters. Damit konnte das Grenzziel der Herstellungskosten deutlich unterschritten werden.

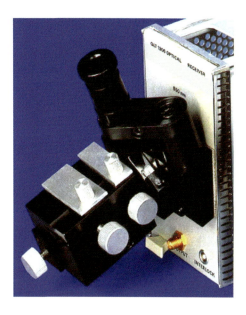

Bild 6.18
Endgültige Lösung (© QFM Fernmelde- und Elektromontagen GmbH)

6.6.6 Fazit

Der Schlüssel für den Entwicklungserfolg war die Variation der Führungsbewegung von y- und z-Achse. Die Klärung der Anforderungen und die Variationen nach den Merkmalen „Gelenkwechsel" (Bild 6.5) und „Art der Schaltung von Wirkelementen" (Bild 6.7) waren dabei entscheidend für die Suche nach alternativen Führungsprinzipen und führten direkt zu den Lenkerführungen als möglicher Teillösung. Die multifunktionale Nutzung des Drehschubgelenks war ein weiterer Entwicklungsschritt, der ganz maßgeblich zum ansprechenden Design und zu den niedrigen Herstellungskosten der endgültigen Lösung beitrug.

6.7 Methodensteckbrief: Variation des Prinzips

Bild 6.19 zeigt den Methodensteckbrief für die Variation des Prinzips.

SITUATION: Bezugslösung liegt vor; Bedarf, bewusst völlig neue Wege zu gehen

WANN wende ich die Methode an?
- wenn Sie grundsätzliche Varianten für Ihre Bezugslösung suchen
- wenn Sie bewusst neue Wege gehen oder sich vom Wettbewerb absetzen wollen

WARUM wende ich die Methode an?
- Ein überzeugendes Prinzip ist eine gute Voraussetzung für den Produkterfolg.
- Mit Prinzipskizzen können Sie die Wirkungsweise von Produkten schnell darstellen und verständlich kommunizieren.

Schritt 1: Bestimmen Sie die kritischen Prinzipe in Ihrer Bezugslösung
- Bestimmen Sie die Bereiche in der Bezugslösung, die den Anforderungen nicht entsprechen.
- Bestimmen Sie darin die Prinzipe, die „schuld" am Nichterfüllen der Anforderungen sind.
- Stellen Sie diese Prinzipe als einfache Strichstrukturen oder Skizzen dar.

Schritt 2: Bestimmen Sie die Merkmale, die für die aussichtsreiche Variation wichtig sind
- Überlegen Sie, welche Merkmale das jeweilige Prinzip hat.
- Scannen Sie dazu die Merkmalslisten in Abschnitt 8.3 durch.
- Bestimmen Sie wichtige, aussichtsreich erscheinende Merkmale und kennzeichnen Sie diese.

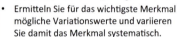

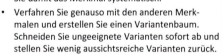

Schritt 3: Variieren Sie systematisch die ausgewählten Merkmale
- Priorisieren Sie die gekennzeichneten Merkmale nach ihren „Erfolgsaussichten".
- Ermitteln Sie für das wichtigste Merkmal mögliche Variationswerte und variieren Sie damit das Merkmal systematisch.
- Verfahren Sie genauso mit den anderen Merkmalen und erstellen Sie einen Variantenbaum. Schneiden Sie ungeeignete Varianten sofort ab und stellen Sie wenig aussichtsreiche Varianten zurück.

ERGEBNIS: Viele alternative Lösungen, großes Lösungsspektrum auf Prinzipebene

WAS erhalte ich als Ergebnis?
- immer mehrere Varianten als Lösungsideen
- oft eine Variantenübersicht
- häufig einen vollständigen und geordneten Variantenbaum

WAS kann ich mit dem Ergebnis machen?
- Erfolg versprechende Varianten für die weitere Lösungserarbeitung ermitteln (Kapitel 11, „Lösungen bewerten und auswerten mittels Konzeptvergleich")
- neue Lösungen gegenüber Wettbewerbern absichern
- umfassende Schutzrechte ableiten

Schritt 4: Wählen Sie aussichtsreiche Prinzipe für die weitere Bearbeitung aus
- Vergleichen Sie die verbliebenen vollständigen Äste Ihres Variantenbaumes.
- Bestimmen Sie die Varianten, die als Ganzes besonders aussichtsreich erscheinen.
- Dokumentieren Sie diese Varianten und die Kriterien für die weitere Bearbeitung.

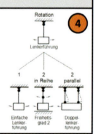

Bild 6.19 Methodensteckbrief für die Variation des Prinzips

Literatur

Birkhofer, H.: Angewandte Produktentwicklung. Vorlesungsunterlagen des Fachgebiets Produktentwicklung und Maschinenelemente der TU Darmstadt. Darmstadt 2012

Ehrlenspiel, K./Meerkamm, H.: Integrierte Produktentwicklung. Denkabläufe, Methodeneinsatz, Zusammenarbeit. 6. Auflage. Carl Hanser Verlag, München 2017

Kirchner, E.: Werkzeuge und Methoden der Produktentwicklung. Von der Idee zum erfolgreichen Produkt. Springer Vieweg, Berlin 2020

Roth, K.: Konstruieren mit Konstruktionskatalogen. Band II: Kataloge. Springer, Berlin 1994

7 Vorhandene Lösungen verbessern durch Variation der Gestalt

7.1 Ziel des Kapitels

Wenn bei einer Neuentwicklung eines Produkts das Konzept hinsichtlich seiner Funktion und der Lösungsprinzipe soweit klar ist, dass man schon die Bauteilgestalten ahnen oder erkennen kann, geht es mit dem Konstruieren erst richtig los. Es geht um Werkstoffe, Formen, Abmessungen, Verbindungen. Wieder gibt es für die Gestaltung eine Vielfalt an möglichen Varianten. Bei der heutigen Vielfalt von Produkten – seien es eigene oder solche von Konkurrenten – liegt sogar das Konzept und die Grobgestalt schon fest. Man geht von fertigen Vorläufern aus, sodass „nur" ein „Umgestalten" ansteht. Der Konstrukteur soll dabei auf neue Forderungen reagieren. Beispielsweise soll das Produkt kleiner werden. Es soll zuverlässiger oder leichter recycelbar sein. Diese Vielfalt der ganzen „Gerechten" (oder nach *Pahl/Beitz Konstruktionslehre*, der „Gerechtheiten"), also z. B. fertigungsgerecht, entsorgungsgerecht, betriebssicher oder CO_2-sparsam, kann in diesem Buch nicht behandelt werden, aber Grundlagen dafür, also eine Vorform der Gestaltung, um überhaupt zu neuen Anregungen zu kommen (Bender/Gericke 2021). Am Ende dieses Kapitels ist ein Literaturverzeichnis der „Gerechtheiten" zu finden. Das Motivationsbeispiel in Abschnitt 7.3 zeigt, wie Sie auch auf ungewöhnliche Gestaltungsideen kommen, etwa auf die Idee, einen Klemmring auch mal **axial** festzuklemmen.

Konstrukteure müssen sich frei machen von dem, was ihnen vor Augen liegt. Es braucht also befreiende Anregungen. Die in Bild 7.6 und Bild 7.12 gezeigten Varianten sollen solche Anregungen anstoßen. Unser Hirn ist nämlich eine Art „Klammeraffe". Es klammert sich aus Kapazitätsgründen an bestimmten Gestalten fest und kommt nicht auf die Idee, dass es auch ganz anders geht. Es spart „Denkarbeit", d. h., es ist denkfaul (Zitat Prof. Dietrich Dörner). Wir arbeiten alle nach dem Motto „trial and error", also durch Probieren, um dann beim intuitiven oder mehr rationalen Beurteilen festzustellen, ob die Lösung zum Ziel führt oder eher ein Fehler war. Den Fehler können Sie z. B. durch Einsatz der Variationsmerkmale meiden, indem Sie also noch einmal von vorn beginnen (siehe Kapitel 14).

> **Tipps & Tricks**
> Indem Sie Fehler machen und meiden, lernen Sie am besten.

Es verhält sich wie bei dem Kopf in Bild 7.1. Es geht hier buchstäblich um zwei Gestalten. Der eine sieht nur eine alte Frau, während der andere sagt: „Schau doch mal anders hin. Das ist doch ein fesches Mädchen." Meist ist man auf eine Sicht fixiert. So spart das Gehirn Merkkapazität.

Bild 7.1
Vexierbild – zwei Gestalten in einem Bild
(Quelle: Hill 1915)

7.2 Was heißt eigentlich Gestalten?

Was sind die jeweiligen **Begriffsinhalte** (= das, was wir mit den Begriffen meinen bzw. ausdrücken wollen)?

Das **Festlegen einer Gestalt** erfolgt fast in allen Phasen des Konstruierens: bei der Aufgabenklärung (z. B. durch Anschlussmaße), in der frühen Konzeptphase durch die Lösungsprinzipe und besonders in der Entwurfs- und Ausarbeitungsphase. Beim Gestalten werden alle Gestaltelemente nach Form, Abmessungen, Oberfläche, Werkstoff und bezüglich ihrer Anordnung, Lage, Anzahl und Verbindung direkt festgelegt. Indirekt werden damit produktionstechnische Festlegungen (Teilefertigung, Montage) weitgehend vorgegeben bzw. vorab berücksichtigt. Dies geschieht bei erfahrenen Konstrukteuren meist durch im Unbewussten gespeicherte **Gestaltvorstellungen** oder Gestalt-Makros. Kapitel 6 und Kapitel 7 sollen die Fantasie zu neuen Gestaltvorstellungen anregen, Kapitel 6 tut dies durch Varianten der Lösungsprinzipe und Kapitel 7 durch Varianten der Gestaltelemente. Was ist der Unterschied? Lösungsprinzipe werden eher verbal oder durch Strichskizzen angesprochen, Gestaltelemente eher durch 2D- oder 3D-Zeichnungen. Doch im Kopf des Konstrukteurs geht oft beides ineinander über. Insofern hängen die beiden Kapitel innerlich zusammen.

- Eine **Funktion** beschreibt, was das Produkt oder eine Komponente leisten soll. Das ist der Zweck, den ich mit einer noch unbekannten Lösung erreichen will. (*Was soll die Lösung tun?*)

- Ein **Prinzip** beschreibt, wie ich diesen Zweck erreichen kann bzw. will, also die Wirkungsweise einer Lösung oder das Lösungsprinzip. (*Wie soll die Lösung arbeiten, d. h. funktionieren?*)

- Eine **Gestalt** (Geometrie und Werkstoff) beschreibt, aus welchen Bestandteilen (Gestaltelementen) die Lösung besteht und wie diese zusammengesetzt sind. (*Wie sieht die Lösung aus?*)

7.3 Motivationsbeispiel: Der etwas andere Klemmring – eine Anordnungsvariation

Eine scheinbar simple Aufgabe trat bei der Lagerung einer Achse einer Gehäusewand auf (Birkhofer/Kloberdanz 2008). Die Achse sollte innerhalb der Wand mit einem Klemmring fixiert werden. Der Klemmring sollte dicht in die Wandaussparung eingepasst und bündig zur Außenwand sein. Er durfte keinesfalls überstehen (Bild 7.2 links). Handelsübliche Stell- und Klemmringe konnten da nicht verwendet werden, weil deren Schrauben von außen angezogen werden (Bild 7.2 rechts). Dafür war aber im engen Spalt zwischen Klemmring-Außenfläche und Wandbohrung-Innenfläche kein Platz. Ein radiales Durchbohren der Wand, um mit dem Stiftschlüssel von außen die Klemmschraube anzuziehen, schied ebenfalls aus – die Wand war dazu viel zu hoch. Was tun?

Einem wachen Konstrukteur geht so eine Herausforderung gegen den Strich. Das muss doch anders gehen! Also überlegen wir mal systematisch: Was kennzeichnet denn so einen Klemmring? Was sind seine typischen Produktmerkmale (Bild 7.3)?

7 Vorhandene Lösungen verbessern durch Variation der Gestalt

Bild 7.2 Links: eine „tricky" Einbausituation für einen Klemmring; rechts: handelsübliche Stell- und Klemmringe mit Schraube (© Foto: MÄDLER GmbH)

Bild 7.3 Stellring mit seinen Produktmerkmalen

Fazit

Selbst bei einer scheinbar ganz simplen, ja nebensächlichen Aufgabenstellung kann ein systematisches Vorgehen zum Erfolg führen. Natürlich ergibt die begriffliche Variation der Schraubenanordnung noch nicht die Lösung – aber sie weist den Weg dorthin: „Wenn ich die Klemmschraube **axial anordne und anziehe** – wie kann ich damit eine Klemmwirkung erzeugen und wie muss dann ein angepasster Klemmring gestaltet werden?"

Der „neue" Stell- oder Klemmring soll eine Ringform haben und auch mit einer Schraube geklemmt werden. Also bleibt als typisches Merkmal für einen Klemmring nur die Anordnung der Klemmschraube zum Klemmring übrig – und das muss für einen denkenden Konstrukteur in allen drei (Zylinder-)Koordinaten möglich sein, also radial, tangential und axial, wie es auch in den Variationstabellen steht (Bild 7.4).

7.3 Motivationsbeispiel: Der etwas andere Klemmring – eine Anordnungsvariation

Wirkelement	Merkmal	Wertmenge	Nr.
Wirkkörper	Form	Würfel, Quader, Kugel, Zylinder, Kegel	1
	Art	symmetrisch, asymmetrisch	2
	Zustand	Stückgut, Schüttgut, fest, flüssig, gasförmig	3
	Verhalten	starr, elastisch, plastisch, viskos	4
	Abmessung	Länge, Breite, Höhe, Durchmesser	5
	Anzahl	einfach, doppelt, mehrfach, zusammenhängend, geteilt	6
	Anordnung	axial, radial, tangential, vertikal, horizontal, schräg, parallel, sequenziell (hintereinander), innen, außen	7

Bild 7.4 Wertetabelle mit klassischen, immer wieder gebrauchten Variationsmerkmalen

Und so ist es auch. Bild 7.5 links zeigt die systematisch generierten Varianten.

Das war's! Der axiale klemmbare Ring hat eine weiche Klemmlippe, die sich beim Anziehen der Schraube elastisch-plastisch verformt und den Ring auf der Welle klemmt. Der Ring lässt sich vollständig in die Wandaussparung einbringen (man kann ja eine Senkschraube verwenden und den Schraubenkopf im Ring versenken) und er kann axial angezogen werden. Die Freude über die „Entdeckung" dieser neuen Lösung wurde Wochen später noch größer, als man auf eine vergleichbare Lösung eines axial zu betätigenden Klemmringes bei der Firma Schaeffler Technologies stieß (Bild 7.5 rechts). So wurde durch diesen Klemmring die Anwendbarkeit des Klemmringprinzips bestätigt.

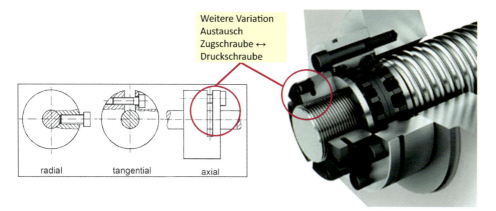

Bild 7.5 Links: die drei grundsätzlichen Ausführungsformen für Klemmringe; rechts: der axiale Klemmring zur reibkraftschlüssigen Sicherung einer Wellenmutter bei einer Anwendung der Schaeffler Technologies AG & Co. KG (© Foto: Schaeffler Technologies AG & Co. KG)

Fazit
Ein systematisches Vorgehen kann zum Erfolg führen. Die Erfahrung zeigt, wenn dem Konstrukteur die wenigen Variationsmerkmale durch häufiges Anwenden „in Fleisch und Blut" übergegangen sind, ist das Lösen von Gestaltungsproblemen durch eine systematische Variation oft kein Hexenwerk mehr, sondern selbstverständliche Routine.

7.4 Methode: Gestalt bewusst variieren mit Gestaltmerkmalen

Um ein entstehendes Produkt anforderungsgerecht zu gestalten oder die vorhandene Gestalt zu verbessern, kann man sich Lösungsmöglichkeiten auf Basis der eigenen Erfahrung einfallen lassen. Das ist in vielen Fällen die übliche Praxis. Man kann aber auch, wir hier gezeigt, etwas systematischer vorgehen. Nachfolgend werden in Tabellenform anregende Merkmale angegeben, die zum günstigen Gestalten verhelfen können. In Bild 7.6 sind **einfache Gestaltmerkmale**, wie z. B. Form, Zahl und Lage, aufgeführt und in Bild 7.12 **Merkmale zur Variation von Bauweisen**. Das sind typische Gestaltzusammenhänge, wie z. B. Hohlkörper/Vollkörper oder Integral- bzw. Differenzialbauweise.

7.4.1 Wichtige Merkmale beim Variieren der Gestalt

In Bild 7.6 links werden Variationsmerkmale, wie z. B. Form, Zahl und Lage, angegeben, aber symbolisch auch bildhafte Darstellungen dazu. Wir meinen, dass Konstrukteure sich am ehesten bildhaft orientieren. Darüber hinaus werden Erläuterungen und Beispiele aufgeführt. Die Spalten sind durchnummeriert, sodass die Variationsmerkmale nach Bild 7.6 entsprechend diesen Nummern in Abschnitt 7.4.2 durch zusätzliche Beispiele vertieft werden können. Weitere Merkmalstabellen oder Aufzählungen sind in den im Literaturverzeichnis angegebenen Quellen zu finden.

7.4 Methode: Gestalt bewusst variieren mit Gestaltmerkmalen

	Variationsmerkmale	Erläuterung	Beispiele	Werte	Nr.
Flächen	Form	Die Form von Flächen wird verändert.	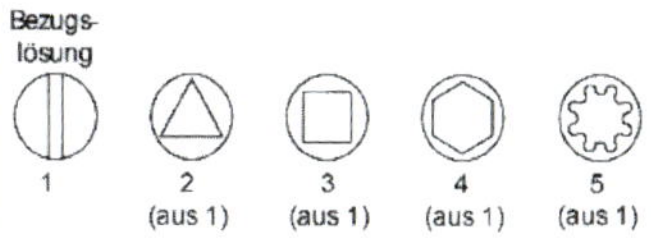 Bezugslösung 1, 2 (aus 1), 3 (aus 1), 4 (aus 1), 5 (aus 1)	Bild 7.7: punkt-, linienförmig, flächig; Dreieck, Quadrat, Rechteck, Polygon, Kreis ...	1
Flächen	Anzahl	Die Anzahl von Flächen wird verändert.		Bild 7.7/Bild 7.9: einfach, doppelt, mehrfach, zusammenhängend, geteilt	2
Flächen	Lage (Anordnung)	Die (Relativ-)Lage von Flächen wird verändert.	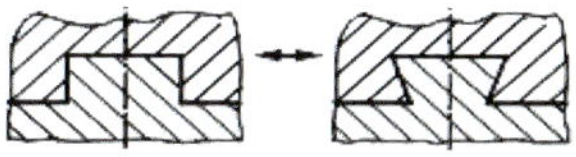	Bild 7.8 rechts radial, axial, tangential, horizontal, vertikal, außen, innen	3
Flächen	Abmessung	Die Maße von Flächen werden verändert.		klein, mittel, groß	4
Körper	Form	Die Form von Körpern wird verändert.	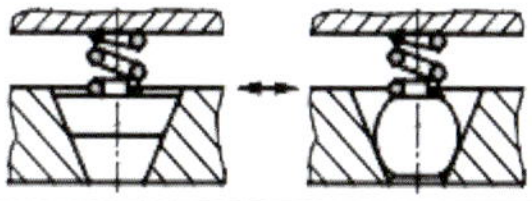	Würfel, Quader, Prisma, Kugel, Zylinder, Kegel, Ring ...	5
Körper	Anzahl	Die Anzahl von Körpern wird verändert.	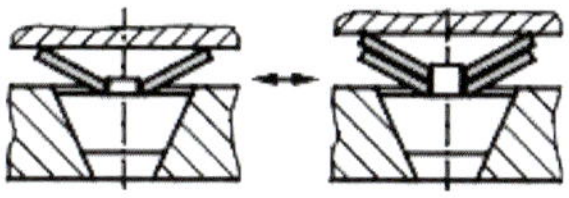	Bild 7.9: Die Tellerfeder ist einfach, doppelt, mehrfach zusammenhängend oder geteilt.	6
Körper	Lage (Anordnung)	Die (Relativ-)Lage von Körpern wird verändert.	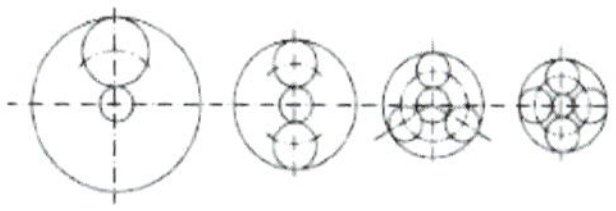	Bild 7.9: radial, axial, tangential, horizontal, vertikal, schräg, parallel, sequenziell (hintereinander)	7
Körper	Abmessung	Die Maße von Körpern werden verändert.	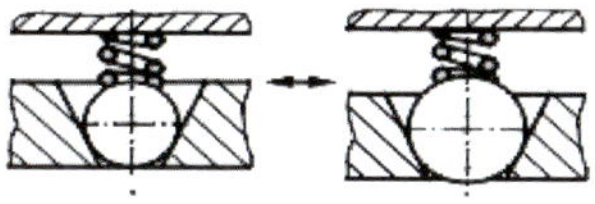	klein, mittel, groß, dünn, dick	8
	Verbindungsart	Körper werden unterschiedlich verbunden.	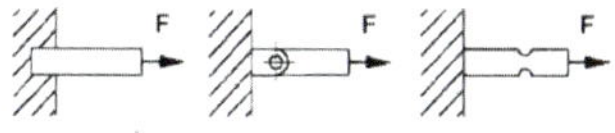	Bild 7.10: starr, gelenkig, elastisch, lösbar, unlösbar, geklebt ...	9
	Berührung/ Kontaktart	Körper berühren sich unterschiedlich.	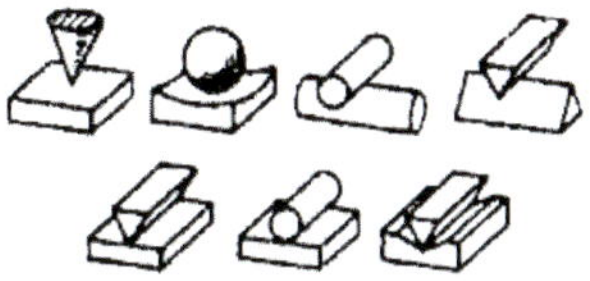	Bild 7.11: Punkt-, Linien-, Flächenberührung usw.	10
Werkstoff	Werkstoffart und Legierung	Der Werkstoff wird verändert.	Werkstoff AlMgSi1 ⇔ S235JR (1.0038)	Metall, Kunststoff, Keramik ... Gussteil, Halbzeug, unbehandelt, gehärtet, beschichtet ... Einstoffteil, Verbundwerkstoff ...	11

Bild 7.6 Merkmaltabelle für die Gestaltvariation

Was fangen Sie damit an? Nehmen wir als Beispiel den Klemmring aus Abschnitt 7.3. Sie stellen fest, dass es irgendwie nie passt, den Klemmring auf der Achse zu fixieren: Radial geht es nicht, wie gewohnt tangential auch nicht. Sie schauen in der Merkmalstabelle in Bild 7.6 nach und stoßen auf das Variationsmerkmal „Lage" (Zeile 3). Dort sehen Sie die Merkmalsaufzählung „radial, axial, tangential". Sie fragen sich: „Wie ist das beim Klemmring? Wie würde die Konstruktion denn in diesem Fall axial gestaltet sein?" Das Beispiel dazu in Bild 7.5 macht es noch deutlicher. „Aha, das geht ja in diesem Fall, wenn man eine versenkte Schraube in Axialrichtung nimmt." Damit ist das Problem auch schon gelöst.

7.4.2 Beispiele für Merkmale in Bild 7.6 beim Variieren der Gestalt

Zeile 1: Variation von Flächen und Körpern am Beispiel eines Schraubenkopfes

Welche Vielfalt von Schraubenköpfen sich ganz einfach aus der Variation von Zahl, Lage und außen/innen ergibt, geht aus Zeile 1 in Bild 7.6 und aus Bild 7.7 hervor. Die Variationsmerkmale waren natürlich nicht der Grund dafür, sondern sie ergaben sich aus unterschiedlichen Anforderungen an das Anziehen und an die Kosten der Schrauben. Ebenso einfach sind die Variationsmerkmale **Form und Lage** bei Körpern, wie sie schematisch in Bildzeile 5 und 7 in Bild 7.6 dargestellt sind. Was die Lagevariation bringen kann, konnten Sie am Beispiel des Klemmringes erkennen.

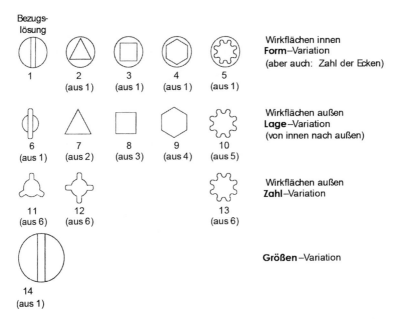

Bild 7.7 Varianten von Schraubenköpfen (Quelle: Ehrlenspiel/Meerkamm 2017)

Zeile 1 und Zeile 3: Variation von Körpern nach Form und Lage am Beispiel eines Reibrades

Reibradgetriebe können, je nach Übersetzungs- und Platzverhältnissen, unterschiedlich ausgeführt werden (Bild 7.8 links): Im **linken Getriebe** treibt der Motor m das große Reibrad b mit seiner Stirnseite (im Lageschema „radial") an. Das kleine, verschiebbare Reibrad e wird mit seiner Außenseite (im Lageschema „außen") angetrieben. Dies wiederum treibt das Abtriebsreibrad c an. Im **mittleren Getriebe** treibt der Motor ein axial gefedertes kegeliges Antriebsreibrad 1 an. Eine von oben nach unten verschiebbare Kugel 3 (eine Art Zwischenreibrad) überträgt das Drehmoment auf das ebenfalls kegelige Abtriebsreibrad 2. Kegelige Flächen sind im Lageschema nicht dargestellt. Sie passen aber von der Berührung her in Zeile 10 in Bild 7.6. Im **rechten Getriebe** sind die An- und Abtriebsreibräder a und b mit ihrer Stirnseite aktiv (wie im linken Getriebe). Das auf einer Achse verschiebbare kegelige Zwischenreibrad ist doppelt ausgeführt (c und d), also hier ein zweifacher Über-/Untersetzungseffekt. Sie sehen, dass die in Bild 7.6 aufgeführten Merkmale in der Praxis vorkommen und dementsprechend beim Konstruieren zu Variantenüberlegungen anregen können.

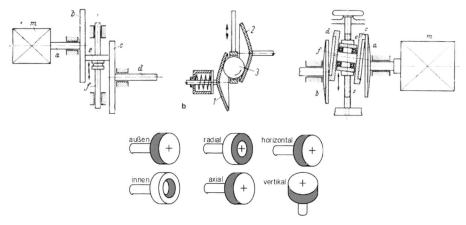

Bild 7.8 Oben: Form und Lage am Beispiel eines Reibrades (Quelle: Sauer 2018, S. 615–636); unten: Lagevariation (Quelle: Ehrlenspiel/Meerkamm 2017)

Zeile 7 und Zeile 2: Variation nach Form (Anordnung und Zahl) am Beispiel eines Planetengetriebes

Bild 7.9 zeigt Getriebe mit einer zunehmenden Zahl von Zahnrädern (von 1 bis zu 5). Die Getriebe werden bei gleichem Drehmoment und gleicher Übersetzung immer kleiner. Warum? Die Zahl der Zahnkontakte nimmt von 1 bis 8 zu, während die pro Kontakt zu übertragenden Kräfte geringer werden, bis hin zu einem Achtel. So werden durch Parallelschaltung Getriebevarianten generiert, um Baugröße, Gewicht und Kosten zu verringern. Meist kann ohnehin vorhandener rotationssymmetrischer Bauraum besser ausgenutzt werden (Planetengetriebe, Wälzlager). Bei Parallelschaltung entsteht aber meist das Problem des Lastausgleichs. Einzelne Laststellen sind dann statisch unbestimmt. Damit alle statisch bestimmt werden, kann ein gelenkiger, elastischer oder hydraulischer Ausgleich vorgesehen werden.

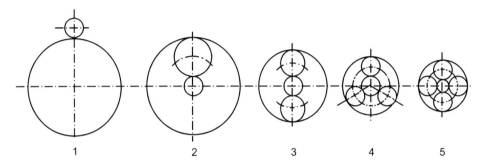

Bild 7.9 Variation von Körpern am Beispiel eines Planetengetriebes (Quelle: Ehrlenspiel/Meerkamm 2017)

Zeile 9: Variation der Verbindungsart am Beispiel mechanischer Verbindungen

Eine Konstruktion ist selten „einstückig", sondern umfasst oft mehrere Baugruppen und entsprechend viele Einzelteile. Diese müssen verbunden werden. Die Verbindung kann starr oder beweglich oder auch elastisch sein und zudem lösbar oder unlösbar. Entsprechend ist die Verbindungstechnik ein weites Feld mit vielen möglichen Varianten.

Welch trickreiche Konstruktionen allein aus der oberen Reihe „starr, gelenkig, elastisch" (Bild 7.10), dem „täglichen Brot" des Konstrukteurs, entstehen können, wird beim Arbeiten mit einem elastischen **Kunststoff** bewusst: Die Vielfalt an sonst üblichen mechanischen Gelenken entfällt, wenn man dünne, elastische Kunststoffgelenke einsetzt. Kein Verschleiß, keine Schmierung und geringe Kosten – das sind die Vorteile von Kunststoffgelenken. Schauen Sie sich einmal um: vom Brillengestell über Vorratsschachteln bis zum Handyschutz wimmelt es von Kunststoffgelenken. Kunststoff lässt sich zudem auf manche Weise verbinden: durch Heißverstemmen bei thermoplastischen Kunststoffen und durch Laser-Kunststoffschweißen. Das ist in Bild 7.10 gar nicht darstellbar.

Wir sind Verbinden ja schon durch **unsere Kleidung** gewohnt. Das kann auch auf Maschinenteile übertragen werden: Schläuche oder zu füllende Säcke können, wie bei einem Schal, mit Umschlingen und Klammern verbunden werden. Auch der Klettverschluss zieht in die Feinwerktechnik ein.

7.4 Methode: Gestalt bewusst variieren mit Gestaltmerkmalen

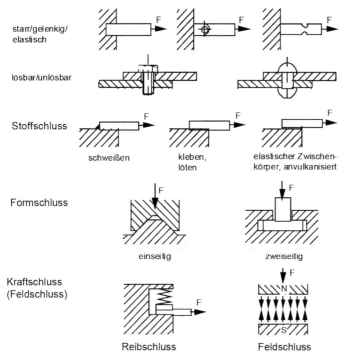

Bild 7.10 Variationsmerkmale der Verbindungsart (Quelle: Ehrlenspiel/Meerkamm 2017)

Zeile 10: Variation der Berührungs- und Kontaktart

Wenn sich zwei Körper mechanisch berühren, gibt es nur die in Bild 7.11 abgebildeten Arten:

- Punkt
- Linie
- Fläche

Die Pressung nimmt dabei bei Festkörpern ab. Doch beachten Sie, dass bei Linien- und Flächenkontakt das Problem der ungleichmäßigen Lastverteilung auftritt: Die Linie trägt z. B. nur auf einer Seite, die Fläche nur an wenigen Stellen! Abhilfe kann durch gegenseitig nachgiebige (gelenkige oder elastische) Körper geschaffen werden. Die Maßnahmen ähneln denen des Lastausgleichs (Ehrlenspiel/Meerkamm 2017, Abschnitt 7.7.4).

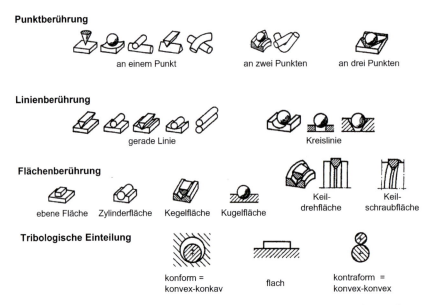

Bild 7.11 Variation der Berührung/Kontaktart (Quelle: Ehrlenspiel/Meerkamm 2017)

7.4.3 Wichtige Merkmale beim Variieren der Bauweise

Bild 7.12 zeigt Merkmale zur Variation von Bauweisen. Das sind typische Gestaltzusammenhänge, wie z. B. Hohlkörper/Vollkörper oder Integral- bzw. Differenzialbauweise, also Anordnungen von Einzelteilen, aber auch, je nach Fertigungsverfahren, „einstückige" Gebilde. **Was fangen Sie damit an?** Gehen Sie von Ihrem Produkt aus und lassen Sie sich inspirieren, ob Sie etwas neu aufbauen wollen oder umgekehrt eine Vielzahl von Teilen zusammenfassen.

7.4 Methode: Gestalt bewusst variieren mit Gestaltmerkmalen

Variationsmerkmale		Erläuterung	Beispiele	Werte	Nr.
Bauweisen	Massiv-/ Skelettbauweise	Die Bauteile können als Vollkörper, Hohlkörper oder als Fachwerk tragende Funktionen erfüllen.	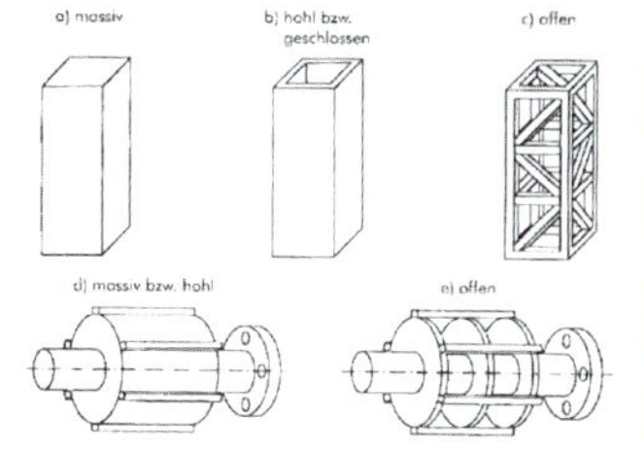	**Bild 7.13:** massiv, hohl, offen (gegliedert)	12
	Integral-/ Differenzial-bauweise	Bei der Integralbauweise wird ein Bauteil „aus dem Vollen" gefertigt bzw. aus Pulver schichtweise aufgebaut. Bei der Differenzialbauweise wird es aus mehreren Einzelteilen zusammengesetzt.	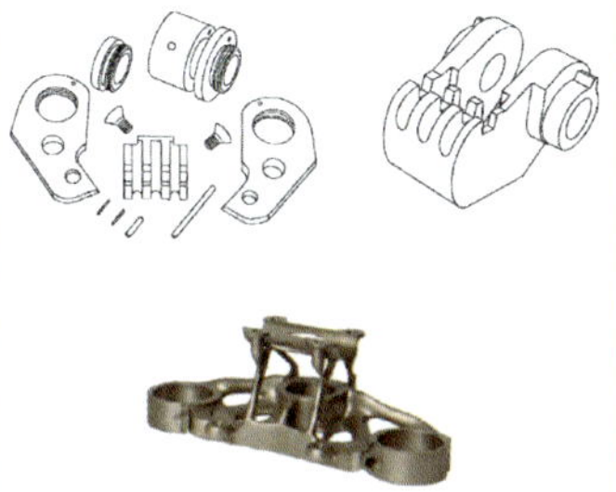	**Bild 7.15a/Bild 7.15b:** einteilig bzw. zusammengesetzt: Feingussteil; gefügtes Teil **Bild 7.15c:** mit 3D-Druckverfahren einteilig hergestellt; dabei beliebige Innenkonturen	13
	Verbund-bauweise	Bei der Verbundbauweise werden Teile in eine Matrix unlösbar eingegossen oder umspritzt. Der Montageprozess ist in den Fertigungsprozess integriert.	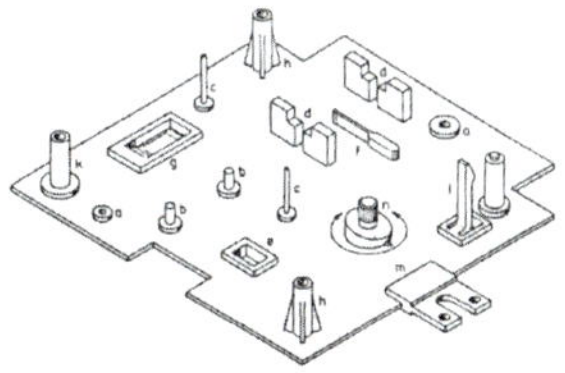	**Bild 7.16** Spitzgussplatine mit Inserts (in die Form eingelegte Funktionsteile)	14
	Funktions-integration, Funktions-trennung	Bei der Funktionsintegration werden kompliziertere Bauteile aus einteiligen Bauteilen gefertigt, wobei mehrere Funktionen erfüllt werden.	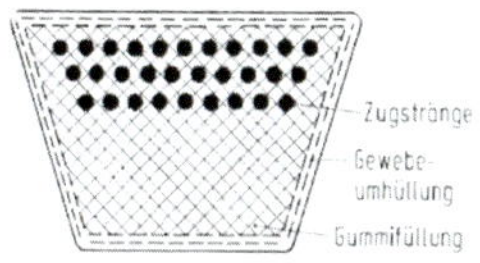	**Bild 7.17 links:** Der Keilriemen vereinigt drei jeweils getrennte Funktionsträger: Zugstränge, Verschleißschutz und Normalkraftabstützung. Wäscheklammer statt aus Kunststoff und Stahl (Feder) aus einem Spritzgussteil; bevorzugt Spritzgussteile	15

Bild 7.12 Merkmaltabelle für die Variation der Bauweisen

7.4.4 Beispiele für die Anwendung der Merkmale beim Variieren der Bauweise

Zeile 12: Variation von Massiv-, Hohl- und Skelettbauweise an den Beispielen Träger und Rotor

Bei **Maschinen-Grundkörpern, Brücken und Kranauslegern**, die auf Biegung beansprucht werden, sind die höchsten Spannungen außen. Dies gilt auch bei der Beanspruchung auf Torsion. Die mittleren Werkstoffanteile sind eher spannungsarm und nahe an der „neutralen Faser" (Bild 7.14). Sie „faulenzen". Deshalb entfernt man den Werkstoff aus dem mittleren Bereich und wechselt vom Vollkörper in Bild 7.13a zum Hohlkörper in Bild 7.13b oder gar durch Gitterbauweise in Bild 7.13c zu noch leichteren Konstruktionen (Bild 7.13 oben). Man verringert Materialkosten, muss aber höhere Bearbeitungskosten ansetzen. Der 3D-Druck leistet hierbei Erstaunliches. Das Gleiche gilt für die **rohrartigen Rotationsköper** in Bild 7.13d und Bild 7.13e.

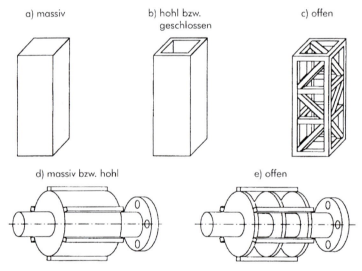

Bild 7.13 Variation der Kompaktheit von Bauweisen: a) bis c) Träger; d) und e) Rotore (hier von einer Prallmühle); Rotor d) ist innen entweder voll oder hohl (aus einem Rohr) (Ehrlenspiel/Meerkamm 2017, S. 572)

 Tipps & Tricks

Wenn Sie derartig beanspruchte Konstruktionen bearbeiten, dann lassen Sie sich dazu anregen, deren Masse zu verringern – insbesondere, wenn diese bewegt sind oder beschleunigt werden. Arbeiten Sie eng mit der Fertigungstechnik und dem Einkauf zusammen.

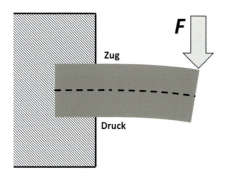

Bild 7.14
Biegung – in der Mitte bei der gestrichelten, neutralen Phase „faulenzt" der Werkstoff

Zeile 13: Variation von Integral- und Differenzialbauweisen am Beispiel eines komplizierten Formteils

 Tipps & Tricks

Integralbauweisen sind stark von der Fertigungstechnik bestimmt. Beim Feingussteil in Bild 7.15b ist es nötig, eine entsprechende Gussform machen zu lassen, die sich erst bei höheren Stückzahlen rentiert. Erst dann ist die angegebene Fertigungszeit- und Kostenersparnis möglich. Die enge Zusammenarbeit mit den Gussspezialisten und Kostenrechnern ist dabei Voraussetzung. Dabei muss auch berücksichtigt werden, dass die bei der **Differenzialbauweise** nötige Einzelteilbearbeitung und Anlieferung entfällt, ebenso wie die zugehörige Montage.

Ganz anders verhält es sich beim Einsatz von **3D-Druckverfahren**. Hier wird das Bauteil direkt aus der 3D-Zeichnung aus Pulverschichten und z. B. Lasererhitzung hergestellt. Die Technik ist stark werkstoffabhängig und war früher nur bei geringen Stückzahlen interessant. (z. B. Ersatzteile). Inzwischen breitet sie sich im Flugzeugbau bei hochfesten Bauteilen aus.

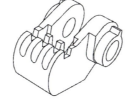

a) Differentialbauweise: 11 Einzelteile

b) Integralbauweise: 1 Feingußteil, Fertigungszeitersparnis: 62 %, Kostenersparnis: 72 %

c) 3D-Druckverfahren

Bild 7.15 a) Bei der Differenzialbauweise wird ein Bauteil aus mehreren Einzelteilen zusammengesetzt. b) Bei der Integralbauweise wird das Bauteil „aus dem Vollen" gefertigt (Quelle: Ehrlenspiel/Meerkamm 2017, S. 602). c) Dieses Metallteil ist im 3D-Druckverfahren einteilig hergestellt worden. Dabei sind beliebige Innenkonturen möglich (Quelle: Lachmayer et al. 2022)

Zeile 14: Variation von Verbundbauweise am Beispiel einer Platinengestaltung

Eine typische Ausführungsform der Verbundbauweise ist die **Outserttechnik**: In die Form eingelegte Kunststoffteile werden in eine Stahlplatine eingespritzt. Die Einzelteile werden nach der Fertigung also nicht mehr separat montiert, sondern direkt im Fertigungsprozess gefügt (Bild 7.16). Das ist mit den folgenden Vor- und Nachteilen verbunden. **Vorteile** sind der Wegfall der Montage und der damit verbundene geringere Verwaltungs- und Logistikaufwand. **Nachteile** sind die erhöhten Kosten für den Formenbau und der teurere Ersatz bei Ausfall eines Bauteils (ganze Platine austauschen statt einzelner Bauteile). Im Einzelfall sind also immer Vor- und Nachteile der Bauweisen gegeneinander abzuwägen.

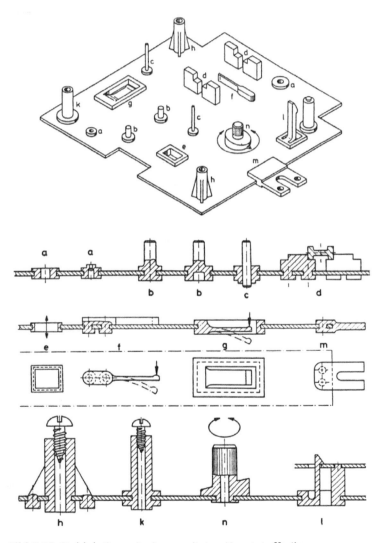

Bild 7.16 Stahlplatine mit eingespritzten Kunststoffteilen

Zeile 15: Variation von Funktionsintegration und Funktionstrennung an den Beispielen Keilriemen und Anlaufkupplung

Keilriemen (Bild 7.17 links) haben einen trapezförmigen Querschnitt, bestehen aus Gummi mit einer Gewebeeinlage aus Textilfasern oder feinem Stahldraht und werden endlos gefertigt. Die Klemmwirkung des keilförmigen Riemens in der Nut der Keilriemenscheibe sorgt für eine hohe Reibung zwischen den Flanken von Riemen und Scheibe. Aus diesem Grund braucht ein Keilriemen deutlich weniger stark gespannt zu werden als ein Flachriemen, um das gleiche Drehmoment zu übertragen, wodurch auch die Lager weniger stark belastet werden. Aufgrund der höheren Verluste durch innere und äußere Reibung ist allerdings der Wirkungsgrad geringer als beim Flachriemen. Durch die hohe Flankenreibung genügt zur Kraftübertragung ein geringer Umschlingungswinkel an der Riemenscheibe, sodass sich mit einem einzelnen Riemen mehrere Wellen antreiben lassen.

Der Keilriemen vereinigt also drei jeweils getrennte Funktionsträger: In Bild 7.17 links sind die drei Funktionen angegeben. Jedes „Einzelteil" wird für seine Funktion optimal ausgelegt (Werkstoff, Gestalt):

1. Die **Zugstränge** sind z. B. aus hochfestem Kunststoff und übertragen die Zugkraft des Riemens.
2. Die **Gewebeumhüllung** schützt die Riemenflanken vor Verschleiß und erhöht zusätzlich zum Keileffekt die Reibung zur Riemenscheibe.
3. Die **Gummifüllung** übernimmt die Kräfte und garantiert die Keilform.

Gegenüber einem Flachriemen aus gummiertem Textilgewebe haben die Vorteile des Keilriemens (weniger Vorspannung und geringerer Umschlingungswinkel) zu einem großen Anwendungsvorsprung geführt.

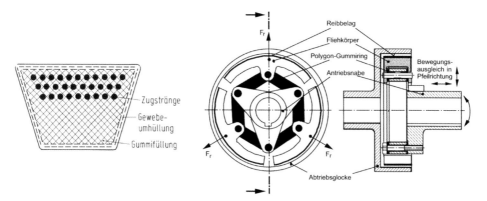

Bild 7.17 Links: Anwendung beim Keilriemen; rechts: Anwendung bei einer integrierten, elastischen Anlaufkupplung (Quelle: Ehrlenspiel/Meerkamm 2017, S. 599)

Tipps & Tricks

Was nehmen Sie für andere Fälle von Funktionsintegration mit, die bei Ihrer Konstruktion möglich sein könnten?
1. Die Funktionsintegration kann klein bauende Baugruppen ermöglichen.
2. Die Realisierung erfordert aber meist einen hohen Aufwand für die versuchstechnische Optimierung der Werkstoffe und der Gestalt.

Eine **Anlaufkupplung** soll es bei einem „schweren" Antriebsmotor möglich machen, dass dieser zunächst alleine hochfährt und dann erst das von ihm angetriebene Aggregat in Fahrt bringt. Hier ist in Bild 7.17 rechts die Welle mit dem dreieckigen Stern mit dem Motor verbunden. Ein daran befestigter Polygon-Gummiring (schwarz) wird dadurch beschleunigt. An diesem Polygon-Gummiring sind drei Fliehkörper mit Reibbelag befestigt. Sie werden durch die Fliehkraft nach außen an die Abtriebsglocke gedrückt und setzen diese durch die Reibung in Bewegung. So kann das eingeleitete Drehmoment langsam anwachsen. Drei Teilfunktionen werden in einem Bauteil, dem Polygon-Gummiring, vereinigt: Drehmoment elastisch übertragen, Wellenversatz ausgleichen und Fliehkörper radial verschieblich festhalten. Hierbei handelt es sich um eine gut gelungene Funktionsintegration.

Tipps & Tricks

Was nehmen Sie für andere Fälle von Funktionsintegration mit? Es gelten die gleichen Gesichtspunkte, die bei Ihrer Konstruktion möglich sein könnten, wie vorangehend beim Keilriemen:
1. Die Funktionsintegration kann klein bauende Baugruppen ermöglichen.
2. Die Realisierung erfordert aber meist einen hohen Aufwand für die versuchstechnische Optimierung der Werkstoffe und der Gestalt.

7.5 Anwendungsbeispiel: Variation bei einer Wellenkupplung

Im folgenden Beispiel soll gezeigt werden, wie durch Anwendung der verschiedenen Variationsmerkmale, ausgehend von einer bekannten Bauform, der **Oldham-Kupplung**, neue, patentfähige Lösungen gefunden werden können (Ehrlenspiel/Meerkamm 2017, Abschnitt 7.6.5). Der Zweck der Aktion war, ein möglichst großes Lösungsspektrum zu erzeugen, um Konkurrenten daran zu hindern, in diesem Aufgabenbereich neue Lösungen zu finden, die die eigene Produktion beeinträchtigen könnten (zum Vorgehen siehe Steckbrief in Bild 7.25 mit den nachfolgenden Schritten).

Schritt 1: Kritische Gestaltungsbereiche

Bei einer einen Radialversatz ausgleichenden Wellenkupplung treten zwei Hauptfunktionen auf, die als „Drehmoment übertragen" und als „Radialbeweglichkeit ermöglichen" bezeichnet werden können. In manchen Fällen wird eine Axial- und eine Winkelbeweglichkeit gefordert. Die Wirkflächen, die diese Hauptfunktionen erfüllen, sind in Bild 7.18 schwarz gekennzeichnet. Von diesen geht die nachfolgende Variation aus. Eine zusätzliche Anforderung ist dabei, eine Reduzierung des Verschleißes an dem quadratischen Mittelstück zu erreichen, das meist aus einem begrenzt elastischen Kunststoff hergestellt wird. Eine weitere ist, eine Verringerung der Ungleichförmigkeit bei der Drehmomentübertragung zu erzielen. Beide Anforderungen können aber nur durch eine experimentelle Überprüfung festgestellt werden (siehe Kapitel 10 und Kapitel 11). Danach folgt eine weitere konstruktive Optimierung.

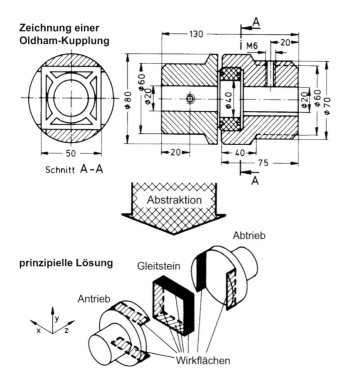

Bild 7.18 Abstraktion einer Oldham-Kupplung (auch Kreuzschieberkupplung genannt) hinsichtlich ihrer Wirkflächen (Quelle: Ehrlenspiel/Meerkamm 2017, S. 593)

Schritt 2: Merkmale in den Gestaltungsbereichen bestimmen

Es handelt sich um die Größe, die Anzahl, die Schaltungsart, die Lage, die Verbindung und die Art des Werkstoffs der Wirkflächen. Davon sind natürlich auch die beiden Naben mit den Wellenanschlüssen betroffen. In Bild 7.19 sind ein paar dieser Merkmale zur Veranschaulichung noch einmal dargestellt.

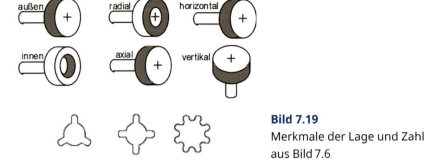

Bild 7.19
Merkmale der Lage und Zahl
aus Bild 7.6

Schritt 3: Variation der Merkmale

Entsprechend Bild 7.4, Bild 7.6 und Bild 7.12 werden diese Merkmale in Bild 7.20 bis Bild 7.22 variiert. Die entstandenen Kupplungsabwandlungen sind von 1 bis 9 gekennzeichnet. Dabei wurde nicht „stur" nach Bild 7.4, Bild 7.6 und Bild 7.12 variiert, sondern „intuitiv" nach jeweiliger Anregung: „Was passt jeweils zueinander?"

In Bild 7.20 kommt man von Kupplung 0 nach 1, indem man das Übertragungsteil, den Gleitstein, verkleinert (Bild 7.6, Zeile 4) und die Zahl verdoppelt (Zeile 2 oder 6). An- und Abtriebsteil bekommen eine andere Form (Zeile 1). Sie sehen schon, dass oft mehrere Merkmale verändert werden. Außerdem muss man seine „Gestaltfantasie" walten lassen, um daraus eine funktionierende Kupplung zu skizzieren. Am Schluss (Kupplung 3) bekommt man eine „Vierfinger-Kupplung" (Zeile 2 und 4), die neu erscheint und je nach Art des Gleitsteinwerkstoffs (in der Mitte) interessante Verschleiß- und Dämpfungseigenschaften haben könnte.

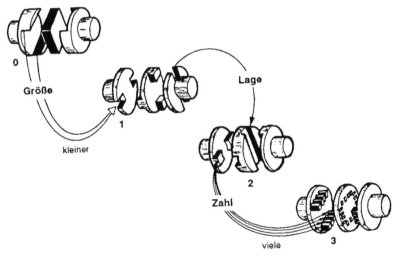

Bild 7.20 Variation der Oldham-Kupplung nach Größe (Bild 7.6, Zeile 4), Lage (Bild 7.6, Zeile 3), Zahl (Bild 7.6, Zeile 2) und Anzahl (Bild 7.6, Zeile 2 und 6) (Quelle: Ehrlenspiel/Meerkamm 2017, S. 594)

7.5 Anwendungsbeispiel: Variation bei einer Wellenkupplung

Hier wird aber bereits klar, dass all diese Variationen nur Veränderungen der jeweiligen Geometrie sind. Damit wird überhaupt nichts über die Folgen dieser Variation ausgesagt. Sind die neuen Lösungen gut oder schlecht? Kann man sie überhaupt fertigen und wenn ja, wie? Und so weiter. Die Lösungen, die hier als Ergebnis der Variation gezeigt werden, sind nur ein Bruchteil der denkbaren Varianten. Zudem werden bewusst oder unbewusst nur solche Lösungen gezeigt, die schon eine gewisse Nutzungsqualität haben.

In Bild 7.21 kommt man von Kupplung 0 zu Kupplung 4, indem man in den Gleitstein jeweils einen Zwischenkörper einbringt, also eine andere **Schaltungsart** realisiert (Bild 7.4, Zeile 7). Dieser kann starr aus Metall oder aus Kunststoff ausgeführt werden. Verwendet man stattdessen ein mechanisches Federelement, wird die Oldham-Kupplung, die in der Praxis als drehstarre Kupplung bekannt ist, bis zu einem gewissen Grad zu einer drehelastischen Kupplung (Kupplung 5, Bild 7.4, Zeile 4).

Noch interessanter wird es, wenn man die Zwischenkörper durch hydraulische Kolben realisiert, die miteinander durch Bohrungen verbunden sind. Dann wird die Oldham-Kupplung zu einer Kupplung, die Drehschwingungen dämpfen kann (Bild 7.4, Zeile 3). Hier verlässt man die Welt der mechanischen Effekte und kommt in ein neues Lösungsprinzip. Diese Art hydrostatischer Kupplung scheint neu zu sein (Kupplung 6). Man müsste sie erproben.

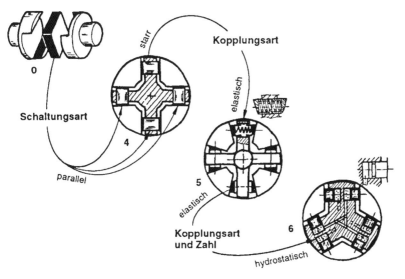

Bild 7.21 Variation der Oldham-Kupplung nach Schaltungsart (Bild 7.4, Zeile 7), Kopplungsart – hier elastisch (Bild 7.4, Zeile 4), Zahl (Bild 7.4, Zeile 6) und Kopplungsart – hier hydrostatisch (Bild 7.4, Zeile 3) (Quelle: Ehrlenspiel/Meerkamm 2017, S. 594)

In Bild 7.22 wird von Kupplung 1 nach 7 das Gleiten durch Rollen besetzt, also durch ein anderes physikalisches Prinzip der Lagerung. Bei Kupplung 8 erfahren die vier Rollen durch ein eigenes Gestell einen **Gestellwechsel**. Schließlich werden bei Kupplung 9 die Rollen durch elastische Körper ersetzt. Das ist wieder ein Vorläufer zur Kupplung aus Bild 7.24, wo die Elastizität durch ein äußeres Band zustande kommt.

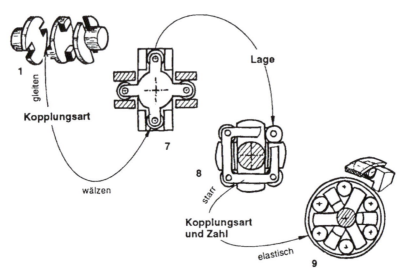

Bild 7.22 Variation der Oldham-Kupplung nach Kopplungsart (Bild 7.4, Zeile 7), Lage (Bild 7.6, Zeile 7), Kopplungsart, Werkstoff und Zahl (Bild 7.6, Zeile 6 und 11) (Quelle: Ehrlenspiel/Meerkamm 2017, S. 595)

Schritt 4: Auswählen der Gestaltungsentwürfe und weitere Variation

In Bild 7.23 wird anhand der Kupplung 9 gezeigt, wie man diese Kupplung in vier einzelne Objekte der Teilfunktionen zerlegen kann: Antriebsteil, Übertragungsteil, Rückhalteteil und Abtriebsteil (horizontale Reihenfolge). Diese kann man wieder variieren. Man kann dann in vertikaler Reihung die drei verschiedenen Lösungsvarianten anordnen. So entstehen durch neue Kombination jeweils neue Gesamtlösungen – und zwar die Kupplungen 10 und 11. Diese Anordnung nennt man **Morphologischer Kasten**. Wie Sie sehen, sind noch viele Lösungsvarianten möglich, die hier noch nicht angesprochen wurden (siehe auch Kapitel 9).

7.5 Anwendungsbeispiel: Variation bei einer Wellenkupplung

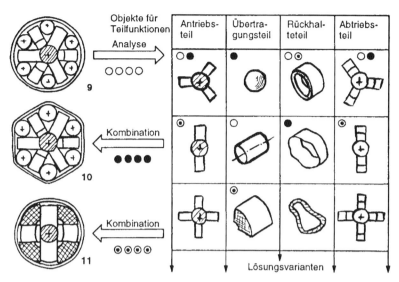

Bild 7.23 Morphologischer Kasten für die Analyse von Kupplung 9 nach deren Elementen: Durch Variation dieser Elemente und Kombination entsteht Kupplung 10 sowie Kupplung 11 (Quelle: Ehrlenspiel/Meerkamm 2017, S. 595)

Weitere Bearbeitung

Kupplung 10 wurde schließlich ausgewählt, da sie sowohl den Radial-, Axial- und Winkelversatz ausgleichen kann als auch durch das elastische Band (Rückhalteteil) eine Variation der Torsionssteifigkeit der Kupplung möglich macht. Sie wurde ausgelegt, überschlägig berechnet und mit orientierenden Versuchen weiter optimiert (Kapitel 10, Bild 10.1). Es erfolgte eine Patentanmeldung.

Der erfolgreiche Einsatz der Variation der Lösungsprinzipe, die zu einer Variation der Gestalt führen, zeigt sich an Ergebnissen der über viele Jahre am Lehrstuhl für Konstruktion im Maschinenbau München mit einem Kupplungshersteller durchgeführten Arbeiten mit Wellenkupplungen, die eine neue Konzeptsuche anstrebten (aus Ehrlenspiel/Meerkamm 2017, S. 596: Dissertationen von J. Balken, E. Feichter, G. Henkel und T. John). Durch methodische Vorgehensweise wurden damals ca. 20 industriell abgestimmte Patentanmeldungen getätigt und weitere neun anmeldefähige Lösungen ausgearbeitet. Bild 7.24 zeigt als Beispiel die Lösung 10 nach Feichter (Feichter 1992). Welch einfache körperliche Modelle dabei zur Anschauung und für den orientierenden Versuch hilfreich waren, ist in Kapitel 10 in Bild 10.2 links gezeigt.

Die weitere intensive Untersuchung von Kugelgleichlaufgelenken (Winkel- und Axialversatz, kein Radialversatz) war ein Teil dessen, was mit einem Hersteller von Pkw-Gleichlaufgelenken entwickelt wurde. Damit ist eine breite Praxisnähe gegeben.

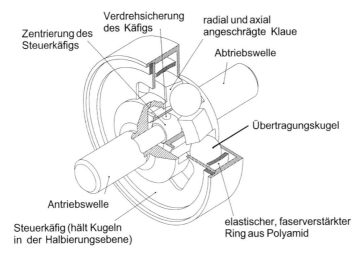

Bild 7.24 Prototyp einer Radial-, Axial- und Winkelversatz ausgleichenden Kupplung (Kupplung 10 im Morphologischen Kasten) (Quelle: Ehrlenspiel/Meerkamm 2017, S. 596)

7.6 Weitere Gestaltvariationen im Bereich Fertigung und Montage

Weitere Gestaltvariationen werden hier nicht angesprochen. Sie sind aber in der Praxis von großer Bedeutung, insbesondere bezüglich der Herstellungskosten. Das zeigt das Beispiel eines Betonmischers in Kapitel 13. In Bild 7.12 werden fünf Beispiele für alternative Fertigungsverfahren aufgeführt, deren Kosteneinfluss nur angedeutet werden konnte. In Abschnitt 13.7 wird hingegen in Bild 13.14 gezeigt, wie beim Mischtrog des Mischers 50 % Kostensenkung durch alternative Fertigungsverfahren ermöglicht wurden. Dazu mussten natürlich geeignete Gestaltänderungen vorgenommen werden. Da das vorliegende Buch aber als Schwerpunkt funktionsrelevante Schritte betont, wird auf die am Ende des Kapitels aufgeführte Literatur zu **Gerechtheiten** wie fertigungsgerecht, montagegerecht bzw. auf das Buch *Kostengünstig Entwickeln und Konstruieren* (Ehrlenspiel et al. 2020) verwiesen, das in enger Zusammenarbeit mit der Industrie entstanden ist.

7.7 Methodensteckbrief: Variation der Gestalt

Bild 7.25 zeigt den Methodensteckbrief für die Variation der Gestalt.

SITUATION: Bezugslösung liegt vor; Bedarf, die Lösung zu verbessern

WANN wende ich die Methode an?
- Funktion und Prinzip der Bezugslösung sollen beibehalten werden.
- Ich will aber bewusst neue Wege gehen oder meine Lösung entspricht den gestiegenen Anforderungen nicht mehr oder weist Mängel auf.

WARUM wende ich die Methode an?
- Eine systematische Gestaltvariation gibt mir einen guten Überblick über Lösungsalternativen.
- Ich kann damit viel besser Vor- und Nachteile der Varianten erkennen.

Schritt 1: Bestimmen Sie die kritischen Gestaltungsbereiche in Ihrer Bezugslösung

- Bestimmen Sie die Gestaltungsbereiche in der Bezugslösung,
- die für eine Produktinnovation besonders ergiebig erscheinen und
- die offensichtlich „schuld" sind, dass die Anforderungen nicht mehr erfüllt werden.

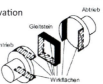

Schritt 2: Bestimmen Sie die Merkmale, die für die aussichtsreiche Variation wichtig sind

- Bestimmen Sie in diesen Gestaltungsbereichen die Merkmale (Geometrie, Struktur, Verbindung …), die besonders relevant für ihre Ziele erscheinen.
- Scannen Sie dazu die Merkmalslisten in Abschnitt 7.4 durch.
- Bestimmen Sie wichtige, aussichtsreich erscheinende Merkmale und kennzeichnen Sie diese.

Schritt 3: Variieren Sie systematisch die ausgewählten Merkmale

- Priorisieren Sie die gekennzeichneten Merkmale nach ihren „Erfolgsaussichten".
- Ermitteln Sie für das wichtigstes Merkmal mögliche Variations-Werte und variieren Sie damit das Merkmal systematisch.
- Verfahren Sie genauso mit den anderen Merkmalen und erstellen Sie eine Variantenübersicht (z. B. in Form eines Variantenbaumes).

ERGEBNIS: viele alternative Lösungen, großes Lösungsspektrum auf Gestaltebne

WAS erhalte ich als Ergebnis?
- immer mehrere Varianten als Lösungsideen
- oft eine Variantenübersicht
- häufig einen vollständigen und geordneten Variantenbaum

WAS kann ich mit dem Ergebnis machen?
- Erfolg versprechende Varianten für die weitere Gestaltung und Erprobung ermitteln (Kapitel 11 „Lösungen bewerten und auswählen mittels Konzeptvergleich")
- neue Lösungen gegenüber Wettbewerbern absichern
- umfassende Schutzrechte ableiten

Schritt 4: Wählen Sie aussichtsreiche Gestaltentwürfe für die weitere Bearbeitung aus

- Vergleichen Sie die erzeugten Varianten.
- Bestimmen Sie die Varianten, die besonders aussichtsreich erscheinen.
- Dokumentieren Sie diese Varianten und die Auswahlkriterien für die weitere Bearbeitung (Gestaltung, Versuche, Prototypen …).

Bild 7.25 Methodensteckbrief für die Variation der Gestalt

7.8 Fazit

7.8.1 Was haben Sie in diesem Kapitel erfahren?

Mit dem Gestalten fängt für viele das Konstruieren erst an, denn hier werden die wesentlichen Produkteigenschaften erdacht und festgelegt, z. B. direkt die Bauteile, Baugruppen, Abmessungen, Toleranzen, Werkstoffe, Oberflächen und Verbindungen, und damit indirekt auch die Eigenschaften, etwa die Funktion, die Fertigungs- und Montagevorgänge, die Kosten, die Zuverlässigkeit und die Recyclingmöglichkeiten. In diesem Kapitel haben wir allerdings nur Wege aufgezeigt, wie man in frühen Phasen durch Variation der Gestaltmerkmale auf ganz neue Gestaltlösungen kommen kann.

7.8.2 Welche Gestaltmerkmale sind gezeigt worden?

Wir haben Ihnen im Wesentlichen **geometrische Merkmale** gezeigt, wie sie z. B. in Bild 7.4 und Bild 7.6 dargestellt sind. Damit kann man, wie im Motivationsbeispiel eines Klemmringes vorgeführt, durch Variation der Klemmschraube in axialer, radialer und tangentialer Richtung plötzlich eine unerwartet gute Lösung der ganzen Gestaltung ermöglichen. Darauf muss man erst mal kommen! So ähnlich ging es dann beim Hauptbeispiel der Oldham-Kupplung in Abschnitt 7.5 weiter. Das Ergebnis der Variation ist eine Vielfalt von Lösungsmöglichkeiten. Auch die kann man noch kombinieren und variieren, wie Sie in der Anordnung des Morphologischen Kastens (Bild 7.23) sehen können. Aus dieser Vielfalt muss man natürlich die günstigste auswählen.

Ferner wurden in Bild 7.12 **Bauweisenmerkmale** angesprochen, also z. B., ob die Konstruktion eher massiv, aus dem Vollen, hohl oder gar skelettartig sein soll. Denken Sie an die unterschiedlichen Ausleger von Baukränen, die Sie täglich sehen. Dazu gehört auch die Verbindungsart durch unterschiedliche Fertigungsverfahren, wie z. B. Verschrauben, Verkleben oder Verschweißen von Einzelteilen in einer Verbundbauweise oder Vermeiden von Einzelteilen durch Gießverfahren wie Druckguss, Spritzguss oder 3D-Druck. Dieser Bereich wird in diesem Kapitel nur ganz kurz behandelt, da er den Schwerpunkt vieler Bücher über die **Gerechtheiten** darstellt, wie sie z. B. im Literaturverzeichnis am Ende dieses Kapitels aufgeführt sind, also z. B. fertigungsgerecht, fügegerecht oder instandhaltungsgerecht. Dies sind übergeordnete Zielsetzungen für die Gestaltung. In Kapitel 13, „Kostengünstig konstruieren", sind einige Beispiele dazu aufgezeigt: In Bild 13.1 wird kurz die Alternative „Gießen oder Schweißen" vorgestellt oder in Bild 13.14, wie man den Mischertrog radikal kostengünstig gestaltet.

7.8.3 Wie wählt man aus der Variationsvielfalt aus?

Entsprechend dem in Kapitel 2 gezeigten Kegelmodell durchlaufen alle Konstruktionen die vier Schritte des Entwicklungszyklus: Ziele festlegen, Lösungen erarbeiten, Eigenschaften ermitteln, Status beurteilen. In diesem Kapitel ging es vornehmlich darum, Lösungen zu erarbeiten, also Varianten zu erzeugen. Die übrigen Schritte werden kaum angesprochen. Doch auch hier läuft es wie sonst im Leben: Das Konstruieren läuft hauptsächlich unbewusst und nur teils bewusst ab. So werden die Merkmale aus Bild 7.4, Bild 7.6 und Bild 7.12 bewusst aufgenommen und verarbeitet. Die Ziele und Eigenschaften dagegen schlummern meist unbewusst im Hintergrund unseres Gehirns, also in unserem „Erfahrungsspeicher".

Doch in der Praxis reicht das nicht: Zur Auswahl der Varianten sollte ein Team von Fachleuten zusammenarbeiten. Denn wie wollen Sie als Einzelkonstrukteur die Fertigung, die Kosten und die Zuverlässigkeit beurteilen? Hier im Buch behandeln wir diese Fragen beispielhaft in Kapitel 10 bis Kapitel 13. Schauen Sie sich das „Mauernbild" (Bild 13.19) in Kapitel 13 an: Jeder Spezialist sitzt hinter seiner Denk- und Erfahrungsmauer. Das Einzelwissen allein bringt uns aber nicht weiter, denn ein Produkt hat viele Eigenschaften, und die Spezialisten müssen konstruktiv zusammenarbeiten. Das Wort Konstruieren kommt vom lateinischen *con-struere*. Das heißt „zusammen-schichten". Eben das ist auch damit gemeint: zusammen etwas schichten und aufbauen, also gemeinsam im Team. Ein motiviertes Team kann Unerhörtes leisten! Dieses Erlebnis wünschen wir Ihnen! Dann macht Konstruieren einen „Heidenspaß".

Literatur zu den „Gerechtheiten"

In Bender und Gericke (Bender/Gericke 2021) ist die jeweils aktuelle Literatur zu folgenden Stichworten angegeben:

risikogerecht	Abschnitt 16.16, S. 810
fertigungsgerecht	Abschnitt 16.10, S. 704
fügegerecht	Abschnitt 16.11, S. 718
montagegerecht	Abschnitt 16.12, S. 725; ferner: Ehrlenspiel et al. 2020
additive Fertigung	Abschnitt 16.13, S. 755
instandhaltungsgerecht	Abschnitt 16.14, S. 799
recyclinggerecht	Abschnitt 16.15, S. 803
ferner z. B. festigkeitsgerecht, ausfallgerecht, werkstoffgerecht, CO_2-günstig und kostengünstig	

Literatur

Bender, B./Gericke, K. (Hrsg.): Pahl/Beitz Konstruktionslehre. Methoden und Anwendung erfolgreicher Produktentwicklung. 9. Auflage. Springer Vieweg, Berlin 2021

Birkhofer, H./Kloberdanz H.: Angewandte Produktentwicklung. Vorlesungsunterlagen des Fachgebiets Produktentwicklung und Maschinenelemente der TU Darmstadt. Darmstadt 2008

Ehrlenspiel, K./Meerkamm, H.: Integrierte Produktentwicklung. Denkabläufe, Methodeneinsatz, Zusammenarbeit. 6. Auflage. Carl Hanser Verlag, München 2017

Ehrlenspiel, K./Kiewert, A./Lindemann, U./Mörtl, M.: Kostengünstig Entwickeln und Konstruieren. Kostenmanagement bei der integrierten Produktentwicklung. 8. Auflage. Springer Vieweg, Berlin 2020

Feichter, E.: Systematischer Entwicklungsprozess am Beispiel von elastischen Radialversatzkupplungen. Konstruktionstechnik München, Band 10. Carl Hanser Verlag, München 1992. Zugleich: Dissertation. TU München 1992

Hill, W. E.: My Wife and My Mother-in-Law. In: Puck, V 78, No. 2018, S. 11, 1915

Lachmayer, R./Ehlers T./Lippert R. B.: Entwicklungsmethodik für die Additive Fertigung. 2. Auflage. Springer Vieweg, Berlin 2022

Sauer, B. (Hrsg): Konstruktionselemente des Maschinenbaus 2. 8. Auflage. Springer Vieweg 2018

8 Neue Lösungen finden mit Lösungssammlungen

8.1 Ziel des Kapitels

In diesem Kapitel zeigen wir Ihnen, wie man Sammlungen von Effekten, Prinzipen oder Entwürfen nutzen kann, um Lösungen auch abseits eingefahrener Lösungswege zu finden. Diese Sammlungen sind in der Fachliteratur publiziert und enthalten im Unterschied zu Produktdatenbanken oder Zulieferkatalogen keine „fertigen" Lösungen, sondern **abstrahierte Lösungsvorschläge**.

8.2 Motivationsbeispiel: Korkenzieher mit Impulsantrieb

Mit diesem Beispiel wollen wir Ihnen einen ersten Eindruck vermitteln, um welche Art von **Lösungssammlungen** es in diesem Kapitel geht und wie eine Lösungssammlung helfen kann, neue Lösungen zu finden. Wo Sie derartige Lösungssammlungen finden können, beschreiben wir in Abschnitt 8.8.

8.2.1 Die Aufgabenstellung: Entwicklung eines innovativen Korkenziehers

Eine Beratungsgesellschaft für Innovationsmanagement will ihre Premiumkunden mit einem Weihnachtspräsent, das die Innovationsfähigkeit des Unternehmens unterstreicht, überraschen. Die Wahl fällt auf einen Korkenzieher, der neu sein sollte. Der O-Ton des CEO lautet: „Ein Korkenzieher, den die Welt noch nicht gesehen hat".

Ein Konstrukteur wird mit der Aufgabe beauftragt und verzweifelt. Korkenzieher sind ein viel gebrauchter Haushaltsgegenstand. Unzählige Ausführungsformen mit den kuriosesten Design- und Funktionsvarianten wurden im Laufe der Jahrhunderte entwickelt. Alles scheint schon mal dagewesen zu sein. Wie soll er da etwas Neues finden?

8.2.2 Die Ausgangssituation: Konventioneller Korkenzieher

Im ersten Schritt ist es meist zweckmäßig, von bekannten Produkten auszugehen und zu fragen: Wodurch unterscheiden sich diese? Als Antwort finden Sie fast immer unterschiedliche Gestaltungen (Design-, Anordnungs- oder Werkstoffvarianten) und manchmal auch unterschiedliche Prinzipe oder Funktionen (siehe Kapitel 2). Genau hinsichtlich dieser Unterschiedlichkeit suchen Sie dann im zweiten Schritt nach weiteren Lösungsideen. Mit Lösungssammlungen können Sie das systematisch und meist vollständig machen und oft auch Lösungsvorschläge finden, die bisher noch nicht realisiert wurden.

> Der Kerngedanke ist dabei, aus der Analyse bestehender Produkte heraus wichtige Produktunterschiede zu definieren und dann in der Synthese mithilfe von Lösungssammlungen neue Lösungsvorschläge zu erarbeiten.

Dieses Vorgehen wollen wir Ihnen jetzt am Korkenzieherbeispiel zeigen. Zwei bekannte Korkenzieher sind in Bild 8.1 zu sehen. Die Funktion „Kraft auf Korken übertragen" lösen beide mit dem Prinzip der Metallwendel. Hier gibt es also keinen Unterschied. Doch um den Korken leichter herausziehen zu können ist im Korkenzieher Typ A eine Bewegungsschraube basierend auf dem Keileffekt realisiert. Im Korkenzieher Typ B hingegen ist ein Doppelhebel – basierend auf dem physikalischen Effekt des Hebels – eingebaut. Das sind zwei verschiedene Lösungen für die gleiche Funktion „(Hand-)Kraft verstärken" um den Korken aus der Flasche zu ziehen. Und schon stellt sich die Frage: Sind diese beiden Lösungen die einzig möglichen für diese Funktion oder gibt es noch andere Lösungen? Und gibt es für diese Funktion vielleicht sogar neue Lösungen, die noch niemand beim Korkenzieher kennt?

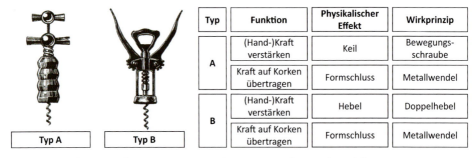

Bild 8.1 Funktion und Lösungen zweier konventioneller Korkenzieher

8.2.3 Die neue Lösung: Korkenzieher mit Impulsantrieb

In Bild 8.2 sehen Sie den „neuen" Korkenzieher. Er basiert auf dem physikalischen Effekt „Impulsübertragung" und sieht ganz anders aus als die beiden bekannten Korkenzieher in Bild 8.1. Zwei bis drei Schläge mit dem Schiebegewicht gegen die Anschlagplatte genügen, um den Korken aus dem Flaschenhals zu ziehen. Dieses Impulsübertragungsverhalten ist ein ganz entscheidender Vorteil gegenüber anderen physikalischen Effekten. Die Auszugskraft auf den Korken passt sich bei gleichem Impuls am Schiebegewicht selbsttätig dem Auszugswiderstand des Korkens im Flaschenhals an und kann theoretisch beliebig groß werden. So bekommen Sie jeden Korken aus der Flasche, mag er auch noch so fest im Flaschenhals sitzen.

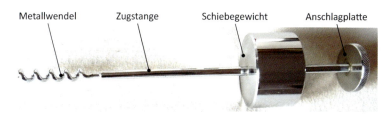

Bild 8.2 Innovative Lösung – Korkenzieher mit Impulsantrieb

8.2.4 Wie kam der Konstrukteur auf die neue Lösung?

Die zündende Idee für diese völlig neue Lösung eines solch alten Problems wie das Entfernen eines Korkens aus einer Weinflasche kam aus einer Lösungssammlung. In der vom Autor als **Konstruktionskatalog**[1] bezeichneten Lösungssammlung „**Kraft vervielfachen**" (Roth 1994, Band II, S. 101) sind alle physikalischen Effekte dargestellt, mit denen eine Eingangskraft in eine größere Ausgangskraft transformiert werden kann, also für genau die Funktion „**(Hand-)Kraft verstärken**", die für einen guten Korkenzieher notwendig ist. Die Anzahl der Effekte ist erstaunlicherweise begrenzt. Es gibt dafür nur zwölf physikalische Effekte.

Bild 8.3 zeigt einen Katalogausschnitt und eine Zuordnung gängiger Korkenzieherlösungen zu den ihnen zugrunde liegenden physikalischen Effekten. Sie erkennen, dass der Katalog neben den bekannten Effekten (blau umrandet) noch sieben weitere, bislang „unbekannte" Effekte inklusive des Impulskorkenziehers (rot umrandet) enthält. Vielleicht liegt hier ja ein Potenzial für weitere innovative Korkenzieher? Das nächste Weihnachtsfest kommt bestimmt.

---

[1] Ein Konstruktionskatalog nach Roth ist eine spezielle Art von Lösungssammlung, in der die Lösungen nach einer Gliederung strukturiert dargestellt und mit ihren Eigenschaften beschrieben sind (Roth 1994, Band II).

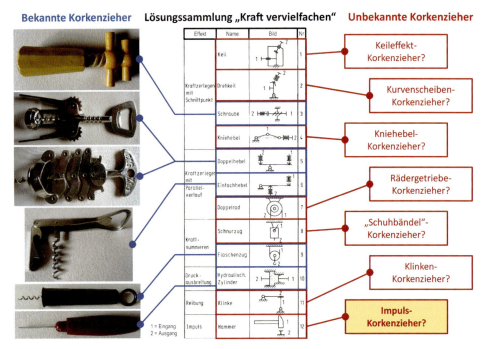

Bild 8.3 Ausschnitt aus Lösungssammlung „Kraft verstärken" (in Anlehnung an Roth 1994, Band II, S. 101) als Grundlage für das Entwickeln neuer Korkenzieher

8.3 Nicht verwechseln: Produktkataloge vs. Lösungssammlungen

Das Recherchieren nach Lösungen in Datenbanken, PDM-Systemen, Zulieferkatalogen oder im Internet gehört sicherlich zu Ihrem Entwickleralltag (Kirchner 2020, S. 155 ff.). Mit solchen Recherchen finden Sie bekannte, bereits produzierte, marktübliche Lösungen. Insbesondere **Zulieferkataloge** (Bild 8.4 links) sind eine ganz wichtige, unverzichtbare Quelle für Lösungsvorschläge beim Entwickeln und Konstruieren. Ganze Industriezweige wie der Sondermaschinenbau oder der Montage- oder Verpackungsanlagenbau nutzen bevorzugt diese „fertigen" Lösungen, um damit „neue" Anlagen zu entwickeln.

So gut Sie mit derartigen Recherchen konkrete Lösungen für eine konstruktive Aufgabe finden können, so aufwendig kann diese Lösungssuche im Detail doch sein. Sie müssen sich üblicherweise in einer Flut von Lösungsvorschlägen zurechtfinden, geeignete Lösungen aussuchen und dabei immer abwägen, ob diese Lösung hinsichtlich Funktion, Bauraum, Kosten, Design usw. für Ihre konkrete Aufgabe passt. Wie aber gehen Sie vor, wenn Sie mit einer derartigen Recherche keine geeignete Lösung finden, oder wenn es Ihre Lösung nicht zu kaufen gibt?

Schon früh haben Wissenschaftler[2] deshalb begonnen, aus der Fülle an bekannten Lösungen grundsätzliche Lösungsideen herauszuarbeiten, zusammenzustellen und in **Lösungssammlungen** übersichtlich aufzubereiten. Diese Ideen und Vorschläge sind keine „fertigen" Lösungen wie die Welle-Nabe-Verbindungen in Bild 8.4 links, die Sie direkt so kaufen und in den eigenen Entwurf übernehmen können. Lösungssammlungen in der hier betrachteten Form enthalten vielmehr **abstrahierte Lösungsvorschläge** meist als Skizzen, Grafiken oder Schemata. In Bild 8.4 rechts sehen Sie einige solcher Lösungsvorschläge für Welle-Nabe-Verbindungen, in denen das Prinzip dieser Verbindungen schematisch dargestellt ist.

Bild 8.4 Zwei Arten von Lösungen: links reale Zulieferungen von Welle-Nabe-Verbindungen (© Fotos: MÄDLER GmbH) und rechts Lösungsvorschläge als Prinzipe (Ausschnitt aus Roth 1994, Band II, S. 166–168)

 Unter dem Begriff Lösungssammlungen sollen hier im Folgenden alle Übersichten von abstrahierten Lösungen verstanden werden, in denen grundsätzliche Lösungsvorschläge wie Effekte, Prinzipe oder Gestaltentwürfe dargestellt sind.

8.4 Die pfiffige Idee hinter den Lösungssammlungen

Sie fragen jetzt sicherlich: „Das ist ja ganz nett, aber warum braucht man diese abstrakten Lösungen? Sind das akademische Fingerübungen oder was kann ich damit ganz konkret in meiner E&K-Praxis machen?" Unsere Antwort: Hinter der Idee mit

---

[2] Verwiesen sei hier auf die vielen einschlägigen Publikationen in der Physik-, Maschinenelemente- und Konstruktionsmethodik-Literatur.

den Lösungssammlungen stecken einige wichtige Grundgedanken: Je **abstrakter** die Lösungsvorschläge (z. B. physikalische Effekte oder Wirkprinzipe) sind,

- desto weniger davon gibt es als potenzielle Lösungen für eine Aufgabe,
- desto leichter und schneller gewinnen Sie damit einen Überblick über das gesamte Lösungsfeld (Sie sehen es auf einen Blick und können daraus die aussichtsreichen Lösungsvorschläge für Ihr Problem auswählen),
- desto unabhängiger vom technischen Fortschritt und damit „zeitinvarianter" sind diese Lösungsvorschläge und -sammlungen, und
- desto länger können sie deshalb genutzt werden, ohne sie aktualisieren zu müssen,

aber

- desto mehr Arbeit müssen Sie in das Umsetzen der Lösung in einen vollständigen, virtuellen Entwurf stecken, und
- desto größer ist das Entwicklungsrisiko.

Fazit

Lösungssammlungen können eine grundlegende und dauerhafte Wissensbasis für das Lösen konstruktiver Probleme sein, erfordern aber immer eine weitergehende Konkretisierung.

8.5 Wozu sind Lösungssammlungen gut?

Lösungssammlungen können für den Entwickler ein wertvolles Hilfsmittel bei der Suche nach anderen und besseren Lösungen und zur Erweiterung des eigenen **Ideenraumes** sein. So kann es bei der Bearbeitung einer technischen Problemstellung zweckmäßig sein, bewusst aus den eigenen Denk- und Erfahrungsmustern auszubrechen. Lösungssammlungen geben auch einen guten Überblick über das **Lösungsfeld** und erlauben so, vorhandene Lösungen einzuordnen und schnell und gezielt neue, bisher noch nicht angedachte Lösungen zu finden. Wegen der bildhaften Darstellung der Lösungsvorschläge ist diese Methode sehr einfach anzuwenden und spricht ganz besonders das Vorstellungsvermögen und die Assoziationen von Entwicklern und Konstrukteuren an. In Workshops z. B. werden Lösungssammlungen bereitwillig aufgenommen: „Prima! Wo kann ich diese finden?"

8.6 Methode: Neue Lösungen finden mit Lösungssammlungen

Dieser Abschnitt gibt Ihnen Hinweise dazu, welche Voraussetzungen für den Einsatz der Methode erfüllt sein müssen. Wir greifen hier auch wieder das Korkenzieherbeispiel auf, um Ihnen die Anwendung der Methode anschaulich zu vermitteln.

8.6.1 Bei welchen Fragestellungen kann die Methode helfen?

Lösungssammlungen können Ihnen besonders dann helfen, wenn Sie bewusst aus den **eigenen Denkmustern und Erfahrungen** ausbrechen wollen oder durch äußere Umstände sogar dazu gezwungen ist. Die folgende Aufzählung kann Ihnen als Checkliste helfen zu entscheiden, wann sich bei Ihrer Aufgabenstellung die Suche in Lösungssammlungen lohnen kann:

- Sie sind unsicher, ob bzw. inwieweit Ihre derzeitigen Lösungen/Lösungsvorschläge für Ihre Aufgabe geeignet sind. Sie haben aber auch keine anderen, aussichtsreichen Lösungsideen.

- Sie haben bereits andere Methoden für die Lösungssuche eingesetzt, waren aber bisher nicht erfolgreich. Sie wissen nicht so recht, was Sie jetzt noch tun können.

- Das aktuelle Problem hat für Sie oder für das Unternehmen eine ganz besondere Bedeutung. Bevor Sie sich auf eine Lösung festlegen, möchten Sie gerne einmal „alle" Lösungsprinzipe für Ihre Aufgabe sehen. Sie wollen keinesfalls später durch einen Wettbewerber mit einer tollen Lösung überrascht werden.

- Sie haben alle Lösungen schon „durchexerziert" und finden nichts Neues. Sie wollen jetzt ganz bewusst „neue" Lösungen abseits ausgetretener Lösungspfade suchen, etwas völlig anderes, das noch niemand untersucht hat.

- Wenn Sie das ganze Lösungsfeld kennen, können Sie dieses idealerweise durch **Schutzrechte** abdecken und sich so vor unliebsamen Überraschungen durch den Wettbewerb absichern. Patentanwälte sind dankbar für derartige Hinweise.

- Der Wettbewerb hat Sie mit einer tollen neuen Lösung, die viel besser und viel kostengünstiger als Ihre ist, überrascht. Sie müssen reagieren – und das schnell! Wie kommen Sie daran vorbei? Hier hilft oft ein Überblick über das ganze Lösungsfeld. Welche Lösungen hat der Wettbewerber? Welche haben wir? Welche Lösungen hat noch niemand? Wo könnte ein Ausweg sein? Denken Sie an das Korkenzieherbeispiel – und vielleicht finden Sie ja sogar eine noch bessere Lösung.

- Eine gute Lösung ist durch ein fremdes Schutzrecht abgesichert. Sie wollen/müssen dieses **Schutzrecht** umgehen. Lösungssammlungen unterstützen Sie bei der Frage, wie Sie das machen.

- Beim **Reverse Engineering** werden systematisch Wettbewerbsprodukte hinsichtlich der Nutzung von Teillösungen für den eigenen Bereich analysiert. Auch hier kann Ihnen eine Einordnung eigener und fremder Lösungen in das Spektrum von Lösungssammlungen helfen, einen vollständigen Überblick über das Mögliche zu erhalten, um daraus das Machbare abzuleiten.

Wenn Sie eine oder gar mehrere dieser Fragen bejahen, kann es zweckmäßig sein, Lösungssammlungen zu nutzen.

Im Beispiel Korkenzieher entstand die Aufgabenstellung in einer Beratungsgesellschaft für Innovationsmanagement:
- Die Firma sucht ein Weihnachtspräsent für Premiumkunden.
- Das Präsent soll die Innovationsfähigkeit des Unternehmens unterstreichen: „ein Korkenzieher, den die Welt noch nicht gesehen hat".

8.6.2 Ausgangssituation: Was brauchen Sie, um die Methode anwenden zu können?

Die Methode setzt Folgendes voraus:
- wie bei jedem Entwicklungsprojekt eine Aufgabenstellung, die aus Kundenwünschen, Marktanalysen, Reklamationen oder internen Kostenanalysen, Produktions- oder Montagemängeln oder Serviceberichten abgeleitet ist
- mindestens ein, möglichst aber mehrere Ausgangslösungen, in denen Sie Defizite oder Mängel und deren Ursachen (ungeeignete Funktionen, Prinzipe oder Gestalteigenschaften) festlegen können

8.6.3 Wie wende ich die Methode an?

Bild 8.5 bis Bild 8.8 geben Ihnen Hinweise zum schrittweisen Vorgehen und nennen Tipps und Tricks, um schnell und gezielt diese Methode anzuwenden.

Schritt 1: Suchen Sie gezielt nach passenden Lösungssammlungen

Klären Sie folgende Fragen:
- Wodurch unterscheiden sich die Ihnen vorliegenden Produkte?
- Sind die Unterschiede in den Produktmodellen, Funktionen, Prinzipen oder Gestaltentwürfen begründet?

8.6 Methode: Neue Lösungen finden mit Lösungssammlungen

- Welches dieser Produktmodelle liegt in den vorliegenden Produkten derzeit „im Argen"?
- Welches dieser Produktmodelle erscheint Ihnen für die Lösungsfindung besonders wichtig, zielführend und aussichtsreich?

Mustern Sie zur Unterstützung auch die in Tabelle 8.1 (Abschnitt 8.8) aufgeführten Lösungssammlungen durch. Bild 8.5 zeigt, wie Sie dabei vorgehen: Wo vermute ich ein Themenfeld (1. Spalte) oder eine Lösungssammlung (2. Spalte), das oder die mir bei meiner Aufgabe hilft?

Kategorie	Katalog Inhalt	Quelle
Grundsätzliches zu Lösungssammlungen	Zusammenstellung verfügbarer Katalog- und Lösungssammlungen	(Roth 1994, Band I)
	Aufbau von Katalogen	(Roth 1994, Band II, S. 2 ff.)
	Methodik für das rechnerunterstützte Erstellen und Anwenden flexibler Konstruktionskataloge	(Derhake 1990)

Bild 8.5 Suche nach der passenden Lösungssammlung

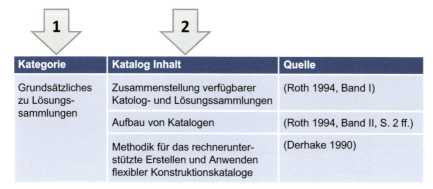

- *Für die Funktion „Handkraft verstärken" gibt es zwei unterschiedliche Effekte.*
- *Welche physikalischen Effekte gibt es noch?*
- *Gibt es dafür Sammlungen von Lösungsprinzipen?*

Bild 8.6 Auswahl der passenden Lösungssammlung am Beispiel Korkenzieher

Tipps & Tricks

Ist nichts Passendes dabei, dann recherchieren Sie in der in Abschnitt 8.8 angegebenen weiterführenden Literatur.

Es kann durchaus zielführend sein, sich von der eigenen Branche und dem eigenen Produktspektrum zu lösen und „über den Tellerrand zu schauen".

Manchmal hilft auch eine Internetrecherche oder eine Recherche in Datenbanken von Fachverbänden, Fachbuchverlagen, VDI-Richtlinien oder DIN-Normen.

Schritt 2: Durchdenken und verstehen Sie die einzelnen Lösungen

- Mustern Sie die Lösungssammlung der Reihe nach durch.
- Kennen Sie den jeweiligen Lösungsvorschlag? Ist er Ihnen auch aus anderen Produkten/Projekten bekannt?
- Können Sie sich bei jedem Lösungsvorschlag dessen Funktion und Wirkungsweise vorstellen?
- Fällt Ihnen zu jedem Lösungsvorschlag eine erste konkrete Umsetzung ein? Lassen Sie dabei Ihrer Erfahrung und Intuition mit Ihren Assoziationen freien Lauf.
- Oder ist Ihnen die Lösung nicht klar? Wissen Sie nicht, wie das funktioniert? Dann recherchieren Sie diesen Lösungsvorschlag, bis er Ihnen klar ist, und übergehen Sie diesen Vorschlag nicht einfach.

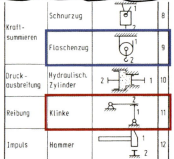

Bild 8.7 Auswahl von physikalischen Effekten am Beispiel Korkenzieher (in Anlehnung an Roth 1994, Band II, S. 101)

Tipps & Tricks

Arbeiten Sie die Lösungsvorschläge möglichst im Team durch. Mehrere Personen wissen mehr (unterschiedliche Erfahrungen, anderes Hintergrundwissen, verschiedene Assoziationen).

Dokumentieren Sie Lösungsvorschläge und Einschätzungen unbedingt in kurzer Form (Skizzen, Bemerkungen). Das hilft Ihnen später, sollten Sie mit der ausgewählten Lösung doch nicht weiterkommen.

Schritt 3: Beurteilen Sie die Lösungen und wählen Sie die aussichtsreichen aus

Beurteilen Sie alle Lösungen konstruktiv-kritisch:

- Streichen Sie erst mal alles weg, das definitiv nicht für Ihre Aufgabe passt (aussortieren ist einfacher als präferieren).
- Beurteilen Sie die Restmenge an prinzipiell geeigneten Lösungen weiter.

8.6 Methode: Neue Lösungen finden mit Lösungssammlungen 181

- **Wichtig:** Machen Sie die Lösungsvorschläge in einem ersten Schritt bewertungsfähig. Die Skizzen in den Lösungssammlungen sind ja oft sehr abstrakt gehalten. Skizzieren bzw. zeichnen Sie sie konkreter und passend für Ihre Aufgabe.

Erst danach ist meist eine detaillierte Beurteilung möglich. Die können diese auch systematisch vornehmen (siehe Kapitel 11).

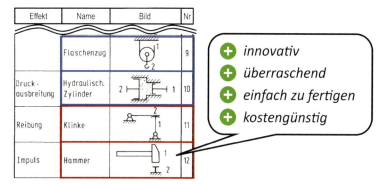

Bild 8.8 Auswahl aussichtsreicher Lösungen am Beispiel Korkenzieher (Auszug aus der Lösungssammlung „Kraft verstärken" (in Anlehnung an Roth 1994, Band II, S. 101))

Tipps & Tricks

Arbeiten Sie möglichst im Team. Hier braucht es viel Erfahrung und unterschiedliches Wissen.

Berücksichtigen Sie auch Ihre Erfahrung und Ihren ersten Eindruck (Bauchgefühl!) beim Betrachten der Darstellungen. Lassen Sie sich durch Ihre eigenen Assoziationen anregen und inspirieren. Doch werden Sie sich dann auch über die Gründe für Ihre Ablehnung bzw. Bevorzugung klar. Sondern Sie nicht vorschnell Lösungen aus, nur weil Sie sie nicht kennen oder weil sie Ihnen unsympathisch sind. Der Wettbewerb könnte doch gerade diese Lösung präferieren …

8.6.4 Was erhalten Sie aus einer Recherche in Lösungssammlungen?

Aus einer Recherche in Lösungssammlungen erhalten Sie Folgendes:

- Eine Übersicht über mögliche Lösungen für Ihre Aufgabenstellung: Bei Konstruktionskatalogen ist diese Übersicht im Rahmen der benutzten Gliederungsgesichtspunkte sogar vollständig.
- Die begründete Auswahl der Erfolg versprechenden Lösung(en): Da Sie viele (alle) andere(n) Lösungen in der Sammlung sehen, können Sie durch direkten Lösungs-

vergleich die bestgeeignete(n) Lösung(en) ermitteln und Ihre Auswahl auch in Präsentationen und Meetings sachgerecht begründen.

8.7 Und wenn es keine Lösungssammlungen gibt? Wie helfen Sie sich selbst?

In diesem Kapitel ging es bisher um das Nutzen **vorhandener Lösungssammlungen**. Doch die Anzahl von Lösungssammlungen in der Literatur ist leider begrenzt und vorwiegend auf mechanische Lösungsvorschläge beschränkt. An dieser Stelle wollen wir Sie kurz darauf hinweisen, dass es durchaus sinnvoll sein kann, für bestimmte, immer wiederkehrende Aufgaben im eigenen Bereich selbst solche Lösungssammlungen zu erstellen und in PDM-Systemen oder in Wikis zu dokumentieren.

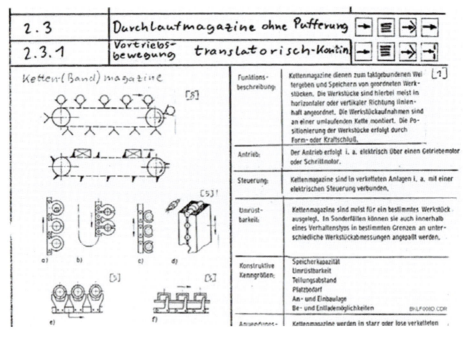

Bild 8.9 Ausschnitt einer selbst erstellten Lösungssammlung in einem Unternehmen für Montageanlagen (eigene Quelle)

Bild 8.9 zeigt solch ein Beispiel: eine Sammlung von Lösungen für Zubringefunktionen, die in einem Unternehmen für Montageanlagen erstellt und intensiv genutzt wurde. Es sind vor allem Skizzen und Bilder aus entsprechenden Veröffentlichungen, die hier ohne Kommentare aufgelistet wurden. Diese Sammlung war ein wertvolles, weil schnell nutzbares Hilfsmittel bei der Entwicklung neuer Montageanlagen und eine große Hilfe bei der Einarbeitung neuer Mitarbeiter („Mal schnell einen Blick darauf werfen, ob man an alle Lösungen gedacht hat!").

8.8 Die Gretchenfrage: Wo finden Sie Lösungssammlungen?

Eine Übersicht über Literaturquellen, in denen Sie weitgehend aktuelle und gebräuchliche Lösungssammlungen finden, zeigt Tabelle 8.1.

Tabelle 8.1 Übersicht über Literaturquellen für gebräuchliche Lösungssammlungen, entnommen aus (Ehrlenspiel/Meerkamm 2017, S. 936 und S. 937), aktualisiert und ergänzt

Kategorie	Kataloginhalt	Quelle
Grundsätzliches zu Lösungssammlungen	Zusammenstellung verfügbarer Katalog- und Lösungssammlungen	(Roth 1994, Band I)
	Aufbau von Katalogen	(Roth 1994, Band II, S. 2 ff.)
	Methodik für das rechnerunterstützte Erstellen und Anwenden flexibler Konstruktionskataloge	(Derhake 1990)
	Lösungssammlungen für das methodische Konstruieren	(Ewald 1975)
	digitale Lösungssammlung von Konstruktionsprinzipen für die agile Entwicklung von Leichtbaustrukturen für Luftfahrzeuge	(Abulawi/Weigand 2021)
physikalische Effekte	physikalische Effekte	(Roth 1994, Band I, S. 117 ff.)
	Erfüllen von Funktionen	(Koller 1998)
	Kraft mit anderen Größen erzeugen	(Roth 1994, Band II, S. 88–91)
	mechanische Krafterzeuger	(Ewald 1975)
	einstufige Kraftmultiplikation	(Roth 1994, Band II, S. 104) (VDI-Richtlinie 2222, 1982 bis 2002)
	mechanische Huberzeuger	(Raab/Schneider 1982, S. 603)
	Schlussarten	(Roth 1994, Band II, S. 49–50)
	Reibsysteme	(Roth 1994, Band II, S. 64–66)

Tabelle 8.1 Übersicht über Literaturquellen für gebräuchliche Lösungssammlungen, entnommen aus (Ehrlenspiel/Meerkamm 2017, S. 936 und S. 937), aktualisiert und ergänzt (*Fortsetzung*)

Kategorie	Kataloginhalt	Quelle
kinematische Lösungen/ Getriebelehre	Lösung von Bewegungsaufgaben mit Getrieben	(VDI-Richtlinie 2727, 1991 bis 2010)
	gleichförmig übersetzende Grundgetriebe	(Roth 1994, Band II, S. 142 – 143)
	Varianten einstufiger Reibsysteme	(Roth 1994, Band II, S. 131)
	Begrenzung von Bewegungen	(Roth 1994, Band II, S. 51 – 57)
Maschinenelemente	Verbindungen	(Ewald 1975) (Roth 1996, Band III) (Birkhofer/Nordmann 2002, S. 161)
	Nietverbindungen	(Roth 1996, Band III) (Kopowski 1983)
	Klebeverbindungen	(Roth 1996, Band III, S. 209 – 211)
	Schraubverbindungen	(Kopowski 1983)
	Welle-Nabe-Verbindungen	(Roth 1994, Band II, S. 166 – 168) (Kollmann 1984)
	nichtschaltbare Wellenkupplungen	(Birkhofer/Nordmann 2002, S. 322)
	Federn	(Kirchner/Birkhofer 2017, S. 264)
	Dichtungen	(Kirchner/Birkhofer 2017, S. 424 – 425)
	Lager und Führungen	(Roth 1994, Band II) (Ewald 1975)
	Spielbeseitigung bei Schraubpaarungen	(Ewald 1975)
	Geradführungen	(Roth 1994, Band II, S. 174 – 175)
	Rotationsführungen	(Roth 1994, Band II, S. 187 ff.)
	gleichförmig übersetzende Getriebe	(Roth 1994, Band II, S. 137 ff.)
	Stirnradgetriebe	(VDI-Richtlinie 2222, 1982 bis 2002) (Ewald 1975)
	mechanisch einstufige Getriebe mit konstanter Übersetzung	(Diekhöner/Lohkamp 1976, S. 359 – 364)
	Spielbeseitigung bei Stirnradgetrieben	(Ewald 1975)

Kategorie	Kataloginhalt	Quelle
Antriebs-technik	Antriebe allgemein	(Schneider 1985)
	mechanische Energieleiter	(Rinderknecht et al. 2017, S. 95)
	mechanische Umformer	(Nordmann/Birkhofer 2003, S. 36 – 71)
	Energiespeicher	(Nordmann/Birkhofer 2003, S. 76)
	Schalt- und Trennkupplungen	(Rinderknecht et al. 2017, S. 213)
	elektromechanische Aktoren	(Rinderknecht et al. 2017, S. 174)
	Schraubantriebe	(Kopowski 1983)
Sonstiges	Handhabungsgeräte	(VDI-Richtlinie 2740, 1995 bis 2002)
	Gefahrstellen	(Neudörfer 1983, S. 71 – 74)
	trennende Schutzeinrichtungen	(Neudörfer 1983, S. 203 – 206)
	Anzeiger, Bedienteile	(Neudörfer 1981)

Einschränkungen

Sie sehen hier, dass sich die meisten Lösungssammlungen auf mechanische Lösungsvorschläge beziehen, oft aus älteren Quellen stammen und kaum übers Internet verfügbar sind. Allerdings sind die aufgeführten Lösungssammlungen weitgehend unabhängig von technologischen Entwicklungen. Umso wichtiger wäre es, wenn aktuelle Sammlungen für die doch begrenzte Anzahl von „Vorzugsaufgaben" im eigenen Unternehmen erstellt und den Entwicklern und Konstrukteuren zur Verfügung gestellt werden könnten. Dazu können vorhandene Quellen (siehe Tabelle 8.1) ausgewertet oder eigene Sammlungen erstellt werden (siehe Bild 8.9). Bewährt hat sich dabei eine Kooperation mit Hochschulen.

Weitere Inspirationsquellen

Neben Lösungssammlungen sei hier noch auf weitere Inspirationsquellen mit abstrahierten Lösungsvorschlägen verwiesen:

- VDI-Richtlinien und DIN/ISO-Normen enthalten eine riesige Zahl fachspezifischer Lösungsvorschläge und Anwendungshinweise. Der Zugriff hierauf ist weitgehend elektronisch möglich und erleichtert die Suche nach einschlägigen Dokumenten und Lösungen immens.
- TRIZ-Theorie des erfinderischen Problemlösens mit ihren 40 Innovationsprinzipen und dem System von 76 Standardlösungen und Stoff-Feld-Analyse (Altschuller 1998)
- digitale Mechanismen- und Getriebebibliothek (dmg-lib) mit 3114 Mechanismenbeschreibungen und 2818 interaktiven Animationen (Gesellschaft zur Förderung der Digitalen Mechanismen- und Getriebebibliothek e. V. 2023)

8.9 Anwendungsbeispiel: Tragarm für OP-Leuchten

8.9.1 Ausgangssituation

Bei einem Hersteller von medizinischen Geräten und Ausrüstungen für den Klinikbedarf wurde ein Workshop durchgeführt, um Operationsleuchten (OP-Leuchten) wertanalytisch zu überarbeiten. Schwerpunkt war dabei die Überarbeitung der derzeitigen Tragarmkonstruktion (Bild 8.10). Die wichtigsten Anforderungen an den Tragarm waren folgende:

- Das Gewicht der OP-Leuchte muss in jeder Leuchtenposition vollständig kompensiert werden.
- Die Position der Leuchte muss sicher fixiert werden.
- Der behandelnde Arzt soll die Leuchte leichtgängig verlagern können.

Bild 8.10 OP-Leuchte mit der rot markierten Tragarmkonstruktion (© GETINGE Maquet GmbH)

Der Tragarm besteht aus einem Tragrohr, an dessen Ende zwei Anschlussstücke drehbar gelagert sind. Beide Anschlussstücke sind durch Kniehebelgetriebe und eine Koppelstange miteinander verbunden. Eine lange Druckfeder verspannt das linke Ende der Koppelstange mit dem rechten Ende des Tragrohrs (Bild 8.11).

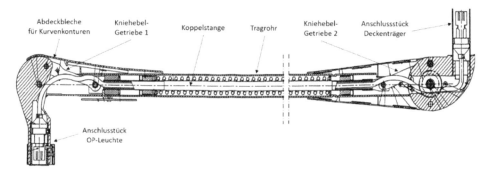

Bild 8.11 Tragarm in einer zu Bild 8.10 ähnlichen Ausführung in Schnittdarstellung (© Ondal Medical Systems GmbH)

Wie funktioniert der Tragarm?

Um die Funktion zu verdeutlichen, zeigt Bild 8.12 oben in einer stark vereinfachten Strichskizze das Prinzip dieser Ausführung. Sie erkennen an den beiden Anschlussstücken jeweils ein Kniehebelgetriebe, die durch die Koppelstange verbunden sind. Die Druckfeder verspannt über ein Druckstück das linke Kniehebelgetriebe gegenüber dem Tragrohr (rechtes Ende der Druckfeder). Wird die OP-Leuchte am linken Anschlussstück des Tragarms abgesenkt (Bild 8.12 unten), behalten die Anschlussstücke ihre senkrechte Position. Die Neigung der OP-Leuchte verändert sich nicht. Gleichzeitig soll durch die beiden Kniehebelgetriebe und die verspannte Druckfeder im Tragrohr das Gewicht der OP-Leuchte in jeder Tragarmstellung kompensiert werden und die Leuchte nach dem Bewegen des Tragarms sicher in der gewünschten Position verharren.

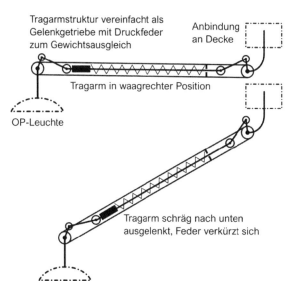

Bild 8.12 Strichskizze des Tragarm-Wirkprinzips: Tragarm in waagerechter Stellung (oben) und Tragarm mit OP-Leuchte abgesenkt (unten)

Diese Tragarmausführung stellt eine ausgesprochen „pfiffige" Lösung dar. Der Konstrukteur hat damit ein Parallelogrammgetriebe realisiert, das beim Schwenken des Tragarms die Anschlussstücke unverändert in ihrer senkrechten Richtung belässt (Bild 8.12 unten). Er hat nur die Koppelstange in das Tragrohr integriert, um den Durchmesser des Tragarms kleiner zu machen und zusätzlich die Enden der Koppelstange über Kniehebelgetriebe an die Endstücke angeschlossen.

So „pfiffig" die Tragarmkonstruktion auch ist, so weist sie doch eine Reihe von Schwachstellen auf:

- Ein vollständiger Ausgleich des Leuchtengewichts in allen Armstellungen kann mit der festen Kennlinie eines Kniehebelgetriebes nur angenähert erreicht werden.
- Die Anforderung nach Sterilität ist nur unzureichend erfüllt. In den Spalten zwischen Abdeckblechen und Kurvenkonturen können sich Keime ablagern, die bei der Reinigung nicht oder nur unvollständig entfernt werden können. Dies ist ein gesundheitliches Risiko insbesondere bei Leuchten, die direkt über dem OP-Bereich angeordnet sind.
- Die Montage des Stromkabels ist umständlich. Das Kabel muss durch die Kniehebelgetriebe und das Tragrohr eingefädelt werden.
- Die Herstellungskosten sind durch die recht aufwendige Ausführung hoch (viele Teile, viel Eigenfertigung, wenig Gleichteile, aufwendige Montage).

8.9.2 Die Entwicklung des neuen Gelenks

Wenn die eingangs genannten Anforderungen erfüllt werden sollen, muss die gesamte Tragarmkonstruktion grundsätzlich überarbeitet werden:

- Die Beweglichkeit der OP-Leuchte sollte in allen drei Raumrichtungen und Neigungen möglich sein.
- Der Gewichtsausgleich der OP-Leuchte durch Federkraft wurde im Workshop schon vorab als einzig sinnvolle Lösung bestätigt.
- Insbesondere die aufwendigen Kniehebelgetriebe waren Anlass, im Workshop die ursprüngliche Parallelogrammführung des Tragarms infrage zu stellen. Kann man nicht mit mehreren Drehgelenken mit orthogonal zueinander ausgerichteten Drehachsen eine vollständige räumliche Bewegung erreichen? Wenn man dann eine einfache Lösung für den jeweils in den Gelenken anzubringenden Gewichtsausgleich hätte, wäre das ganze Problem gelöst.

Damit waren die **Zielrichtungen** der Lösungssuche klar:

1. Wir brauchen ein anderes, kostengünstigeres Kompensationsgetriebe. Die Schwenkbewegung eines Tragarms muss so umgeformt werden, dass sie eine Druck- oder Zugfeder verformt.

2. Das neue Getriebe sollte unbedingt eine „echte" Gewichtskompensation in allen Leuchtenpositionen erreichen.
3. Wenn es gelänge, alle gewichtsbelasteten Drehgelenke mit dem gleichen Kompensationsgetriebe auszurüsten, wäre dies ein echter Design- und Kostenvorteil.

Schritt 1: Suchen Sie gezielt nach passenden Lösungssammlungen

Im Workshop wurde schnell klar, dass eine reine Änderung der Gestaltung oder des Werkstoffs der bestehenden Ausführung nicht zu einem wirklichen Erfolg führen würde. Als Funktion soll das Getriebe eine Schwenkbewegung (Rotation) in eine geradlinige Bewegung (Translation) mit anpassbarer, nichtlinearer Kennlinie umformen. Doch woher sollte man die Lösung nehmen? Weil derartige Fragestellungen schon vielfach in der Vergangenheit aufgetreten sind, wurde schon weit vor dem Workshop die Lösungssammlung „Mechanische Umformer" für die Aus- und Weiterbildung erstellt (Bild 8.13). Auch im Workshop wurden sie zu Hilfe genommen.

Antriebs-technik	Mechanische Energieleiter	(Rinderknecht, Nordmann, & Birkhofer, 2017, S. 95)
	Mechanische Umformer	(Nordmann & Birkhofer, 2003, S. 36-71)
	Energiespeicher	(Nordmann & Birkhofer, 2003, S. 76)
	Schalt- und Trennkupplungen	(Rinderknecht, Nordmann, & Birkhofer, 2017, S. 213)
	Elektromechanische Aktoren	(Rinderknecht, Nordmann, & Birkhofer, 2017, S. 174)
	Schraubantriebe	(Kopowski, 1983)

Bild 8.13 Auswahl der Lösungssammlung „Mechanische Umformer" (Lösungssammlung in einer neueren Fassung als der ursprünglich im Workshop verwendeten Ausführung)

Schritt 2: Durchdenken und verstehen Sie die einzelnen Lösungen

In der Lösungssammlung gibt es eine Übersichtssammlung mit grundsätzlichen Getriebevarianten (Bild 8.14). Beim Betrachten des Sammlungsausschnitts mit den ersten vier Grundtypen von Getrieben können Sie schnell erkennen, dass Räder- und Schraubgetriebe (Nr. 1–3) keine nichtlineare Bewegungsübertragung erlauben, wohl aber Kurvengetriebe (Nr. 4). Man muss den Nocken ja nicht um 360° drehen wie im Nockenwellenantrieb eines Verbrennungsmotors. Es würde für den Tragarm der OP-Leuchte reichen, einen Nockensektor mit dem Tragarm zu schwenken und damit einen Stößel hin und her zu bewegen, der eine Feder spannt bzw. entlastet.

Die Übersichtssammlung nach Bild 8.14 zeigt nur grundsätzliche Getriebevarianten. Tatsächlich gibt es aber für jede Variante mehrere Ausführungsarten. Bei Kurvenscheibengetrieben gibt es eine Detailsammlung, die vier Getriebetypen zeigt, die aus dem Grundtyp Nr. 4 abgeleitet sind (Bild 8.15). Man kann den Nocken radial oder axial ausformen und unabhängig davon die Abtriebsbewegung (also die Bewegung, die eine Feder verformt) durch einen Stößel oder eine Schwinge realisieren.

Gliederungsteil				Hauptteil			Zugriffsteil					
							Mögliche Funktionen					
Anzahl der Getriebeglieder	Getriebebauform	Typische Getriebeglieder	Schlussart in den Übertragungsgelenken	Bezeichnung	Beispiel	Nr.	Rot-Rot		Rot-Trans		Trans-Trans	
3-gliedrige Getriebe	Rädergetriebe	Räder	Formschluss (Wälzgelenke)	Zahnradgetriebe	Stirnradgetriebe	1	x		x			
			Reibkraftschluss	Reibradgetriebe	Reibradgetriebe	2	x		x			
	Kurvengetriebe	Schraube-Mutter	Formschluss (Gelenke)	Schraubgetriebe (Gewindespindeltriebe)	Schraubgetriebe	3			x			
		Kurvengetriebe		Kurvenscheibengetriebe	Kurvengetriebe mit Rollenstößel	4		x		x		

Bild 8.14 Ausschnitt aus dem Übersichtskatalog „Mechanische Getriebe" (Quelle: Nordmann/Birkhofer 2003, S. 36)

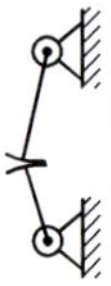

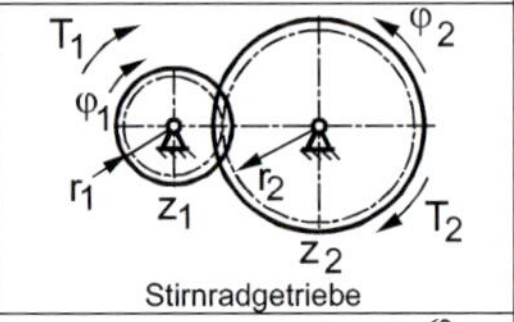

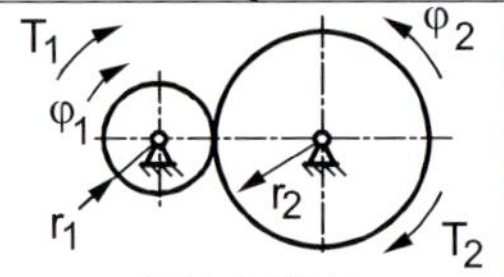

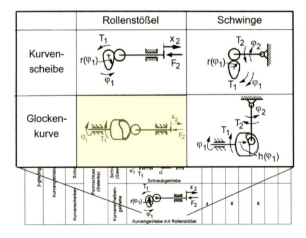

Bild 8.15 Detaillösungssammlung „Kurvenscheibengetriebe" mit der hier gelb markierten Prinziplösung „Glockenkurve mit Rollenstößel", die aus der Lösung „Kurvengetriebe mit Rollenstößel" in der Übersichtssammlung ausgewählt wurde (Quelle: Nordmann/Birkhofer 2003, S. 54)

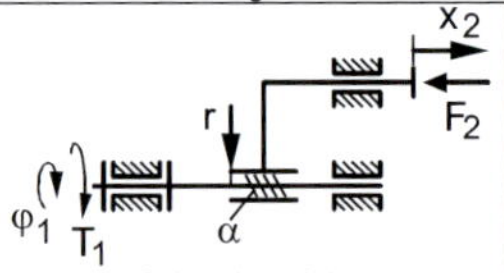

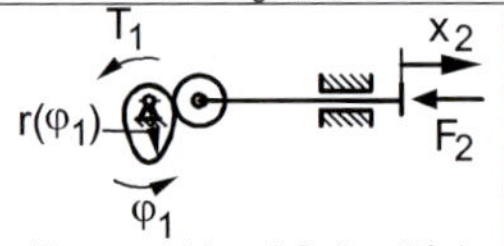

Schritt 3: Aussichtsreiche Lösungen bewerten und auswählen

Kaum wurde diese kleine Lösungssammlung im Workshop gezeigt, argumentierte einer der Workshop-Teilnehmer wie folgt:

„*Das ist es doch! Wenn man am Tragarm eine Glockenkurve oder einen Sektor davon anbringt und beide um eine Achse schwenkt, dann könnte man doch mit einem Abtriebsstößel eine Feder zusammendrücken. Mit der Glockenkurve wären wir dann völlig frei in der Gestaltung der Steigung, um eine ideale Gewichtskompensation zu erreichen.*"

Und sofort pflichtete ein zweiter Teilnehmer bei:

„*Und es muss ja keine lange Schraubendruckfeder sein. Ein Tellerfederpaket wäre viel kompakter.*"

Das war die Lösung. Noch im Workshop wurde eine erste Skizze auf einem Flipchart skizziert (Bild 8.16). Voller Elan setzte sich ein anderer Teilnehmer an den Rechner und machte erste Berechnungen und Recherchen:

„*Reicht die Federkraft, um den Arm über die Glockenkurvenneigung zurückzustellen? Wie groß wird das Tellerfederpaket? Gibt es passende Tellerfedern und Nadelrollen?*"

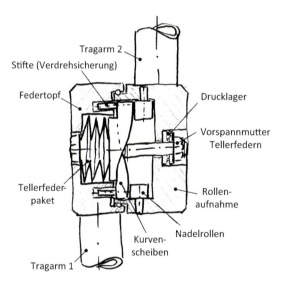

Bild 8.16
Skizze des „neuen" Schwenkarmgetriebes

8.9.3 Die neue Lösung – das Glockenkurvengelenk

In der Detailkonstruktion nach dem Workshop wurde die Lösung feingestaltet (Bild 8.17) und validiert.

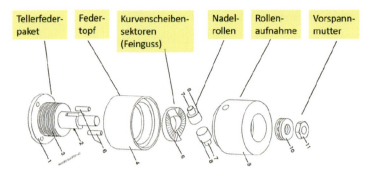

Bild 8.17 Das neue Schwenkgelenk mit Trommelkurve (zwei Kurvenscheibensektoren) und Tellerfederpaket (© Heraeus Precious Metals GmbH & Co. KG, Werkbild)

Bild 8.18 zeigt eine Standleuchte mit den Gelenkkomponenten, die als erstes Produkt mit dem neuen Gewichtsausgleich realisiert wurde.

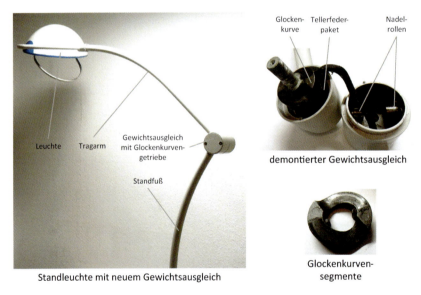

Bild 8.18 Foto der neuen Lösung als Standleuchte und des demontierten Gewichtsausgleichs mit Glockenkurvensektoren

Das neue Gelenk vermeidet vollständig die Schwachstellen der bisherigen Lösung. Durch die in Feinguss herstellbaren Kurvenscheibensektoren lässt sich die erforderliche nichtlineare Kennlinie einfach und kostengünstig realisieren. Die Verstellung des Tragarms per Hand durch den Arzt ist dank der Nadelrollen und des Fehlens von zusätzlichen Reibelementen leichtgängig. Das Gelenk ist kompakt und hat nur eine Rotationstrennfuge zwischen den beiden Gehäusehälften, die sehr einfach steril abgedichtet werden kann. Die Herstellungskosten sind erheblich niedriger als die der früheren Lösung: viel weniger und einfach zu fertigende Teile sowie eine einfache Montage des Kabels. Zudem überzeugt das neue Gelenk auch durch sein klares Design – ein Erfolg auf der ganzen Linie, der auch durch eine Patenterteilung (Patent-Nr. 19 510 752) unterstrichen wird.

Durch die Mehrfachanordnung des neuen Gelenks (Gleichteile) konnte zudem die räumliche Beweglichkeit der OP-Leuchte sichergestellt werden, was eine weitere Kosteneinsparung gegenüber der Lösung mit dem Parallelogramm-Tragarm ergab (Bild 8.19).

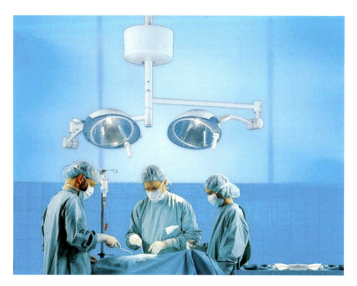

Bild 8.19 Die neuen Tragarmgelenke mit OP-Leuchten: Diese Ausführung war nach Durchführen des Workshops eine der ersten großen OP-Leuchten auf dem Markt. Zwischenzeitlich hat sich der neue Gewichtsausgleich in vielen OP-Leuchten durchgesetzt (© GETINGE Maquet GmbH).

8.9.4 Fazit

Es ist schon erstaunlich, dass eine derart überzeugende Produktinnovation auf die Nutzung von Lösungssammlungen zurückgeführt werden kann, die eigentlich nur altbekannte Getriebevarianten in systematischer Zusammenstellung enthalten. Natürlich sind von der abstrakten Kataloglösung (Bild 8.15) bis zum endgültig ausgearbeiteten und validierten Produkt nach Bild 8.18 und Bild 8.19 noch viele konstruktiven Überlegungen und Absicherungen erforderlich. Doch schon im Workshop war anhand von Entwurfsskizzen und orientierenden Berechnungen erkennbar, dass dieses Lösungskonzept höchst aussichtsreich erscheint.

8.10 Methodensteckbrief: Lösungssammlungen

Bild 8.20 zeigt den Methodensteckbrief für die Lösungssammlungen.

SITUATION: Aufgabenstellung ist klar, Lösungen sind unbekannt

WANN wende ich die Methode an?
- Die Anforderungen liegen vor.
- Die Ausgangslösung(en) und ihre Mängel/Defizite sind bekannt.
- Die Aufgabenstellung ist klar.

WARUM wende ich die Methode an?
- Ich möchte bestehende Lösungen verbessern.
- Ich möchte bewusst neue Lösungen anstreben.
- Ich möchte ein umfassendes Lösungsfeld erarbeiten.
- Ich möchte Wettbewerbsprodukte oder Schutzrechte umgehen.

Schritt 1: Suchen Sie gezielt nach passenden Lösungssammlungen
- Suchen Sie Unterschiede Ihrer Lösungen im Hinblick auf das Prinzip. (1a)
- Suchen Sie nach passenden und aussichtsreichen Themenfeldern oder Lösungssammlungen. (1b)
- Mustern Sie dazu Tabelle 1 durch. Recherchieren Sie in Datenbanken von Fachverbänden, Fachbuchverlagen, Richtlinien und Normen.

Schritt 2: Durchdenken und verstehen Sie die einzelnen Lösungen
- Mustern Sie die Lösungssammlung der Reihe nach durch. (2a)
- Können Sie sich bei jedem Lösungsvorschlag die Funktion bzw. Wirkungsweise vorstellen? (2b)
- Fällt Ihnen zu jedem Lösungsvorschlag eine erste konkrete Umsetzung ein?
- unbekannte Lösungsvorschläge unbedingt abklären und verstehen

ERGEBNIS: Übersicht über mögliche Lösungen

WAS erhalte ich als Ergebnis?
- Übersicht über mögliche Lösungen für die vorliegende Aufgabenstellung
- begründete Auswahl der Erfolg versprechenden Lösung(en)

WAS kann ich mit dem Ergebnis machen?
- Lösungsauswahl in Präsentationen sachgerecht begründen (Lösungsvergleich)
- Lösung in Folgeschritten weiter konkretisieren und detaillieren
- Schutzrechtsansprüche formulieren

Schritt 3: Beurteilen Sie die Lösungen und wählen Sie die aussichtsreichste(n) aus
- konstruktiv-kritisch alle Lösungen beurteilen (3)
- erst mal alles wegstreichen, was definitiv nicht für Ihre Aufgabe passt (aussortieren ist einfacher als präferieren)
- Restmenge der prinzipiell geeigneten Lösungen weiter beurteilen; dazu Lösungsvorschläge konkretisieren und bewertungsfähig machen

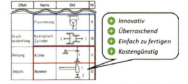

Bild 8.20 Methodensteckbrief für die Lösungssammlungen

Literatur

Abulawi, J./Weigand, M.: Digitale Lösungssammlung von Konstruktionsprinzipien für die Agile Entwicklung von Leichtbaustrukturen für Luftfahrzeuge. Thelem Universitätsverlag & Buchhandlung, Dresden 2021

Altschuller, G.: Erfinden. Wege zur Lösung Technischer Probleme. Limitierter Nachdruck. VEB-Verlag Technik, Berlin 1998

Birkhofer, H./Nordmann, R.: Maschinenelemente und Mechatronik II. Shaker, Aachen 2002

Derhake, T.: Methodik für das rechnerunterstützte Erstellen und Anwenden flexibler Konstruktionskataloge. Bericht Nr. 36. TU Braunschweig 1990

Diekhöner, G./Lohkamp, F.: Objektkataloge. Hilfsmittel beim methodischen Konstruieren. In: Konstruktion 28, Braunschweig 1976

Ehrlenspiel, K./Meerkamm, H.: Integrierte Produktentwicklung. Denkabläufe, Methodeneinsatz, Zusammenarbeit. 6. Auflage. Carl Hanser Verlag, München 2017

Ewald, O.: Lösungssammlungen für das methodische Konstruieren. VDI-Verlag, Düsseldorf 1975

Gesellschaft zur Förderung der Digitalen Mechanismen- und Getriebebibliothek e. V.: Digitale Mechanismen- und Getriebebibliothek. *https://www.dmg-lib.org/dmglib/main/portal.jsp* (Zugriff am 31.08.2023)

Kirchner, E.: Werkzeuge und Methoden der Produktentwicklung. Von der Idee zum erfolgreichen Produkt. Springer Vieweg, Berlin 2020

Kirchner, E./Birkhofer, H.: Maschinenelemente und Mechatronik II. 4. überarbeitete Auflage. Shaker, Aachen 2017

Koller, R.: Konstruktionslehre für den Maschinenbau. Springer, Berlin 1998

Kollmann, F. G.: Welle-Nabe-Verbindungen. In: Konstruktionsbücher, Band 32. Springer, Berlin 1984

Kopowski, E.: Einsatz neuer Konstruktionskataloge zur Verbindungsauswahl. In: VDI-Berichte 493. VDI-Verlag, Düsseldorf 1983

Neudörfer, A.: Gesetzmäßigkeiten und systematische Lösungssammlung der Anzeiger und Bedienteile. VDI-Verlag, Düsseldorf 1981

Neudörfer, A.: Konstruktionskatalog für Gefahrstellen. In: Werkstatt und Betrieb, Band 116. Carl Hanser Verlag 1983

Neudörfer, A.: Konstruktionskatalog trennende Schutzeinrichtungen. In: Werkstatt und Betrieb, Band 116, 1983

Nordmann, R./Birkhofer, H.: Maschinenelemente und Mechatronik I. 3. überarbeitete Auflage. Shaker, Aachen 2003

Raab, W./Schneider, J.: Gliederungssystematik für getriebetechnische Konstruktionskataloge. In: Antriebstechnik, Band 21, 1982

Rinderknecht, S./Nordmann, R./Birkhofer, H.: Einführung in die Mechatronik für den Maschinenbau. Shaker, Aachen 2017

Roth, K.: Konstruieren mit Konstruktionskatalogen. Band I: Konstruktionslehre. Springer, Berlin 1994

Roth, K.: Konstruieren mit Konstruktionskatalogen. Band II: Kataloge. Springer, Berlin 1994

Roth, K.: Konstruieren mit Konstruktionskatalogen. Band III: Verbindungen und Verschlüsse. Lösungsfindung. Springer, Berlin 1996

Schneider, J.: Konstruktionskatalog als Hilfsmittel bei der Entwicklung von Antrieben. Dissertation. TH Darmstadt 1985

VDI-Richtlinie 2222: Konstruktionsmethodik. Erstellung und Anwendung von Konstruktionskatalogen. Blatt 2, VDI-Verlag, Düsseldorf 1982 bis 2002

VDI-Richtlinie 2727: Lösung von Bewegungsaufgaben mit Getrieben. VDI-Verlag, Düsseldorf 1991 bis 2010

VDI-Richtlinie 2740: Greifer für Handhabungsgeräte und Industrieroboter. VDI-Verlag, Düsseldorf 1995 bis 2002

9 Konzepte entwickeln mit dem Morphologischen Kasten

9.1 Ziel des Kapitels

In diesem Kapitel zeigen wir Ihnen, wie Sie ausgehend von einer Fülle einzelner Lösungsideen systematisch aussichtsreiche Konzepte mit Erfolgspotenzial entwickeln können. Unter einem **Konzept** oder **Lösungskonzept** verstehen wir dabei einen prinzipiellen Lösungsvorschlag für eine Aufgaben- oder Problemstellung. Folgende Fragen spielen hierbei unter anderem eine Rolle:

- Verfolgen wir das richtige Konzept?
- Gibt es nicht doch geeignetere Lösungsansätze?
- Haben wir uns zu früh für eine bestimmte Lösung entschieden?

Ein Schlüssel zur Beantwortung dieser Fragen liegt darin, den **Lösungsraum** zu strukturieren. Unter Lösungsraum verstehen wir die Gesamtheit aller denkbaren Lösungsmöglichkeiten für eine Aufgabenstellung. Alternativ könnte man von **Lösungsfeld** sprechen.

Ziel dieses Kapitels ist es, Sie zu einem „Denken in Lösungsräumen" zu befähigen und Ihnen dafür praktische Hilfsmittel für die Projektarbeit an die Hand zu geben. Als zentrale Methode stellen wir Ihnen hierfür den **Morphologischen Kasten**, ein tabellarisches **Ordnungsschema** für Lösungsideen, vor. Wie Sie dieses Schema Schritt für Schritt erstellen und wie es Sie bei der systematischen Entwicklung von Konzepten unterstützt, darauf werden wir im Methodenteil dieses Kapitels ausführlich eingehen.

9.2 Motivationsbeispiel: Entwicklung eines innovativen Nussknackers

Als Motivationsbeispiel betrachten wir die Konzeptentwicklung eines innovativen **Nussknackers** für den Hausgebrauch (Ponn/Lindemann 2011, S. 108). Nussknacker sind wohlbekannte Haushaltsgegenstände, die es bereits in allen erdenklichen Bauformen und Variationen zu kaufen gibt. In einem Projekt sollten neuartige Konzepte entwickelt werden. Die Zielsetzung war ähnlicher Natur wie beim Korkenzieherbeispiel aus Kapitel 8: „ein Nussknacker, den die Welt noch nicht gesehen hat". Es wurden dabei folgende wesentlichen Entwicklungsziele formuliert:

- geringe Bedienkraft
- intuitive Bedienung per Hand
- Neuartigkeit im Sinne von klarer Abgrenzung zu verfügbaren Lösungen am Markt

In einem kreativen Lösungsfindungsprozess trug das Team eine Vielzahl von **Lösungsideen** für das neue Produkt zusammen. Bild 9.1 zeigt einen Ausschnitt aus dem erzeugten Ideenpool.

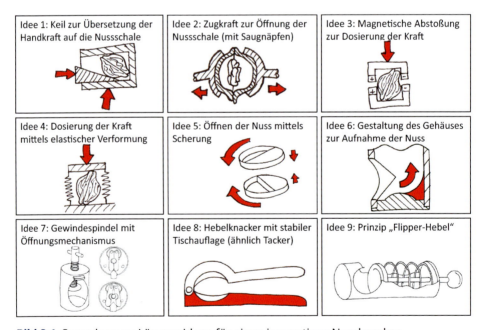

Bild 9.1 Sammlung an Lösungsideen für einen innovativen Nussknacker

Einige Ideen bezogen sich vom Umfang her auf einzelne **Funktionen** oder Teilaspekte, z. B. die Fragestellung, wie sich die Kraft zum Öffnen der Schale übertragen oder dosieren lässt (siehe Idee 4 zur Dosierung der Kraft mittels elastischer Verformung). Andere Ideen bezogen sich auf die Gesamtanordnung, wie die Variation eines traditionellen Hebelknackers in eine Anordnung, die einem Tacker ähnelt, um damit eine stabile Tischauflage zu ermöglichen (Idee 8).

Die Ideen lassen sich auch unterschiedlichen **Entwicklungsebenen** in unserem Kegelmodell zuordnen (siehe Abschnitt 2.4). Manche der Ideen befinden sich auf Prinzipebene und können über den zugrunde liegenden physikalischen Effekt beschrieben werden (wie der Keil bei Idee 1 oder die Scherung bei Idee 5). Andere Lösungsideen konzentrierten sich auf Aspekte der Gestalt, z. B. die Gehäusegeometrie bei Idee 6, um die Nuss wirkungsvoll aufnehmen bzw. fixieren zu können.

In einer ersten Bewertungsrunde befand das Team, dass manche Ideen eher konservativen Charakter besaßen und eine Variante oder Optimierung von bekannten Lösungen darstellten. Es wurde unter anderem ein Konzept skizziert, das auf einer Gewindespindel basierte, wie sie bereits bei vielen marktüblichen Lösungen umgesetzt ist (Idee 7). Das Neuartige an der Idee war ein Öffnungsmechanismus, der ein schnelles Zurücksetzen der Spindel in den Ausgangszustand ermöglicht (inspiriert von ähnlichen Mechanismen in Zirkeln zum Zeichnen von Kreisen), um die Bedienzeit drastisch zu verkürzen.

Andere Ideen wiederum hatten einen hohen **Neuheitsgrad** und wurden vom Team als innovativ eingestuft, auch im Hinblick auf die späteren Vermarktungsmöglichkeiten des Produkts. Dazu gehörten die Idee des Öffnens der Nuss mithilfe von Saugnäpfen (Idee 2) oder die Dosierung der Öffnungskraft mittels magnetischer Abstoßung (Idee 3), um eine Beschädigung des Nusskerns zu vermeiden. Allerdings wurden bei diesen neuartigen Ideen auch deutlich mehr Risiken gesehen in Bezug auf die zuverlässige Funktion, die Kosten und eine erfolgreiche Implementierung bis hin zur Serienreife.

Eine derartige Sammlung ist unserer Erfahrung nach repräsentativ für das Spektrum an Lösungsideen, das auch typischerweise im Rahmen von **Ideenworkshops** in der industriellen Praxis entsteht. Unabhängig von der konkreten Aufgabenstellung unterscheiden sich Lösungsideen auch hier oft in den Aspekten Umfang, Entwicklungsebene und Neuheitsgrad, wie wir sie beim Beispiel des Nussknackers diskutiert haben (Bild 9.2). Zudem stehen oft weitere Fragen im Raum:

- Haben wir genug Ideen gefunden? Oder haben wir vielleicht eine wichtige Idee vergessen? Sollten wir nach weiteren Lösungen suchen?
- Wie können wir einzelne Teillösungen zu schlüssigen Gesamtlösungen kombinieren?
- Auf welche Ideen und Konzepte sollten wir uns konzentrieren? Welche Ideen sollten wir angesichts der knappen Ressourcen im Projekt besser zurückstellen?

Die Analyse und der Vergleich der Lösungsideen zeigt, dass es sich durchaus lohnt, eine gewisse Ordnung in das Ideenspektrum zu bringen, bevor weitere Schritte angegangen werden.

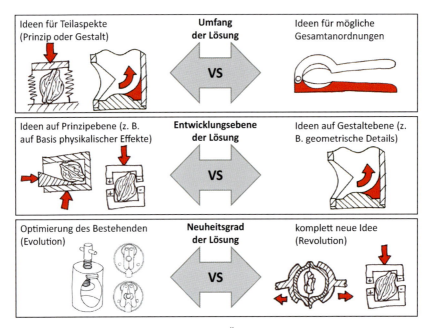

Bild 9.2 Sortierung der Lösungsideen – Überblick über den Lösungsraum

9.3 Herausforderungen bei der Entwicklung von Konzepten

Einen prinzipiellen Lösungsvorschlag für eine technische Aufgaben- oder Problemstellung bezeichnen wir als **Konzept** oder **Lösungskonzept**. Es gibt in der Regel mehrere Möglichkeiten, eine Aufgabenstellung zu erfüllen. Unter **Lösungsraum** verstehen wir hier die Gesamtheit aller denkbaren Lösungsmöglichkeite. Alternativ kann man von **Lösungsfeld** sprechen.

Im Laufe einer Produktentwicklung werden meist sehr viele Ideen generiert und zu Lösungskonzepten weiterentwickelt. Jedes Mitglied des Entwicklungsteams trägt hierzu mit seinem individuellen Erfahrungsschatz und seiner fachlichen Ausrichtung bei. Außerdem entstehen gerade im Austausch verschiedener Personen aus unterschiedlichen Fachbereichen innovative Ideen. Aus der Vielzahl an Möglichkeiten können aus Ressourcengründen meist nur wenige **Alternativen** weiterverfolgt werden. Stellt das Team zu einem späteren Zeitpunkt fest, dass die Entwicklungsziele und Kundenanforderungen mit der ausgewählten Lösung nicht erreicht werden können, sind Schleifen im Prozess nötig, die zu Projektverzug und erhöhten Projektkosten führen.

Bei der Suche nach geeigneten Konzepten sind Entwickler mit zahlreichen Hürden und Herausforderungen konfrontiert, die vielleicht auch Ihnen bekannt vorkommen:

- **Vielzahl an Anforderungen und Zielkonflikte**

    Die Entwicklungsaufgabe umfasst oft eine Vielzahl an unterschiedlichen **Anforderungen**, die nicht immer in Einklang zu bringen sind, sondern **Zielkonflikte** verursachen. Lösungen, die eine hohe Leistung und Robustheit versprechen, sind unter Umständen zu schwer. Eine Lösung, die hohe Leistung und niedriges Gewicht vereint, ist am Ende vielleicht zu teuer. Die Vielzahl an Zielen und ihre Widersprüchlichkeit erschwert somit die Identifikation der geeigneten Lösung.

- **Kein Überblick über den Lösungsraum**

    Produkte entstehen durch die Zusammenarbeit von Fachspezialisten im Team. Der Einzelne hat daher in der Regel keinen Überblick über die Gesamtzusammenhänge im Produkt. Ohne geeignete Hilfsmittel fällt es auch dem Team schwer, einen Überblick über die Menge an geeigneten Lösungen herzustellen.

- **Verharren bei bekannten Lösungen**

    Entwickler verharren oftmals in dem ihnen bekannten Teil des Lösungsraumes und erzeugen nur Variationen der bestehenden Lösung. Manchmal fehlt ihnen der Blick über den Tellerrand.

- **Vielzahl an Kombinationsmöglichkeiten von Lösungen**

    Die Gesamtaufgabe lässt sich (vor allem bei komplexen Systemen) in **Teilfunktionen** und **Teilprobleme** herunterbrechen. Zugehörige Ideen und Teillösungen müssen am Ende wieder zu schlüssigen Gesamtlösungen zusammengeführt werden. Hier stellen unter anderem die Vielfalt der Kombinationsmöglichkeiten, aber auch die Frage der Kompatibilität von Teillösungen eine Herausforderung dar.

Vielleicht geht es Ihnen auch so: Sie sind mit einer Aufgabenstellung konfrontiert, die viele einzelne Teilaufgaben oder Teilprobleme mit vielfältigen Abhängigkeiten beinhaltet. Sie haben bereits eine Reihe von Lösungsideen, entweder allein oder im Team, erarbeitet. Es fehlt Ihnen aber noch eine gewisse Übersicht und Struktur. Sie wollen sicherstellen, dass Sie für die Aufgabenstellung eine optimale Lösung identifizieren. Sie fragen sich: Wo sind noch Lücken in Ihrem Lösungsspektrum und mit welchen Lösungen können Sie den Lösungsraum erweitern? Gibt es weitere vielversprechende Lösungen, an die Sie bisher noch gar nicht gedacht haben? Ihr Ziel ist es schließlich, aus der Menge der Ideen eine geringe Anzahl an aussichtsreichen und Erfolg versprechenden Lösungskonzepten abzuleiten.

In unserem Kegelmodell befinden wir uns dabei im Schritt „**Lösungen erarbeiten**" (Bild 9.3). Ein Schlüssel zur Beantwortung dieser Fragen und der Erreichung Ihres Ziels liegt darin, den Lösungsraum zu strukturieren In Abschnitt 9.4 stellen wir Ihnen eine konkrete Methode vor, die Sie genau bei dieser Aufgabe unterstützt.

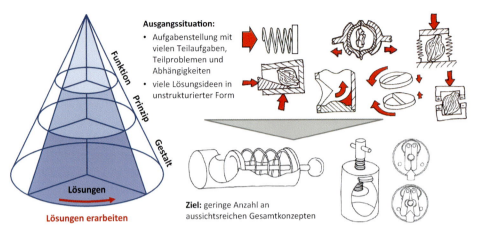

Bild 9.3 Entwicklung von Konzepten – Einordnung in das Kegelmodell

9.4 Methode: Morphologischer Kasten

9.4.1 Grundsätzliches zur Methode

Der **Morphologische Kasten** (Zwicky 1966) ist ein spezielles **Ordnungsschema** zur übersichtlichen Darstellung eines Spektrums an Teillösungsideen und den daraus abgeleiteten Lösungskonzepten. Der Morphologische Kasten ordnet in einer tabellenartigen Struktur den Teilfunktionen die jeweils zugehörigen Teillösungsideen zu. **Gesamtkonzepte** lassen sich als Pfade darstellen, die einzelne Teillösungen miteinander verbinden. Morphologisch bedeutet dabei „gestaltgebend".

Die Methode ist universell einsetzbar und lässt sich in verschiedenen Phasen des Entwicklungsprozesses sowie auf unterschiedlichen Entwicklungsebenen anwenden (Ehrlenspiel/Meerkamm 2017, S. 556). Entsprechend können sich die im Morphologischen Kasten aufgeführten Teillösungsideen entweder auf Prinziplösungen (**Konzeptphase**) oder konkrete Gestaltlösungen (**Entwurfsphase**) beziehen.

Der Morphologische Kasten hilft Ihnen also dabei, sich einen Überblick über den Lösungsraum zu verschaffen. Das bringt Ihnen eine Reihe von Vorteilen:

- Sie erzeugen im Team eine gemeinsame Sicht auf die komplette Lösungsmenge.
- Sie können den Lösungsraum strukturiert auf Vollständigkeit und Lücken hin überprüfen.
- Sie können Teillösungen systematisch zu Gesamtlösungen verknüpfen.
- Aussichtsreiche Lösungsansätze lassen sich zielgerichtet identifizieren und auswählen.

9.4.2 Vorgehen bei der Anwendung

Das Vorgehen zur Erstellung und Nutzung eines Morphologischen Kastens gliedert sich in vier Schritte (Bild 9.4), die wir im Folgenden näher beschreiben.

Bild 9.4 Schritte zur Erstellung und Nutzung eines Morphologischen Kastens

Schritt 1: System zergliedern

Zunächst ist das Gesamtsystem in geeignete Bestandteile zu zergliedern. Typischerweise wird hierfür die **Gesamtfunktion** auf **Teilfunktionen** heruntergebrochen, die zur Erfüllung der Gesamtfunktion notwendig sind. Alternativ können jedoch auch Teilprobleme, Gestaltelemente oder Module formuliert werden. Welche Perspektive sich eignet, hängt von der Entwicklungssituation und dem Konkretisierungsgrad der Lösung ab. Zum Beispiel lässt sich der Morphologische Kasten auch in der Entwurfsphase anwenden, wenn Gestaltelemente zu einer Gesamtgestalt zu kombinieren sind.

 Zur Veranschaulichung der Unterschiede greifen wir wieder das System Nussknacker aus dem Motivationsbeispiel auf und brechen es in Bild 9.5 auf Teilsysteme herunter, zum einen auf Teilfunktionen (Bild 9.5 links), zum anderen auf Teilgestaltungsbereiche (Bild 9.5 rechts). Um die Methodenbeschreibung jedoch nicht zu verkomplizieren, werden wir uns im Folgenden auf Teilfunktionen als ordnende Elemente konzentrieren.

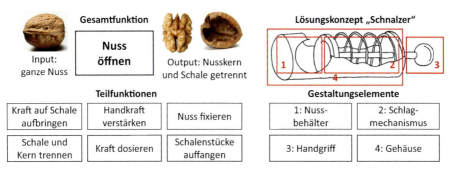

Bild 9.5 Herunterbrechen des Systems „Nussknacker" auf Teilfunktionen bzw. Gestaltelemente

Die Teilfunktionen werden in der Kopfspalte aufgelistet. Es bietet sich an, die ermittelten Teilfunktionen entlang einer **Wirkkette** abzubilden und in der entsprechenden Reihenfolge von oben nach unten in den Morphologischen Kasten einzutragen (z. B. erst Handkraft verstärken, dann Kraft auf Schale aufbringen, dann Schale und Kern trennen, dann Schalenstücke auffangen). Dies erleichtert den Überblick beim nachfolgenden Kombinieren der Teillösungsideen.

Schritt 2: Lösungsideen in das Schema eintragen

Die Teillösungsideen werden für jede Teilfunktion zeilenweise eingetragen und dabei möglichst anschaulich und verständlich dargestellt, am besten mittels einer kurzen prägnanten Bezeichnung und einer **Skizze**. Dies erleichtert die Beurteilung der später zu bildenden Kombinationen aus Teillösungsideen erheblich und regt Assoziationen über günstige Kombinationen an. Jeder Teilfunktion kann dabei eine unterschiedliche Anzahl von Teillösungsideen zugeordnet werden. Durch die Kombination aller Teillösungsideen einer Teilfunktion mit allen Teillösungsideen der jeweils anderen Teilfunktionen entsteht ein vollständiges Spektrum an Gesamtlösungsalternativen. Die maximale Anzahl an alternativen Konzepten ergibt sich rein rechnerisch als Produkt der jeweiligen Gesamtzahl an Teillösungsideen pro Teilfunktion.

Bild 9.6 zeigt einen Morphologischen Kasten für den Nussknacker mit vier Teilfunktionen und insgesamt 14 Teillösungen (nach Ausführung der Schritte 1 und 2). Rein rechnerisch ergeben sich 4 × 3 × 4 × 3 = 144 mögliche Gesamtlösungen, die vermutlich nicht alle Sinn ergeben. Wird die Kraft auf die Schale beispielsweise mit Druck aufgebracht (Teillösung A.1), könnte eine Dosierung der Kraft zum Schutz des Kerns mittels magnetischer Abstoßung (Teillösung D.3) sinnvoll sein. Werden dahingegen die Schalenhälften mit Zugkraft getrennt (Teillösung A.4), ist Teillösung D.3 nicht kompatibel.

9.4 Methode: Morphologischer Kasten

Die durch **Kombinatorik** ermittelten Gesamtlösungen lassen sich auch in einem **Lösungsbaum** visualisieren (Bild 9.7). Ein Lösungsbaum stellt die möglichen Kombinationen von Teillösungen in einer hierarchischen Baumstruktur dar. Das vermittelt auf übersichtliche Weise ein Gefühl für die Menge der Gesamtlösungsalternativen und zeigt auch anschaulich die jeweiligen Generierungspfade der einzelnen Lösungskonzepte auf. Die Übersichtlichkeit geht jedoch verloren, wenn sehr viele Alternativen bzw. Kombinationsstufen dargestellt werden sollen. Die Methode eignet sich daher besonders für die Visualisierung kleiner Lösungsspektren mit weniger als etwa 50 Alternativen.

Teilfunktionen	Teillösung 1	Teillösung 2	Teillösung 3	Teillösung 4
Teilfunktion A: Kraft auf Schale aufbringen	Druckkraft	Scherung	Stoß	Zugkraft
Teilfunktion B: Handkraft verstärken	Hebel	elastische Verformung	Keil	
Teilfunktion C: Nuss fixieren	Formschluss	Reibschluss	Adhäsion	Hand
Teilfunktion D: Kraft dosieren	Dämpfer	elastische Verformung	Magnetismus	

Bild 9.6 Morphologischer Kasten für einen Nussknacker

Das Beispiel in Bild 9.7 zeigt in Ausschnitten den Lösungsbaum für den Nussknacker, allerdings aus Platzgründen nur 36 der 144 möglichen Gesamtlösungen. Das heißt, der tatsächliche Lösungsbaum ist um ein Vierfaches breiter. Ein Pfad ist im Baum hervorgehoben, der die Lösung A1-B2-C1-D2 repräsentiert. Sie können sich gerne mal überlegen, wie das Gesamtkonzept aussehen könnte, das sich aus der Kombination dieser Teillösungen ergibt – und ob dies eine sinnvolle Lösung wäre.

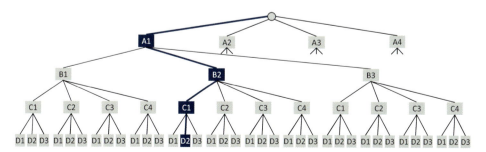

Bild 9.7 Darstellung von Kombinationen in einem Lösungsbaum (Ausschnitt)

Schritt 3: Lösungsmenge reduzieren

Bei der Entwicklung von Konzepten ist es wichtig, zielgerichtet und effizient diejenigen Lösungskonzepte zu ermitteln, die zielführend und Erfolg versprechend sind. Die Kombinatorik ermöglicht rein rechnerisch eine große Menge an theoretisch möglichen Gesamtlösungen. Die auf diese Weise generierte „Lösungsflut" bringt folgende Nachteile und Herausforderungen mit sich:

- **„Alternativenschrott":** Ein hoher Anteil der theoretisch möglichen Lösungskonzepte ist untauglich, weil die Kombinatorik keine funktionalen oder strukturellen Unverträglichkeiten berücksichtigt. So ist beispielsweise ein Elektromotor verträglich mit einem Stirnradgetriebe, jedoch unverträglich mit einem Hydraulikzylinder.

- **Mangel an „echten" Alternativen:** Es werden sehr viele ähnliche Lösungen als Alternativen generiert, auch wenn nur unwesentliche Unterschiede bestehen, sich die Konzepte also nur in wenigen Details voneinander abgrenzen.

Durch die Anwendung von **Reduktionsstrategien** lässt sich ein Morphologischer Kasten so reduzieren, dass aussichtsreiche Konzeptalternativen mit geringerem Aufwand gewonnen werden können (Birkhofer 1980). Durch den Umfang eines Morphologischen Kastens ist die Anzahl der möglichen alternativen Lösungskonzepte festgelegt. Durch eine sinnvolle Reduzierung der Teilfunktionen und Teillösungsideen vor dem Kombinieren lassen sich sowohl die Anzahl der möglichen Gesamtkonzepte als auch der Kombinations- und Beurteilungsaufwand drastisch verringern. Es hat sich bewährt, Reduktionsstrategien in der nachfolgend genannten Reihenfolge anzuwenden:

- Teilfunktionen nach Wichtigkeit ordnen, sofern nicht die Betrachtung einer Wirkkette erforderlich ist, beispielsweise Orientierung an den Hauptfunktionen
- Teilfunktionen, die weniger wichtig oder weniger lösungsbestimmend sind, für die erste Kombination zurückstellen, z. B. Nebenfunktionen
- Teillösungsideen nach ihrer Eignung sortieren
- weniger geeignete Teillösungsideen für die erste Kombination zurückstellen
- einzelne Teillösungsideen zu Lösungsklassen zusammenfassen, beispielsweise alle mechanischen, elektrischen oder hydraulischen Lösungsideen
- für die erste Kombination zunächst nur ähnliche Lösungsklassen betrachten

9.4 Methode: Morphologischer Kasten

Bild 9.8 zeigt den reduzierten Morphologischen Kasten für unser Nussknacker-beispiel. Teilfunktion D (Kraft dosieren) wurde für die erste Kombination zurückgestellt, ebenso wie einige Lösungsideen, die zu exotisch erscheinen (wie das Öffnen der Schale durch Zugkraft mit Saugnäpfen auf beiden Seiten). Damit reduziert sich die Menge an denkbaren Gesamtlösungen auf nur noch 3 × 3 × 2 = 18. Diese lassen sich nun auch übersichtlich und komplett im Lösungsbaum darstellen (Bild 9.9).

Teilfunktionen	Teillösung 1	Teillösung 2	Teillösung 3	Teillösung 4
Teilfunktion A: Kraft auf Schale aufbringen	Druckkraft	Scherung	Stoß	Zugkraft
Teilfunktion B: Handkraft verstärken	Hebel	elastische Verformung	Keil	
Teilfunktion C: Nuss fixieren	Formschluss	Reibschluss	Adhäsion	Hand
Teilfunktion D: Kraft dosieren	Dämpfer	elastische Verformung	Magnetismus	

Bild 9.8 Reduzierter Morphologischer Kasten für den Nussknacker

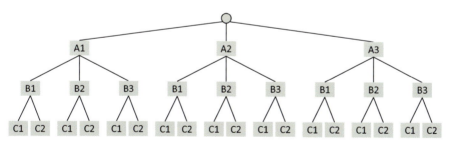

Bild 9.9 Lösungsbaum für den Nussknacker (nach Anwendung der Reduktionsstrategien)

Schritt 4: Gesamtlösungen kombinieren

Kombinationen aus Teillösungen können im Morphologischen Kasten und im Lösungsbaum als **Lösungspfade** visualisiert werden. Im Rahmen der Kombination bietet es sich an, die **Verträglichkeit** zwischen den Teillösungsideen zu überprüfen und unverträgliche Kombinationen auszuschließen. Bild 9.10 zeigt noch einmal den reduzierten Morphologischen Kasten für den Nussknacker und die Kombinationspfade für drei **Gesamtkonzepte**.

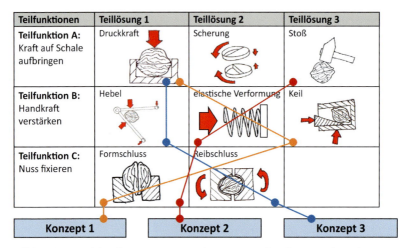

Bild 9.10 Kombination von Lösungskonzepten für den Nussknacker

Zur Beschreibung eines vollständigen Lösungskonzepts ist es zudem notwendig, die räumliche Struktur festzulegen, d. h. die Anordnung der Teillösungsideen zueinander sowie deren Verbindungen. Typischerweise erfolgt die Darstellung in Form von Skizzen. In Bild 9.11 sind die drei Gesamtkonzepte für den Nussknacker dargestellt.

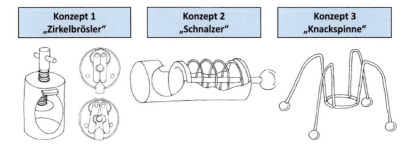

Bild 9.11 Darstellung von Lösungskonzepten für den Nussknacker

Konzept 1 („Zirkelbrösler") basiert auf einer Gewindespindel. Neuartig ist der Öffnungsmechanismus, der wie bei einem Zirkel (damit meinen wir das Gerät zum Zeichnen von Kreisen) ein schnelles Zurücksetzen der Spindel in den Ausgangszustand ermöglicht, um ein zeitaufwendiges Zurückschrauben zu vermeiden.

Bei **Konzept 2 („Schnalzer")** wird die Nuss durch einen Stoß geöffnet. Die Energie wird hierfür durch eine von Hand gespannte Feder bereitgestellt (ähnlich wie beim Hebel eines Flipperautomaten). Der Weg wird durch einen Anschlag beschränkt. Mögliche Schalentrümmer werden im Topf aufgefangen.

Konzepte 1 und 2 waren bereits in der Sammlung enthalten, die im Motivationsbeispiel den Ausgangspunkt der Konzeptfindung darstellte. **Konzept 3 („Knackspinne")** kommt hier neu dazu und basiert auf dem bekannten Prinzip des Hebelnussknackers, aber in einer neuartigen Ausgestaltung. Die Nuss wird hier zwischen vier konisch zulaufenden Stäben fixiert. Wird die Nuss in den Trichter gedrückt, verengen sich die Stäbe durch elastische Verformung und üben so Kraft auf die Nuss aus.

Fazit

Der Morphologische Kasten ist eine sehr universelle Methode, um sich einen strukturierten Überblick über ein großes Lösungsfeld zu verschaffen und daraus zielgerichtet aussichtsreiche Lösungskonzepte abzuleiten. Abhängig von der Situation kann die Lösungsmenge gezielt erweitert oder eingeschränkt werden. Sie können das Schema zur Präsentation des Ergebnisses verwenden, ebenso aber auch, um den Weg dorthin nachvollziehbar zu beschreiben.

9.4.3 Tipps für die praktische Anwendung

Einen Morphologischen Kasten können Sie sowohl allein als auch in einem Team erstellen. Für die Sammlung und Strukturierung von Lösungsideen und Ableitung von Lösungskonzepten im Team bietet sich der Rahmen eines moderierten **Workshops** an. Zur Dokumentation von Lösungsideen können standardisierte **Ideenblätter** verwendet werden (wie wir sie bereits in Kapitel 3 vorgestellt haben). Die Angabe von Teilfunktionen auf den Formularen erleichtert die spätere Sortierung der Ideen und die Zuordnung im Morphologischen Kasten.

Als Medium für die Dokumentation können Post-its oder Kärtchen verwendet werden, die auf Metaplantafeln oder Pinnwänden befestigt werden. Der Vorteil ist, dass einzelne Kärtchen flexibel umsortiert werden können. Die Variante mit selbstklebenden Kärtchen oder Post-its auf Metaplantafeln hat den Vorteil, dass das Ergebnis nach dem Workshop bequem eingerollt und mitgenommen werden kann. Für die weitere digitale Speicherung, Präsentation und Kommunikation von Morphologischen Kästen haben sich Formate wie MS Excel oder MS PowerPoint bewährt.

9.5 Anwendungsbeispiel: Konzeptentwicklung für einen elektrischen Trennschleifer

Für ein **handgeführtes elektrisches Trenngerät mit Diamantwerkzeug** war ein Gesamtkonzept zu entwickeln (Ponn/Lindemann 2011, S. 160). Das Gerät ist für Profianwender am Bau ausgelegt und wird zum Trennen von Beton bzw. Mauerwerk verwendet, beispielsweise für die Erstellung von Fenster- und Türausschnitten beim Umbau oder der Renovierung von Gebäuden. Hauptziel der Entwicklung war die Differenzierung gegenüber vergleichbaren Produkten der Wettbewerber, sodass gegenüber den Geräten der Konkurrenz in diesem Produktsegment ein klarer Mehrwert geschaffen werden sollte. Im Folgenden beschreiben wir den Weg von der Aufgabenstellung zum Konzept bei Einsatz der Methode des Morphologischen Kastens.

Schritt 1: System untergliedern

Der Startpunkt der Betrachtungen war ein bestehendes Modell am Markt, das es zu optimieren galt. Im ersten Schritt war die Aufgabe, dieses System sinnvoll zu untergliedern. Da der Einstieg in die Entwicklungsarbeit auf Gestaltebene erfolgte, orientierte sich das Herunterbrechen des Systems hier nicht an allgemeinen Funktionen, sondern an **Hauptkomponenten** des Geräts. Diese sind der Elektromotor, die Elektronik, das Getriebe, die Werkzeugaufnahme, die Trennscheibe, die Schutzhaube und die Handgriffe (Bild 9.12).

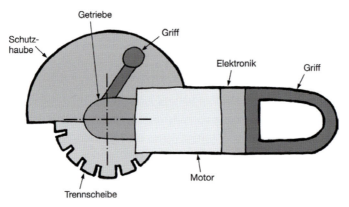

Bild 9.12 Hauptkomponenten des Systems Trennschleifer

Schritt 2: Lösungsideen in das Schema eintragen

Im nächsten Schritt waren Lösungsideen zu ermitteln und strukturiert im Morphologischen Kasten zusammenzutragen. Hierfür war es unumgänglich, ein gutes Verständnis für die Zusammenhänge im System zu erarbeiten. Es stellten sich hier folgende Fragen: Was sind die Stellhebel und Freiheitsgrade für die Entwicklung, was sind die Merkmale der Lösung, die beeinflusst werden können, und wie lässt sich dadurch gewährleisten, dass wichtige Produktanforderungen erfüllt werden?

Es wurden vier wichtige **Produktanforderungen** identifiziert, die zur Differenzierung des Trennschleifers einen signifikanten Beitrag leisten: eine hohe Schnitttiefe, staubarmes Arbeiten, eine gute Ergonomie sowie eine hohe Arbeitssicherheit. Die einzelnen Komponenten und ihre Gestaltung besaßen unterschiedlichen Einfluss auf diese angestrebten Produkteigenschaften. Eine hohe Schnitttiefe wurde beispielsweise maßgeblich durch den Durchmesser der Trennscheibe und die Bauform und Dimensionierung des Getriebes beeinflusst. Das Getriebe musste dabei eine hohe Motorleistung übertragen können (deutlich über 2000 W). Jeder Millimeter, den das Getriebe schlanker gestaltet werden konnte, ergab bei konstantem Scheibendurchmesser einen halben Millimeter mehr Schnitttiefe im Beton. In Bild 9.13 sind diese Zusammenhänge schematisch verdeutlicht.

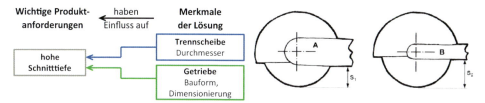

Bild 9.13 Einflüsse auf die Anforderung „hohe Schnitttiefe"

In Bild 9.14 sind weitere Zusammenhänge verdeutlicht. In Bild 9.14 rechts sind wesentliche Komponenten des Systems aufgeführt und Merkmale, die das Prinzip oder die Gestalt der Lösung beschreiben. Mit Pfeilen nach links sind Einflüsse auf die vier genannten zentralen Produkteigenschaften dargestellt, die in Bild 9.14 links zu sehen sind.

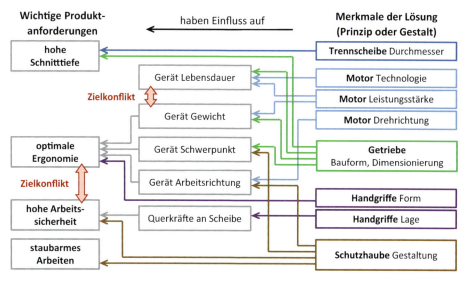

Bild 9.14 Einflüsse zwischen den gestalterischen Merkmalen der Komponenten und den Anforderungen

Eine optimale Ergonomie resultierte aus einem geringen Produktgewicht, einem balancierten Gerät (Schwerpunkt zwischen den beiden Händen des Anwenders), ergonomischen Griffformen und einer benutzerfreundlichen Arbeitsrichtung. Eine hohe Arbeitssicherheit wurde erreicht durch eine stabile Schutzhaube (Anwenderschutz bei Bersten der Scheibe) und geringe Querkräfte im Betrieb durch den Benutzer auf die Scheibe. Durch das Ableiten und Absaugen des Staubes in die Schutzhaube wurde staubarmes Arbeiten ermöglicht.

Die Übersicht in Bild 9.14 zeigt, dass bei der Auswahl von Lösungen für einzelne Komponenten sowie bei der Integration in ein Gesamtkonzept zahlreiche Wechselwirkungen zu berücksichtigen waren. Eine Herausforderung im Rahmen der Entwicklung waren **Zielkonflikte**, die sich aus der Vielzahl an unterschiedlichen Anforderungen ergaben. Aus Gründen der Arbeitssicherheit sollte die Haube massiv gestaltet sein. Dies widersprach jedoch dem Wunsch nach Leichtbau im Sinne der Ergonomie. Ebenso wären ein schwerer, leistungsstarker Motor und ein mit hoher Sicherheit dimensioniertes Getriebe zum Erreichen einer hohen Lebensdauer für das Gerät hilfreich. Beide Lösungsansätze führten jedoch nicht zu einem geringen Gerätegewicht.

Um einen strukturierten Überblick über das Lösungsfeld zu erlangen, wurde ein **Morphologischer Kasten** erstellt, und die ermittelten Lösungsansätze wurden in das Schema eingetragen (Bild 9.15). Der initiale Kasten enthielt sechs Zeilen entsprechend den identifizierten Systemkomponenten und den lösungsbestimmenden Parametern, mit jeweils zwei bis vier Lösungsansätzen pro Zeile. Die Anzahl an theoretisch möglichen Gesamtkonzepten betrug zu diesem Zeitpunkt $4 \times 4 \times 4 \times 2 \times 3 \times 3 = 1152$.

Komponente (Parameter)	Lösungen			
Motor (Typ, Auslegung)	UNI Antrieb 1, schlank und lang	UNI Antrieb 2, dick und kurz	BL Antrieb 1, schlank und lang	BL Antrieb 2, dick und kurz
Getriebe (Art, Anzahl Stufen)	Getriebe zweistufig, Stirnrad & Kegelrad	Getriebe einstufig, Kegelrad	Getriebe einstufig, Stirnrad	kein Getriebe, Direktantrieb
Trennscheibe (Arbeitsrichtung, Drehrichtung)	Schieben mit Scheibe im Gegenlauf	Schieben mit Scheibe im Gleichlauf	Ziehen mit Scheibe im Gegenlauf	Ziehen mit Scheibe im Gleichlauf
Handgriff (Anordnung)	symmetrisch	asymmetrisch		
Schutzhaube (Werkstoff)	Stahl	Aluminiumdruckguss	Polyamid	
Tiefenanschlag (Werkstoff)	Stahl	Aluminiumdruckguss	Polyamid	

Bild 9.15 Morphologischer Kasten für das Trenngerät

Schritt 3: Lösungsmenge reduzieren

Um diese Flut an Lösungsmöglichkeiten sinnvoll einzuschränken, wendete das Team vor der Kombination **Reduktionsstrategien** an. Dafür wurden weniger konzeptentscheidende Teilfunktionen zunächst zurückgestellt. Die Anordnung des Handgriffs sowie die Werkstoffe für Schutzhaube und Tiefenanschlag wurden vom Team als nicht ausschlaggebend für das Gesamtkonzept bewertet und daher zunächst nicht weiter betrachtet. Für die erste Kombination fokussierte sich das Team auf die Komponenten Motor, Getriebe und Trennscheibe. Hier wurden die Lösungsideen priorisiert. Ideen, die das Team für die Zielerreichung als ungeeignet einstufte, wurden ebenfalls für die Kombination der Teillösungen zurückgestellt.

Für den **Motor** kamen grundsätzlich zwei Technologien infrage: mit Kohlebürsten behaftete Universalmotoren (UNI) oder elektronisch kommutierte bürstenlose Motoren (BL). Ferner waren jeweils zwei Auslegungen denkbar, die sich aus der Kombination von Durchmesser und Länge des Motors ergaben: ein schlanker langer Motor oder ein dicker kurzer Motor. Elektronisch kommutierte bürstenlose Motoren wurden zum Zeitpunkt des Projekts aufgrund der hohen Herstellungskosten ausgeschlossen, sodass die Entwickler ihre Betrachtung auf mit Kohlebürsten behaftete Universalmotoren beschränkten. Damit verblieben für den Motor zwei Optionen.

Für das **Getriebe** waren verschiedene Konzepte denkbar – vom Direktantrieb ohne Getriebe über eine Getriebestufe mit Stirnrad oder eine Getriebestufe mit Kegelrad bis hin zu zwei Getriebestufen mit einer Kombination aus Stirnrad und Kegelrad. Bei einer Betrachtung des Gesamtgerätekonzepts wurde im Team diskutiert, dass eine Anordnung des Motors entlang der Werkzeugachse zu einem ungünstigen räumlichen Konzept führte. Daher wurde es von den Entwicklern als Notwendigkeit angesehen, das Drehmoment umzulenken und den Motor im rechten Winkel zur Werkzeugachse anzuordnen. Somit richtete das Team den Fokus auf ein Getriebe mit Kegelradstufe. Als Freiheitsgrad verblieb die Anzahl der Übersetzungsstufen (einstufig vs. zweistufig). Die Anzahl der zu betrachtenden Lösungen für das Getriebe reduzierte sich damit von vier auf zwei.

Die Ergonomie für den Anwender wurde maßgeblich durch die **Arbeitsrichtung des Geräts** in Verbindung mit der **Drehrichtung der Scheibe** bestimmt. Als Arbeitsrichtungen des Geräts waren Schieben oder Ziehen denkbar. Je nach Drehrichtung der Scheibe trennt das Gerät den Untergrund dabei im Gleichlauf oder im Gegenlauf. Dies führte in Summe zu vier möglichen Kombinationen. Hinsichtlich der Arbeitsrichtung des Geräts wurde der Fokus auf das Schieben gelegt, weil hierbei im Gegensatz zum Ziehen die Arbeitsergonomie für den Anwender höher war, ebenso wie die Präzision des Trennschnitts.

Weitere Aspekte, die ebenfalls Einfluss auf die Arbeitsergonomie hatten, betrafen die Anordnung der Handgriffe (symmetrisch oder asymmetrisch) sowie die Werkstoffe für Schutzhaube und Tiefenanschlag (Stahl, Aluminiumdruckguss oder Polyamid). Für die erste Kombination der Gesamtlösungen wurden diese Kriterien wie erwähnt zunächst zurückgestellt.

Der Morphologische Kasten nach Anwendung der Reduktionsstrategien ist in Bild 9.16 dargestellt. Mit den beschriebenen Maßnahmen fokussierte sich die Betrachtung auf drei konzeptbestimmende Merkmale mit jeweils zwei relevanten Ausprägungen. Es verblieben somit lediglich $2 \times 2 \times 2 = 8$ mögliche Gesamtkonzepte.

Komponente (Parameter)	Lösungen			
Motor (Typ, Auslegung)	UNI Antrieb 1, schlank und lang	UNI Antrieb 2, dick und kurz	BL Antrieb 1, schlank und lang	BL Antrieb 2, dick und kurz
Getriebe (Art, Anzahl Stufen)	Getriebe zweistufig, Stirnrad & Kegelrad	Getriebe einstufig, Kegelrad	Getriebe einstufig, Stirnrad	kein Getriebe, Direktantrieb
Trennscheibe (Arbeitsrichtung, Drehrichtung)	Schieben mit Scheibe im Gegenlauf	Schieben mit Scheibe im Gleichlauf	Ziehen mit Scheibe im Gegenlauf	Ziehen mit Scheibe im Gleichlauf
Handgriff (Anordnung)	symmetrisch	asymmetrisch		
Schutzhaube (Werkstoff)	Stahl	Aluminium-druckguss	Polyamid	
Tiefenanschlag (Werkstoff)	Stahl	Aluminium-druckguss	Polyamid	

Bild 9.16 Reduzierter Morphologischer Kasten für das Trenngerät

Schritt 4: Gesamtlösungen kombinieren

Das Team visualisierte die verbleibenden Kombinationsmöglichkeiten in einem **Lösungsbaum** (Bild 9.17). Nach einer weiteren Diskussion der Vor- und Nachteile wurde schließlich ein Gesamtkonzept für die weitere Umsetzung ausgewählt. Der zugehörige Pfad ist im Lösungsbaum hervorgehoben.

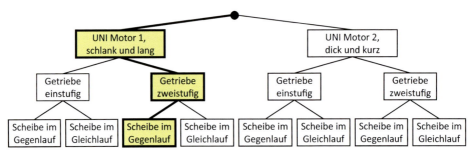

Bild 9.17 Lösungsbaum der verbleibenden Kombinationen nach Anwendung der Reduktionsstrategien

Das im Produkt umgesetzte **Gesamtkonzept** ist in Bild 9.18 dargestellt. Hauptmerkmale waren ein schlanker Universalmotor mit Motorachse parallel zur Arbeitsrichtung, ein zweistufiges Getriebe mit einer Stirnrad- und Kegelradstufe sowie eine Trennscheibe, die im Gegenlauf zur Arbeitsrichtung betrieben wurde.

Der schlanke lange Motor bot aus ergonomischer Sicht deutliche Vorteile gegenüber einem dicken kurzen Motor. Durch das Vorschalten einer Stirnradstufe ließ sich die anschließende Kegelradstufe sehr schlank dimensionieren. Durch den geringen Getriebedurchmesser ließ sich wiederum eine hohe Schnitttiefe realisieren. Ein nahezu staubfreies Arbeiten wurde durch eine geschlossene Schutzhaube mit Anschluss an einen Staubsauger realisiert. Die Drehrichtung der Scheibe wurde so gewählt, dass der entstehende Staub vom Anwender weg direkt in den Absaugstutzen in der Schutzhaube, der Schnittstelle zum Saugschlauch und zum Staubsauger, geschleudert wurde.

Bild 9.18 Gesamtkonzept des Trenngeräts mit seinen wesentlichen Merkmalen (© Bilder: HILTI AG)

Bei der Synthese des Gesamtkonzepts wurden nun auch wieder die Merkmale aufgegriffen, die für die Kombination zurückgestellt worden waren. Bei der Werkstoffwahl war die richtige Balance zwischen den Anforderungen nach niedrigem Gewicht und hoher Robustheit zu finden. Das Arbeitsgewicht wurde durch mehrere Leichtbaumaßnahmen geringgehalten, unter anderem durch eine stabile Schutzhaube aus Aluminiumdruckguss und einen Tiefenanschlag aus Polyamid.

Eine ergonomische Arbeitsweise wurde durch die asymmetrische Gestalt des hinteren Handgriffs erzielt. Der Griff lag in der Ebene der Trennscheibe, sodass beim Schieben des Geräts nur sehr geringe Querkräfte entstanden.

Fazit zum Anwendungsbeispiel

Abschließend wollen wir den Methodeneinsatz in diesem Beispiel nochmals kurz reflektieren. Die Strukturierung des Gesamtsystems in Teilsysteme half dabei, zunächst unabhängig von den anderen Komponenten Lösungen für Teilprobleme bzw. Teilfunktionen zu erarbeiten. Die Darstellung der Teillösungen im Morphologischen Kasten brachte eine strukturierte Übersicht über den Lösungsraum. Mithilfe der Reduktionsstrategien konnte sich das Team auf die wichtigsten Themen konzentrieren und die Menge an möglichen Lösungskombinationen auf ein überschaubares Maß reduzieren.

Somit konnte Schritt für Schritt auf systematische Weise eine gute Gesamtlösung erarbeitet werden. Besonders hilfreich war auch immer der Blick auf die Hauptanforderungen und die Überprüfung, ob die Lösungen auch tatsächlich zu deren Erfüllung beitrugen.

9.6 Methodensteckbrief: Morphologischer Kasten

Bild 9.19 zeigt den Methodensteckbrief für den Morphologischen Kasten.

SITUATION: Viele Lösungsideen, viele Abhängigkeiten, kein Überblick

WANN wende ich die Methode an?
- Die Gesamtaufgabe beinhaltet viele einzelne Teilaufgaben, Teilfunktionen und Teilprobleme mit vielfältigen Abhängigkeiten.
- Es sind viele Lösungsideen in bisher unstrukturierter Form vorhanden.

WARUM wende ich die Methode an?
- Ich möchte mir einen strukturierten Überblick über mein Lösungsfeld verschaffen.
- Ich möchte zielgerichtet Teillösungen zu Gesamtlösungen verknüpfen.
- Ich möchte aussichtsreiche Lösungsansätze gezielt identifizieren und auswählen.

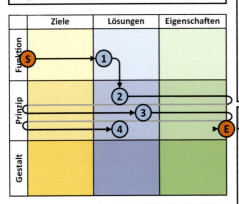

ERGEBNIS: Überblick über den Lösungsraum, aussichtsreiche Gesamtkonzepte

WAS erhalte ich als Ergebnis?
- übersichtlich strukturierte Darstellung des Spektrums von Teillösungsideen
- systematisch hergeleitete vielversprechende Gesamtkonzepte

WAS kann ich mit dem Ergebnis machen?
- systematische Bewertung und Auswahl eines oder mehrerer Gesamtkonzepte
- Diese können im Anschluss weiter verfolgt und detailliert werden.

Schritt 1: System zergliedern
- Gesamtsystem in sinnvolle Teilsysteme gliedern, typischerweise Gesamtfunktion in Teilfunktionen herunterbrechen
- Teilfunktionen in die Kopfspalte des Kastens eintragen

Funktionen	Lösungen
Teilfkt A	
Teilfkt B	
Teilfkt C	
Teilfkt D	

Schritt 2: Lösungsideen in das Schema eintragen
- Teillösungsideen für jede Teilfunktion zeilenweise in den Morphologischen Kasten eintragen
- anschauliche und verständliche Darstellung der Lösungen, z. B. mittels prägnanter Bezeichnung und einer Skizze

Funktionen	Lösungen			
Teilfkt A	A1	A2	A3	A4
Teilfkt B	B1	B2	B3	
Teilfkt C	C1	C2	C3	C4
Teilfkt D	D1	D2	D3	

Schritt 3: Lösungsmenge reduzieren
- Reduktion der betrachteten Teilfunktionen und Teillösungsideen vor dem Kombinieren
- Verringerung der Anzahl möglicher Gesamtkonzepte sowie des Beurteilungsaufwands
- Konzentration auf aussichtsreiche Konzeptalternativen

Funktionen	Lösungen			
Teilfkt A	A1	A2	A3	A4
Teilfkt B	B1	B2	B3	
Teilfkt C	C1	C2	C3	
Teilfkt D	D1	D2	D3	

Schritt 4: Gesamtlösungen kombinieren
- Kombinieren von Teil- zu Gesamtlösungen
- Visualisierung von Kombinationen im Morphologischen Kasten als Lösungspfade
- Visualisierung der Kombinationen in einem Lösungsbaum

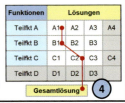

Bild 9.19 Methodensteckbrief für den Morphologischen Kasten

9.7 Fazit und Ausblick

Zum Abschluss des Kapitels wollen wir nochmals den Wert des Morphologischen Kastens für die Entwicklung von Konzepten zusammenfassen und Ihnen als Ausblick eine weitere Methode vorstellen, die Ihnen bei der Strukturierung des Lösungsraumes behilflich sein kann. Zudem gehen wir kurz darauf ein, wie Sie das Ergebnis in weiteren Schritten in Ihrem Entwicklungsprozess nutzen können.

Der Morphologische Kasten – eine Übersicht über den Lösungsraum auf dem Weg zum Konzept

Der Morphologische Kasten ordnet den Teilfunktionen (oder Komponenten) die jeweils zugehörigen Teillösungsideen in einer tabellenartigen Struktur zu. Das Schema ist universell einsetzbar, sowohl auf Prinzip- als auch auf Gestaltebene. Folgende Schritte werden unterstützt:

- **Lösungsraum strukturieren:** Sie zerlegen bewusst die Gesamtaufgabe bzw. das Gesamtsystem in seine Bestandteile und ordnen diesen Ihre Lösungsideen zu. Das schafft eine gewisse Ordnung und gibt Ihnen einen Blick für die Vollständigkeit. Damit können Sie Lücken erkennen („Haben wir für diese Funktion überhaupt Ideen?") und es bietet eine gute Grundlage für die nächsten Schritte.

- **Lösungsraum gezielt erweitern:** Sie können die im Schema dargestellte Lösungsmenge gezielt ergänzen, um die Chance auf eine gute Gesamtlösung zu steigern. Dazu können Sie auch Methoden nutzen, wie wir sie in vorangegangenen Kapiteln vorgestellt haben: die Systematische Variation des Prinzips (Kapitel 6), die Systematische Variation der Gestalt (Kapitel 7) oder die Lösungssuche mithilfe von Lösungssammlungen und Katalogen (Kapitel 8).

- **Lösungsvielfalt gezielt einschränken:** Im Gegenzug können Sie die in diesem Kapitel vorgestellten Reduktionsstrategien dazu nutzen, um die Lösungsvielfalt auf ein sinnvolles Maß zu reduzieren. Wenn Sie Teilfunktionen oder Teillösungen zurückstellen, heißt das nicht zwingend, dass Sie diese komplett ausschließen. Sie schaffen einen Fokus für die anschließende Kombination. Bei Bedarf können Sie zurückgestellte Funktionen und Lösungen in späteren Schritten wieder aufgreifen.

- **Gesamtlösungen systematisch herleiten:** Aus einzelnen Teillösungen bilden Sie durch Kombination alternative Gesamtlösungen. Durch die Konzentration auf wichtige Teilfunktionen und aussichtsreiche, kompatible Teillösungen gelangen Sie systematisch zu vielversprechenden Gesamtkonzepten. Im Morphologischen Kasten zeigen Sie übersichtlich das Ergebnis dieser Kombination und auch den Weg dorthin.

Welche Spielarten gibt es in der Methodenanwendung?

In der Methodenbeschreibung in Abschnitt 9.4 haben wir uns auf die wesentlichen Schritte bei der Erstellung und Nutzung eines Morphologischen Kastens konzentriert. Sollten Sie „Gefallen" an der Methode gefunden haben, möchten wir Ihnen an dieser Stelle noch eine weitere Methode vorstellen, die diese wunderbar ergänzt: das mehrdimensionale Ordnungsschema. Mehr Details dazu finden Sie bei Interesse in Ponn sowie Ponn und Lindemann (Ponn 2016, S. 721; Ponn/Lindemann 2011, S. 151).

Ein **mehrdimensionales Ordnungsschema** ist wie der Morphologischen Kasten eine tabellenartige Struktur, in die sich Lösungsideen systematisch eingliedern lassen. Zur Strukturierung von Lösungen im Ordnungsschema müssen Entwickler geeignete Kriterien auswählen, mit denen sich wesentliche Gemeinsamkeiten und Unterschiede von Lösungen beschreiben lassen. Die Anzahl der verwendeten Ordnungskriterien bestimmt dabei die Dimension des Ordnungsschemas. Ein Beispiel für ein zweidimensionales Ordnungsschema ist am Beispiel des Handnussknackers in Bild 9.20 dargestellt. Bleiben im Ordnungsschema Felder leer (weiße Felder), kann es sich um nicht realisierbare Lösungen oder aber um Ansatzpunkte für neuartige Lösungsideen handeln.

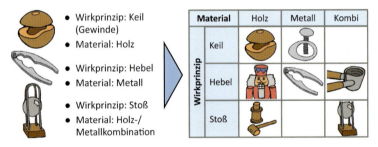

Bild 9.20 Mehrdimensionales Ordnungsschema

Wie nutze ich die Ergebnisse in weiteren Schritten?

Der Morphologische Kasten (oder eine andere Form von Ordnungsschema) kann zum Aufbau einer eigenen Lösungssammlung genutzt werden (siehe auch Kapitel 8). Darin enthaltene Teillösungsideen oder auch die abgeleiteten Gesamtkonzepte, die im aktuellen Projekt nicht weiterverfolgt werden, können zu einem späteren Zeitpunkt oder für ein anderes Projekt wieder interessant werden. Im Anschluss an die Erstellung von mehreren alternativen Gesamtkonzepten bietet sich die Durchführung eines Konzeptvergleichs bzw. einer Konzeptbewertung an, um systematisch das Konzept zu identifizieren, das den meisten Erfolg verspricht. Wie Sie eine derartige Bewertung systematisch angehen, erfahren Sie in Kapitel 11.

Literatur

Birkhofer, H.: Analyse und Synthese der Funktionen technischer Produkte. In: VDI Fortschritts-Berichte, Reihe 1, Nr. 70, VDI-Verlag, Düsseldorf 1980

Ehrlenspiel, K./Meerkamm, H.: Integrierte Produktentwicklung. Denkabläufe, Methodeneinsatz, Zusammenarbeit. 6. Auflage. Carl Hanser Verlag, München 2017

Ponn, J.: Systematisierung des Lösungsraums. In: *Lindemann, U. (Hrsg):* Handbuch Produktentwicklung. Carl Hanser Verlag, München 2016, S. 715–742

Ponn, J./Lindemann, U.: Konzeptentwicklung und Gestaltung technischer Produkte. Systematisch von Anforderungen zu Konzepten und Gestaltlösungen. 2. Auflage. Springer, Berlin 2011

Zwicky, F.: Entdecken, Erfinden, Forschen im morphologischen Weltbild. Droemer Knaur, München/Zürich 1966

10 Eigenschaften von Lösungen ermitteln mit Orientierenden Versuchen

10.1 Ziel des Kapitels

In diesem Kapitel erfahren Sie, wie Sie Ihre entwickelte Produktidee schnell ausprobieren können, insbesondere dann, wenn Sie noch unsicher sind, welchen Weg der Konstruktion Sie einschlagen sollen. Um frühzeitig zu erkennen, ob Sie in eine zielführende Richtung entwickeln, eignen sich Orientierende Versuche. Dabei ist das Ziel, mit wenig Aufwand in kurzer Zeit entscheidende Eigenschaften Ihrer anvisierten Produktlösung antizipieren zu können.

10.2 Motivationsbeispiel: Entwicklung einer Wellenkupplung

Wellenkupplungen sind häufig verwendete Baugruppen in Maschinen, Anlagen oder Fahrzeugen, um zwei sich drehende Wellen zu verbinden. Dabei übernimmt die Wellenkupplung die Aufgabe, die Rotationsbewegung zu übertragen und gleichzeitig einen Winkelversatz oder minimale Fluchtfehler der beiden Wellen auszugleichen. Auch Drehmomentstöße können gedämpft werden, wie sie beispielsweise aus der Charakteristik eines Verbrennungsmotors resultieren. Bild 10.1 zeigt die Ausführung einer Radial-, Axial- und Winkelversatz ausgleichenden Kupplung.

In diesem Beispiel hat sich ein Entwickler der Aufgabe gewidmet, eine deutlich leichtere und kostengünstigere Wellenkupplung zu entwerfen (vgl. auch Kapitel 7). Nach Anwendung von Methoden der Produktentwicklung entwarf er eine Lösungsalternative, die radikal weniger Teile benötigte als beispielsweise die Lösungsalternative aus Bild 10.1. Die Dämpfungs- und Ausgleichseigenschaften der gefundenen Lösung konnte er jedoch nur theoretisch ermitteln bzw. abschätzen.

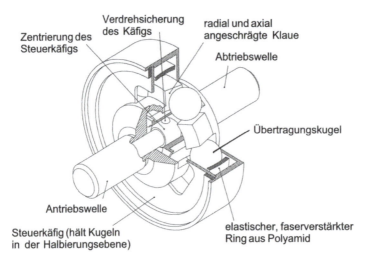

Bild 10.1 Radial-, Axial- und Winkelversatz ausgleichende Kupplung (Quelle: Baier et al. 1985)

Um zu entscheiden, ob diese Lösungsalternative für die weitere Produktentwicklung infrage kam, beschloss er, einen Orientierenden Versuch durchzuführen, und erstellte kurzfristig einen Prototyp (Bild 10.2 links). Dieser Prototyp wurde mit einfachen Mitteln – in diesem Fall Kartonagen als elastisches Material – aufgebaut. Die Geometrie des Grundkörpers ermöglichte ein Verdrehen der Wellen zueinander. Die elastische Verformung der Kartonagen erlaubte den gewünschten Freiheitsgrad in rotatorischer Richtung, übertrug aber dennoch Drehmoment von einer Welle auf die andere.

Mittels dieses Prototyps konnte der Entwickler rasch ein Gefühl für das **Systemverhalten** der Lösungsalternative entwickeln, etwa, wie sich die beiden Wellen im ersten Moment zueinander tordieren und sich dann progressiv ein Drehmoment aufbaut. Für die Fortsetzung der Entwicklungstätigkeit musste ein passendes Material der Wellenkupplung gefunden werden. Schließlich galt es, hier ein gewünschtes elastisches Materialverhalten mit ausreichender Dämpfung zu ermöglichen. Gleichzeitig durften die auftretenden Kräfte die Kupplung nicht plastisch verformen. Für den nächsten Prototyp wurden verschiedene Kunststoffelemente mit unterschiedlicher Steifigkeit gefertigt und als Prototyp montiert (Bild 10.2 rechts). Dieser nächste Prototyp unterschied sich erheblich vom ersten Pappmodell. Er demonstrierte nicht nur die prinzipielle Wirkweise, sondern diente bereits der Wahl eines geeigneten Materials und der gewünschten Dämpfungseigenschaften. Mit diesem Vorgehen gelang es dem Entwickler, rasch die Wirkweise der Konstruktion zu verfeinern, etwa mit der Dimensionierung der Wandstärken. Als Ergebnis konnte nun ein Konzept für die weitere Konstruktion verfolgt werden.

Bild 10.2 Pappmodell einer radialausgleichenden Wellenkupplung (links) und Prototyp einer radialausgleichenden Wellenkupplung (rechts) (Quelle: Feichter 1992)

10.3 Ziel der methodischen Vorgehensweise

Innovative Produkte basieren oft auf neuartigen **Wirkprinzipen**. Deren **Systemverhalten** ist daher nicht immer vollumfänglich vorhersehbar. Wenn Sie erkennen, dass Sie die Eigenschaften Ihrer Produktidee gerne real erfahren möchten, wäre das der richtige Zeitpunkt, um einen Orientierenden Versuch in Betracht zu ziehen. Sie überprüfen damit konsequent, ob Ihre weitere Entwicklungsaktivität zielführend ist, und vermeiden damit Folgendes:

- womöglich viel Aufwand in eine nicht zielführende Lösung zu stecken
- weitere Systemeigenschaften zu übersehen
- mehrere Lösungsalternativen weiter auszudetaillieren, obwohl Sie am Ende nur eine brauchen
- eine Lösung zu präsentieren, die die gewünschten Eigenschaften nicht erfüllt
- ein Produkt auf den Markt zu bringen, von dem die Kunden womöglich enttäuscht sind

Die methodische Vorgehensweise hilft Ihnen, die grundsätzliche Eignung von Konzepten zu überprüfen. Sie erlangen im besten Fall viel Erkenntnis bei wenig Aufwand. Sie können frühzeitig Potenziale der angedachten Lösung erkennen und Schwerpunkte für die weitere Ausgestaltung ableiten. Sollten Sie durch den Orientierenden Versuch negative Ergebnisse erhalten, können Sie zur Schonung der Entwicklungsressourcen wieder in die Lösungsfindung zurückspringen oder gar den Lösungspfad abbrechen.

Idealerweise ist der Orientierende Versuch in Ihrem Entwicklungsprozess in weitere Aktivitäten zur Eigenschaftsermittlung des Produkts eingebettet. Die Verzahnung von rechnerbasiertem und experimentellem Vorgehen wird bei Lindemann ausführlicher beschrieben (Lindemann 2007, S. 162 ff.). Das heißt, der Orientierende Versuch ist nicht isoliert als Methode zu betrachten, sondern entfaltet sein Potenzial unter Umständen in Kombination mit virtuellen Methoden.

10.4 Methode: Orientierender Versuch

Auf welcher Entwicklungsebene wendet man den Orientierenden Versuch an?

Wir empfehlen Ihnen, die Methode des Orientierenden Versuchs auf der Prinzip- und Gestaltebene anzuwenden (siehe Kapitel 2). Auf der Prinzipebene zeigen sich die wesentlichen Unterschiede von Lösungsalternativen. Es sind vor allem funktionelle Eigenschaften, die Sie testen können. Daraus können Sie dann ableiten, ob das Konzept überhaupt funktioniert. Für die Effizienz Ihrer Produktentstehung ist es sinnvoll, die zielführende Richtung auf der Prinzipebene einzuschlagen. Damit kann der Aufwand für die anschließende Ausgestaltung der Lösungsalternative gut begründet werden.

Eventuell brauchen Ihre Lösungsideen einen gewissen Grad der Ausdetaillierung, um die Eigenschaften beurteilen zu können (beispielsweise eine Materialwahl). Sie sollten jedoch zur Schonung Ihrer Entwicklungsressourcen im Auge behalten, dass es noch nicht um die fertige Konstruktion der Lösungsideen geht. Idealerweise detaillieren Sie genau so weit, wie es für die Beurteilung der Lösungsalternative wichtig ist. Reflektieren Sie also stets, was am Prüfling für Ihren Orientierenden Versuch dargestellt sein muss und was Sie eventuell weglassen können oder nicht auskonstruieren müssen. Ein Orientierender Versuch kann damit auch auf der Gestaltebene zielführend sein, wenn beispielsweise Fragen der Materialwahl oder Dimensionierung zu klären sind.

Wie muss ich mir einen Orientierenden Versuch grundsätzlich vorstellen?

Ein Orientierender Versuch dient dazu, eine angedachte Produktidee in ihrer **Wirkweise** so früh darzustellen, dass das Verhalten des Produkts in Aktion verstanden werden kann. Durch die methodische Vorgehensweise leiten Sie systematisch ab, welche Eigenschaften der Prototyp repräsentieren muss, wie der Prototyp dargestellt wird und wie Sie die Eigenschaften abprüfen.

Schritt 1: Was sind die relevanten Eigenschaften der entwickelten Lösung?

- **Anforderungen durchgehen**

    Rufen Sie sich die Anforderungen an das zu entwickelnde Produkt ins Gedächtnis. Diese wurden Ihnen konkret vorgegeben, Sie haben sie eventuell in einem vorherigen Schritt zusammengetragen oder sich selbst methodisch erarbeitet (vgl. Kapitel 4). Sollten die Anforderungen nicht klar vorliegen, sollten Sie sich vergewissern, was Ihre gesuchte Produktidee beispielsweise hinsichtlich Funktion, Zuverlässigkeit, Optik, Wertigkeit, Herstellungskosten, Verkaufspreis, Gewicht, Größe oder Nachhaltigkeit erreichen soll.

- **Relevante Eigenschaften identifizieren**

Wählen Sie nun aus den Anforderungen jene, bei denen Sie im Unklaren sind, ob Ihre Lösungsidee diese erfüllen wird. Typischerweise könnten dies die Funktionsanforderungen sein, falls sich die Wirkweise und -güte der Lösungsidee ohne ein Ausprobieren nicht ausreichend erfassen lässt. Vielleicht stellen sich in Ihrem Fall auch Fragen zur Handhabung des Produkts hinsichtlich seines Gewichts oder seiner Größe. Mit realen Gegenständen in der Hand lassen sich etwa ergonomische Aufgaben deutlich besser beurteilen als über virtuelle Berechnungen von Schwerpunktlagen, Dimensionen und Maßketten.

Eine Unterscheidung von Prototypen in ihrer Wiedergabetreue und Klassifizierung findet sich bei Kirchner (Kirchner 2020, S. 380 ff.). Ebenso geht Kirchner auf die unterschiedlichen Prototypphasen im Entwicklungsablauf ein (Kirchner 2020, S. 394 ff.).

Tipps & Tricks

Bleiben Sie realistisch, was die Aussagekraft eines Prototyps hinsichtlich der anvisierten Serieneigenschaften Ihres Produkts betrifft. Beispielsweise können Sie die Wertigkeit oder Optik einer Produktidee nur dann beurteilen, wenn das Fertigungsverfahren des Prototyps bzw. dessen Oberfläche der Serie entspricht. Die Wertigkeit der funktionalen Wirkweise hingegen ist ein typisches Merkmal, das in Orientierenden Versuchen ermittelt wird. In einigen Industrien wird zur Einordnung der Prototypen von sogenannten Mustern gesprochen. Ein erster Prototyp wird dann als A-Muster bezeichnet (im Gegensatz zu einem C-Muster, das bereits aus Serienwerkzeugen gefertigt wird).

Schritt 2: Mit welchem Versuch lassen sich die Eigenschaften ermitteln?

- **Versuchsmöglichkeiten identifizieren**

Beim Begriff Versuch wird gelegentlich gleich an Prüfstände oder aufwendige Erprobungen im realen Einsatzgebiet des Produkts gedacht. Gerade in der frühen Phase der Konzeptfindung kann aber bereits ein einfacher Versuchsaufbau viel Orientierung geben. Beziehen Sie also auch einfache Tischmodelle, die Adaption an Vorgängermodelle, eine Skalierung statt 1:1-Abmaßen oder Gegebenheiten in der Ihnen zur Verfügung stehenden Werkstatt mit in Betracht. Bild 10.3 zeigt einen einfachen Versuchsaufbau mit einer handelsüblichen Bohrmaschine und Federwaage zur prinzipiellen Ermittlung der Ventilationsverluste verschiedener Bremsscheibenkonzepte.

- **Versuchskonzept auswählen**

  Das Versuchskonzept sollte nicht nur den Prototyp selbst, sondern auch dessen Überprüfung beschreiben. Dabei klären Sie Fragen, wie etwa der Prototyp arretiert bzw. bewegt wird, welche Beaufschlagungen überprüft werden (z. B. Kräfte beaufschlagen, Medien aussetzen, Bewegungen durchführen) und wie Sie das Systemverhalten aufzeichnen (z. B. Messwerte wie Kräfte, Zeiten oder Temperatur erfassen, Videomitschnitt erzeugen, Prüfling abfotografieren).

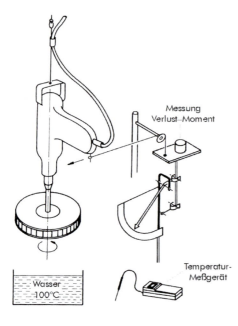

Bild 10.3
Einfache Versuchseinrichtung für einen Orientierenden Versuch zur Entscheidung zwischen zwei Bremsscheibenalternativen (Quelle: Ehrlenspiel/Meerkamm 2017, S. 629 ff.)

> **Tipps & Tricks**
>
> Anforderungen werden nicht immer messbar definiert, insbesondere dann, wenn die Wirkkette nicht eindeutig beschrieben ist. Dann greifen meist subjektive Beurteilungen, wofür bestimmte Rollen im Unternehmen beauftragt sind (z. B. Produktaudit). Überlegen Sie deshalb, ob im Versuchskonzept die Einbindung dieser Rollen zielführend sein kann. Dann haben Sie die kritischen Beurteiler schon früh an Bord. Wenn es Ihnen trotz Geheimhaltungsauflagen gelingt, potenzielle Kunden bereits in den Orientierenden Versuch einzubinden, haben Sie sogar eine erste Probandenstudie geschaffen.

Schritt 3: Mit welchem Prototyp lässt sich die Lösung darstellen?

- **Prototyptechnologien identifizieren und bewerten**

  Besondere Verbreitung hat das sogenannte **Additive Manufacturing** erfahren. Dabei lassen sich komplexe Formen ohne Werkzeugerstellung, wie sie bei formenden Fertigungsverfahren notwendig wäre, mittels schichtweiser Drucktechnik erzeugen. Doch auch klassische Dreh- und Frästechniken können für Ihren Prototyp geeignet sein. Eventuell kommen auch vorgefertigte Bauelemente infrage. Berücksichtigen Sie, dass für die Aussagekraft Ihres Prototyps nicht zwingend das Zielmaterial eingesetzt werden muss. Eventuell können Sie auf ein günstigeres, leichter zu verarbeitendes Material ausweichen, ohne große Abstriche im Ergebnis des Orientierenden Versuchs in Kauf nehmen zu müssen. In Lachmayer finden Sie eine ausführliche Abhandlung von Prototypmaterialien und -verfahren (Lachmayer et al. 2022).

- **Geeignete Prototyptechnologie auswählen**

    Entscheiden Sie nun, aus welchen Technologien Sie den Prototyp erstellen. Dabei wird in der Regel die Zeit entscheidend sein, in der Sie die erforderlichen Bauteile erzeugen oder beziehen können, da Sie ja aus dem Versuch eine schnelle Orientierung für Ihre weitere Entwicklungstätigkeit erlangen wollen. Neben der Technologie kann auch die Vereinfachung der Konstruktion eine wichtige Rolle spielen. Eventuell finden Sie Abstriche, um nicht zu viel Aufwand in die Erstellung des Prototyps zu investieren. Beispielsweise lassen sich Bauteile womöglich stecken oder kleben, statt sie mit Verbindungselementen zu verschrauben (Bild 10.2).

Tipps & Tricks

Oft wird die einfache Idee des Pappmodells im Zeitalter der Digitalisierung außen vorgelassen. Pappe oder auch Papier sind einfach zu beziehen, günstig, leicht zu verarbeiten, erfordern keine besonderen Werkzeuge oder Verbindungselemente und können dennoch bei vielen zu untersuchenden Eigenschaften bereits erste Erkenntnisse liefern. Ein Beispiel sehen Sie in Bild 10.2.

Schritt 4: Wie führe ich den Orientierenden Versuch durch?

- **Versuchsaufbau planen und ausführen**

    Leiten Sie nun aus Ihrem Versuchskonzept aus Schritt 2 und Ihrem Prototyp aus Schritt 3 einen Versuchsaufbau ab. Entscheiden Sie bewusst, welche Randbedingungen Sie vorsehen, die das Versuchsergebnis beeinflussen könnten (Räumlichkeit, Befestigung, Bedienung, Temperatur etc.). Legen Sie fest, wo und wann der Versuch stattfindet und welche Hilfsmittel dazu erforderlich sind. Beispielsweise positionieren Sie eine Kamera und Ausleuchtung für den Videomitschnitt.

- **Eigenschaften ermitteln und kritisch reflektieren**

    Sie haben in Schritt 2 definiert, wie Sie das Systemverhalten aufzeichnen wollen. Bringen Sie dies nun bei der Versuchsdurchführung zur Anwendung (z. B. Messwerte erfassen, Videomitschnitt erzeugen, Prüfling abfotografieren, Probanden befragen). Nicht selten werden nun bei der Versuchsdurchführung überraschende Systemverhalten beobachtet, etwa weil sich ungünstige Hebelverhältnisse einer

Kinematik zeigen oder sich eine zunächst untergeordnete Befestigung als heillos unterdimensioniert entpuppt. Hinterfragen Sie kritisch, wie dieses Systemverhalten zustande kommt. Eventuell können Sie Rückschlüsse auf die gewählte Fertigungstechnologie des Prototyps oder auf die Versuchsanordnung ziehen.

Tipps & Tricks

Da es sich lediglich um einen Orientierenden Versuch handelt (und keinen ausführlichen Produkttest), sind Ergebnis und Versuchsaufbau kritisch zu reflektieren. Ein schiefgegangenes Experiment muss nicht bedeuten, dass Ihre ganze Konzeptidee ungeeignet ist. Nehmen Sie das Resultat eher zum Anlass, um zu erkennen, an welcher Stelle Ihr Konzept Sensitivitäten hat. Eventuell können Sie Robustheitsmaßnahmen einbringen, die die Erfüllung der Anforderungen sicherer gestalten.

Schritt 5: Was mache ich mit dem Ergebnis?

- **Versuchsergebnis dokumentieren**

    Achten Sie darauf, dass Sie Ihre geplante Dokumentation aus Schritt 2 (z. B. Messwerte erfassen, Videomitschnitt erzeugen, Prüfling abfotografieren, Probanden befragen) sauber ausgeführt haben. Halten Sie außerdem fest, wann und wo Sie den Versuch – gegebenenfalls auch unter welchen klimatischen Bedingungen – durchgeführt haben. Idealerweise erfassen Sie alle Parameter, die wissenswert wären, würde man den Versuch zu einem späteren Zeitpunkt erneut aufbauen und durchführen wollen. Sollten Sie mehrere Alternativen Ihres Prototyps erzeugt haben, geben Sie den Alternativen eine eindeutige Kennzeichnung und halten Sie auch diese in der Dokumentation fest.

- **Versuchsergebnis wiederauffindbar ablegen**

    Finden Sie einen Ablageort, den Sie und Ihr Team intuitiv wiederfinden. Sollten Sie mehrere Orientierende Versuche durchführen, bündeln Sie am besten alle Aufzeichnungen je Versuch, sodass die jeweilige Konfiguration auch zum Versuchsergebnis konsistent ist. Sie werden im weiteren Entwicklungsablauf immer wieder darauf zurückkommen. Entscheiden Sie bewusst, ob Sie die Prüflinge anschließend verschrotten oder bis zu einem definierten, späteren Zeitpunkt aufbewahren.

Tipps & Tricks

Dieser Schritt kommt in der Praxis oft zu kurz. In der Euphorie über einen funktionierenden (oder in der Enttäuschung über einen nicht funktionierenden) Prototyp wird zu den nächsten Konstruktionsschritten übergegangen. Nehmen Sie sich stattdessen den Moment, das Ergebnis so festzuhalten, als müssten Sie drei Jahre später herleiten, warum Sie diese Lösung gewählt haben.

10.5 Anwendungsbeispiel: Kite Spreaderbar – ein Gurt für den Wassersport

Ausgangssituation

Kitesurfen ist eine Wassersportart, bei der mithilfe eines Schirms (ähnlich dem Gleitschirmfliegen) der Wind eingefangen wird, um die Windkraft zum Vortrieb auf einem Surfbrett zu nutzen. Statt eines auf dem Surfbrett fest montierten Segels wie beim Windsurfen hält man dabei den Schirm vielmehr an dessen Leinen selbst in den Händen bzw. überträgt die Zugkraft auf einen Hüftgurt, das sogenannte Trapez. Die Spreaderbar bildet den Verschluss des Trapezes um die Taille und nimmt die Zugkraft des Schirms auf. Bild 10.4 zeigt eine Kitesurferin im Einsatz.

Bild 10.4 Kiterin im Einsatz (© Fotos: Boards & More GmbH)

Zur Entwicklung einer Spreaderbar für den Kitesport soll ein Konzept entwickelt werden, das sich unter anderem durch eine einfache Handhabung beim Anlegen des Gurtes auszeichnet. Um die Kräfte des angehängten Schirms beim Kitesurfen gut aufzunehmen und an den Körper zu übertragen, ist ein fester Sitz des Gurts am Rumpf des Sportlers erforderlich.

Im Entwicklungsablauf wurden Lösungsalternativen zum Verschließen der Spreaderbar erzeugt. Sie zeichnen sich dadurch aus, dass während des Verschließens der Spreaderbar der Umfang auf die eingestellte Körpergröße reduziert wird und das Trapez damit fest am Körper anliegt (Bild 10.5). Ein zusätzliches Verzurren ist nicht mehr erforderlich.

Die Lösungsalternativen zeigten unterschiedliche Gestaltungsvarianten der Kinematik des Schließsystems (Bild 10.6 und Bild 10.7). Durch einen Orientierenden Versuch sollte die am meisten Erfolg versprechende Lösungsalternative ermittelt werden.

Bild 10.5
Anlegen des Kitetrapezes durch Verschließen der Spreaderbar
(© Boards & More GmbH)

Schritt 1: Was sind die relevanten Eigenschaften der entwickelten Lösung?

- **Anforderungen durchgehen**

    Die Anforderungen an die zu entwickelnde Spreaderbar beinhalteten Zuverlässigkeit, Optik, Wertigkeit, Herstellungskosten und erzielbarer Verkaufspreis. Die Größe ist durch biometrische Daten der jeweiligen Körpergrößen vorgegeben. Das Gewicht spielte für das Verschlusssystem eine untergeordnete Rolle, da sich die angedachten Lösungsalternativen darin nicht wesentlich unterschieden. Im Zentrum der Lösungsfindung stand die Funktionalität der Spreaderbar, insbesondere die Handhabung beim Anlegen und Lösen am Körper.

- **Relevante Eigenschaften identifizieren**

    Entlang der gestellten Anforderungen an die Entwicklungsaufgabe wurde die Funktion als die relevante Eigenschaft für den Orientierenden Versuch identifiziert. Um die Güte der Lösungsalternativen differenziert betrachten zu können, wurde die Anforderung an die Funktionalität detailliert:

    - einfache Zusammenführung der beiden Elemente der Schließe
    - hohes Wertigkeits- und Robustheitsgefühl beim Schließen
    - eindeutige Rückmeldung über das Verschließen, gegebenenfalls rein haptisch, ohne den Blick auf die Schließe gerichtet zu haben
    - einfaches Lösen der Schließe

Schritt 2: Mit welchem Versuch lassen sich die Eigenschaften ermitteln?

- **Versuchsmöglichkeiten identifizieren**

    Zur Untersuchung des Schließmechanismus kam ein Handmuster infrage, bei dem die Schließkinematik dargestellt ist. Um subjektiv die Güte der Lösungsalternativen wahrnehmen zu können, bot sich das reale Anlegen eines Trapezes an den eigenen Körper an. Darüber hinaus wäre auch der Einsatz eines Prototyps am Wasser bzw. gar zur echten Ausübung des Sports denkbar.

- **Versuchskonzept auswählen**

    Für den Orientierenden Versuch wurde das reale Anlegen eines Trapezes an den eigenen Körper gewählt. Davon versprach sich das Team, die Anforderung an ein hohes Wertigkeits- und Robustheitsgefühl beim Schließen besser als bei einem Tischmodell beurteilen zu können (ein Tischmodell ließe sich nur „am Tisch" ausprobieren, nicht aber am Körper anlegen). Die Notwendigkeit, den Prototyp in der echten Ausübung des Sports zu untersuchen, war für das Schließsystem von untergeordneter Bedeutung, da das Anlegen des Trapezes in der Praxis ohnehin am Ufer vonstattengeht.

Schritt 3: Mit welchem Prototyp lässt sich die Lösung darstellen?

- **Prototyptechnologien identifizieren und bewerten**

    Durch die Wahl des Versuchskonzepts wurden 1:1-Modelle der Spreaderbar angestrebt. Für das Anlegen und zur Überprüfung des festen Sitzes war eine seriennahe Ausführung des Trapezes, also auch des textilen Umfangs des Gurtes, erforderlich. Die zu untersuchenden Schließsysteme sollten in Geometrie und grundsätzlicher Materialwahl der Serie entsprechen, um ein realistisches, haptisches Feedback zu erhalten.

- **Geeignete Prototyptechnologie auswählen**

    Da sich der Versuch auf das Schließsystem fokussierte, konnte ein Serientrapez als Basis verwendet werden. Lediglich die Spreaderbar mit dem Schließsystem wurde durch 3D-Druckteile mit integrierten Metallelementen ersetzt. Da das Versuchskonzept keinen realen Einsatz im Wassersport beinhaltete, konnte auf eine Überprüfung der Betriebsfestigkeit für den Einsatz der Prototypen im Wasser verzichtet werden.

Bild 10.6 und Bild 10.7 zeigen die beiden Lösungsalternativen, die für den Orientierenden Versuch erstellt wurden.

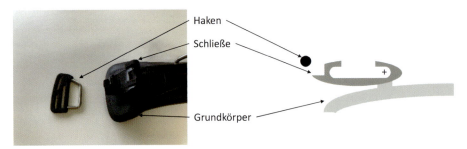

Bild 10.6 Lösungsalternative 1 des Spreaderbar-Schließsystems

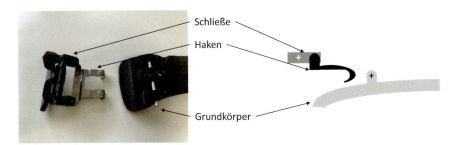

Bild 10.7 Lösungsalternative 2 des Spreaderbar-Schließsystems

Schritt 4: Wie führe ich den Orientierenden Versuch durch?

- **Versuchsaufbau planen und ausführen**

  Der Versuchsaufbau beschränkte sich auf das Anlegen und Ablegen des Trapezes am eigenen Körper. Wichtig war jedoch, den Versuch in realitätsnaher Kleidung durchzuführen – also mit Neoprenanzug. Es wurden mehrere Probanden in den Versuch mit einbezogen, insbesondere Probanden, die Erfahrungen mit dem Kitesurfen vorweisen konnten, da es sich um subjektive, nicht objektiv messbare Beurteilungskriterien handelte (z. B. hohes Wertigkeits- und Robustheitsgefühl beim Schließen).

- **Eigenschaften ermitteln und kritisch reflektieren**

  Beide Lösungsalternativen wurden als komplettes Trapez aufgebaut und im direkten Vergleich ausprobiert. Dabei stellte sich heraus, dass Lösungsalternative 2 eindeutig besser zu beurteilen war als Lösungsalternative 1. Die Diskussion im Team der Probanden gab Rückschluss darauf, dass Lösungsalternative 1 über das gleiche kinematische Konzept eines Übertotpunktes verfügt. Allerdings gleitet der Schließhaken in Lösungsalternative 1 entlang des Schließhebels, während in Lösungsalternative 2 nahezu reibungsfreie Koppelelemente über Drehachsen rotieren. Bild 10.8 und Bild 10.9 zeigen die Schritte des Verschließens beider Lösungsalternativen.

10.5 Anwendungsbeispiel: Kite Spreaderbar – ein Gurt für den Wassersport

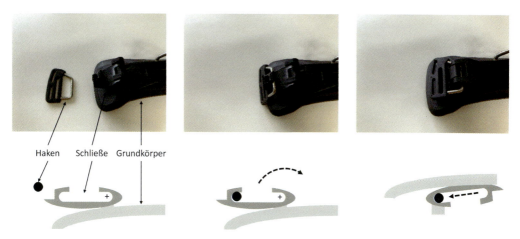

Bild 10.8 Schritte der Verschlussoperation der Lösungsalternative 1: Gleiten des Verschlusshakens über den Verschlusshebel

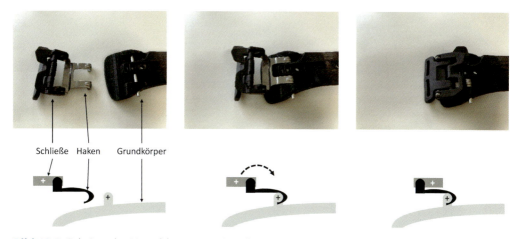

Bild 10.9 Schritte der Verschlussoperation der Lösungsalternative 2: Rotieren der Koppelelemente um die Drehachsen des Verschlussmechanismus

Schritt 5: Was mache ich mit dem Ergebnis?

- **Versuchsergebnis dokumentieren**

  Für eine nachvollziehbare Dokumentation wurden die relevanten Anforderungen aus Schritt 1 und die Beurteilungen der Probanden in einer kleinen Matrix gegenübergestellt. Bild 10.10 zeigt die Dokumentation.

- **Versuchsergebnis wiederauffindbar ablegen**

  Das Versuchsergebnis wurde zusammen mit den erzeugten Bildern auf einem Projektlaufwerk des Unternehmens im Unterorder *Verifikation* abgelegt. Der Ordner wurde selbstsprechend als *2017-04-01 Orientierender Versuch Spreaderbar* gekennzeichnet.

Orientierender Versuch am 1. April 2017 bei Raumtemperatur 21 °C								
	Lösungsalternative 1				Lösungsalternative 2			
Probanden	Lea	Tim	Pia	Bob	Lea	Tim	Pia	Bob
Zusammen-führen der Elemente	+	+	+	0	++	+	++	++
Wertigkeit beim Schließen	-	-	0	-	++	++	+	+
Rückmeldung haptisch	++	+	0	+	+	++	++	++
Lösen der Schließe	++	+	++	++	++	++	+	++

Bild 10.10 Dokumentation des Orientierenden Versuchs mit den Probanden

Für den weiteren Entwicklungsablauf wurde Lösungsalternative 2 weiterverfolgt und zur Serienreife gebracht. Bild 10.11 und Bild 10.12 zeigen das Serienprodukt.

Schließe   Haken   Grundkörper

Bild 10.11
Serienmäßige Ausführung der gewählten Lösungsalternative 2
(© Foto: Boards & More GmbH)

Trapez   Schließsystem   Spreaderbar

Bild 10.12
Serienmäßige Ausführung der gewählten Lösungsalternative 2 integriert in das Kitetrapez (© Foto: Boards & More GmbH)

10.6 Methodensteckbrief: Orientierender Versuch

Bild 10.13 zeigt den Methodensteckbrief für den Orientierenden Versuch.

SITUATION: Produktidee mit noch unbekanntem Systemverhalten

WANN wende ich die Methode an?
- Sie haben eine Produktidee in Prinzip oder Gestalt.
- Sie können die Eigenschaften der Produktidee noch nicht ganz einschätzen.

WARUM wende ich die Methode an?
- Sie wollen Ihre entwickelte Produktidee schnell ausprobieren.
- Sie wollen frühzeitig erkennen, ob Sie in eine zielführende Richtung entwickeln.

Schritt 1: Identifizieren Sie die relevanten Eigenschaften der zu entwickelnden Lösung
- Gehen Sie die Anforderungen an das zu entwickelnde Produkt durch.
- Identifizieren Sie die relevanten Eigenschaften.

Schritt 2: Wählen Sie jenen Versuch, mit dem sich die Eigenschaften ermitteln lassen
- Identifizieren Sie die Versuchsmöglichkeiten.
- Wählen Sie das adäquate Versuchskonzept aus.

Schritt 3: Wählen Sie jenen Prototyp, mit dem sich die Lösung darstellen lässt
- Identifizieren Sie Prototyptechnologien und bewerten Sie diese für Ihren Versuchszweck.
- Wählen Sie eine geeignete Prototyptechnologie aus.

Schritt 4: Führen Sie den Orientierenden Versuch durch
- Planen Sie den Versuchsaufbau und führen Sie ihn aus.
- Ermitteln Sie die relevanten Eigenschaften mit Ihrem Prototyp.
- Reflektieren Sie das Ergebnis kritisch.

ERGEBNIS: Potenzial und/oder Grenzen der angedachten Lösung

WAS erhalte ich als Ergebnis?
- mehr Verständnis über das Systemverhalten der Produktidee
- Orientierung, ob oder wie die Produktidee weiterentwickelt wird

WAS kann ich mit dem Ergebnis machen?
- Die Produktidee kann nach vielversprechendem Orientierendem Versuch weiter ausgestaltet werden.
- Die Produktidee kann nach Erkennen der Grenzen des Lösungsprinzips erneut überdacht werden.

Schritt 5: Dokumentieren Sie das Versuchsergebnis
- Dokumentieren Sie das Versuchsergebnis.
- Legen Sie das Versuchsergebnis wiederauffindbar ab.

Bild 10.13 Methodensteckbrief für den Orientierenden Versuch

10.7 Vorteile und Grenzen der Methode

Die in diesem Kapitel vorgestellte Methode des Orientierenden Versuchs ist eine von mehreren denkbaren Methoden zur Überprüfung einer Produktidee und zur Fokussierung für die weiteren Entwicklungsaktivitäten. Für diese Methode spricht, dass sie sehr eindrücklich die Wirkweise einer Produktidee darstellt. Durch die physische (oder auch digitale) Umsetzung kann die Konzeptidee über mehrere Sinnesorgane wahrgenommen werden. Auch dann, wenn alternative Untersuchungen mit Berechnungen oder Simulationen nicht verfügbar sind, weil es keine geeigneten Modelle gibt, kann ein Orientierender Versuch sinnvoll sein. Prototypen können wortwörtlich begriffen werden. Je nach Entwicklungsaufgabe besteht auch die Möglichkeit, jenseits von Daten und Fakten die emotionale Wirkung eines genialen Produktentwurfs mit in die Betrachtung einzubeziehen. Es fließen hierbei typisch menschliche, ganzheitliche Empfindungen ein.

Besonders interessant ist die Methode des Orientierenden Versuchs, wenn sie zu einem frühen Zeitpunkt im Entwicklungsablauf praktiziert wird bzw. der übliche Entwicklungsablauf eine deutlich spätere und reifere erste Prototypphase vorsehen würde. Mit geringem Aufwand kann eine hohe Aussagekraft zum aktuellen Lösungsentwurf früh erzeugt werden und somit die im Namen der Methode erwähnte Orientierung für die weitere Vorgehensweise liefern.

Neben den dokumentierbaren Versuchsergebnissen ist der implizite Wissensgewinn nicht zu unterschätzen. Das beteiligte Team wird viel Verständnis über die Wirkzusammenhänge der Lösungsprinzipe und für die weitere Entwicklungsaufgabe aufbauen oder in nächste Projekte übertragen.

Nicht unerwähnt bleiben sollte das Risiko, sich bei unpassender Wahl des Versuchskonzepts oder ungeeigneter Prototypausführung im Orientierenden Versuch verlieren zu können. Zeit- und Budgetverlust wären die Folge, wenn die Methode dann keinen Mehrwert erzeugt. Auch ist darauf zu achten, dass nicht voreilig Rückschlüsse vom Prototypstand auf die zukünftige Serientechnologie getroffen werden.

Um mehr über das breite Einsatzspektrum des Orientierenden Versuchs zu erfahren, können wir die Lektüre einiger Beispiele empfehlen. Eine erfolgreiche Kombination der Finite-Elemente-Methode (FEM) mit dem Orientierenden Versuch zeigt Lindemann anhand eines Höhenleitwerkes im Flugzeugbau (Lindemann 2007, S. 167 ff.). Gramann entwickelt eine Staubsaugerdüse mithilfe eines flexiblen Versuchsträgers, um schnell und effizient unterschiedliche Lösungsansätze zur optimalen Saugwirkung zu testen (Gramann 2004, S. 104 ff.).

Literatur

Baier, M./Ehrlenspiel, K./John, T.: Klauenkupplung. Offenlegungsschrift DE000003416002A1. Deutsches Patentamt 1985

Ehrlenspiel, K./Meerkamm, H.: Integrierte Produktentwicklung. Denkabläufe, Methodeneinsatz, Zusammenarbeit. 6. Auflage. Carl Hanser Verlag, München 2017

Feichter, E.: Systematischer Entwicklungsprozess am Beispiel von elastischen Radialversatzkupplungen. Konstruktionstechnik München, Band 10. Carl Hanser Verlag, München 1992. Zugleich: Dissertation. TU München 1992

Gramann, J.: Problemmodelle und Bionik als Methode. Produktentwicklung München, Band 55. Dr. Hut, München 2004. Zugleich: Dissertation. TU München 2004

Kirchner, E.: Werkzeuge und Methoden der Produktentwicklung. Von der Idee zum erfolgreichen Produkt. Springer Vieweg, Berlin 2020

Lachmayer, R./Ehlers T./Lippert R. B.: Entwicklungsmethodik für die Additive Fertigung. 2. Auflage. Springer Vieweg, Berlin 2022

Lindemann, U.: Methodische Entwicklung technischer Produkte. Methoden flexibel und situationsgerecht anwenden. 2. Auflage. Springer, Berlin 2007

11 Lösungen bewerten und auswählen mittels Konzeptvergleich

11.1 Ziel des Kapitels

In diesem Kapitel erfahren Sie, wie Sie aus den von Ihnen entwickelten Lösungsalternativen die beste auswählen. Als beste Lösungsalternative wird jene verstanden, die die Gesamtheit der Anforderungen an das zu entwickelnde Produkt am besten erfüllt. Auch keine Lösung oder mehrere parallele Lösungen können aus einem Konzeptvergleich resultieren. So oder so bekommen Sie Klarheit, in welche Richtung Sie weiterarbeiten.

11.2 Motivationsbeispiel: Vergleich von handelsüblichen Saftpressen

Die Entwicklung technischer Produkte bringt meist verschiedenartige Ideen und Lösungen für die gleiche Aufgabenstellung hervor. Insbesondere bei der bewussten Suche nach alternativen Lösungskonzepten liegen am Ende der Ideensuche unterschiedliche Produktentwürfe vor. Oft jedoch erfüllen nicht alle der entwickelten Konzepte die Anforderungen in gleichem Maße. Dieser Sachverhalt lässt sich an einem einfachen Beispiel verdeutlichen: Für die Aufgabenstellung „Zitrone auspressen" wurden bereits verschiedenartige Lösungen entwickelt. Eine Auswahl dieser Lösungsalternativen zeigt Bild 11.1.

Bild 11.1 Verschiedenartige Lösungen für die Aufgabenstellung „Zitrone ausdrücken" (© Foto: **1** Ritzenhoff & Breker GmbH & Co. KG, **2** Philipp Hutterer, **3** Karl Weis u. Cie. GmbH, **4** Veronika Öttl; © Produkt: **4** Alessi S. p.A – Design: Philippe Starck)

Schon auf den ersten Blick lässt sich erkennen, dass es sich um unterschiedliche Produktentwürfe handelt. Sie alle dienen als Hilfsmittel für das Ausdrücken von Zitronen. Es lässt sich aber zugleich erahnen, dass diese Produkte unterschiedlich funktionieren. Vielleicht haben Sie auch schon unbewusst eine Präferenz, zu welchem Produkt Sie greifen würden. Oder kommen Ihnen bereits Argumente ins Bewusstsein, was für das eine oder gegen ein anderes Produkt spricht? Es liegt nahe, dass wir beim Blick auf die dargestellten Produkte unsere gesammelten Erfahrungen mit Zitronenpressen Revue passieren lassen und beginnen, die Produkteigenschaften zu bewerten.

Eine spontane Bewertung der vier dargestellten Produkte könnte folgendermaßen klingen:

1. Eine einteilige Zitronenpresse aus Glas (Bild 11.1, Lösung 1):

   „Diese Zitronenpresse kenne ich. Die habe ich auch! Praktisch ist, dass sie aus einem Teil besteht. Dann hat man sie immer griffbereit und muss nicht einzelne Teile in der Spülmaschine suchen. Allerdings gelingt es nicht, den reinen Saft zu bekommen, da immer etwas Fruchtfleisch oder Kerne mit ausgeschwemmt werden."

2. Eine zweiteilige Zitronenpresse aus Edelstahlblech (Bild 11.1, Lösung 2):

   „Diese Zitronenpresse finde ich ganz gut, da sie nicht aus Kunststoff ist und sich nicht verfärbt. Die Kerne und das Fruchtfleisch bleiben garantiert im Oberteil und durch den Schnabel am Unterteil lässt sich der Saft schön ausgießen."

3. Eine Zitronenpresse für Zitronenscheiben aus Edelstahlblech (Bild 11.1, Lösung 3):

   „Diese Zitronenpresse habe ich mal im Restaurant zu einem Wiener Schnitzel serviert bekommen. Das fand ich hervorragend, denn damit spritzt nichts auf die Tischdecke, das Hemd oder mein Gegenüber. Ich kenne keine andere Presse, die man im Gasthaus mit servieren könnte."

4. Eine einteilige Zitronenpresse als Gusskonstruktion (Bild 11.1, Lösung 4):

   „Diese Zitronenpresse sieht witzig aus – sie erinnert mich an eine Mondlandefähre! Ich kann mir gut vorstellen, dass man damit auch größere Zitronenhälften gut ausdrücken kann. Aber wie fängt man den Saft auf!?"

Die vier beispielhaften Kommentare zeigen, welche unterschiedlichen Aspekte der Produktlösungen reflektiert werden. Zusammengefasst wurden folgende Kriterien genannt:

- Bekanntheitsgrad („kenne ich")
- Teileanzahl
- Einsatzbereitschaft („griffbereit")
- Zuverlässigkeit des Separierens von Saft und Fruchtfleisch bzw. Kernen
- dauerhafte Ansehnlichkeit („verfärbt sich nicht")
- Funktionalität des Ausgießens
- Vermeiden unkontrollierter Zitronenspritzer
- Möglichkeit des Beistellens zu einem Gericht
- optischer Eindruck bzw. Einzigartigkeit („Mondlandefähre")
- Kompatibilität mit verschieden großen Zitronen
- einfaches Auffangen des ausgepressten Zitronensaftes

Nicht in den Kommentaren genannt wurden folgende Aspekte, die typischerweise für den Hersteller eines Produkts oder auch den Käufer von Bedeutung sind:

- Herstellungskosten
- Verkaufspreis
- Gewicht
- Größe
- Nachhaltigkeit über den gesamten Produktlebenszyklus (Entwicklung, Herstellung, Nutzung, Verwertung)
- Reinigungsaufwand

Das Beispiel der Zitronenpresse zeigt, dass jede Produktlösung Vor- und Nachteile haben kann. Zudem ist die Wahl der geeigneten Produktlösung vom beabsichtigten Einsatzzweck abhängig. So könnte die Lösung 3 der Zitronenpresse aus Bild 11.1 zwar für den Gebrauch am eingedeckten Tisch die sinnvollste Lösung sein, für die Zubereitung einer größeren Essensmenge aber umständlich, da vor dem Auspressen Zitronenscheiben geschnitten werden müssen.

11.3 Ziel der methodischen Vorgehensweise

Vielleicht greifen Sie auf einen großen Erfahrungsschatz zurück oder haben ein gutes Gespür für gute Produktlösungen. Deshalb fällt es Ihnen leicht, intuitiv eine gute Wahl zu treffen, welchen Produktentwurf Sie bei Ihrer Entwicklungsaktivität weiterverfolgen. Womöglich haben Sie in der Vergangenheit „aus dem Bauch heraus" vieles richtig entschieden (vgl. Kapitel 14). Dennoch möchten wir Ihnen dieses Kapitel aus zwei Gründen empfehlen: Zum einen kann eine intuitive **Entscheidungsfindung** durch eine faktenbasierte **Bewertung** gestützt werden. Ein Konzeptvergleich kann Ihnen noch mehr Klarheit geben, warum das von Ihnen gewählte Produktkonzept zu bevorzugen ist. Sie können die herausragenden Eigenschaften Ihrer Produktlösung eventuell noch verstärken, indem Sie weitere Optimierungen vornehmen. Haben Sie beispielsweise erkannt, dass die von Ihnen gewählte Lösung dadurch besticht, dass sie die leichteste aller Lösungsalternativen ist, lassen sich in der Materialwahl oder Detailkonstruktion eventuell Potenziale zur weiteren Gewichtsreduktion finden. Womöglich erkennen Sie Schwächen einer der Produktlösungen und können diese dann in der nächsten Überarbeitung des Produktentwurfs reduzieren oder beseitigen.

Zum anderen können Sie durch einen Konzeptvergleich Transparenz für Ihre Prozesspartner in der Produktentwicklung schaffen. Sie können dann eventuell besser nachvollziehen, warum Sie sich für eine Lösungsalternative entschieden haben. Sie könnten auch in der Situation sein, Ihren Vorgesetzten eine Entscheidungsempfehlung vorlegen zu müssen. Wenn Sie sie für Ihre präferierte Lösungsalternative gewinnen wollen, hilft erfahrungsgemäß eine Gegenüberstellung der Handlungsalternativen und eine faktenbasierte Herleitung Ihrer Empfehlung. Führungskräfte mögen es, Auswahlmöglichkeiten zu haben, anstatt nur eine Handlungsoption vorgelegt zu bekommen.

Noch bedeutender wird eine methodische Vorgehensweise, wenn Sie die Entscheidung für eine Lösungsalternative im Team treffen wollen. Durch die Einbindung verschiedener Rollen im Unternehmen können verschiedene Blickwinkel eingebracht werden (z. B. Vertrieb, Produktion, Einkauf, Lieferanten, Produktdesign etc.). Dies könnte helfen, eine ausgeglichene Entscheidung zu treffen und eine gemeinsame Zustimmung für das weitere Vorgehen zu erlangen. Dass auch persönliche Verhaltensmuster der Beteiligten Entscheidungsfindungen massiv beeinflussen können, beschreibt Wulf als „Lösungsfindung im Team als politischer Prozess" (Wulf 2002, S. 97).

11.4 Methode: Konzeptvergleich

In welchem Produktmodell wendet man den Konzeptvergleich an?

Wir empfehlen Ihnen, die Methode des Konzeptvergleichs auf der Prinzipebene der Produktmodelle anzuwenden (siehe Kapitel 2). Dort zeigen sich die wesentlichen Unterschiede von Lösungsalternativen. Es ist für die Effizienz der Produktentstehung sinnvoll, auf dieser Ebene eine bewusste Entscheidung für die Entwicklung einzuschlagen. Der Aufwand für die anschließende Ausgestaltung der Lösungsalternative kann folglich gezielt betrieben werden.

Vermutlich brauchen Sie einen gewissen Grad der Ausdetaillierung der Lösungsidee, um die **Eigenschaften** beurteilen zu können (beispielweise eine Gewichtsabschätzung). Wir empfehlen Ihnen jedoch, zur Schonung der Entwicklungsressourcen im Auge zu behalten, dass es noch nicht um die fertige Konstruktion der Lösungsideen geht. Idealerweise detaillieren Sie genau so weit, wie es für die Beurteilung der Lösungsalternative wichtig ist. Die Ausgestaltung Ihres Produktentwurfs folgt also erst nach dem Konzeptvergleich. Sollten Sie mit den Eigenschaften einer Lösungsalternative noch im Unklaren sein, bietet sich eventuell vorab ein Orientierender Versuch an (siehe Kapitel 10).

Wie muss ich mir einen Konzeptvergleich grundsätzlich vorstellen?

Ein Konzeptvergleich dient dazu, alternative Lösungsansätze so gegenüberzustellen, dass deren Vor- und Nachteile erkennbar werden. Jede Lösungsalternative wird anhand derselben Kriterien beurteilt, womit eine Vergleichbarkeit möglich wird. Die Kriterien leiten sich aus den Anforderungen an das zu entwickelnde Produkt ab. Damit drückt ein Konzeptvergleich aus, welche Lösungsalternative die gestellte Aufgabe am besten erfüllt. Im Folgenden werden die Schritte der Methode so beschrieben, dass Sie sie selbst durchführen können. Mit etwas Routine können Sie die Methode auch im Team anwenden (siehe auch Tipps zu den Methodenschritten).

Schritt 1: An welchen Kriterien bemisst sich die „beste Lösung"?

- **Bewertungskriterien sammeln und vervollständigen**

  Sammeln Sie zunächst alle Kriterien, die Ihnen in den Sinn kommen. Eine Anregung finden Sie in Abschnitt 11.2 am Beispiel der Zitronenpresse. Gehen Sie anschließend die Lösungsalternativen mit Blick auf deren Unterschiede durch. Daraus können in der Regel Kriterien abgeleitet werden, die die Vor- und Nachteile der Lösungsalternativen verdeutlichen. Vervollständigen Sie diese in Ihrer Kriteriensammlung. Vergleichen Sie schließlich Ihre Kriteriensammlung mit den Anforderungen an die Produktentwicklungsaufgabe (siehe Kapitel 4). Ein Perspektivenwechsel aus Sicht der zukünftigen Kundinnen und Kunden kann helfen, wichtige Anforderungen einzubeziehen. Sollten Sie Anforderungen noch nicht bedacht haben, die für die Konzeptauswahl entscheidend sind, nehmen Sie auch diese in die Bewertungskriterien mit auf.

- **Bewertungskriterien strukturieren**

  Prüfen Sie, ob in Ihrer Kriteriensammlung ähnliche Kriterien enthalten sind, deren Unterscheidung zunächst nicht von Bedeutung ist. Beispielsweise könnten Sie „Funktionalität des Ausgießens" und „Einfaches Auffangen des ausgepressten Zitronensaftes" zusammenfassen zu „Handhabung des Saftes". Damit vermeiden Sie, dass ein Aspekt nur durch die Vielzahl an Detailkriterien ein Übergewicht in der Bewertung bekommt. In Ihrer Kriterienliste sollten in etwa gleichbedeutende Bewertungskriterien genannt sein.

Tipps & Tricks

Häufig angewendete Kriterien in Konzeptvergleichen sind Funktionalität, Leistung, Robustheit, Gewicht, kompakte Bauweise, Kosten, Design, Umsetzbarkeit, Zuverlässigkeit oder Nachhaltigkeit.

Schritt 2: In welcher Form müssen die Lösungsalternativen vorliegen?

- **Lösungsalternativen vergleichen**

  Prüfen Sie, ob Ihre Lösungsalternativen vergleichbar sind. Eventuell sind manche Ihrer Alternativen bereits sehr aussagekräftig, während andere noch zu abstrakt dargestellt sind, um sie bewerten zu können. Vielleicht erkennen Sie auch, dass sich manche Lösungsalternativen stark ähneln und nur in wenigen Details unterscheiden. In diesem Fall prüfen Sie noch einmal, ob es sich wirklich um eine Entscheidung auf der Prinzipebene handelt. Sie können dann zunächst eine der Lösungsalternativen weiter betrachten und Detailfragen der Produktausgestaltung hintanstellen.

- **Lösungsalternativen aufbereiten bzw. detaillieren**

  Bereiten Sie nun die zu vergleichenden Lösungsalternativen so auf, dass sie für alle Kriterien aus Schritt 1 bewertbar sind. Vermeiden Sie allerdings, zu viel Aufwand für eine Auskonstruktion zu betreiben. Das ist ja der Sinn des Konzeptvergleichs: Zeit, Geld und Energie in die zielführende Lösungsalternative zu investieren. Sie sollten auch nicht die Unreife einer Lösungsalternative so belassen, wenn Sie mit einfachen Mitteln zu optimieren wäre. Beispielsweise könnten Sie für „Vermeidung unkontrollierter Zitronenspritzer" eine Lösungsalternative erweitern (beispielsweise mit einem Abschirmblech). So schöpfen Sie das Potenzial einer Lösungsalternative voll aus.

Tipps & Tricks

In diesem Schritt steckt viel Erfahrung, inwieweit Sie die Lösungsalternativen ausdetaillieren. Insbesondere wenn Sie im Team arbeiten, sollten Sie Lösungsalternativen in vergleichbarer Form darstellen. Vermeiden Sie also, CAD-Entwürfe und Handskizzen zu vergleichen. Eine unschöne Darstellung einer an sich guten Lösung wird schlechter beurteilt, als sie es verdient. Sie können als Leitsatz anwenden: so wenig wie möglich, so viel wie nötig! Eine gelungene Aufbereitung der betrachteten Lösungen zeigen Ponn und Lindemann anhand eines Gangschaltsimulators für Nutzfahrzeuge (Ponn/Lindemann 2011, S. 129 ff.).

Schritt 3: Wie bewerte ich eine Lösungsalternative?

- **Lösungsalternativen und Bewertungskriterien anordnen**

  Ihnen liegen nun die Bewertungskriterien aus Schritt 1 und die Lösungsalternativen aus Schritt 2 vor. Ordnen Sie diese so an, dass jede Lösungsalternative zu jedem Bewertungskriterium eine Bewertung erhält (Matrixanordnung im Konzeptvergleich). Eine gewohnte Leserichtung ist, wenn Sie die Bewertungskriterien untereinander (Zeilen) und die Lösungsalternativen nebeneinander (Spalten) anordnen. Damit erscheint die Summenbildung (siehe Schritt 4) analog einer Buchhaltung unter jeder Spalte.

- **Lösungsalternativen hinsichtlich des Bewertungskriteriums beschreiben**

  Beurteilen Sie nun die Lösungsalternativen hinsichtlich jedes Bewertungskriteriums. Finden Sie vor allem die Unterschiede in den Lösungsalternativen heraus. Sie können die Begründung, warum eine Lösungsalternative das jeweilige Kriterium gut oder weniger gut erfüllt, auch mit Stichworten dokumentieren. Damit haben Sie für nachgelagerte Schritte ein detailliertes Bewertungsergebnis zur Hand.

Tipps & Tricks

Gerade dieser Schritt eignet sich zur Durchführung im Team: Die Betrachtung der Lösungsalternativen aus verschiedenen Blickwinkeln kann die Qualität des Konzeptvergleichs erhöhen. Wenn es Verfechter unterschiedlicher Lösungsalternativen gibt, bekommt jede Person auch die Chance, die Vorteile ihres Favoriten zu erläutern.

Schritt 4: Wie führe ich die gesamte Bewertung durch?

- **Jede Lösungsalternative hinsichtlich Bewertungskriterium bewerten**

    Nun vergeben Sie für jede Lösungsalternative zu jedem Bewertungskriterium einen Wert, der die Erfüllung des Kriteriums ausdrückt. Eine gängige Bewertung ist z. B. folgende:

    0 = Kriterium nicht erfüllt

    1 = Kriterium erfüllt

    2 = Kriterium sehr gut erfüllt

    Um das Summenergebnis noch deutlicher werden zu lassen, lässt sich die Bewertung auch spreizen, indem Sie progressiv ansteigend ansetzen:

    0 = Kriterium nicht erfüllt

    3 = Kriterium erfüllt

    9 = Kriterium sehr gut erfüllt

- **Für jede Lösungsalternative die Summe der Bewertungskriterien bilden**

    Dieser Schritt folgt einem einfachen mathematischen Vorgang: Sie bilden für jede Lösungsalternative die Summe aus den einzelnen Bewertungsergebnissen. Wenn Sie den Konzeptvergleich in einem Tabellenkalkulationsprogramm erstellen, erfolgt die Summenbildung über einen automatisierten Rechenvorgang.

> **Tipps & Tricks**
>
> Vermeiden Sie es, in der Bewertung mit +/0/– zu arbeiten. Dies erscheint zunächst einfach, Sie können damit aber schlecht eine Summe für jede Lösungsalternative bilden.

Schritt 5: Was mache ich mit dem Ergebnis?

- **Bewertungsergebnis plausibilisieren**

    Hinterfragen Sie das Ergebnis aus Schritt 4 Ihres Konzeptvergleichs kritisch. Sie sollten die Lösungsalternative mit der höchsten Gesamtpunktzahl nicht unreflektiert als den Sieger des Konzeptvergleichs ansehen. Vielmehr plausibilisieren Sie nun das Ergebnis. Analysieren Sie aus den Einzelbewertungen, warum bestimmte Lösungsalternativen hohe Punktzahlen erreicht haben und ob dies gerechtfertigt ist. Sie können Ihre Einzelbewertungen noch einmal überdenken und nachjustieren (zurück zu Schritt 4). Vielleicht fällt Ihnen auch auf, dass die Bewertungskriterien doch noch nicht stimmig sind (zurück zu Schritt 1). Es kann auch sein, dass die Ausgewogenheit einer Lösungsalternative für Sie wichtiger ist als die Maximalpunktzahl. Dies wäre beispielsweise daran zu erkennen, dass Ihre favorisierte

Lösung bei wenigen oder keinem der Kriterien eine extrem niedrige oder hohe Punktzahl erreicht. Oft wird dies in Zusammenhang mit dem Wettbewerbsvergleich im geplanten Markt diskutiert, je nachdem, ob ein rundum gelungenes Produkt oder aber eine „spitze Positionierung" anvisiert wird.

- **Lösungsalternativen eingrenzen für weiteren Entwicklungsablauf**

  Vergleichen Sie nun, ob sich die Lösungsalternative mit der höchsten Gesamtpunktzahl auch mit Ihrer intuitiven Wahl deckt. Eventuell fühlen Sie sich in Ihrer ursprünglichen Intention bestärkt und haben nun eine konkrete Herleitung für die Wahl Ihrer favorisierten Lösungsalternative. Sollten Sie sich für eine Lösungsalternative entscheiden, die nicht die höchste Gesamtpunktzahl im Konzeptvergleich erhalten hat, identifizieren Sie eventuell das entscheidende Bewertungskriterium, das Ihre Wahl stützt. Auch dieser Schritt bietet zusätzlichen Erkenntnisgewinn, wenn Sie ihn im Team durchführen. Sie können das Ergebnis des Konzeptvergleichs auch dafür verwenden, gezielt Teilkonzepte der Lösungsalternative zu kombinieren. Man sieht nun im Konzeptvergleich sehr deutlich Licht und Schatten. Das könnten Sie nutzen, um den Schatten einer Alternative mittels des Lichts einer anderen Alternative zu verbessern.

Tipps & Tricks

Beziehen Sie wichtige Prozesspartner in diesen Schritt mit ein. Eine gemeinsam erzeugte Bewertung ist die Grundlage für eine gemeinsam getragene Entscheidung. Sie können sich im weiteren Entwicklungsablauf immer wieder auf diesen Schritt beziehen und in Erinnerung rufen, warum Sie sich auf diesen Lösungsweg verständigt haben. Ehrlenspiel und Meerkamm beschreiben ausführlich Methoden zum Beurteilen und Entscheiden, unter anderem Hilfen zur Verbesserung von Entscheidungssicherheit (Ehrlenspiel/Meerkamm 2017, S. 634 ff.).

11.5 Anwendungsbeispiel: Hinterradführung eines Motorrades

Ausgangssituation

Zur Entwicklung einer neuen Motorradgeneration für das Segment der Fernreisefahrzeuge soll eine passende Hinterradführung konzipiert werden. Diese Fahrzeuge werden über lange Entfernungen und zu Reisezielen weltweit gefahren. Je nach Kontinent und Region kann dies auch Routen jenseits befestigter Straßen beinhalten (Bild 11.2).

Bild 11.2 Fernreisemotorrad im Offroad-Einsatz (© BMW AG, München, Deutschland)

Für die Hinterradführung sind bereits etablierte Konzepte im Markt, wovon das am besten geeignete für die anstehende Fahrzeugentwicklung identifiziert werden soll. Zu beachten ist, dass das Einsatzgebiet des zu entwickelnden Fahrzeugs sowohl auf befestigten Straßen als auch auf losem Untergrund angedacht ist. Es soll also bei dieser Entwicklung auch auf die sogenannte Offroadtauglichkeit Rücksicht genommen werden. Für den Konzeptvergleich werden vier unterschiedliche Lösungsalternativen herangezogen (Bild 11.3).

Lösungsalternative 1:
Hinterradführung als Gusskonstruktion mit Kettenantrieb (Vollschwinge)

Lösungsalternative 2:
Hinterradführung als Gusskonstruktion mit Kardanantrieb (Einarmschwinge)

Lösungsalternative 3:
Hinterradführung als Schweißkonstruktion mit Kardanantrieb (Vollschwinge)

Lösungsalternative 4:
Hinterradführung als Gusskonstruktion mit Riemenantrieb (Einarmschwinge)

Bild 11.3 Vier unterschiedliche Lösungsalternativen der Hinterradführung (© BMW AG, München, Deutschland)

Schritt 1: An welchen Kriterien bemisst sich die „beste Lösung"?

- **Bewertungskriterien sammeln und vervollständigen**

  Bei der Wahl der Hinterradführung sind Gewicht der Konstruktion, Kosten und Design zu berücksichtigen. Mit Blick auf die vier Lösungsalternativen fällt auf, dass die Konstruktion der Lösungsalternative 2 in Bild 11.3 keine offen liegenden Antriebskomponenten aufweist. Bei allen anderen drei Lösungsalternativen sind die Kette, der Riemen bzw. der Kardanantrieb offen liegend. Dies ist hinsichtlich der Verschmutzung im Fahrbetrieb von Bedeutung. Kette und Riemen können sich über die Laufleistung längen und müssen eingestellt werden. Kardanantriebe sind abgesehen vom Ölwechsel des Hinterachsgetriebes wartungsfrei. Bei Fernreisefahrzeugen ist der Fahrkomfort eine wichtige Anforderung, der vor allem auch durch die Geräuschentwicklung des Antriebs beeinflusst wird.

- **Bewertungskriterien strukturieren**

  Als Bewertungskriterien aus der vorangehend erarbeiteten Sammlung ergeben sich zunächst folgende:
  - Gewicht
  - Kosten
  - Design
  - Schutz vor Verschmutzung
  - Einstellung der Länge des Zugmittels (Kette, Riemen)
  - Ölwechsel
  - Fahrkomfort

  Von den sieben ermittelten Bewertungskriterien adressieren zwei den Aufwand für den Kunden, den Hinterradantrieb „in Schuss zu halten": Einstellung der Länge des Zugmittels und Ölwechsel. Um diesem Aspekt gegenüber den anderen Kriterien nicht zu viel Gewicht zu geben, werden diese zu „Wartungsaufwand" zusammengefasst.

Schritt 2: In welcher Form müssen die Lösungsalternativen vorliegen?

- **Lösungsalternativen vergleichen**

  Bei näherer Betrachtung der vier Lösungsalternativen fällt auf, dass sie sich sowohl in der Art des Antriebs (Kette, Riemen, Kardan) als auch im Fertigungsverfahren (Guss, Schweißkonstruktion) und im Strukturverlauf (Vollschwinge, Einarmschwinge) unterscheiden. Theoretisch ließen sich diese Parameter für ein Konzept der Hinterradführung beliebig kombinieren und damit noch weitere Lösungsalternativen erzeugen. Die Lösungsalternativen 2 und 3 aus Bild 11.3 zeigen, dass bei Wahl der identischen Antriebsart (Kardan) unterschiedliche Ausführungen in Fertigungsverfahren und Strukturverlauf denkbar sind. Lediglich jene Kombination, die in der gängigen Praxis nicht vorzufinden ist, wäre eine Einarmschwinge mit Kettenantrieb. Bild 11.4 zeigt die Beschreibung der nun für diesen Konzeptvergleich gewählten vier Lösungsalternativen.

- **Lösungsalternativen aufbereiten bzw. detaillieren**

    Die vier Lösungsalternativen sind bereits vergleichbar ausdetailliert, da es sich um reale, auf dem Markt befindliche Produkte handelt.

Lösungsalternative 1	Lösungsalternative 2	Lösungsalternative 3	Lösungsalternative 4
Antrieb: Kette	Antrieb: Kardan	Antrieb: Kardan	Antrieb: Riemen
Fertigungsverfahren: Guss	Fertigungsverfahren: Guss	Fertigungsverfahren: Schweißkonstruktion	Fertigungsverfahren: Guss
Struktur: Vollschwinge	Struktur: Einarmschwinge	Struktur: Vollschwinge	Struktur: Einarmschwinge
Material: Aluminium	Material: Aluminium	Material: Stahl	Material: Aluminium mit Kunststoffabdeckung

Bild 11.4 Beschreibung der vier Lösungsalternativen (© BMW AG, München, Deutschland)

Schritt 3: Wie bewerte ich eine Lösungsalternative?

- **Lösungsalternativen und Bewertungskriterien anordnen**

    In Bild 11.5 werden nun die vier Lösungsalternativen den Bewertungskriterien gegenübergestellt. Die Anordnung wird so gewählt, dass eine Summenbildung je Lösungsalternative am Ende einer Spalte steht.

- **Lösungsalternativen hinsichtlich des Bewertungskriteriums beschreiben**

    Bei der Beschreibung der vier Lösungsalternativen hinsichtlich der Bewertungskriterien wird vor allem auf unterscheidende Aspekte geachtet (Bild 11.5). Es ist wichtig, dass Sie eine kurze Begründung mit angeben. Für nachgelagerte Schritte lassen sich so die Bewertungszahlen gut nachvollziehen.

Schritt 4: Wie führe ich die gesamte Bewertung durch?

- **Jede Lösungsalternative hinsichtlich Bewertungskriterium bewerten**

    Um das Summenergebnis noch deutlicher zum Ausdruck zu bringen, wird die Bewertung gemäß folgendem Schema gespreizt:

    0 = Kriterium nicht erfüllt

    3 = Kriterium erfüllt

    9 = Kriterium sehr gut erfüllt

11.5 Anwendungsbeispiel: Hinterradführung eines Motorrades

- **Für jede Lösungsalternative die Summe der Bewertungskriterien bilden**

  Für jede Lösungsalternative wird die Summe aus den einzelnen Bewertungsergebnissen gebildet (Bild 11.5).

	Lösungsalternative 1	Lösungsalternative 2	Lösungsalternative 3	Lösungsalternative 4
	Antrieb: Kette Fertigungsverfahren: Guss Struktur: Vollschwinge Material: Aluminium	Antrieb: Kardan Fertigungsverfahren: Guss Struktur: Einarmschwinge Material: Aluminium	Antrieb: Kardan Fertigungsverfahren: Schweißkonstruktion Struktur: Vollschwinge Material: Stahl	Antrieb: Riemen Fertigungsverfahren: Guss Struktur: Einarmschwinge Material: Aluminium mit Kunststoffabdeckung
Gewicht	leichtes Material und Antrieb 9	leichtes Material, aber schwerer Antrieb 3	Stahl schwerer als Alu sowie schwerer Antrieb 0	leichtes Material und Antrieb 9
Kosten	aufwendiges Werkzeug und Montage 3	hohe Werkzeugkosten für mehrteilige Konstruktion 0	wenig Werkzeugaufwand, aber arbeitsintensiv 3	aufwendiges Werkzeug, aber einteilig 9
Design	ansehnliche Konstruktion für angedachtes Segment 9	ansehnliche Konstruktion für angedachtes Segment 9	zu klassisches Design für angedachtes Segment 0	etwas wuchtiges Design für angedachtes Segment 3
Schutz vor Verschmutzung	schmutzanfälliger Antrieb für Schlechtwegeinsatz 0	geschützter Antrieb für Schlechtwegeinsatz 9	schmutzanfälliger Antrieb für Schlechtwegeinsatz 0	schmutzanfälliger Antrieb für Schlechtwegeinsatz 0
Wartung	Kettenpflege und -spannung erforderlich 0	Wartung im Rahmen der Serviceinspektion ausreichend 9	Wartung im Rahmen der Serviceinspektion ausreichend 9	keine Riemenpflege wie Kette, aber Spannungsprüfung 3
Fahrkomfort	lautester Antrieb im Vergleich 0	hörbare Geräusche aus Hinterachse 3	hörbare Geräusche aus Hinterachse 3	leisester Antrieb im Vergleich 9
Summe	21	27	15	33

Bild 11.5 Konzeptvergleich mit Vorgehen nach Schritt 1 bis Schritt 4 (© BMW AG, München, Deutschland)

Schritt 5: Was mache ich mit dem Ergebnis?

- **Bewertungsergebnis plausibilisieren**

  Das Ergebnis des Konzeptvergleichs aus Schritt 1 bis Schritt 4 wird nun kritisch hinterfragt. Die Lösungsalternative mit der höchsten Summe (33 Punkte) wäre Lösungsalternative 4, eine Gusskonstruktion mit Riemenantrieb. Da das gesuchte Konzept fernreisetauglich auf allen Fahrwegen sein soll, wird der Antriebsart Skepsis entgegengebracht. Auf staubigen Offroadpisten wäre ein geschützter und von äußerer Verschmutzungseinwirkung resistenter Antrieb die bevorzugte Alternative. Dieses Kriterium würde Lösungsalternative 2 als einziges Konzept bieten. Man kann erkennen, dass die Lösungsalternative 2 bei diesem Kriterium ihre Überlegenheit gegenüber den anderen Lösungsalternativen mit 9 Punkten ausspielt.

- **Lösungsalternativen eingrenzen für weiteren Entwicklungsablauf**

  Die eben ausgeführte Plausibilisierung des Ergebnisses führt zu der Erkenntnis, dass dem Bewertungskriterium „Schutz vor Verschmutzung" hohe Bedeutung zugemessen wird, und Lösungsalternative 2 für den weiteren Entwicklungsablauf präferiert wird. Dafür wird das höhere Gewicht gegenüber den Lösungsalternativen 1 und 4 in Kauf genommen. Das Beispiel zeigt, dass nicht die bloße Arithmetik abgearbeitet wird, sondern die rationale Auseinandersetzung und ganzheitliche Wertung des Bewertungsergebnisses wichtig ist.

  Um hinsichtlich der Kosten noch Optimierungen vorzunehmen, wird die Übernahme von bereits in der Serienproduktion befindlichen Bauteilen geprüft (z. B. Kardanwelle oder Hinterachsgetriebe). Der Stylingabteilung wird der Auftrag gegeben, das vorteilhafte Konzept eines abgekapselten Antriebs auch durch die Designsprache zum Ausdruck zu bringen. Der Vertriebsabteilung wird nach Abschluss des Konzeptvergleichs der Auftrag erteilt, die Wartungsfreundlichkeit des neuen Produkts und damit die Fernreisetauglichkeit als Kaufargument besonders hervorzuheben.

11.6 Methodensteckbrief: Konzeptvergleich

Bild 11.6 zeigt den Methodensteckbrief für den Konzeptvergleich.

SITUATION: Mehrere Lösungsalternativen zur Auswahl

WANN wende ich die Methode an?
- Ihnen liegen mehrere zur Auswahl stehende Lösungsalternativen vor.
- Sie brauchen eine Entscheidung zur weiteren Auskonstruktion.

WARUM wende ich die Methode an?
- Sie wollen aus den von Ihnen entwickelten Lösungsalternativen die beste auswählen.
- Sie wollen Kollegen bzw. Vorgesetzte im Ablauf Ihres Produktentstehungsprozesses in die Entscheidung einbinden.

Schritt 1: Stellen Sie die Kriterien für die „beste Lösung" auf
- Sammeln und vervollständigen Sie die Bewertungskriterien (Abgleich mit Anforderungen).
- Strukturieren Sie die Bewertungskriterien.

Schritt 2: Bereiten Sie die Lösungsalternativen auf
- Vergleichen Sie die Lösungsalternativen.
- Bereiten Sie die Lösungsalternativen auf bzw. detaillieren Sie die Lösungsalternativen.

Schritt 3: Beschreiben Sie die Lösungsalternativen hinsichtlich der Bewertungskriterien
- Ordnen Sie die Lösungsalternativen und Bewertungskriterien an (Matrix).
- Beschreiben Sie die Lösungsalternativen für jedes Bewertungskriterium.

Schritt 4: Führen Sie die gesamte Bewertung durch
- Bewerten Sie jede Lösungsalternative (Punktevergabe für jedes Kriterium).
- Bilden Sie für jede Lösungsalternative die Punktesumme über alle Kriterien.

ERGEBNIS: Entscheidung zugunsten der besten Lösungsalternative

WAS erhalte ich als Ergebnis?
- eine differenzierte Bewertung der Lösungsalternativen
- eine Aussage bezüglich der Anforderungserfüllung jeder Lösungsalternative

WAS kann ich mit dem Ergebnis machen?
- Die ausgewählte Lösungsalternative kann in Folgeschritten weiter konkretisiert und detailliert werden.
- Anwendung von Lösungskatalogen (siehe Kapitel 8)

Schritt 5: Plausibilisieren Sie das Ergebnis und wählen Sie die „beste Lösungsalternative"
- Plausibilisieren Sie das Bewertungsergebnis (Diskurs).
- Grenzen Sie die Lösungsalternativen für den weiteren Entwicklungsablauf ein.

Bild 11.6 Methodensteckbrief für den Konzeptvergleich (© BMW AG, München, Deutschland)

11.7 Vorteile und Grenzen der Methode

Die in diesem Kapitel vorgestellte Methode Konzeptvergleich ist eine von mehreren denkbaren Methoden zur Konzeptauswahl und Fokussierung auf die weiteren Entwicklungsaktivitäten. Bender und Gericke bieten einen Überblick über gängige Bewertungsmethoden (Bender/Gericke 2021, S. 313). Für diese Methode spricht, dass sie sowohl für die Anwendenden als auch für Mitentscheidende im Ablauf eines Produktentstehungsprozesses einfach zu verstehen ist. Die Sachlage der Lösungsalternativen und deren Beurteilung kann für Außenstehende relativ leicht erfasst werden. Obendrein schärft der Konzeptvergleich bei den Entwicklern selbst die eigenen Überlegungen zur Konzeption ihres Produktentwurfs.

Im Vergleich zu rein vergleichenden Bewertungsmethoden (wie etwa der Methode „paarweiser Vergleich") bietet der Konzeptvergleich den Vorteil, konkreten Bezug zu den Anforderungen an das zu entwickelnde Produkt herzustellen. Damit messen sich die Lösungsalternativen gleich an jenen Kriterien, die am Ende auch entscheidend für den Entwicklungsauftrag sind.

Die Spielart „nach unten": Punkte kleben

Sollten Sie erkennen, dass Ihr Team zu viel Zeit für die Einigung auf eine Bewertungslogik brauchen würde oder auch die Bewertung einer Lösungsalternative sehr subjektiv ausfällt, könnten Sie statt einer Punktevergabe auch das sogenannte „Punktekleben" in Erwägung ziehen. Dabei sparen Sie sich die Diskussion um den vermeintlich korrekten Zahlenwert je Lösungsalternative und Bewertungskriterium. Gehen Sie bei dieser Spielart Schritt 1 bis Schritt 3 wie beschrieben durch, ersetzen aber Schritt 4. Statt eines Zahlenwertes sind alle Teilnehmer aufgerufen, eine Anzahl an z. B. fünf Punkten auf jene Felder zu verteilen, die aus ihrer Sicht die favorisierte Lösungsalternative für ein Bewertungskriterium beschreiben. Dies könnten Sie an einem ausgedruckten Plakat durch physisches Anbringen von Klebepunkten ausführen. Zählen Sie am Ende die geklebten Punkte je Lösungsalternativen zusammen und schreiben Sie die Summe unter jede Spalte. Danach können Sie mit Schritt 5 fortfahren.

Die Spielart „nach oben": Gewichtete Punktebewertung

Sie können die Methode Konzeptvergleich noch um eine Gewichtung der Bewertungskriterien erweitern. Dies wird dem Umstand gerecht, dass eventuell nicht alle Bewertungskriterien gleichbedeutend für den Produkterfolg sind. In Schritt 1 des Vorgehens vergeben Sie für die Bewertungskriterien einen zusätzlichen Faktor, der die Bedeutung des Kriteriums hervorhebt. Beispielsweise könnten Sie die für das Projekt wichtigen Bewertungskriterien mit Faktor 2 multiplizieren. Damit gehen diese Ergebnisse doppelt ins Gesamtergebnis ein. Im Anwendungsbeispiel (Abschnitt 11.5) könnte man dem Bewertungskriterium „Schutz vor Verschmutzung" mehr Gewicht geben, wenn es offenbar als sehr entscheidend für die Anforderung der Fernreisetauglichkeit gesehen wird. Die Anwendung einer gewichteten Punktbewertung zeigt z. B. Lindemann anhand einer Werkzeugmaschine (Lindemann 2007, S. 188 ff.).

Die Methode Konzeptvergleich ist für die Aufgabe des Bewertens und Auswählens von Lösungsalternativen ein Vorgehen, das Ihnen Struktur bietet und eine Diskussion versachlicht. Abschließend sei Ihnen ans Herz gelegt, mit dieser Methode unterstützend und nicht dogmatisch umzugehen: Lassen Sie sich nicht verleiten, die mathematisch ausgerechnete Punktzahl „für bare Münze" zu nehmen. Der konkrete Summenwert verleitet möglicherweise dazu, das Ergebnis unreflektiert zu übernehmen. Das Anwendungsbeispiel in Abschnitt 11.5 soll aufzeigen, dass die Plausibilisierung in Schritt 5 wichtiger Bestandteil der Methode ist (siehe auch Strategien in Kapitel 14).

Literatur

Bender, B./Gericke, K. (Hrsg.): Pahl/Beitz Konstruktionslehre. Methoden und Anwendung erfolgreicher Produktentwicklung. 9. Auflage. Springer Vieweg, Berlin 2021

Ehrlenspiel, K./Meerkamm, H.: Integrierte Produktentwicklung. Denkabläufe, Methodeneinsatz, Zusammenarbeit. 6. Auflage. Carl Hanser Verlag, München 2017

Lindemann, U.: Methodische Entwicklung technischer Produkte. Methoden flexibel und situationsgerecht anwenden. 2. Auflage. Springer, Berlin 2007

Ponn, J./Lindemann, U.: Konzeptentwicklung und Gestaltung technischer Produkte. Systematisch von Anforderungen zu Konzepten und Gestaltlösungen. 2. Auflage. Springer, Berlin 2011

Wulf, J.: Elementarmethoden zur Lösungssuche. Produktentwicklung München, Band 50. Dr. Hut, München 2002. Zugleich: Dissertation. TU München 2002

12 Technische Risiken bewerten mit FMEA light

12.1 Ziel des Kapitels

Viele Unternehmen kämpfen mit technischen Qualitätsproblemen in späten Phasen der Produktentwicklung. Intern entstehen dadurch zum Teil erhebliche Aufwände zur Behebung der Probleme unter massivem Zeitdruck im Task-Force-Modus. Bei der Entdeckung und Behebung der Probleme vor dem Markteintritt bedeutet dies oftmals eine massive Bindung von Ressourcen in späten Projektphasen und eine Verzögerung der geplanten Markteinführung des Produkts. Zeigt sich die mangelhafte Qualität des Produkts jedoch erst im Markt, kann dies zu Gefährdungen der Anwender oder gar zu Personenschäden führen. Die negativen Folgen für das Unternehmen können von Rückrufaktionen und Imageschäden bis hin zu Rechtsfolgen wie Gewährleistung und Produkthaftung reichen.

In diesem Kapitel geht es um die Absicherung der Entwicklungsziele und die Bewertung der technischen Risiken. Wir wollen Ihnen die Bedeutung dieser Themen für den Erfolg des Entwicklungsprojekts näherbringen und Ihnen praktisch anwendbare Methoden für die Projektarbeit an die Hand geben. Die zentrale Methode in diesem Kapitel ist die **Failure Mode and Effects Analysis (FMEA)**. Die FMEA ist eine in vielen Branchen und Firmen etablierte Methode und sie ist bereits sehr umfassend in vielen Quellen beschrieben worden (z. B. AIAG/VDA 2019; DGQ 2012; Werdich 2012; Tietjen et al. 2011).

Die klassische Form der Methode ist von hohem Formalismus geprägt. Häufig geschieht die Anwendung daher unter Einbindung von professionellen Moderatoren. Die Dokumentation erfolgt in einer speziellen Software. Dies bringt eine hohe Wirksamkeit, weil dadurch eine korrekte Anwendung der Methode gewährleistet und das Entwicklerteam Schritt für Schritt durch die Anwendung geleitet wird. Die komplexen Systemzusammenhänge lassen sich systematisch abbilden und im Laufe der Entwicklung immer wieder aktualisieren. Das alles bringt aber auch einen gewissen Aufwand mit sich.

Wir wollen Ihnen in diesem Kapitel eine pragmatische Variante der Methode vorstellen, die **FMEA light**. Diese hilft Ihnen dabei, Ihr Systemverständnis zu verbessern, Ihr System strukturiert nach potenziellen und tatsächlichen Schwachstellen und Fehlern zu durchforsten und Hauptschwachstellen zu identifizieren, um für diese geeignete Gegenmaßnahmen zu definieren. Der reduzierte Methodenformalismus soll Ihnen dabei einen unkomplizierten Zugang zur Methode ermöglichen und Sie zur Anwendung einladen.

12.2 Motivationsbeispiel: Neue Saftpresse mit leistungsstärkerem Motor

Warum ist es wichtig, zu gewissen Zeitpunkten vor oder im Laufe eines Entwicklungsprojekts bewusste Risikobewertungen durchzuführen? Das wollen wir an einem Beispiel verdeutlichen.

Ausgangssituation

Stellen Sie sich folgende Situation vor: In ein bestehendes Modell einer **Saftpresse** war im Rahmen technologischer Voruntersuchungen ein neuer, leistungsstärkerer Motor eingebaut worden. Das Getriebe war entsprechend angepasst worden. Das äußere Design blieb unverändert. Mit dem Prototyp wurden ein paar Versuche gemacht. Es wurde eine Reihe von Zitronen ausgepresst. Dies konnte um 30 % schneller als mit dem Vorgängermodell realisiert werden. Das Management ist begeistert von der „Powerpresse" und möchte diese schnellstmöglich als Upgrade auf das bestehende Modell in den Markt bringen.

Sie bekommen von Ihrem Management also folgende Aufgabe zugeteilt: Es ist eine neue Saftpresse für den industriellen Einsatz bis zur Serienreife zu entwickeln. Basis sind die Ergebnisse der Voruntersuchung mit dem neuen, leistungsstärkeren Motor. Sie bekommen dafür Budget, Ressourcen und ein Jahr Zeit, das Produkt erfolgreich auf den Markt zu bringen.

Wie würden Sie an diese Aufgabe herangehen? Würden Sie sich sofort in die Konkretisierung der technischen Details stürzen? Oder würden Sie vielleicht erst einmal innehalten, um die Situation und die Risiken zu bewerten, die das Projekt mit sich bringt?

12.2 Motivationsbeispiel: Neue Saftpresse mit leistungsstärkerem Motor

Wie sieht es mit Risiken aus?

Folgende Fragen ergeben sich z. B. (Bild 12.1):

- Können die anderen Komponenten (Getriebe, Gehäuse etc.) den höheren Kräften und Drehmomenten, die durch den neuen Motor entstehen, über die Lebensdauer standhalten?
- Wie ist es mit dem neuen Motor um die Wärmeentwicklung und Verteilung der Wärme im System bestellt?
- Kann der neue Motor, der für den Prototyp verwendet wurde, auch für die Serie verwendet werden? Ist der Lieferant für den neuen Motor zertifiziert?
- Was ist aus Zulassungssicht alles zu beachten? Welche Normen und Standards sind relevant?
- Wie soll das neue Produkt vermarktet werden, wenn für den Kunden von außen gesehen alles gleich bleibt? Oder braucht es auch ein neues Design?
- Was sind eigentlich die geplanten Kunden- und Anwendungsprofile? Welche Früchte sollen ausgepresst werden? Wie viele Pressvorgänge sind zu erwarten?

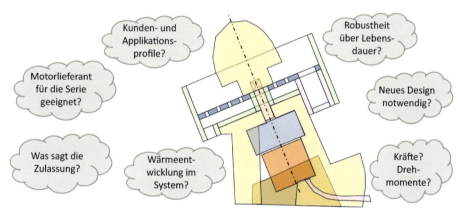

Bild 12.1 Neue Saftpresse mit leistungsstärkerem Motor: mögliche Risiken im Projekt

Was heißt das jetzt?

Vor dem Start in das Entwicklungsprojekt lohnt es sich also, eine bewusste Analyse und Bewertung der Risiken vorzunehmen und entsprechende Maßnahmen zu definieren, um den Erfolg des Projekts und eine reibungslose Markteinführung zu gewährleisten. Dies kann helfen, böse Überraschungen im Laufe des Projekts zu vermeiden.

Das Ergebnis der Risikoeinschätzung sollte auch bei der Abschätzung der für das Projekt benötigten Ressourcen und der Zeitschiene berücksichtigt werden, da Maßnahmen zur Risikominderung in der Regel Zeit, Budget und entsprechende Kapazitäten benötigen. Es bietet sich auch an, im Laufe des Projekts definierte Checkpunkte zu definieren, an denen noch einmal ein Update auf die Risikobewertung durchgeführt wird, um zu prüfen, ob das Projekt weiterhin auf dem richtigen Weg ist.

12.3 Bedeutung der Absicherung der technischen Entwicklungsziele

In diesem Abschnitt wollen wir uns mit folgenden Themen beschäftigen: Was verstehen wir unter Risiken? Was sind Ursachen von Risiken? Welche Arten von Risiken gibt es? Welche grundsätzlichen Maßnahmen zum Risikomanagement gibt es? Was ist der Bezug zur Bewertung der technischen Risiken bzw. der Absicherung der technischen Entwicklungsziele?

12.3.1 Definition und Arten von Risiken

Risiken werden gemäß ISO 31 000:2018 definiert als die Auswirkung von Unsicherheit auf Ziele (ISO 31 000:2018). Ein Risiko stellt damit die Möglichkeit einer **Zielabweichung** dar. Die Auswirkungen können dabei sowohl positiv als auch negativ sein. Die Möglichkeit einer positiven Zielabweichung wird auch als Chance, die Möglichkeit einer negativen Zielabweichung als Gefahr bezeichnet. Risiken können mit Wahrscheinlichkeiten geschätzt oder ermittelt werden. Ist die Zielabweichung eingetreten, wird aus dem Risiko also Realität, dann sprechen wir von einem Problem.

Risiken resultieren aus der Ungewissheit und Unvorhersehbarkeit der Zukunft und stehen im Zusammenhang mit der Planung des Unternehmens. Es gibt verschiedenste Quellen für Risiken, die sich auch nach dem Grad der Beinflussbarkeit unterscheiden lassen. Unternehmensinterne Ursachen mit hoher Kontrollierbarkeit sind z. B. die Qualifikation der Mitarbeiter oder die Effektivität und Effizienz von internen Prozessdefinitionen. Ursachen aus dem Unternehmensumfeld mit mittlerer Kontrollierbarkeit sind beispielsweise die Qualität, Zuverlässigkeit und Vertraulichkeit der Entwicklungs- und Fertigungspartner. Externe Ursachen mit geringer Kontrollierbarkeit sind z. B. die Innovationstiefe und Geschwindigkeit der Wettbewerber.

Risiken sind so vielfältig wie die **Ziele**, die sich ein Unternehmen oder ein Projekt steckt. Mögliche Risikoauswirkungen haben Bezug zu den Zieldimensionen der Entwicklungsorganisation. Folgende Kategorien können z. B. unterschieden werden:

- Kosten (Projektkosten, Produktkosten)
- Zeit (Projektzeitplan, Time to Market)

- Qualität (Prozessqualität, Produktqualität)
- weitere (Umwelt, Gesundheit, Sicherheit, Reputation)

Auch eine Unterscheidung nach Unternehmensfunktionen bzw. Rollen im Entwicklungsprojekt bietet sich an (Marketing, Technik, Qualität, Supply, siehe Bild 12.2). In diesem Kapitel wollen wir uns vor allem auf den Umgang mit **technischen Risiken** fokussieren bzw. Maßnahmen zur Absicherung der **technischen Entwicklungsziele**.

Bild 12.2 Arten von Risiken: Dimensionen von Zielen im Entwicklungsprojekt

12.3.2 Maßnahmen zur Bewertung technischer Risiken

Risikomanagement allgemein umfasst sämtliche koordinierte Aktivitäten zur Steuerung und Beherrschung von Risiken in einer Organisation. ISO 31 000:2018 definiert einen Referenzprozess für das Risikomanagement, der als Aktivitäten unter anderem die Identifikation, Analyse, Bewertung, Behandlung und Überwachung von Risiken enthält (ISO 31 000:2018). Risikomanagement ist somit eine gesamtunternehmerische Aufgabe, für die es oftmals (vor allem in größeren Unternehmen) spezifische Rollen und Abteilungen gibt, welche die in den Normen spezifizierten Methoden und Verfahren anwenden (ISO/IEC 31 010:2019).

Der bewusste Umgang mit Risiken sowie deren Analyse und Bewertung ist aber auch relevant für den einzelnen Entwickler, der in seinen Projekten täglich **Entscheidungen** von unterschiedlicher Tragweite treffen muss, z. B. folgende:

- über eine Konzeptalternative (Schraub-, Steck- oder Lötverbindung?)
- über die Übernahme eines Gleichteils oder Konstruktion einer neuen Variante
- über ein Fertigungsverfahren (Schweiß- oder Gusskonstruktion?)
- über die Freigabe von Werkzeugen (Ist der Konstruktionsstand reif genug, um „in die Späne" zu gehen, d. h. Prototyp- oder Serienwerkzeuge zu bestellen?)

Wann ist nun der richtige Zeitpunkt im Projekt, um eine bewusste Analyse und Bewertung der technischen Risiken durchzuführen? Es eignet sich der Moment, wenn wichtige Zwischenergebnisse vorliegen, mit denen andere Akteure im Projekt weiterarbeiten oder auf deren Basis wichtige Entscheidungen getroffen werden. Ein Paradebeispiel ist die Fertigstellung des Entwurfs, der Grundlage für die weitere Implementierung, wie den Bau und Test eines Prototyps oder die Bestellung von Serienwerkzeugen, ist.

In unserem Leitmodell für den **Entwicklungsprozess**, dem Kegel, befinden wir uns also auf der Gestaltebene und gehen vom Sektor „Lösungen" in den Sektor „Eigenschaften" (Bild 12.3). Ausgehend von der Lösungsbeschreibung in Form des Systementwurfs werden mögliche Fehler und deren Auswirkungen auf das Produkt oder den Prozess ermittelt und die damit verbundenen Risiken bewertet. Damit können Probleme bei der Implementierung abgefangen sowie kosten- und zeitintensive Änderungsschleifen vermieden werden.

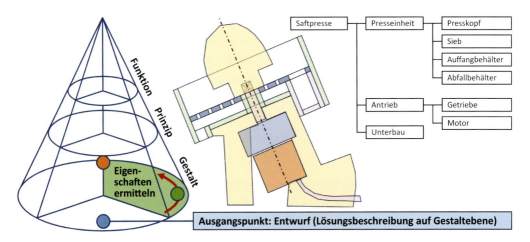

Bild 12.3 Einordnung in den Entwicklungszyklus

Der Entwicklungsprozess ist ein stetiges Durchlaufen des Entwicklungszyklus, ein Wechselspiel zwischen der Definition und Prüfung der Anforderungen, der Entwicklung und Ausarbeitung von Lösungen und der Analyse und Bewertung dieser Lösungen. Passen die tatsächlichen **Eigenschaften** des Produkts (die z. B. in einer Simulation oder einem Test ermittelt werden) zu den **Anforderungen**, ist der Entwickler am Ziel. Häufig klappt das jedoch nicht auf Anhieb, weshalb der Entwicklungsprozess in Schleifen stattfindet (geplant oder ungeplant).

Die regelmäßige Bewertung der technischen Risiken hilft dem Entwickler, die Anzahl der ungeplanten Iterationen auf ein vertretbares Minimum zu reduzieren und das Projekt zu einem erfolgreichen Abschluss zu bringen. Von der Vielzahl an Methoden, die hierfür grundsätzlich zur Verfügung stehen, wollen wir uns im folgenden Abschnitt auf die FMEA konzentrieren.

12.4 Methode: FMEA

Die **Failure Mode and Effects Analysis** (**FMEA**) hat sich in der Praxis als wichtige Methode zur Risikobewertung und **präventiven Zielabsicherung** etabliert. Zweck der Methode ist es, potenzielle Schwachstellen und Fehler frühzeitig zu identifizieren und ihr Auftreten durch geeignete Maßnahmen zu vermeiden. Betrachtungsgegenstand sind dabei (technische) Systeme. Dies können sowohl Produkte als auch Prozesse sein. Die FMEA ist damit ein wichtiges Instrument des **Qualitäts-** bzw. **Risikomanagements** in Entwicklungsprojekten (AIAG/VDA 2019; DGQ 2012; Werdich 2012; Tietjen et al. 2011).

12.4.1 Arten und Anwendungsbereiche

Es existieren viele FMEA-Arten und Bezeichnungen. Die Begriffe haben sich zum Teil auch über die Jahre geändert. Eine schöne Übersicht hierzu zeigt Werdich (Werdich 2012). Bei der **Design-FMEA** (alternativer Begriff: Produkt-FMEA) steht das technische Produkt mit seinen Funktionen und potenziellen Schwachstellen im Fokus. Bei der **System-FMEA** werden das Gesamtsystem (z. B. das gesamte Automobil) und die Beziehungen der Teilsysteme untersucht. Ziel ist es, kritische Teilsysteme (Module und Baugruppen) zu identifizieren. In der zumeist nachgelagerten **Komponenten-FMEA** (früher auch Konstruktions-FMEA genannt) werden ausgewählte Teilsysteme (z. B. der Motor, das Getriebe oder ein Steuergerät) analysiert, um kritische Komponenten zu identifizieren.

Die **Prozess-FMEA** legt ihren Schwerpunkt auf Produktionsprozesse (Fertigung, Montage), um prozessbedingte Fehler und Risiken zu identifizieren. Eine weitere Spielart ist die **Anwendungs-FMEA**. Bei dieser wird der Anwendungsprozess eines Produkts betrachtet, um mögliche Risiken in der Anwendung bzw. Interaktion von Nutzern mit dem Produkt zu ermitteln. Wir haben die Methode bereits als Anwendungsanalyse in Kapitel 4 vorgestellt, weil sie auch wunderbar im Rahmen der Anforderungsklärung zu Beginn eines neuen Projekts eingesetzt werden kann.

Kennzeichnend für die FMEA sind die stark formalisierte Arbeitsweise sowie die umfassende explizite Dokumentation von komplexen Systemzusammenhängen. Dies ermöglicht einen erheblichen Wissenszugewinn im Team und trägt zur systematischen Fehlervermeidung bei. Der aktuelle Industriestandard ist sehr ausführlich im FMEA-Handbuch beschrieben (AIAG/VDA 2019). Diese formelle Form der FMEA ist durchzuführen, wenn sie Bestandteil der vertraglichen Regelungen zwischen Entwicklungspartnern ist und im Kontext der Dokumentations- und Nachweispflicht sowie der Produkthaftung erforderlich ist. Die Darstellung von Systemzusammenhängen erfolgt in Baum- und Netzstrukturen (Kausalketten). Die Fehler- und Risikobewertung basiert auf Kennzahlen. Die Dokumentation von Fehlern sowie deren Bewertung und die Dokumentation der Maßnahmen erfolgen in standardisierten Formblättern. Für diese umfassende, formale Form der Anwendung sind meist geschulte Experten erforderlich. Für die Dokumentation existieren spezialisierte Softwareprogramme.

Je nach Zielsetzung im Unternehmen oder im Projekt kann die Methode FMEA aber auch in angepasster Form eingesetzt werden, und zwar vom Entwickler selbst, ohne umfassende Schulungen und Kenntnis spezieller FMEA-Software. Diese weniger formelle und eher pragmatische Spielart nennen wir **FMEA light**. Auf diese wollen wir uns in diesem Kapitel konzentrieren.

In der FMEA light bleiben das Grundprinzip der Methode und die wesentlichen Schritte erhalten, jedoch sind der Methodenformalismus und damit auch die Komplexität reduziert, um eine intuitivere Anwendung zu unterstützen. Es wird eine Systemstruktur erstellt, die das Grundgerüst darstellt, um darin Funktionen und Fehler zu dokumentieren. Auf eine Vernetzung von Funktionen und Fehlern wird verzichtet. Nach der Fehleranalyse werden die Hauptschwachstellen mittels Punktbewertung ermittelt. Ergebnis ist eine Tabelle mit Maßnahmen für die Optimierung des Systems in Bezug auf Hauptschwachstellen.

12.4.2 Vorgehen bei der FMEA light

Das Vorgehen bei der FMEA light gliedert sich in fünf Schritte (Bild 12.4), die wir im Folgenden kurz näher beschreiben. Die Schritte sind grundsätzlich sowohl für die Analyse von Produkten als auch Prozessen anwendbar. Im Sinne der Übersichtlichkeit fokussieren wir uns bei der weiteren Beschreibung in diesem Kapitel auf die Anwendung für Produkte.

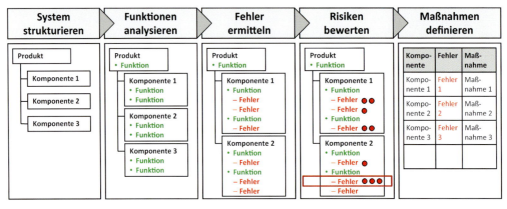

Bild 12.4 Schritte der FMEA light

Schritt 1: System strukturieren

Eine wichtige Voraussetzung für die Fehleranalyse ist es, dass das Entwicklungsteam ein umfassendes **Systemverständnis** in Bezug auf den Betrachtungsgegenstand aufbaut. Hierzu ist es hilfreich, die betrachteten Produkte oder Prozesse in handhabbare Einheiten zu gliedern. Der erste Schritt bei der FMEA ist somit die Erarbeitung einer **Systemstruktur**. Bei der Produktanalyse erfolgt die Darstellung in der Regel in Form eines **Strukturbaumes**, einer hierarchischen Darstellung der einzelnen Systemelemente und ihrer Zusammenhänge. Ein wichtiger Punkt bei der Systemstrukturierung ist die Wahl des richtigen Auflösungs- und Detaillierungsgrades. Bei einer System-FMEA wird ein Gesamtprodukt in seine Module und Baugruppen gegliedert. Bei einer Komponenten-FMEA werden Baugruppen in Unterbaugruppen und Bauteile zerlegt.

Hilfsmittel bei der Erarbeitung des Strukturbaumes sind aussagekräftige Darstellungen des Systems, beispielsweise 2D-Schnittzeichnungen oder 3D-Darstellungen (CAD-Screenshots, Explosionsdarstellungen). Auch die Orientierung an vorliegenden Stücklisten ist nützlich. Entwickler sollten zudem aussagekräftige Bezeichnungen der Elemente in der Systemstruktur wählen.

Fazit
- Definition des zu betrachtenden Systems und der nötigen Detailtiefe (Gesamtsystem? Modul? Komponente?)
- Strukturierung des Systems in Untersysteme (Baugruppen, Bauteile), Darstellung in Form einer Baumstruktur
- Aufbereitung aussagekräftiger Darstellungen, z. B. Schnittzeichnungen

Schritt 2: Funktionen analysieren

Funktionen beschreiben den Zweck bzw. die Aufgabe eines technischen Systems oder einer Komponente. Damit bildet die **Funktionsanalyse** eine wichtige Voraussetzung für die anschließende Ermittlung technischer Fehlermöglichkeiten. Im zweiten Schritt der FMEA werden daher den einzelnen Elementen der Systemstruktur ihre Funktionen zugeordnet, wodurch eine Funktionsstruktur entsteht. Funktionen werden mittels Substantiv und Verb beschrieben. So ist die Funktion einer Welle beispielsweise „Drehmoment übertragen". Auch die Bezeichnung der Funktion in der Form „überträgt Drehmoment" ist üblich, wenn sie dem Systemelement angehängt wird. Funktionen können auch in quantitativer Form durch Ergänzung einer Spezifikation beschrieben werden, gegebenenfalls mit Toleranz, z. B. „Drehmoment von 5 Nm übertragen".

In einer Funktionsstruktur sind Haupt- und Nebenfunktionen zu unterscheiden. Die **Hauptfunktionen** tragen dabei unmittelbar zur Gesamtfunktion des Systems bei. **Nebenfunktionen** sind oft als Voraussetzungen im System erforderlich, damit Hauptfunktionen erfüllt werden können. Zunächst ist eine Konzentration der Betrachtung auf die Hauptfunktionen sinnvoll. Die Vervollständigung und Detaillierung des Funktionsmodells und die Analyse von Nebenfunktionen erfolgen dann in weiteren Schritten.

Funktionen können hierarchisch in einem **Funktionsbaum** strukturiert werden. Die Orientierung an der Struktur gewährleistet, dass keine wichtigen Aspekte vergessen werden. Die Navigation erfolgt in der Regel im Systembaum von oben nach unten. Das Team bespricht Baugruppe für Baugruppe und innerhalb einzelner Baugruppen Komponente für Komponente. Funktionen treten oft in netzwerkartigen Beziehungen auf, was allerdings in einem hierarchisch gegliederten Funktionsbaum nicht unbedingt sichtbar wird. Daher kann auch die Erstellung einer netzwerkartigen Funktionsstruktur hilfreich sein. Mit dieser Darstellungsform lassen sich die Umsätze durch das System (Stoff, Energie, Signal) sichtbar machen, was erheblich zum Systemverständnis beiträgt (siehe dazu Kapitel 5). Allerdings ist die Erstellung mit einem etwas höheren Aufwand verbunden.

Beispiel Saftpresse

Bild 12.5 zeigt beispielhaft die Funktionsanalyse für die Saftpresse aus dem Motivationsbeispiel. Das Produkt ist in die drei Untersysteme Presseinheit, Antrieb und Unterbau gegliedert. Presseinheit und Antrieb sind weiter auf ihre Komponenten heruntergebrochen. Den Komponenten sind jeweils die Funktionen zugeordnet. Auf den höheren Ebenen der Systemstruktur sind die Funktionen noch sehr allgemein und nah an der Anwendung formuliert. Die Funktion der Saftpresse ist beispielsweise „Saft aus Frucht gewinnen". Auf den unteren Ebenen sind die Funktionen spezifischer und technischer formuliert, wie beispielsweise beim Getriebe, dessen Funktion es ist, das Drehmoment zu übersetzen.

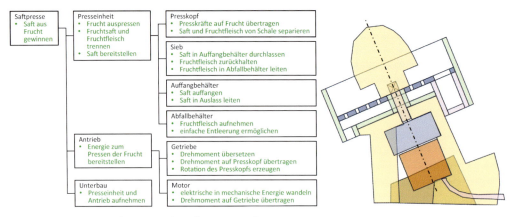

Bild 12.5 Funktionsanalyse für eine Saftpresse

Fazit
- Beschreibung der technischen Funktionen des Systems und seiner Komponenten
- Zuordnung der Funktionen zu den Elementen in der Systemstruktur (Funktionsbaum)

Schritt 3: Fehler ermitteln

Der dritte Schritt der FMEA ist die **Fehleranalyse**. In der Teamdiskussion werden mögliche Fehler, Fehlfunktionen und Schwachstellen gesammelt und in der Struktur dokumentiert. Ein **Fehler** beschreibt laut DIN EN ISO 9000 die Nichtkonformität des Produkts oder Prozesses zu einer Anforderung (DGQ 2012, S. 22). Dies beinhaltet das Nichterfüllen einer Funktion oder spezifizierter Zielwerte angestrebter Produkteigenschaften.

Für die Formulierung von Fehlern gibt es verschiedene Möglichkeiten. Zum einen können Funktionen negiert werden (Substantiv + Verb + NICHT). Die Funktion einer Elektronik lautet z. B. „Motor regeln", der zugehörige Fehler entsprechend „Motor nicht regeln" oder „regelt Motor nicht". Auch die Formulierung als Zustandsbeschreibung ist gängig, beispielsweise „Magnetmaterial fehlerhaft". In diesem Fall ist noch die Präzisierung hilfreich, was genau den Fehler ausmacht, d. h., auf welche Weise das Magnetmaterial die vorgegebene Spezifikation verletzt (Geometrie, Oberflächenbeschaffenheit, magnetische Flusseigenschaften, Temperaturstabilität etc.).

Ausgehend von der Funktionsanalyse können nun Fehler gesammelt und in die Struktur mit aufgenommen werden. Dazu werden die Fehler an die zugehörigen Funktionen gehängt. Die Fehlersammlung kann schnell sehr umfangreich werden. Prinzipiell könnte jede Funktion negiert werden, jedoch würde man auf diese Weise nur sehr viele rein theoretische Fehler konstruieren. Daher ist eine sinnvolle Balance zwischen notwendiger Vollständigkeit und praktischer Relevanz anzustreben.

Beispiel Saftpresse

Bild 12.6 zeigt die Fehleranalyse für die **Saftpresse**. Ein möglicher Fehler ist es, dass der Motor überhitzt. Dies wird als zusätzliche Schwachstelle in die Struktur mit aufgenommen. Als zugehörige Funktion wird „Wärme abführen" definiert und ebenfalls in der Struktur ergänzt. Die Fehleranalyse kann also auch dazu führen, dass Funktionen erkannt werden, die bisher in der Funktionsstruktur gefehlt haben.

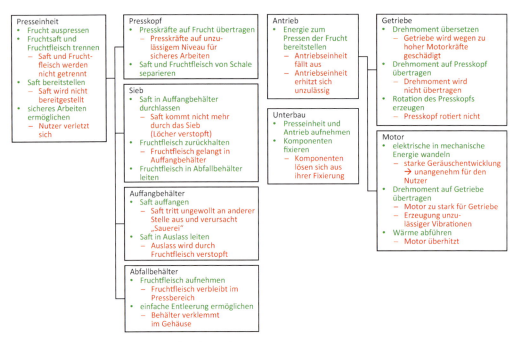

Bild 12.6 Fehleranalyse für die Saftpresse

Woher stammt nun das Wissen bei der Ermittlung von Fehlern im Produkt oder Prozess? Oft liegen FMEAs von Vorgängerprodukten vor, auf denen im neuen Projekt aufgebaut werden kann. Durch die Einbindung von Experten und Wissensträgern aus anderen Bereichen und Projekten kann gezielt Erfahrung aus verwandten oder ganz anderen Projekten eingebracht werden. Daher ist die Zusammenstellung des Teams für die FMEA ein wichtiges Element für den Erfolg der Veranstaltung. Durch Berechnungen und Simulationen lassen sich potenzielle Schwachstellen im System vor der physikalischen Realisierung identifizieren. Anhand Orientierender Versuche mit Handmustern kann das Team den Wissensstand verbessern (siehe Kapitel 10). All diese Maßnahmen tragen dazu bei, tatsächliche oder potenzielle Fehler und Schwachstellen zu identifizieren, die dann im Rahmen der FMEA strukturiert zusammengetragen und diskutiert werden können.

Ein wichtiger Schritt in der klassischen FMEA ist die Verknüpfung von Fehlern zu einem **Fehlernetz**, um ein umfassendes Systemverständnis zu erarbeiten. Im Rahmen der FMEA light verzichten wir auf diesen Schritt. Die kausalen Zusammenhänge lassen sich in der hierarchischen Struktur zwar erahnen, werden aber nicht explizit dokumentiert, um den Aufwand der Übung in einem vertretbaren Rahmen zu halten.

Fazit
- Sammlung von möglichen Fehlern, Fehlfunktionen und Schwachstellen
- Dokumentation in der Struktur → Anhängen an die zugehörigen Funktionen

Schritt 4: Risiken bewerten

Nach der Fehleranalyse liegt eine umfassende Sammlung potenzieller oder tatsächlicher Fehler und Schwachstellen vor. Ziel im nächsten Schritt ist es nun, die Risiken zu bewerten und die vorrangigen Handlungsbedarfe zu identifizieren. Die **Risikobewertung** beinhaltet eine Beurteilung der Auswirkungen von Fehlermöglichkeiten auf relevante Zielkategorien (hier im Kontext der FMEA im Wesentlichen auf die technischen Qualitätsziele).

Wir wollen im Folgenden einen Ansatz zur **qualitativen Risikobewertung** im Rahmen der FMEA light vorstellen, der projektbegleitend zur Bewertung des Entwicklungsstandes angewandt werden kann, um im Entwicklungsteam mit vertretbarem Aufwand kritische **Hauptschwachstellen** zu identifizieren und den Fokus der Entwicklungstätigkeiten festzulegen. Die Methode ist einfach und schnell durchführbar und stößt in der Praxis nach Erfahrung der Autoren auf hohe Akzeptanz seitens der Teilnehmer.

Ein pragmatischer Ansatz zur Durchführung der qualitativen Fehlerbewertung ist es, dass alle Workshopteilnehmer Punkte für die Hauptschwachstellen aus ihrer jeweiligen Sicht vergeben. Die Anzahl der Punkte pro Teilnehmer richtet sich nach der Teilnehmerzahl und Menge der gefundenen Schwachstellen in der Fehleranalyse in Schritt 3. Typische Größenordnungen sind nach Erfahrung der Autoren: zehn Teilnehmer an der Sitzung, Systemstrukturen mit etwa 40 Bauteilen und 120 gesammelten möglichen oder tatsächlichen Fehlern und Schwachstellen. Wenn jeder Teilnehmer 10 Punkte verteilt, ergibt das in Summe 100 Punkte. Das führt zu etwa 15 bis 20 Hauptschwachstellen, also Themen, die bei der Sammlung eine hohe Zahl an Punkten bekommen (z. B. 3 und mehr).

Beispiel Saftpresse
Exemplarisch ist die qualitative Fehlerbewertung für die Saftpresse in Bild 12.7 dargestellt. Nehmen wir an, es gab in diesem Beispiel acht Teilnehmer, die jeweils 3 Punkte vergeben durften, so kommen wir in Summe auf 24 Punkte, die den Fehlern in der Struktur zugeordnet wurden. Drei der Themen bekamen hier die meisten Punkte (jeweils 3): „Presskräfte auf unzulässigem Niveau am Presskopf", „Getriebe wird geschädigt aufgrund zu hoher Motorkräfte" und „Motor überhitzt". Auf diese Themen konzentriert sich das Team im nächsten Schritt, um geeignete Maßnahmen zu definieren.

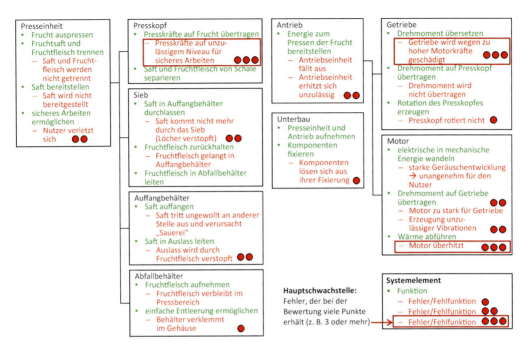

Bild 12.7 Fehlerbewertung für die Saftpresse: Identifikation der Hauptschwachstellen

Die Einzelbewertung ist durch die individuelle Sichtweise der Teilnehmer geprägt. Die Qualität des Ergebnisses wird daher maßgeblich durch die kollektive Expertise und Erfahrung im FMEA-Team beeinflusst. Hier ist auf eine ausgewogene Zusammensetzung des Teams (fachlicher Hintergrund, Erfahrung etc.) zu achten. Bei dieser Methode erfolgt die Risikobewertung implizit. Die auf diese Weise identifizierten Hauptschwachstellen repräsentieren diejenigen Themen, die für den weiteren Projektverlauf mit dem größten Handlungsbedarf verbunden sind.

> **Fazit**
> - qualitative Bewertung der Fehlermöglichkeiten und Schwachstellen
> - Priorisierung der Fehlermöglichkeiten im Hinblick auf deren Kritikalität und die Notwendigkeit zur Definition von Maßnahmen

Schritt 5: Maßnahmen definieren

Nachdem die Fehler ermittelt und bewertet wurden, sind geeignete Maßnahmen zu definieren, um die Risiken in Bezug auf die fokussierten Hauptschwachstellen zu reduzieren. Für die FMEA light hat sich eine **Maßnahmenliste** in der folgenden Form bewährt: In den Zeilen werden alle Themen aufgenommen, die in der vorangegangenen qualitativen Fehlerbewertung als Hauptschwachstellen identifiziert wurden. In den Spalten werden das betroffene Bauteil, die zugehörige Funktion und die Schwachstelle eingetragen. Hierzu werden Maßnahmen definiert sowie Verantwortliche und Termine festgehalten. Eine Unterscheidung der Themen nach folgenden Kategorien ist möglich, um die Bedeutung und Auswirkungen der Maßnahmen auf das Projekt aufzuzeigen:

- **Optimierung:** Hierbei handelt es sich um ein Optimierungsproblem bzw. eine Standardaufgabe, die durch Routinetätigkeiten im Projektrahmen ohne Auswirkungen auf andere Bereiche zu lösen ist.

- **Konstruktion:** Dies ist ein konstruktives Problem mit lokalen Auswirkungen auf die Konstruktion. Die Lösung bedarf gewisser Anstrengungen und extra Aufwände, die so vorher noch nicht vorgesehen waren und in der weiteren Projektplanung mit zu berücksichtigen sind.

- **Konzept:** Hierbei handelt es sich um ein konzeptionelles Problem oder ein Problem mit globalen Auswirkungen auf die Konstruktion. Unter Umständen ist sogar das komplette Produktkonzept betroffen. Die Problemlösung bedarf massiver Anstrengungen und erfordert gegebenenfalls eine signifikante Anpassung des Projektplans.

Beispiel Saftpresse

Bild 12.8 zeigt die Maßnahmenliste für das Beispiel der Saftpresse. Die Hauptschwachstellen aus dem vorherigen Schritt wurden in die Liste aufgenommen und mit Maßnahmen belegt. In Bezug auf die potenziell zu hohen Presskräfte am Presskopf wurde eine Parameteroptimierung für die Kraftbegrenzung beschlossen. Hinsichtlich des Risikos einer Schädigung im Getriebe wurde definiert, die Auslegung zu überarbeiten, um eine ausreichende Robustheit zu gewährleisten. Im Hinblick auf die mögliche Überhitzung des Motors wurde eine thermische Simulation angestoßen. Das Team einigte sich darauf, nach Abschluss dieser Aktivitäten nochmals eine Sitzung zu organisieren, um die Wirksamkeit der Maßnahmen zu beurteilen und die Einschätzung der Risiken zu aktualisieren.

Nr.	Komponente	Funktion	Schwachstelle	Maßnahme	Kategorie	Verantwortlich
1	Presskopf	Presskräfte auf Frucht übertragen	Presskräfte auf unzulässigem Niveau für sicheres Arbeiten	Parameteroptimierung für die Kraftbegrenzung (bestehende Funktion); Verifikationstests durchführen	Optimierung	Konstruktion, Testing
2	Getriebe	Drehmoment übersetzen	Getriebe wird wegen zu hoher Motorkräfte geschädigt	Getriebe mit ausreichender Robustheit auslegen; Motor- und Getriebeparameter abstimmen	Konstruktion	Konstruktion, Simulation
3	Motor	Wärme abführen	Motor überhitzt	thermische Simulation durchführen; konstruktive Maßnahmen zur Motorkühlung prüfen	Konstruktion	Konstruktion, Simulation

Bild 12.8 Maßnahmendefinition für die Saftpresse

Die Maßnahmen sind im Anschluss an die FMEA in die übergeordnete Aufgabenliste des Projekts zu übernehmen, damit die Projektleitung die Abarbeitung der definierten Themen durch das Entwicklungsteam nachverfolgen kann. Die Ergebnisse einer FMEA geben dem Projektteam ein Gesamtbild über die Hauptbaustellen und Risiken im aktuellen Entwicklungsstand. Sie können daher herangezogen werden, um im Projekt eine Freigabeentscheidung zu treffen. Die Konstruktion kann entweder freigegeben werden, um mit dem Projekt in die nächste Phase zu gehen, oder es wird empfohlen, den Konstruktionsstand nochmals zu überarbeiten. Unter Umständen erfolgt eine Freigabe des Entwicklungsstandes mit definierten Auflagen.

Fazit
- Definition von Maßnahmen zur Reduzierung der Risiken
- Dokumentation und Tracking der Umsetzung und Wirksamkeit von Maßnahmen

12.4.3 Tipps zur Anwendung der FMEA light in der Praxis

Die FMEA wird in der Praxis häufig in Form von Workshops durchgeführt. Im Folgenden stellen wir ein Konzept vor, das sich zur Durchführung der FMEA light eignet. Das Vorgehen gliedert sich in die Phasen Vorbereitung, Workshop und Nachbereitung (Bild 12.9). In der Vorbereitung klärt die Moderation gemeinsam mit der Projektleitung oder den verantwortlichen Entwicklern Ziele und Umfang der FMEA. Gemeinsam erstellen sie die System- und Funktionsstruktur und bereiten alle relevanten Unterlagen vor, die als Basis für die Diskussion im Workshop dienen (Lastenhefte, Stücklisten, Zeichnungen, Simulations- und Versuchsberichte, Montage- und Prüfpläne etc.).

Phase (Beteiligte)	Schritte
Vorbereitung (Moderator und Projektleiter/verantwortlicher Entwickler)	• Zielsetzung definieren • System- und Funktionsstruktur erstellen
Workshop Teil 1: Dauer etwa 1 Tag (Moderator und FMEA-Team)	• System- und Funktionsstruktur vorstellen und ggf. anpassen • Fehler und Schwachstellen ermitteln • Hauptschwachstellen auswählen
Workshop Teil 2: Dauer etwa 1/2 Tag (Moderator und FMEA-Team)	• Hauptschwachstellen bewerten • Maßnahmen definieren und priorisieren
Nachbereitung (Projektleiter und Projektteam)	• Maßnahmen umsetzen • Umsetzung und Erfolg kontrollieren

Bild 12.9 Anwendung der FMEA light in der Praxis – beispielhafte Agenda

Es bietet sich an, den Workshop in zwei Teile zu gliedern, die an verschiedenen Tagen stattfinden. Im ersten Teil liegt der Fokus darauf, im Team das notwendige gemeinsame Systemverständnis zu schaffen. Hierzu wird die System- und Funktionsstruktur vorgestellt, gemeinsam diskutiert und gegebenenfalls ergänzt oder angepasst. Anschließend werden Fehlermöglichkeiten und Schwachstellen gesammelt und in der Systemstruktur dokumentiert. Für die qualitative Risikobewertung vergeben die Teilnehmer am Ende des ersten Workshopteils Punkte für die aus ihrer Sicht größten Risiken und Hauptschwachstellen.

Startpunkt im zweiten Teil des Workshops ist eine Liste mit Hauptschwachstellen. Diese können nun noch etwas differenzierter bewertet werden. Danach definiert das Team geeignete Maßnahmen zur Systemoptimierung und Risikominimierung. Im Nachgang des Workshops sind in einem definierten Zeitabstand Umsetzung und Erfolg der Maßnahmen zu überprüfen bzw. ein Update der FMEA durchzuführen.

Die FMEA wird in der Regel in einem Team durchgeführt. Der Auftraggeber initiiert die FMEA, legt die Verantwortlichen fest und unterstützt das FMEA-Team in der Sammlung von Informationen oder der Bereitstellung von Ressourcen. Auftraggeber ist typischerweise die Projektleitung oder der für das Produkt verantwortliche Entwickler. Der Moderator ist für die Planung und Durchführung der FMEA zuständig. Er wirkt an der Zusammenstellung eines geeigneten FMEA-Teams mit und verantwortet den organisatorischen wie methodischen Rahmen.

Mitglieder des Projektteams sind als Teilnehmer an der FMEA so auszuwählen, dass alle relevanten Disziplinen und Kompetenzen abgedeckt sind (Konstruktion, Versuch, Simulation, Qualität, Produktion etc.). Projektfremde Experten sind dabei ein wichtiger Bestandteil des FMEA-Teams. Sie nehmen sich der Thematik unvoreingenommen an und entwickeln oft neue Sichtweisen, die den Mitgliedern des Projektteams möglicherweise fehlen (aufgrund von Vorfixierungen, den berühmten „Scheuklappen"). Außerdem wird auf diese Weise ein projekt- und bereichsübergreifender Know-how-Transfer realisiert.

12.5 Anwendungsbeispiel: FMEA light für ein Applikationssystem für chemische Dübel

Die Methodenanwendung wird am Beispiel eines **Applikationssystems für chemische Dübel** veranschaulicht (siehe auch Ponn 2016). Es handelt sich um einen chemischen Verbundmörtel, mit dem Befestigungselemente (z. B. Ankerstangen) in Beton angebracht werden können. Der **Applikationsprozess** lässt sich grob in vier Schritte gliedern (Bild 12.10). Zunächst ist ein Loch in den Beton zu bohren und für die Dübelanwendung zu reinigen (Schritt 1). Danach muss das Auspressgerät vorbereitet werden

(Schritt 2), bevor die eigentliche Applikation durchgeführt werden kann – die Injektion des Mörtels in das Bohrloch (Schritt 3). Vor Ablauf der Verarbeitungszeit kann im letzten Schritt das Befestigungselement gesetzt werden. Nach einer gewissen Aushärtezeit kann dann auf das Befestigungselement die gewünschte Last aufgebracht werden.

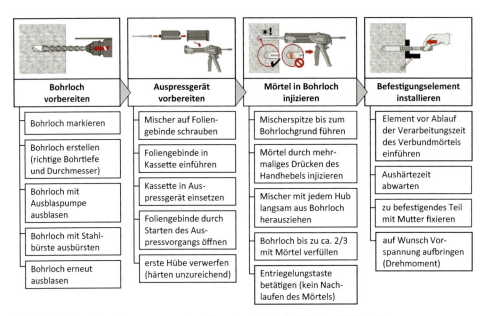

Bild 12.10 Applikationsprozess des Chemiedübels (© Bilder: HILTI AG)

Ausgangssituation für dieses Beispiel war ein Projekt zur Entwicklung eines Nachfolgemodells für das bestehende System am Markt. Gerade wurde ein Konstruktionsstand fertiggestellt und es sollen in Kürze Prototypen aufgebaut und getestet werden. Ziel ist es, den aktuellen Stand der Konstruktion in Bezug auf technische Risiken zu analysieren, um auf dieser Basis eine Freigabeentscheidung für den Bau des Prototyps abzusichern. Die Bewertung findet in einem interdisziplinären Team mit Kollegen aus der Konstruktion, dem Test, der Produktion und der Qualität statt.

Schritt 1: System strukturieren

Bild 12.11 zeigt die einzelnen Komponenten des betrachteten Systems und den zugehörigen **Strukturbaum**. Das System gliedert sich in die Teilsysteme Auspressgerät, Kassette, Mischer und Foliengebinde. Das Auspressgerät lässt sich wiederum in die Komponenten Gehäuse, Vorschubeinheit und Hubstange gliedern. Das Foliengebinde besteht seinerseits aus zwei Folienbeuteln, dem Verbundmörtel (Zweikomponentensystem mit A- und B-Komponente) und einem Konnektor.

Bild 12.11 Strukturbaum für das betrachtete System (© Fotos: HILTI AG)

Schritt 2: Funktionen analysieren

Bild 12.12 zeigt die Ergebnisse der **Funktionsanalyse** in der Form eines Funktionsbaumes. Die Funktion des Gesamtsystems ist „Verbundmörtel in Bohrloch applizieren". Das Auspressgerät als Teilsystem hat dabei die Teilaufgabe „Verbundmörtel aus Foliengebinde auspressen" und die Komponente Hubstange erfüllt die Funktion „Vorschubkraft auf Foliengebinde übertragen". Mit zunehmendem Detaillierungsgrad der Elemente in der Systemstruktur werden somit auch die zugehörigen Funktionen konkreter.

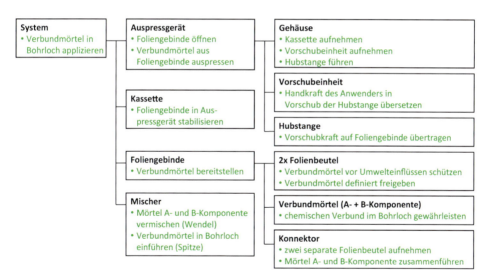

Bild 12.12 Funktionsanalyse für das betrachtete System

Schritt 3: Fehler ermitteln

Bild 12.13 zeigt die Ergebnisse der **Fehleranalyse** im Team für die Elemente des betrachteten Systems. Den einzelnen Funktionen wurden hier mögliche Fehler, Schwachstellen und Fehlfunktionen zugeordnet. Eine wesentliche Funktion des Auspressgeräts ist „Verbundmörtel aus Foliengebinde auspressen". Fehler oder Fehlfunktionen sind demnach „Verbundmörtel wird nicht ausgepresst" oder „Verbundmörtel wird ungleichmäßig ausgepresst". Wesentliche Funktion des Foliengebindes ist es, den Verbundmörtel bereitzustellen. Mögliche Fehlfunktionen sind, wenn der Verbundmörtel nicht bereitgestellt wird oder an der falschen Stelle austritt.

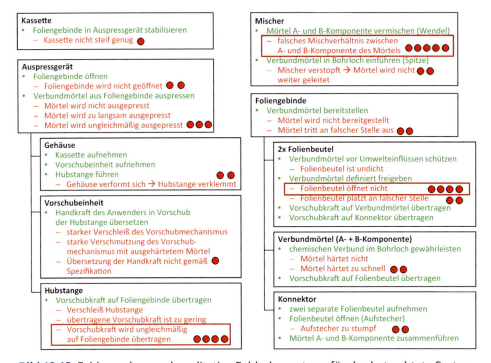

Bild 12.13 Fehleranalyse und qualitative Fehlerbewertung für das betrachtete System

Kausale Zusammenhänge sind in der Struktur erkennbar. Wird beispielsweise die Vorschubkraft nur ungleichmäßig von der Hubstange auf das Foliengebinde übertragen, führt das dazu, dass der Mörtel vom Auspressgerät ungleichmäßig ausgepresst wird. Oder aber der Folienbeutel platzt an der falschen Stelle – dann führt das dazu, dass der Mörtel an der falschen Stelle austritt.

Die Fehler und Schwachstellen, die hier in der Struktur aufgelistet wurden, sind also nicht isoliert zu betrachten. Es existieren Abhängigkeiten und Wechselbeziehungen.

Diese könnte man in einem Fehlernetz visualisieren, um das Systemverständnis zu verbessern. Das wäre ein Schritt in Richtung der klassischen FMEA. Ob dieser Schritt notwendig und vom Aufwand her gerechtfertigt ist, hängt von der Komplexität des Systems und der Projektsituation ab.

Schritt 4: Risiken bewerten

Im nächsten Schritt wurde im Team eine **qualitative Risikobewertung** durchgeführt, deren Ergebnisse ebenfalls in Bild 12.13 zu sehen sind. Jeder Teilnehmer des FMEA-Teams durfte hierfür eine gewisse Anzahl an Punkten vergeben, um damit in der Fehlersammlung die aus seiner Sicht größten Fehlermöglichkeiten oder Schwachstellen im System zu markieren.

Die Einzelbewertungen wurden zu einer Gesamtbewertung zusammengeführt. Schwachstellen mit einer Häufung von vier Punkten und mehr wurden zu Hauptschwachstellen deklariert. Dies führte zu drei Themen, auf die bei der weiteren Diskussion der Fokus gelegt wurde. Diese sind im Bild mit einem roten Rahmen markiert.

Schritt 5: Maßnahmen definieren

Bild 12.14 zeigt den Ausschnitt einer **Maßnahmenliste** für die Hauptschwachstellen. Eine zentrale Anforderung an das System ist es, dass die Komponenten A und B des Mörtels in einem definierten Mischverhältnis ins Bohrloch injiziert werden, um einen optimalen Verbund zu gewährleisten. Eine wichtige Voraussetzung hierfür ist es, dass beim Auspressvorgang die Vorschubkraft gleichmäßig in Vorschub übersetzt wird. Um das Problem zu vermeiden, dass die Hubstange die Vorschubkraft möglicherweise nur ungleichmäßig auf das Foliengebinde überträgt, wurde beschlossen, die Steifigkeit des Systems zu prüfen und gegebenenfalls die Geometrie anzupassen.

Der Mischer trägt ebenfalls dazu bei, das korrekte Mischverhältnis zwischen Komponente A und B herzustellen. Um hier eine Fehlfunktion zu vermeiden, wurde entschieden, nochmals die Auslegung zu überprüfen und eine Simulation durchzuführen, um gegebenenfalls die Wendelgeometrie zu überarbeiten.

Bei Tests mit frühen Funktionsmustern wurde festgestellt, dass sich die Folienbeutel in einigen Fällen nur schwer öffnen ließen. Hier wurde beschlossen, eine Laserung am Folienbeutel vorzusehen, um ein definiertes Öffnen zu gewährleisten. Diese Maßnahme hatte bereits in anderen Projekten die zuverlässige Öffnung von Schlauchbeuteln unterstützt und ließ sich mit vertretbaren Mitteln umsetzen.

Nr.	Komponente	Funktion	Schwachstelle	Maßnahme	Kategorie	Verantwortlich
1	Hubstange	Vorschubkraft auf Foliengebinde übertragen	Vorschubkraft wird ungleichmäßig auf Foliengebinde übertragen	Steifigkeit des Systems prüfen, ggf. Geometrie anpassen	Optimierung	Konstruktion, Simulation
2	2x Folienbeutel	Verbundmörtel definiert freigeben	Folienbeutel öffnet nicht	Laserung auf Folienbeutel vorsehen, für definiertes Öffnen	Konstruktion	Konstruktion, Produktionsvorbereitung
3	Mischer	Mörtel A- und B-Komponente vermischen (Wendel)	falsches Mischverhältnis zwischen A- und B-Komponente des Mörtels	Auslegung prüfen, Simulation durchführen, Wendelgeometrie prüfen	Konstruktion	Konstruktion, Simulation
4	Auspressgerät	erste Hübe automatisch verwerfen	Funktion nicht vorhanden (manueller Betrieb)	Wechsel des Gerätekonzepts: elektrisch statt mechanisch	Konzept	Marketing, Vorentwicklung

Bild 12.14 Definition von Maßnahmen für das betrachtete System

In der Diskussion kam ein weiteres Thema auf, das mehr mit der Anwendung zusammenhing und weniger mit der Gerätestruktur. Wie in Bild 12.10 dargestellt, ist ein wichtiger Schritt in der Anwendung, dass die ersten Hübe verworfen werden, weil diese nur unzureichend härten (das richtige Mischverhältnis stellt sich erst nach ein paar Hüben ein). Es wurde die Idee diskutiert, eine Funktion einzuführen, dass das Gerät diesen Schritt automatisch ausführt. Hierfür wäre allerdings ein komplett neues Gerätekonzept – ein elektrisches anstelle des mechanischen Auspressgeräts – notwendig. Diese „Schwachstelle" (das Fehlen der Funktion eines automatischen Verwurfs der ersten Hübe) war für das aktuelle Projekt nicht relevant. Jedoch wurde beschlossen, diese Idee mit Kollegen aus dem Produktmarketing und der Vorentwicklung zu diskutieren und das Thema mit in die Produkt-Roadmap aufzunehmen. So kann auch eine Fehleranalyse der Anstoß für Innovation sein.

12.6 Methodensteckbrief: FMEA light

Bild 12.15 zeigt den Methodensteckbrief FMEA light.

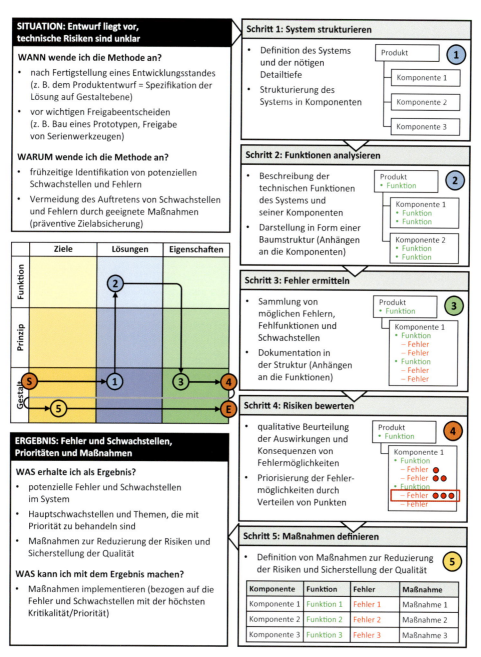

Bild 12.15 Methodensteckbrief: FMEA light

12.7 Fazit und Ausblick

Entwicklungsprojekte sind geprägt von Risiken und Unwägbarkeiten. Ob das Produktkonzept die Anforderungen erfüllt, weiß man oft erst nach umfassenden Maßnahmen der Eigenschaftsabsicherung. Grundsätzlich sind bei allen größeren Entscheidungen im Entwicklungsprozess die Risiken abzuwägen, um die richtige Balance aus Qualität, Zeit und Kosten im Zielsystem zu finden und die Anzahl ungeplanter Iterationen gering zu halten.

Zur Unterstützung der Absicherung der technischen Entwicklungsziele haben wir in diesem Kapitel die Methode FMEA light vorgestellt. Dies ist eine weniger formelle und eher pragmatische Spielart der klassischen FMEA. Mit der Methode können Sie Ihr System im Team strukturiert nach potenziellen und tatsächlichen Schwachstellen und Fehlern durchforsten und Hauptschwachstellen identifizieren, um für diese geeignete Gegenmaßnahmen abzuleiten.

An dieser Stelle wollen wir Ihnen noch einen kleinen Ausblick darauf geben, wie Sie sich mit weiteren methodischen Bausteinen ein etwas differenzierteres Systemverständnis erarbeiten können, was insbesondere bei komplexen Systemen hilfreich sein kann (AIAG/VDA 2019; DGQ 2012; Werdich 2012; Tietjen et al. 2011):

- **Fehler ermitteln:** Ein wichtiger Schritt in der klassischen FMEA ist die Verknüpfung von Fehlern zu einem **Fehlernetz**, um ein umfassendes Systemverständnis zu erarbeiten. Das Fehlernetz bildet Ursache-Wirkungs-Beziehungen ab und verbindet damit Fehler mit den zugehörigen Fehlerursachen und Fehlerfolgen. Mit der Länge der Fehlerketten und der Anzahl an möglichen Ursachen und Folgen können Fehlernetze schnell recht umfangreich werden. Hier helfen FMEA-Softwarepakete, den Überblick zu bewahren durch die Möglichkeit zur Fokussierung auf spezifische Fehlerpfade und Navigation entlang der Fehlerketten.

- **Risiken bewerten:** Falls aus Gründen der Nachweispflicht oder Produkthaftung eine umfassende Zielabsicherung notwendig ist, hat sich eine differenzierte quantitative Risikobewertung etabliert, die auf einem Kennzahlensystem basiert. Hierbei sind oftmals sowohl firmeninterne als auch branchenspezifische Dokumentationsstandards zu berücksichtigen. Grundlage ist das Vorliegen von Kausalzusammenhängen (Fehlerfolge, Fehler, Fehlerursache). Folgende Dimensionen haben sich etabliert:
    - Bedeutung der Fehlerfolgen (B-Wert)
    - Auftretenswahrscheinlichkeit der Fehlerursachen (A-Wert)
    - Entdeckungswahrscheinlichkeit der Fehlerursachen (E-Wert).

  Für jede Dimension existieren standardisierte Bewertungskataloge. Hierdurch wird eine möglichst objektive und vergleichbare Bewertung der einzelnen Risikofaktoren gewährleistet. Früher wurde durch die Multiplikation der Einzelwerte

die Risikoprioritätszahl (RPZ) ermittelt. Diese wurde jedoch in den letzten Jahren durch die Aufgabenpriorität (AP) abgelöst (AIAG/VDA 2019).

- **Maßnahmen definieren:** In der klassischen FMEA werden zwei Maßnahmengruppen unterschieden: Vermeidungs- und Entdeckungsmaßnahmen. Maßnahmen zur Fehlervermeidung zielen auf die Optimierung des Systems ab. Hierdurch soll die Auftretenswahrscheinlichkeit der Fehlerursachen (A-Wert) minimiert werden. Lässt sich das Auftreten einer Fehlerursache nicht ausschließen, sind in Ergänzung Maßnahmen zu treffen, um die Fehlerauswirkungen zu begrenzen. Maßnahmen zur Fehlerentdeckung sollen die Chance erhöhen, dass Fehlerursachen und mögliche Folgen gefunden bzw. die Vermeidungsmaßnahmen bestätigt werden (E-Wert). Die Dokumentation erfolgt in standardisierten Formblättern.

Welche Form der Durchführung gewählt wird, ob die klassische oder pragmatische Variante der FMEA, richtet sich nach der Projektsituation und Zielsetzung und sicherlich auch nach der Komplexität Ihres Systems und der Tragweite von Fehlern und Schwachstellen. Entscheidend für den Erfolg ist vor allem die Auswahl der Teilnehmer für die FMEA-Sitzung. Das Team sollte möglichst interdisziplinär sein. Zudem sollten projektfremde Erfahrungsträger eingebunden werden, um viele verschiedene Perspektiven auf das System zu entwickeln und dadurch umfassendes Know-how in die Sammlung und Bewertung der Fehler einfließen zu lassen.

Literatur

AIAG/VDA: FMEA Handbuch. 1. Ausgabe 2019

DGQ: Band 13 – 11. FMEA – Fehlermöglichkeits- und Einflussanalyse. 5. Auflage. Beuth, Frankfurt 2012

ISO 31 000:2018: Risk management – Principles and guidelines. International Organization for Standardization, Geneva 2018

ISO/IEC 31 010:2019: Risk management – Risk assessment techniques. International Organization for Standardization, Geneva 2019

Ponn, J.: Absicherung der technischen Entwicklungsziele. In: *Lindemann, U. (Hrsg):* Handbuch Produktentwicklung. Carl Hanser Verlag, München 2016

Tietjen, T./Decker, A./Müller, D.: FMEA-Praxis. Das Komplettpaket für Training und Anwendung. 3., überarbeitete Auflage. Carl Hanser Verlag, München 2011

Werdich, M. (Hrsg.): FMEA – Einführung und Moderation. 2. Auflage. Springer, Berlin 2012

13 Kostengünstig konstruieren

13.1 Zielsetzung: Umdenken

Die Kosten sind doch Sache der Betriebswirte. Als Konstrukteur bin ich doch nur für die Technik zuständig. Aber irgendwie muss doch was dran sein. Mein Chef sagte: „Jeder Strich, den Sie machen, kostet etwas!" Und so ist es. Doch wie soll sich der „arme" Techniker in der Kostenwelt zurechtfinden? Um in das Thema einzuführen, folgt zunächst einmal ein Beispiel für die Kostenrelevanz des Konstrukteurs.

13.2 Motivationsbeispiel: Schweißen statt Gießen

Ein Unternehmen hatte früher viel mit Gusskonstruktionen gearbeitet. Inzwischen wurde in Blechbearbeitung und Schweißen investiert. Die Aufgabe an die Konstruktion war nun, mögliche Kostensenkungen durch Biegen und Schweißen zu finden. Dazu wurde in der Konstruktion ein Team aus Fertigungsfachleuten und Kalkulatoren gebildet. Dabei kam die Erkenntnis zustande, dass Blechkonstruktionen dann kostengünstig werden, wenn sie aus wenigen Einzelteilen bestehen, die mit nur kurzen Schweißnähten zu verbinden sind.

Bild 13.1 oben zeigt ein Trägerteil: links aus Grauguss und dann in einem 1. Entwurf als Schweißkonstruktion. Es wurde zwar leichter, war aber in den Herstellungskosten ungefähr gleich teuer. Erst der 2. Entwurf, bei dem statt vier Teilen durch Biegen nur noch zwei Teile zu verschweißen waren, brachte ca. 50 % Herstellungskostensenkung. In Bild 13.1 unten sieht man ein Blechgehäuse, bei dem durch Biegen die Teilezahl von 21 auf drei reduziert wurde. Dementsprechend wenig war zu schweißen.

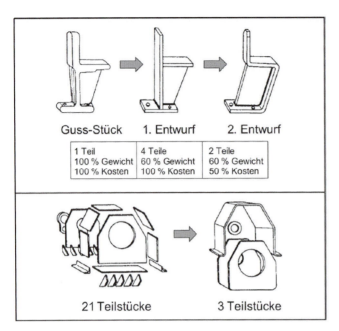

Bild 13.1 Erkenntnis: Beim Schweißen statt vieler Einzelteile wenige, gebogene Teile zu bevorzugen senkt die Kosten. (Quelle: Ehrlenspiel et al. 2021, S. 282)

Der Zweck dieses Beispiels ist es, zu zeigen, welch enormen Einfluss Konstrukteure auf die Herstellungskosten haben, wenn sie sich mit den Mitarbeitern zusammentun, die die vorher unbekannten Kosten zusammen mit ihnen realisieren.

13.3 Wie entstehen Kosten? Wer ist verantwortlich?

In Bild 13.2 sehen Sie, wie die Kosten entstehen. Auch, wenn dies eine „langweilige Tabelle" ist, werden doch alle wichtigen Kostenbegriffe, die aufeinander aufbauen, sichtbar.

In Bild 13.2 links sind die Kosten „aufgetürmt", die beim Hersteller eines Produkts entstehen. Die Herstellungskosten (aus Material- und Fertigungskosten) sind der Anfang. Mit den Umwelt- und Entsorgungskosten des Unternehmens sowie vor allem den Gemeinkosten entstehen die Selbstkosten des Produktherstellers. In den Gemeinkosten sind auch die Kosten der Abteilung Produktentwicklung enthalten. Auf die Selbstkosten schlägt der Vertrieb einen erhofften Gewinn auf und bietet dem Kunden so das Produkt an. Akzeptiert das der Käufer, entsteht der Einstandspreis. So rechnet man traditionell. Mit dem **Target Costing** Bild 13.11 dreht sich das um.

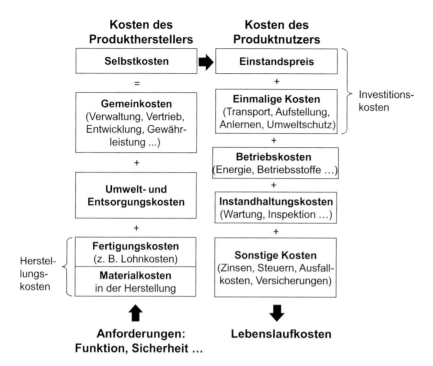

Bild 13.2 Kostenbegriffe von den Herstellungskosten bis zu den Lebenslaufkosten (Life Cycle Costs) (Quelle: Ehrlenspiel/Meerkamm 2017, S. 797)

In Bild 13.2 rechts sehen Sie die Kosten, die dem Nutzer (Käufer) beim Einsatz des Produkts entstehen. Diese können je nach Produkt ganz unterschiedlich sein, wie z. B. Bild 13.8 zeigt. Mal stehen die Investitionskosten, mal die Betriebskosten im Vordergrund. So ergeben sich durch die Nutzung des Produkts schließlich die Lebenslaufkosten.

Interessant ist aber, wer am Hebel der Kostenverursachung sitzt. Das ist nämlich zu einem erheblichen Teil die Entwicklung, während die Kalkulation aus der Betriebswirtschaft sie nur im Nachhinein errechnet. Das geht besser aus Bild 13.3 hervor.

In Bild 13.3 ist die **Kostenverursachung** oder -festlegung in verschiedenen Abteilungen eines Unternehmens dargestellt. Darunter sind die Kosten aufgetragen, die in der jeweiligen Abteilung entstehen bzw. dort verrechnet werden. Es wird klar, dass die Konstruktion die größte Kostenverantwortung hat, weil sie 60 bis 80 % der veränderbaren Kosten festlegt. Sie selbst kostet das Unternehmen nur 5 % der Selbstkosten. Rund 70 % sind dabei die Personalkosten, also auch Ihr Gehalt. Die Entscheidungen in der Konstruktion wirken sich in der Fertigung und noch mehr in der Materialwirtschaft aus (28 % plus 54 % gleich 82 % der Selbstkosten eines Produkts!). Die Selbstkosten sind wichtig für das Unternehmen, denn sie enthalten alle Kosten des Unternehmens. Für die Konstrukteure sind aber zunächst nur ca. 70–80 % der Selbstkosten wichtig. Das sind die **Herstellungskosten**, die im Wesentlichen aus den Fertigungs- und Materialkosten all der Bauteile, Zulieferungen und Details entstehen, die Sie im Team mit anderen beim Konstruieren festlegen.

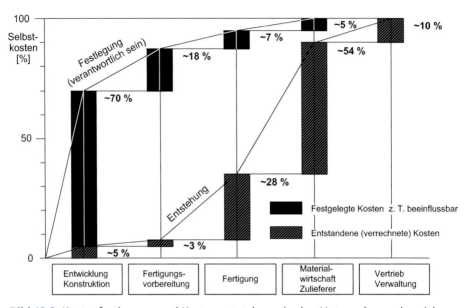

Bild 13.3 Kostenfestlegung und Kostenentstehung in den Unternehmensbereichen (nach BMW): Der Kostenanteil von E&K ist mit 7 % im allgemeinen Maschinenbau höher als 5 % im Fahrzeugbau (nach VDMA 2001, ohne EDV-Kosten) (Quelle: Ehrlenspiel/Meerkamm 2017, S. 802)

In Abschnitt 13.4 folgt nun ein Überblick der Regeln zum Kostensenken: Von welchen wichtigen Einflüssen hängen (hier in der Antriebstechnik) die Herstellungskosten (HK) ab? In Abschnitt 13.7 lesen Sie am Beispiel eines guten, aber zu teuren Betonmischers, wie man diesen im Team um ein Drittel kostengünstiger herstellen konnte.

13.4 Methode: Regeln und Tricks für das kostengünstige Konstruieren

Wenn Sie Kosten senken wollen, besteht eine **Voraussetzung** darin, das entstehende oder zu ändernde Produkt **kostenmäßig durchsichtig** zu machen. Sie müssen wissen, was die Kosten treibt. Sind es z. B. die teuren Kaufteile? Ist es die komplizierte

Fertigung? Gibt es zu viele Teile? Sie brauchen also jemanden, der mitlaufend neben dem Konstruieren kalkulieren oder wenigstens zunächst die Kosten schätzen kann. Dazu können Sie auch die Regeln brauchen. Wie wachsen die Kosten mit der Baugröße an? Welche Rolle spielt die Stückzahl?

Ähnlich ist es ja im technischen Bereich: Wenn Sie ein Produkt widerstandfähig gegen Bruch machen wollen, müssen Sie die **Beanspruchungen erkennen können**. Ganz allgemein gilt für eine zu verwirklichende Eigenschaft X: Sie müssen sich bei „Design for X" zuerst intensiv in die Eigenschaft X einarbeiten und das zu bearbeitende Produkt analysieren, d.h. es **hinsichtlich Eigenschaft X durchsichtig machen**. Dabei kann X irgendeine Eigenschaft sein, z. B. technische Sicherheit, Unfallsicherheit, Energieverbrauch, Geräusch, Verschleißarmut, Bedienbarkeit, Recyclingfähigkeit, CO_2-Armut und dergleichen. Sie können nach vorangegangenem Schema jede Produkteigenschaft behandeln (Bild 13.16).

13.4.1 Ein Überblick der Regeln

Regeln gelten nicht immer. Sie hängen von den Umständen ab, z. B. von der Art des Produkts, von der Baugröße, von der Stückzahl oder vom Werkstoff. Die nachfolgenden Regeln sind jahrelang mit der Industrie, speziell der Forschungsvereinigung Antriebstechnik (FVA), erarbeitet worden, sowohl in der Einzel- als auch in der Kleinserienfertigung. Ein Arbeitskreis aus verschiedenen Firmen und ein Hochschulbetreuer haben ein bestimmtes Thema untersucht, z. B. wann es wichtig ist, die Materialkosten zu senken. Wichtigste Einflussgrößen waren Baugröße und produzierte Stückzahl der Wellen, Zahnräder und Getriebe. Die Regeln sind also unmittelbar praxisnah (Ehrlenspiel et al. 2020)!

13.4.2 Wie verändern sich die Herstellungskosten mit der Baugröße?

In Bild 13.4 wurden Zahnräder bestimmter Qualität im Durchmesserbereich von 50 mm bis 1000 mm untersucht. Sie hatten 10 bis 14 Fertigungsoperationen durchlaufen und waren von 160 g bis 1250 kg schwer.

Sie sehen ein steiles Anwachsen der Herstellungskosten mit einer anfangs linearen Zunahme des Längenmaßstabs $\varphi_L = d_1 / d_0$ bis zum Wachstum in der dritten Potenz. Die Ursachen können hier aus Platzgründen nicht erläutert werden (Ehrlenspiel et al. 2020, S. 810). Bei großen Zahnrädern machen die Materialkosten rund 50 % der HK aus, bei kleinen Zahnrädern sind sie hingegen vernachlässigbar. Dort sind die Rüstkosten (Herrichten von Maschinen, Spannen und Einrichten der Werkzeuge usw.) dominierend.

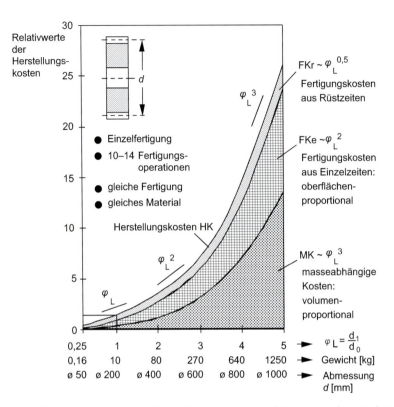

Bild 13.4 Anwachsen der Herstellungskosten und ihrer Anteile in Relation zur Baugröße am Beispiel von Zahnrädern in Einzelfertigung (Quelle: Ehrlenspiel/Meerkamm 2017, S. 810)

Welche **Regeln R** ergeben sich daraus?

- **Regel 1:** Konzipieren und fertigen Sie *kleine* Teile in höheren Losgrößen, damit sich die Rüstkosten verteilen. Setzen Sie besser mehr Materialkosten ein, wenn eine Teilefamilie mit ähnlichen Produkten möglich ist. Oder kaufen Sie Teile von auswärts ein bei Firmen, die auf kleine Teile spezialisiert sind.
- **Regel 2:** Dagegen sollten Sie bei *großen* Teilen auf die masseabhängigen Kosten achten. Auch eine Wärmebehandlung ist masseabhängig. Deshalb sollten Sie eventuell Innenteile im Zahnrad gießen, wenn die Oberflächenqualität kaum eine Rolle spielt, oder ein anderes, kostengünstigeres Material verwenden. Bei der Untersuchung wurde festgestellt, dass diese Abhängigkeit allgemein gilt, also nicht nur für Zahnräder.

13.4.3 Wie verändern sich die Herstellungskosten mit der Losgröße bzw. Stückzahl?

Bild 13.5 zeigt eine ähnliche Untersuchung an Zahnkupplungen von 50 mm (0,3 kg) bis 1000 mm (2500 kg). Sie sehen, welchen gewaltigen Anteil die Rüstkosten (*fkr*, der graue Bereich) bei kleinen Teilen (Bild 13.5 oben) am Abfall der Kosten pro Teil haben. Das ist klar, denn Rüstkosten sind ja pro Fertigung fix. Zwei Teile haben jeweils nur die halben Rüstkosten. Sie sind wegen der Rüstkosten je um 45 % billiger (Rüstkostenanteil 90,5 % / 2 = ca. 45 %). Bei großen Teilen (Bild 13.5 unten) sind die Rüstkosten dagegen fast verschwunden. Dafür werden die Herstellungskosten wieder zu 53 % von den masseabhängigen Kosten beherrscht. Für diesen Zusammenhang gilt die gleiche **Regel 2** wie in Abschnitt 13.4.2 für die Baugröße.

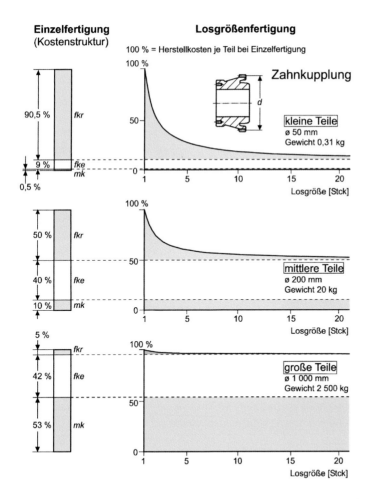

Bild 13.5 Verringerung der Herstellungskosten mit der Losgröße (Quelle: Ehrlenspiel/Meerkamm 2017, S. 811)

Da die Losgröße hier nur bis 20 Stück untersucht wurde, spielen leistungsfähigere Fertigungsverfahren und Mengenrabatte beim Einkauf nur noch eine geringe Rolle. Das wird aber sofort anders, wenn die Mengenleistung in die Tausende pro Tag ansteigt, wie es z. B. bei Pkw-Motoren der Fall ist. Dies wird aus Bild 13.6 sichtbar. Dabei spielen außer den masseabhängigen Kosten vor allem die Fertigungskosten eine dominierende Rolle. Die bisher betrachtete Losgröße von 10–20 Stück wäre danach kostenmäßig um den Faktor 3 bis 4 höher als bei 1000 Stück. Es geht also um eine ganz andere Ausrichtung des Denkens, des Handelns, des Aufbaus einer Fabrik und des Kundenkreises. Als **Regel** gilt dann: Die Konstruktion wird im Team noch intensiver hinsichtlich Funktion, Festigkeit, Fertigung und Kosten optimiert als bei Einzel- und Kleinserienfertigung.

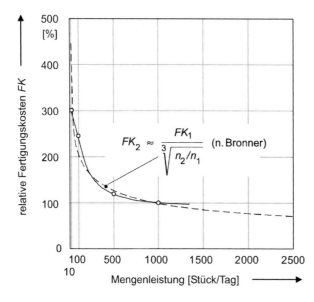

Bild 13.6
Fertigungskosten eines Pkw-Motors in Abhängigkeit von der Mengenleistung (Quelle: Derndinger 1971): Die Formel wurde vereinfacht, aber hier aus Platzgründen nicht erklärt (Quelle: Ehrlenspiel/Meerkamm 2017, S. 812).

Einen noch stärkeren Kostenabfall zeigt Bild 13.7, nämlich den starken Kostenabfall von Solarstrommodulen über einen relativ langen Zeitraum. Da eine flexible, dezentrale, umweltfreundliche Stromquelle einen großen Anreiz für Investitionen in F&E und die Entwicklung neuer Produktionstechnologien darstellt, betragen die Kosten für Solarmodule pro Watt Peakleistung nach 35 Jahren nur noch ca. ein Hundertstel der ursprünglichen Kosten. Heute ist Solarstrom mit anderweitig erzeugtem Haushaltsstrom konkurrenzfähig. So kann es auch mit heute „kaum bezahlbaren" Techniken, wie z. B. dem E-Fluid, also „grünem" Dieseltreibstoff, passieren.

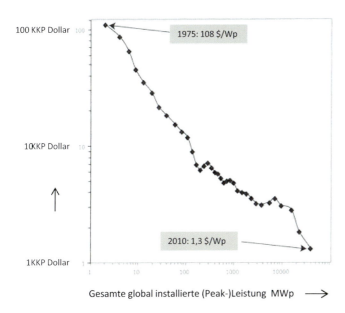

Bild 13.7 Kostendegression von Solarmodulen zwischen 1975 und 2010 durch den Einfluss von Stückzahl, Technologie, Marktgröße; KKP Dollar = kaufkraftbereinigter Wert in US-Dollar bezogen auf 2005 (Quelle: Randers 2012, S. 43; entnommen aus Ehrlenspiel/Meerkamm 2017, S. 813)

13.5 Lebenslaufkosten

Was ist mit Lebenslaufkosten gemeint? Lebenslaufkosten sind alle Kosten, die sich während eines Produktlebenslaufs ergeben (Life Cycle Costs). In Bild 13.8 wird das gezeigt. Hier sind beispielhaft drei Produkte dargestellt. Je nach Produkt sind die Anteile der verschiedenen Kosten an den Lebenslaufkosten unterschiedlich. Für einen Gabelschlüssel fallen über die Lebensdauer nur **Investitionskosten**, für eine Wasserwerkkreiselpumpe fast nur Betriebskosten (Energiekosten) und für einen Pkw teilweise gleich große Kostenanteile an (ABC-Analyse). **Entsprechend diesen Kostenanteilen müssen unterschiedliche Maßnahmen zum Kostensenken eingesetzt werden.**

Beispiele: Der Gabelschlüssel sollte im Kauf kostengünstig sein. Er hat keine Betriebskosten. Der Pkw hat über elf Jahre Lebensdauer und hauptsächlich **Instandhaltungs-** und **Betriebskosten**. Er sollte darin optimiert werden. Die Wasserwerkkreiselpumpe läuft über 20 Jahre Lebensdauer dauernd durch. Wie kann man ihre hohen Betriebskosten senken? Dies kann zum Beispiel durch Verbesserung des Wirkungsgrades gelingen. Die gleiche Denkweise wie bei Lebenslaufkosten ist geeignet, die Umweltnachhaltigkeit von Energiesystemen zu beurteilen (Randers 2012, S. 43).

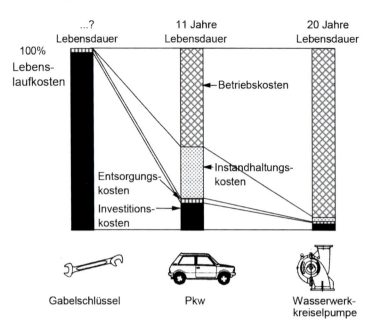

Bild 13.8 Kostenstrukturen der Lebenslaufkosten (Life Cycle Costs) für verschiedene Produkte (Quelle: Ehrlenspiel/Meerkamm 2017, S. 798)

13.6 Wann wird das Konstruieren selbst zu teuer?

Wenn eine Methode sehr komplex ist und selten eingesetzt wird, kann es vom Aufwand her unsinnig sein, sie zu implementieren oder zu lernen. Ein Beispiel ist FEM. Es kann besser sein, einen Spezialisten außerhalb der Firma mit einer FEM-Untersuchung zu beauftragen, wenn die Notwendigkeit nur selten gegeben ist. Das ist viel billiger, als Leute aus dem Unternehmen darin zu trainieren. Sie sehen, der Einsatz von Methoden und anderen Hilfsmitteln wird auch durch ihren Aufwand bestimmt und begrenzt. Ähnlich muss der Nutzen bewertet werden: Sind die möglichen Vorteile für Funktion, Zeit oder Kosten höher als der Aufwand? Dies ist sicher oft schwer zu entscheiden, aber es wird in der Praxis (vielleicht oft eher unbewusst) gemacht.

Das Beispiel in Bild 13.9 soll dies veranschaulichen: Zwei unterschiedliche Produkte sollen um 10 % in ihren Materialkosten gesenkt werden. Beide sind aus Stahl hergestellt, der pro Kilogramm 0,6 € kostet. Das **Konstruktionsziel ist also, bei gegebener Funktion eine Materialkostensenkung von 10 % zu erreichen (Nutzen).** Die Frage ist, wie lange man als Konstrukteur nachdenken darf, **damit das Nachdenken nicht teurer wird als die erzielte Materialkostensenkung.** Unter „Nachdenken" soll hier die Suche nach und das Anwenden von Methoden zum Kostensenken verstanden werden.

13.6 Wann wird das Konstruieren selbst zu teuer?

Produkt 1 in Bild 13.9 ist eine einmal hergestellte **mechanische Vorrichtung von ca. 10 kg Gewicht**. Die Materialkosten betragen dementsprechend 6 €. Die angestrebte Kostensenkung von 10 % ist dann 0,6 €. Wenn die Konstruktionskosten pro Stunde 60 € betragen, darf der Konstrukteur sich nur 36 Sekunden mit dem Problem beschäftigen. Da kann er keinen iterativen Schritt zum gesonderten Kostensenken nach dem ersten Entwurf durchführen. Eine quantitative Aussage über die erzielte Kostensenkung bekommt er ohnehin nicht. Er könnte nur bei entsprechender Erfahrung während seines ohnehin laufenden Konstruktionsprozesses auf geringe Abmessungen (geringes Gewicht) – und damit geringe Materialkosten – achten.

Produkt 2 in Bild 13.9 ist eine **Autokarosserie von 100 kg Gewicht**, die 1 Million Mal hergestellt wird. In diesem Fall sind die 10 % zu reduzierende Materialkosten 6 Millionen €. Für diesen Betrag können 100 Ingenieure 1000 Stunden arbeiten und Methoden wie Wertanalyse, FEM und z. B. Crash-Simulation einsetzen.

Fazit

Sie erkennen, dass die Wahl von Methoden klar von den gesamten Kosten des bearbeiteten Produkts abhängig ist (Kosten mal gefertigte und verkaufte Anzahl). Dies ist ebenso für die Verbesserung der Funktion oder der Prozesszeit gültig. In diesem Beispiel war allerdings der Nutzen (10 % Materialkostensenkung) klar messbar vorgegeben.

Problem : Bei 2 unterschiedlichen Produkten aus Stahl sollen die Materialkosten um 10% gesenkt werden. Stahlkosten 0,6 € / kg; Konstruktionskosten 60 € / Std.	
Frage : Wie lange darf man Methoden und welche zum kostengünstigen Konstruieren einsetzen, ohne daß die Konstruktionskosten höher werden als die Materialkosten -Einsparung?	
Produkt 1 : Vorr.: „Wandhalterung" Gewicht 10 kg Einzelfertigung	**Produkt 2** : PKW-Karosserie Gewicht 100 kg 1 Million mal hergestellt
Materialkosten 6 € 10% Materialkosten 0,6 € zul. Konstruktionskosten 0,6 € zul. Konstruktionszeit 36 sec *Welche Methoden?*	Materialkosten 60·10⁶ € 10% Materialkosten 6·10⁶ € zul. Konstruktionskosten 6·10⁶ € zul. Konstruktionszeit 100 000 Std. = 100 Ingenieure arbeiten 1000 Std. *sie nutzen WA, FEM, Crash -Versuche*

Bild 13.9 Der Methodeneinsatz hängt vom dafür nötigen Aufwand ab. Im hier gezeigten Beispiel bedeutet dies Folgendes: Wie viel Konstruktionsaufwand darf man zum Senken der Materialkosten einsetzen? (Quelle: Ehrlenspiel/Meerkamm 2017, S. 166)

In Abschnitt 13.7 soll am Beispiel eines guten, aber zu teuren Betonmischers klar werden, wie man ihn im Team um ein Drittel kostengünstiger machen konnte. Dabei ging es um die Herstellungskosten. Dies ist eine Kurzfassung des praktisch durchgeführten Kostensenkungsprojekts.

13.7 Anwendungsbeispiel: Betonmischer

Kostensenken ist eine Sache der Zusammenarbeit. Ein Konstrukteur allein wäre dabei verloren: Er braucht jemanden, der ihm überschlägig klarmacht: Was kostet was? Er braucht also jemanden aus der Arbeitsvorbereitung, der z. B. Kosten in der Fertigung abschätzen und sogar Vorschläge machen kann, welche Alternativen in der Fertigung günstiger sein könnten. Auch eine Person aus der Materialwirtschaft sollte dabei sein, die weiß, was Werkstoffe kosten und wer Bauteile günstig liefern könnte. **Es muss also ein Team gebildet werden.** Dazu gehört auch jemand vom Verkauf, der ein Ohr am Kunden hat und weiß, warum Aufträge verloren gehen und wo man besser ist. Bei der Realisierung des Anwendungsbeispiels war ich (Ehrlenspiel) Teil des Teams und habe es zeitweise organisiert. Deshalb lag mir (uns!) der Erfolg am Herzen, der sich dann auch eingestellt hat. Die **Aufgabe muss gemeinsam im Team geklärt werden.**

Zunächst zum **Technikverständnis**: Wie funktioniert ein Betonmischer? Welche Leistung hat er? Wie ist der Vergleich zur Konkurrenz? In Bild 13.10 sehen Sie einen Betonmischer von schräg oben: Es gibt einen aus Blech geschweißten Trog, in den 1,25 m^3 Kies, Steine, Zement und Wasser fallen. Zwei Wellen mit Hartgusspaddeln mischen dann das Gemisch zu möglichst homogenem Beton. Zwei Elektrogetriebemotoren treiben die Wellen über große Synchronisierzahnräder an. Unten am Trog ist eine Klappe, die sich öffnet, um den Beton nach unten in einen Lkw zu entlassen. Die technischen Daten des **Doppelwellenmischers** stehen unten in Bild 13.10. Der Konkurrenzmischer ist in Bild 13.10 links schematisch dargestellt. Es ist ein sogenannter **Tellermischer**, bei dem vier sich um die Mittelachse drehende Paddel als Mischwerkzeuge dienen. Der Mischer ist in den Außenmaßen kleiner, mischt aber nicht so gut. Die geringeren Maße sind vorteilhaft, da dann auch der Mischturm in den Betonzentralen kleiner und kostengünstiger wird. Unser Verkäufer sagte: „Unser Mischer würde aufgrund seiner Qualität und von den Verschleißkosten her bevorzugt, wenn er ca. 20 % billiger wäre und etwas schmäler."

Im Gespräch mit einem Großkunden, der im Bau von Betonzentren führend ist, kam Folgendes heraus: Der Tellermischer wird ihm für ca. **130 000 €** verkauft, unser Mischer mit Sonderrabatt für ca. **150 000 €**, was um 15 % zu viel ist. Wenn er **125 000 €** kosten würde, würde er nur noch unseren Mischer einbauen.

13.7 Anwendungsbeispiel: Betonmischer

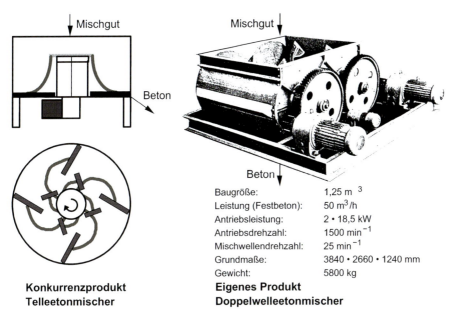

Bild 13.10 Konkurrierende Betonmischer (Quelle: Ehrlenspiel/Meerkamm 2017, S. 844)

Die meisten neu zu entwickelnden Produkte gehen wie in diesem Beispiel aus ähnlichen **Vorgängerprodukten** hervor. In solchen Fällen liegt es nahe, zur Abschätzung der Kosten des neuen Produkts eine am Vorgänger orientierte Kalkulation zu erstellen. Zunächst mal geht es um die Herstellungskosten, die ja letztendlich den Kaufpreis bestimmen. Früher sagte man den Kunden: „So viel kostet dieses Produkt!" Man verhandelte im Anschluss eventuell ein bisschen. Heute schlüpft man in die Schuhe der Kunden und fragt: „Was sind die Kunden bereit zu bezahlen?" und „Wie viel darf der neue Mischer kosten?" Auf dieses Kostenziel konstruiert man hin (sogenanntes zielkostenorientiertes Konstruieren). Heute nennt man dies **Target Costing**, was schlichtweg eine Umkehr der bisherigen Perspektive bedeutet (siehe Abschnitt 14.2.8, „Strategie #8: Bewusster Wechsel der Perspektive")! Die ursprünglich kalkulierten Herstellungskosten müssen also im Verlauf des Entwicklungsprozesses um die Kostendifferenz ΔHK abgesenkt werden. Dazu ist es sinnvoll, diese Differenz auf die Funktionen oder Komponenten des Produkts aufzuteilen. **Die Technik muss sich also nach den zulässigen Kosten richten (target = Ziel) und nicht umgekehrt.**

Eine ältere, fast gleichartige Möglichkeit, Technik und Kosten zu beeinflussen, eröffnet die **Wertanalyse bzw. das Value Management**, die sogar durch Normen dokumentiert sind (DIN EN 1325-1 1996; DIN EN 1325-2 2004; DIN EN 12 973 2002).

Sie sehen in Bild 13.11 links, wie früher ein dem Kunden angebotener Preis entstanden ist: Man kalkulierte die Herstellungskosten für das zu verkaufende Produkt, schlug die sonstigen Kosten des Unternehmens, also den „Overhead", auf, und kam so zu den Selbstkosten oder Gesamtkosten. Nun fügte man einen angemessenen Gewinn hinzu und erhielt den angebotenen Preis. Man kalkulierte also bottom-up (Bild 13.11 links). Heute kalkuliert man top-down von einem Marktpreis aus, den sich der Kunde aus den Angeboten konkurrierender Firmen bildet (Bild 13.11 rechts). Nach Abzug von erhofftem Gewinn und Overhead ergeben sich die „zulässigen" Herstellungskosten, die zum Kostenziel der Konstruktion werden. Plötzlich steht die Konstruktion also unter einem zahlenmäßigen Kostendruck.

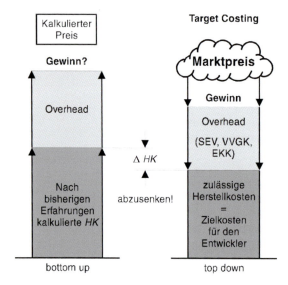

Bild 13.11
Target Costing: Der Marktpreis bestimmt das Kostenziel – nicht die zu erwartenden Herstellungskosten den Marktpreis (Quelle: Ehrlenspiel/Meerkamm 2017, S. 842)!

Nachfolgend wird die **Methode des Kostensenkens** in fünf Schritten gezeigt (siehe Methodensteckbrief in Bild 13.18).

Schritt 1: Bestimme die Zielkosten

Mit der Geschäftsleitung wurde Folgendes vereinbart: Der Mischer wird überarbeitet und darf in den Herstellungskosten statt der jetzigen 133 000 € nur noch 30 % weniger, nämlich 93 100 € kosten. **Das ist das Kostenziel.** Das Beispiel ist ein realer Industrievorgang. Das Maschinenbauunternehmen in Sonthofen/Allgäu hatte ca. 200 Mitarbeiter. Die Kosten und Preise stimmen gegenseitig ebenfalls. Sie sind hier nur insgesamt um einen bestimmten Prozentsatz verändert.

Es wurde nun eine Anforderungsliste für den neuen Mischer erstellt, was im Folgenden nur abgekürzt zu sehen ist. Das Kostenziel ist in dieser Liste enthalten:

- Betonleistung neu (60 m³/h)
- Qualität wie bisher beim Alten mit (50 m³/h) (Bild 13.10)

- Herstellungskosten neu: 93 100 € (30 % geringer)
- Außenmaße ca. 20 % geringer usw.
- Ein erster neuer Mischer soll nach acht Monaten betriebsbereit sein (bis zum 30.9.20xx).

Schritt 2: Bestimme die Ist-Kosten und ermittle die Kostentreiber

Zuerst mussten wir den alten Mischer kostenmäßig analysieren. Es hat ja keinen Sinn, nur die Blechdicke des Troges zu verringern. Man muss wissen, was am meisten kostet. Dort muss man beginnen. Was sind die **Kostentreiber**, d. h. die Kostenschwerpunkte? Man muss eine Kostenstruktur aufstellen. Dafür müssen natürlich auch die Leute von der Kalkulation aktiv werden. In Bild 13.12 sind die Kosten nach den Baugruppen aufgetragen. Sie sehen, was am meisten kostet: Der komplette **Antrieb** (Motoren, Zahnräder, einschließlich Stahlrahmen, worauf er montiert ist) kostet 40 % der ganzen Herstellungskosten. Allein die großen, selbst gefertigten Synchronzahnräder auf den jeweiligen Wellen stellen den Löwenanteil dar. Wie kann man kostengünstiger synchronisieren? Gibt es nichts Günstigeres? Man war sich einig: Beim Antrieb müssen wir ansetzen. Hierfür brauchen wir andere Lösungen. Eine Art von Funktionsdenken trat ein.

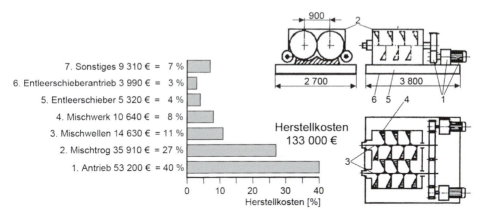

Bild 13.12 Doppelwellenbetonmischer: Kostenstruktur nach Baugruppen (bisherige Ausführung) (Quelle: Ehrlenspiel/Meerkamm 2017, S. 849)

Schritt 3: Suche alternativer Lösungen

Eine **kreative Lösungssuche im Team** und darüber hinaus musste nun beginnen. Es wurden Ideen gesammelt. Es ging um Alternativen, um neue Prinzipe und um ein neues Konzept. Schon lange sagten Monteure zu dem teuren Stahlrahmen: „Der gehört weg!" Die Alternative waren am Trog befestigte Antriebe, wie sie systematisch mit fünf Varianten in Bild 13.13 angegeben sind. Die günstigste Lösung sind Aufsteckschneckengetriebe von Flender (Nr. 5 im Bild). Sie sind mit Keilriemen angetrieben und werden von den Mischerwellen getragen. Der geringere Wirkungsgrad der Schneckengetriebe könnte eine etwas höhere Antriebsleistung notwendig machen. Nach Rücksprache mit dem Großkunden war diese aber noch im Rahmen. Ihm war die höhere Überlastbarkeit durch die Schneckengetriebe viel wichtiger. Außerdem wird beim neuen Mischer ohnehin ein höherer Betondurchsatz erreicht (60 m³/h statt 50 m³/h).

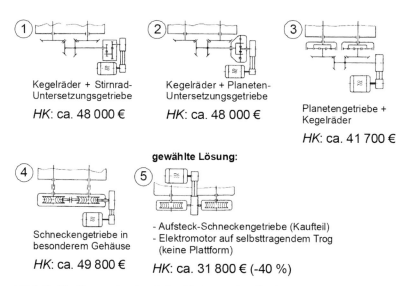

Bild 13.13 Alternative Antriebe für Doppelwellenbetonmischer (Quelle: Ehrlenspiel/Meerkamm 2017, S. 851)

Auch der **Mischtrog** als Baugruppe 2 wurde überarbeitet. Die Entwicklung saß ja im Team mit den Fertigern und den Leuten von der Materialwirtschaft zusammen. Im Zuge dessen wurde auch die zweitteuerste Baugruppe, der Mischtrog, untersucht. Hier ging es nicht wie beim Antrieb um alternative Prinzipe, sondern um alternative Fertigungsverfahren, die entsprechende Gestaltänderungen erfordern. Sie sehen, dass alles verändert werden kann, sowohl auf Ebene der Prinzipe (Antrieb) als auch auf Ebene der Gestaltfestlegung (Mischtrog).

Die Parallelität der beiden Mischerwellen im Trog war früher durch die Bearbeitung auf einem teuren Bohrwerk erzielt worden. Dadurch wurden die Wälzlagermitten festgelegt. Diese Bearbeitungsvariante wurde nun als zu teuer aufgegeben und durch eine andere, günstigere Variante ersetzt, nämlich durch Einschweißen der vier Wälzlagertraggehäuse, sodass die Wellen bei der Montage parallel ausgerichtet waren. Dazu wurde der Mischtrog in eine entsprechende Vorrichtung eingelegt. Auch die

Fertigung des Mischtroges selbst wurde optimiert und entsprechend konstruktiv geändert.

Schritt 4: Auswahl der Lösungsalternativen und Kostenermittlung

Die Alternativen für den Antrieb sind schon vorangehend genannt: das Aufsteckschneckengetriebe und der selbstragende Trog (ohne Plattform) mit E-Motor. Sie wurden konstruktiv zum Entwurf ausgearbeitet.

Schritt 5: Kostenermittlung und Prüfung, ob das Kostenziel erreicht wird

Nach der Detaillierung (Vermaßung) wichtiger Bauteile konnten sie kostenmäßig kalkuliert werden. Daraus ergab sich die Kostenstruktur des neuen Mischers (Bild 13.14). Beim **Antrieb** (Baugruppe 1) ergab sich eine Kostensenkung um ca. 40 % von vormals 53 200 € auf nun 31 700 € (nach Bild 13.12). Beim **Mischtrog** (Baugruppe 2) lagen die ursprünglichen Mischtrogkosten bei 35 910 €. Nach der vorangegangenen gestalterischen Kostensenkung betrugen sie nur noch 17 745 € (Bild 13.16), waren also um 51 % niedriger. Das ist noch mehr, als sich beim Antrieb ergab. Die Herstellungskosten konnten nun insgesamt um 36 % auf 84 500 € statt auf 93 100 € (minus 30 %), wie ursprünglich gefordert, abgesenkt werden. Ein voller Erfolg! Alle waren begeistert.

In Bild 13.15 werden die beiden Mischer (alt und neu) verglichen. Der neue ist viel kleiner und mit 80 % des früheren Gewichts auch leichter. Er produziert mehr Beton. Er ist durch günstigere Verschleißmaßnahmen auch wartungsärmer.

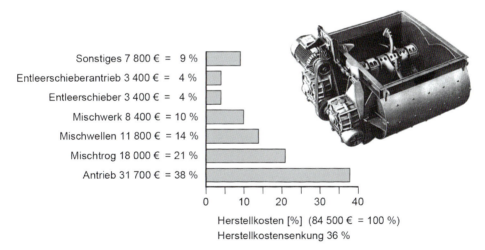

Bild 13.14 Neuer Doppelwellenmischer mit Herstellungskostenstruktur nach Baugruppen (Quelle: Ehrlenspiel/Meerkamm 2017, S. 852)

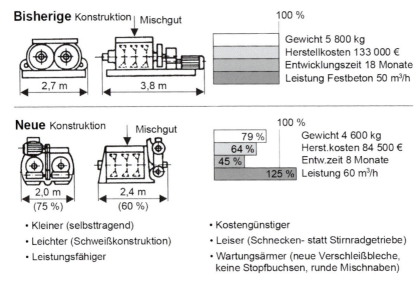

Bild 13.15 Doppelwellenbetonmischer: Gegenüberstellung der bisherigen und neuen Konstruktion (Quelle: Ehrlenspiel/Meerkamm 2017, S. 853)

Ergebnis der kostensenkenden Bearbeitung für die Herstellungskosten

Die Vorgehensweise zum kostengünstigen Konstruieren hat das gesamte Mischerprinzip nicht verändert. Doch sie hat einen Teil, nämlich den Antrieb, grundlegend und mit anderen Lösungsprinzipen umgestaltet. Dies ist in Bild 13.13 und Bild 13.15 gezeigt. Es ist bekannt, dass Lösungsprinzipe (hier Antriebsvariationen) einen viel größeren Einfluss auf Kosten und Baugröße haben können als nur gestalterische Änderungen. In diesem Beispiel hatten aber Gestaltvariationen beim Trog durch geänderte Fertigungsverfahren wie Schweißen mit einer Vorrichtung einen enormen Einfluss. Es entfiel vor allem die Bearbeitung auf teuren Genau-Bohrwerken, um die Parallelität der Mischwellen zu garantieren (Bild 13.12). Das Ergebnis des zielkostenorientierten Konstruierens ist, wie Bild 13.15 in einer Gegenüberstellung zeigt, ein kleinerer, leichterer (ca. 80 %), kostengünstigerer Mischer (64 %), der außerdem noch leistungsfähiger (125 %), geräuschärmer (wegen der Schneckengetriebe) und wartungsgünstiger ist.

Der Erfolg der neuen Konstruktion hat dazu geführt, dass nicht nur der vorangehend genannte Großkunde den Mischer als Standardmischer in seine Anlagenkonzeption übernahm, sondern auch andere Kunden vermehrt bestellten. Eine Exportinitiative in Asien führte dazu, dass China das Prinzip übernahm und dafür mehrere Fabriken baute. Dort wurde der Mischer zum Standard für den Autobahnbau. Er wurde in so großen Stückzahlen gebaut, von denen das Werk im Allgäu nur träumen konnte.

Eine Übersicht der durchgeführten Maßnahmen zeigt Bild 13.16. Die angestrebten Gesamtzielkosten von 93 100 € sind in Teilzielkosten auf einzelne Baugruppen aufgeschlüsselt. Die kostenwichtigsten Baugruppen A1, A2 und B1 wurden von den beratenden Kalkulatoren (aus der Arbeitsvorbereitung) genau kalkuliert. Bei den anderen Baugruppen reichte eine Kostenschätzung. Die jeweiligen Vorentwürfe wurden noch weiter verbessert und wieder kalkuliert. So kam man im engen Austausch mit Fertigung und Materialwirtschaft zu einem endgültigen Entwurf, der dann mit 84 500 € in die endgültigen Fertigungsunterlagen mündete.

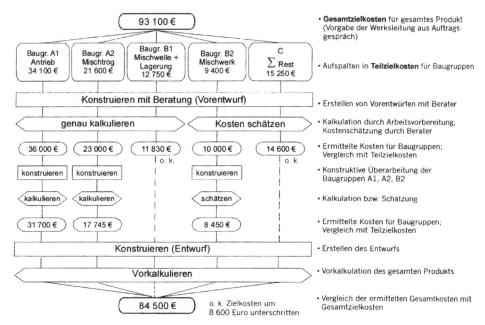

Bild 13.16 Ablauf beim Konstruieren auf ein Kostenziel hin (Quelle: Ehrlenspiel/Meerkamm 2017, S. 854)

Fazit

Diese Methode, wie sie in Bild 13.16 veranschaulicht wird, ist aus unserer Sicht zum Kostensenken allgemeingültig. Sie geht also weit über das hier gezeigte Beispiel hinaus.

Der gezeigte Ablauf ist allerdings ein vereinfachtes Vorgehen. Es wurden ja nur die jeweiligen Baugruppen A bis C, wie in Bild 13.12 gezeigt, betrachtet, und nicht alle Baugruppen und Einzelteile im Detail. Das konnte man in diesem Fall deshalb tun, da bei den Kunden das Mischprinzip (Doppelwellenmischer) mit dem Mischwerk (Nr. 2;

3 und 4 in Bild 13.12) durchaus akzeptiert war. Die bisherige Betonmischqualität wurde überall gelobt.

Die Einsparung beim Grundentwurf war so groß, dass die Kosten der ganzen Baureihe, also für mehrere Baugrößen, um mindestens 20 % gesenkt werden konnten. Die durch Target Costing gesteuerte konstruktive Überarbeitung des Betonmischers, durchgeführt mit einem interdisziplinär zusammengesetzten Team, war also ein voller Erfolg. Durch die intensive gegenseitige Abstimmung konnte die Entwicklungszeit von früher üblichen 18 Monaten auf acht Monate verringert werden.

Sie können aber noch viel genauer auf die Kundenwünsche eingehen und abfragen, welche Eigenschaften für die Kunden besonders wichtig sind, und dafür mit ihnen Zahlenwerte aufstellen, also z. B. zu folgenden Fragen: Ist die Mischzeit von 60 Sekunden ausreichend? Ist der bisherige Energieverbrauch von 0,6 kWh/m^3 ausreichend oder muss er niedriger werden? Welche Verschleißkosten in €/m^3 Beton werden akzeptiert?

Aus den geforderten Eigenschaften kann man zu Soll-Funktionen oder Soll-Eigenschaften kommen, wie dies zum Teil in Abschnitt 13.8 gezeigt wird. Es ist doch eine wesentliche Perspektivänderung, in die Schuhe der Kunden zu schlüpfen (siehe Abschnitt 14.2.8, „Strategie #8: Bewusster Wechsel der Perspektive").

13.8 Die Kosten des Kunden senken

Die Kunden haben zunächst den Kaufpreis P (oder Einstandspreis) zu bezahlen (Bild 13.2 rechts). Sie haben aber noch viel mehr Aufwendungen, wie Betriebs- und Instandhaltungskosten. Ein hoher Teil der Instandhaltungskosten sind etwa beim Betonmischer die **Verschleißkosten (VK)**. Deshalb wurden diese mit Musterkunden untersucht. Die Mischschaufeln, die Wellen und die Dichtungen müssen ja immer wieder ersetzt werden. In Bild 13.17 sehen Sie einen Vergleich über fünf Jahre Laufzeit mit dem Doppelwellenmischer (alt und neu) und dem konkurrierenden Tellermischer. Dieser hat einen stärkeren Anstieg (siehe die steilere Linie in Bild 13.17). Hier sind die Kapitalkosten P (aus der getätigten Investition) und die Verschleißkosten (VK) gemeinsam aufgetragen. Sie sehen, dass es beim alten Doppelwellenmischer (DWM) 4,67 Jahre Betrieb gedauert hat, bis die Kosten des Kunden günstiger wurden als beim Tellermischer (Break-even-Point). Beim neuen DWM ist dieser Durchbruch bereits nach 0,6 Jahren erreicht. Demnach hat der DWM auch hier einen Vorteil.

13.8 Die Kosten des Kunden senken

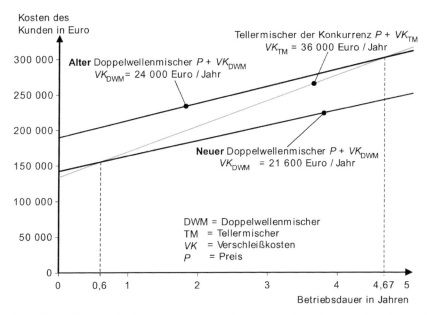

Bild 13.17 Kosten des Kunden bei verschiedenen Betonmischern (Quelle: Ehrlenspiel/Meerkamm 2017, S. 847)

Mit dieser Untersuchung soll gezeigt werden, dass auch weitere Kosten als nur die Herstellungskosten mit dem dargestellten Vorgehen beeinflusst werden können, z. B. Betriebs- oder Servicekosten. Es geht auch nicht nur um Target Costing, sondern übergreifend um **Target X**. Heute wäre z. B. von Interesse, X durch Klimaschutz, Energieverbrauch, „CO_2-minimal" oder „weitgehend reparierbar oder recycelbar" zu ersetzen.

13.9 Methodensteckbrief: Kostengünstig Konstruieren

Bild 13.18 zeigt den Methodensteckbrief für das kostengünstige Konstruieren.

SITUATION:
Die Kosten meines Produkts sind zu hoch.

WANN wende ich die Methode an?
- Die aktuellen Kosten des Produkts sind zu hoch.
- Der Markterfolg des Produkts ist aufgrund der Kostensituation gefährdet.

WARUM wende ich die Methode an?
- Ich möchte Maßnahmen zur Kostensenkung identifizieren und umsetzen.
- Ich möchte sicherstellen, dass die Kostenstruktur meines Produkts markt- und kundengerecht ist.

Schritt 1: Bestimmen Sie die Zielkosten
- Ableitung der Zielkosten top-down (Target Costing)
- Abgleich mit der Bottom-up-Kalkulation zur Identifikation des Deltas

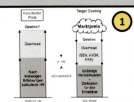

Schritt 2: Ermitteln Sie die Ist-Kosten und bestimmen Sie die Kostentreiber
- Gliederung des Produkts in seine Hauptbaugruppen
- Ermittlung der Kosten für die Baugruppen
- gegebenenfalls weiteres Herunterbrechen des Produkts und seiner Kosten

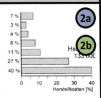

Schritt 3: Generieren Sie Lösungsalternativen und schätzen Sie deren Kosten
- Suche nach alternativen Lösungskonzepten mit Fokus auf den Hauptkostentreibern (3a)
- Methoden: Lösungskataloge (Kapitel 8), Variation des Prinzips (Kapitel 6), Variation der Gestalt (Kapitel 7)
- Abschätzung der Kosten (Methoden der Kostenschätzung) (3b)

Schritt 4: Wählen Sie eine Lösung aus und detaillieren Sie diese
- Bewertung der aussichtsreichsten Konzepte nach technischen und wirtschaftlichen Kriterien, z. B. mittels Konzeptvergleich (Kapitel 11)
- Entscheidung für ein weiter zu verfolgendes Konzept (4a)
- Detaillierung des Konzepts zum Entwurf (4b)

Schritt 5: Ermitteln Sie die konkreten Kosten für die neue Lösung und überprüfen Sie die Zielerreichung
- Kostenkalkulation für den Entwurf (Einzelteile und Gesamtprodukt) (5a)
- Abschätzung weiterer Risiken (Verteuerung von Rohstoffen etc.) und Potenziale (alternative Lieferanten etc.), Überprüfung der Zielerreichung (5b)

ERGEBNIS:
Die Kosten meines Produktes sind im Ziel.

WAS erhalte ich als Ergebnis?
- klares Kostenziel, abgeleitet von den Bedürfnissen des Marktes und der Kunden
- Kostenstruktur im Detail als Referenz und Basis für Maßnahmen zur Kostenoptimierung
- alternative Lösungskonzepte und priorisierte Maßnahmen zur Kostensenkung

WAS kann ich mit dem Ergebnis machen?
- Tracking der Zielkostenerreichung
- Bewertung des Erfolgs der Implementierung kostensenkender Maßnahmen

Bild 13.18 Methodensteckbrief für das kostengünstige Konstruieren

13.10 Fazit zum Kostensenken

Grundgedanke: Herstellungskosten senken bei einem vorhandenen Produkt

Wenn das Produkt schon da ist, aber eben zu teuer am Markt, ist die erste Reaktion, dessen Herstellungskosten zu senken. Dabei muss zusammen mit dem Vertrieb geklärt werden, ob es wirklich der Kaufpreis ist, der die Kunden verschreckt, oder ob es andere Kosten sind, die negativ auffallen. Es könnten z. B. auch die zu hohen Betriebskosten oder weitere Kosten für den Service, für notwendige Zusatzgeräte, für Ersatzteile, für Überwachungs- oder Sicherheitssoftware sein.

Anwendung:

- Es ist von zentraler Bedeutung, ein **Team** zu gründen, das zusätzlich zur Konstruktion die Mitarbeitenden vereinigt, die kalkulieren können, und ebenso Mitarbeitende aus der Fertigung, der Montage und aus der Beschaffung, die nicht nur Vorschläge aus ihrem Bereich machen können, sondern deren Realisierung auch nachprüfen können. Kostensenken ist eine Frage der Zusammenarbeit, und zwar deshalb, weil Kosten überall entstehen können.

- Wichtig ist zunächst, ein **Kostenziel** zahlenmäßig in Euro festzulegen. Es reicht nicht, nur z. B. vorzugeben: „Das Ganze muss 15 % billiger werden." Nur dann werden die jeweiligen Maßnahmen auch zahlenmäßig kalkuliert.

- Es muss eine mitlaufende Kostenkalkulation und Beratung organisiert werden.

- Nun muss vom Team aus der vorliegenden HK-Kalkulation, also der Kostenstruktur, eine Reihenfolge der Baugruppen oder auch der Fertigungsvorgänge festgelegt werden, die am meisten Kosten verursachen (**Kostentreiber**), also eine A-B-C-Liste.

- Zunächst werden dann die kostenintensivsten A-Anteile bearbeitet. Tragen Sie dafür gemeinsam Vorschläge für Lösungsalternativen oder für Maßnahmen zusammen und kalkulieren Sie diese sofort. Für B-Anteile reicht oft eine **Kostenschätzung** (Bild 13.16).

Herstellungskosten senken bei einem neuen Produkt

Wenn Sie ein neues Produkt entwickeln, für das es keinen Vorläufer gibt, ist es notwendig, in der Anforderungsliste eben nicht nur die Vielfalt der technischen Anforderungen mit den Kunden zu diskutieren und festzulegen, sondern auch die jeweiligen Kosten, die von den Kunden bzw. Nutzern zu tragen sind. Dafür ist das Vorgehen des **Target Costings** sinnvoll, also ein klares **Kostenziel** festzulegen (Ehrlenspiel et al. 2020, S. 65).

Sobald im Laufe des Entwicklungsprozesses dann eine Baustruktur mit wesentlichen Bau- oder Kaufteilen erkannt wird, muss eine erste Kostenstruktur erarbeitet oder abgeschätzt werden. Das Kostenziel kann damit aufgeteilt werden. Es kann so ermittelt werden, ob z. B. die geschätzten Material- oder Kaufteilkosten schon jenseits des vorgegebenen Kostenziels liegen. So können Sie schon vor jeder weiteren Detailarbeit erkennen, woran zur Erreichung des Kostenziels gearbeitet werden muss. Bild 13.16 zeigt dieses Vorgehen bis zu einem gewissen Grad.

Probleme aus der Unternehmensstruktur

Ein Grundsatzproblem des kostengünstigen Konstruierens ist, dass in vielen Unternehmen schon hinsichtlich der Führung eine Trennung zwischen Technik und Betriebswirtschaft oder zwischen Technik und Vertrieb besteht. Der Slogan „Kosten sind geheim" sollte mindestens innerhalb des Unternehmens getilgt werden. Auf diese Art wird die vorangehend für das Entwicklungsteam angesprochene Zusammenarbeit sehr schwierig. Wenn dann noch auf Vorstandsebene emotionale Probleme bestehen, wie z. B.: „Was bilden sich denn diese Techniker ein, mir in meine Betriebswirtschaft hineinreden zu wollen …?", dann sind „Hopfen und Malz verloren". Ein weiteres Problem der Zusammenarbeit kann sein, dass aufgrund der Kostenerkenntnisse in eine neue Fertigungsart oder auch eine neue Vertriebsweise investiert werden muss. Dann muss nicht nur im Vorstand eine neue Denkweise eingeübt werden, sondern auch bei den Mitarbeitern. Kostensenkung ist eben eine Gemeinschaftsaufgabe des gesamten Unternehmens.

Bild 13.19 wurde von Klaus Ehrlenspiel ca. 1978 gezeichnet und war damals bei vielen mittelständischen Unternehmensleitungen „in". Deshalb steht hier der Konstrukteur vor einem Zeichenbrett statt vor einem Bildschirm und deshalb werden die Informationen als Papiere in Ordnern transportiert, anstatt über ein Netz verschickt, was aber nichts an der Botschaft der Abbildung ändert. Anstatt das für Kunden (Nutzer) optimale Produkt zu erzeugen, wird das z. B. beste Verkaufsergebnis oder der günstigste Arbeitsplan erzeugt. Dies wird über die „Abteilungsmauer geworfen", anstatt miteinander zu reden (deshalb „Mauernbild" genannt). Diese Haltung gilt für fast alle Organisationen – auch heute noch, wie wir immer wieder erfahren.

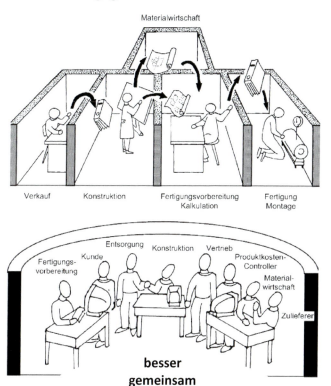

Wesentliche Schwachstellen der arbeitsteiligen Organisation sind geistige Mauern zwischen Abteilungen. Mitarbeiter verlieren die Gesamtheit des Produkts aus den Augen. Der Arbeitsablauf wird nur noch innerhalb der einzelnen Abteilungen, dort aber bis ins Detail, optimiert.

Bild 13.19 Von der arbeitsteiligen Routine zur engagierten Gemeinschaft (Quelle: Ehrlenspiel/Meerkamm 2017, S. 231 und S. 277)

Literatur

Derndinger, H. O.: Einfluss der Massenfertigung auf die konstruktive Gestaltung. In: WT – Z. Ind. Fertigung 61, 1971, VDI Verlag, S. 284–287

DIN EN 1325-1: Value Management, Wertanalyse, Funktionenanalyse, Wörterbuch. Teil 1: Wertanalyse und Funktionenanalyse. Herausgegeben von DIN e. V. 1996

DIN EN 1325-2: Value Management, Wertanalyse, Funktionenanalyse Wörterbuch. Teil 2: Value Management. Herausgegeben von DIN e. V. 2004

DIN EN 12 973: Value Management. Herausgegeben von DIN e. V. 2002

Ehrlenspiel, K./Meerkamm, H.: Integrierte Produktentwicklung. Denkabläufe, Methodeneinsatz, Zusammenarbeit. 6. Auflage. Carl Hanser Verlag, München 2017

Ehrlenspiel, K./Kiewert, A./Lindemann, U./Mörtl, M.: Kostengünstig Entwickeln und Konstruieren. Kostenmanagement bei der integrierten Produktentwicklung. 8. Auflage. Springer Vieweg, Berlin 2020

Randers, J.: 2052 Der Neue Bericht an den Club of Rome. Eine globale Prognose für die nächsten 40 Jahre. oekom Verlag, München 2012

VDMA (Hrsg.): Kennzahlenkompass 2001. VDMA Verlag, Frankfurt 2001

14 Einsichten und Aussichten

Wir haben das Buch mit Leitgedanken zum Entwickeln und Konstruieren begonnen, um Sie durch die Kapitel zu „leiten". In Kapitel 3 bis Kapitel 13 haben wir Ihnen praktische Methoden vorgestellt und Ihnen Tipps zur konkreten Anwendung gegeben. Zum Abschluss des Buches wollen wir Sie nochmals zum Reflektieren, quasi zum Blick in den Rückspiegel, ermutigen. Dieses Kapitel enthält Denkanstöße in Form von Einsichten in unsere Denkvorgänge, also unsere Auffassung von natürlichem Denken im Verhältnis zur Methodik und von dabei angewandten Strategien.

14.1 Natürliches Denken und Methodik

Was hat Produktentwicklung mit Denken zu tun? Das Nachdenken über den Denkvorgang ist doch die Domäne von Philosophen und Psychologen? Ja, aber Produktentwicklung spielt sich eben im Gehirn ab, bevor das Produkt gebaut und erprobt wird. Deshalb haben wir lange Jahre der Forschung z. B. mit dem Denkpsychologen Prof. Dietrich Dörner, Universität Bamberg, und seinem Umfeld gearbeitet (Lindemann 2003; Ehrlenspiel 2003; Frankenberger/Badke-Schaub 1998; Badke-Schaub 1993; Strohschneider/von der Weth 2002; Frankenberger/Badke-Schaub 1999). Was Sie hier lesen, ist auch aus dieser Zusammenarbeit entstanden (Badke-Schaub/Frankenberger 2004; Dörner 1989).

Wie schon zu Beginn von Kapitel 2 geschrieben, geht es für den einzelnen Konstrukteur (und das gilt zum Teil auch bei Teamarbeit) um eine **„gehirngerechte" Methodik**. Was soll das heißen? Wozu braucht das Gehirn eine Methodik, d. h. eine schrittweise, nach vorgegebenen Regeln ablaufende Vorgehensweise? Das Gehirn kommt doch **mithilfe der im Unbewussten gespeicherten Erfahrung** viel besser und schneller zu einer Lösung, oder etwa nicht?

Üblich ist das Denken und Handeln im **Normalbetrieb**, gespeist aus der im Unbewussten gespeicherten Erfahrung, wie Bild 14.1 zeigt. Es funktioniert „sozusagen undurchsichtig" wie in einem „Schlauch", dafür aber schneller als rational. Doch das Ergebnis ist oft gerade noch gut. Wir haben das experimentell überprüft (Ehrlenspiel/Meerkamm 2017, S. 134 und S. 159). Dagegen sind Lösungsstrategien, die im methodischen **Rationalbetrieb** erdacht wurden, allesamt gut nachvollziehbar. Auch komplizierte Probleme sind bearbeitbar. Im Team oder allgemein im arbeitsteiligen Unternehmen geht das auch gar nicht anders. Das Ergebnis ist oft besser als im Normalbetrieb und man vermeidet eher, in „Sackgassen" zu landen. Dafür dauert es meist etwas länger.

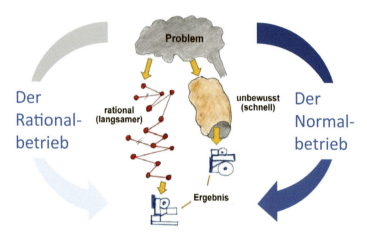

Bild 14.1 Rationalbetrieb vs. Normalbetrieb

Unser Gehirn hat nicht nur emotionale und rationale Strategien entwickelt, sondern auch **vereinfachende Strategien** (Häusel 2020). Dafür gibt es mindestens zwei Gründe, die wir uns im Folgenden genauer ansehen: Es muss aufgrund des Energieverbrauchs Denkarbeit sparen und es hat zu wenig Speichermöglichkeit.

Grund 1: Denkökonomie, Optimierung des Energieverbrauchs

Das Gehirn arbeitet in erster Linie denkökonomisch und sucht eine brauchbare Lösung mit minimalem Energieaufwand. Warum ist das so? Das Gehirn wiegt im Schnitt 1,5 kg, macht also ca. 2 % des Körpergewichts aus, verbraucht aber 20–30 % des laufenden menschlichen Energieaufwands. Es hat also seit Beginn her Strategien entwickelt, den Energieaufwand zu minimieren (Prüfer 2022, S. 19; Dörner 1989).

Grund 2: Wenig Speicherplatz

Der geringe Speicherplatz unseres menschlichen Gehirns wird vor allem im Vergleich zur elektronischen Datenverarbeitung sichtbar. Um Speicherplatz zu sparen, wählt unser Gehirn bei der Unzahl von Eindrücken schon im „normalen Leben" automatisch aus. Und zwar unterscheidet es intuitiv zwischen (subjektiv) wichtigen und unwichtigen Eindrücken. Was unwichtig ist, wird nicht gespeichert oder schnell wieder vergessen. Es unterscheidet zudem das **Suchen** zwischen früheren und aktuellen Eindrücken, insbesondere, wenn die früheren lange nicht mehr aktiviert worden sind (Stichwort „Altersvergesslichkeit"). Ferner unterscheidet es zwischen leicht verstehbaren (gut vernetzten) Eindrücken und solchen, die isoliert zum bisherigen Denken daherkommen („komische Gedanken"), usw.

Die Folge sind **Strategien zur Verringerung des Denkaufwands**. Solche unbewussten Strategien werden auch Bias genannt (= Vorurteil, Entscheidungsverzerrung in negativer Sicht, aber auch zur Konzentration auf momentan wichtige und Denkaufwand sparende Inhalte in positiver Sicht). Bias gibt es sehr viele (Nelius 2022). Deshalb muss man die angeblich exakte „Logik rationalen Denkens" mit Vorsicht betrachten. An dieser Stelle möchten wir nur folgende drei dieser Strategien aufführen:

- **Bias 1: Verwenden Sie bekannte Lösungen**

  Eine unbewusste Strategie ist, Lösungen zu verwenden, die Sie kennen, oder mindestens, deren Bereich Sie kennen (Nelius 2022). Deshalb bevorzugen Mechaniker mechanische Lösungen und Elektriker elektrische Lösungen. Sie verbleiben in ihrem gewohnten Erfahrungsbereich, brauchen nicht weiter nachzudenken und sparen somit Denkenergie. Lösungen aus anderen Bereichen, beispielsweise hydraulische, chemische oder biologische Lösungen, kommen so nie in Betracht.

- **Bias 2: Konzentrieren Sie sich auf brauchbare Lösungen**

  Eine weitere Strategie ist, sich für eine noch „brauchbare" Lösung zu entscheiden. Es muss nicht die optimale Lösung sein. Hauptsache, sie ist schnell bearbeitbar. Dieses Bias wurde sogar experimentell bestätigt (Ehrlenspiel/Meerkamm 2017, S. 134 und S. 159). Weltweite Ergebnisse sind bei Kahneman nachzulesen (Kahneman 2014).

- **Bias 3: Verwenden Sie die erste brauchbare Lösung**

  Vermeiden Sie es, nach anderen (eventuell besseren) Lösungen zu suchen. Das verschwendet nur Zeit und Denkarbeit.

Vorteile und Nachteile der Denkökonomie

Die vorangehend genannten Strategien (Bias 1, Bias 2 und Bias 3) sind zwiespältig, denn einerseits sparen sie Denkenergie und führen zu einem schnellen Ergebnis, andererseits entstehen auf die Art lediglich „gerade noch brauchbare" Lösungen, während die Konkurrenz womöglich mit einer „Superlösung" den Markt erobert. In diesem Zwiespalt bewegt sich das ganze Buch. Wenn Sie die Methodik weglassen, sparen Sie Zeit, sind unbewusst zufrieden mit einer mittelguten Lösung, die vielleicht noch dazu zu teuer oder unzuverlässig ist. Doch wenn Sie sich andersherum Methoden und Strategien durch „Einüben" einverleiben, geht es auch schneller. Denken Sie an die Analogie zum Straßenverkehr. Niemand schaut im Kfz-Betriebshandbuch oder im Kompendium der Verkehrsregeln nach, wenn er oder sie Auto fährt. Beim Führerschein haben wir das Fahren im Rationalbetrieb gelernt. In der Praxis läuft dann alles unbewusst im Normalbetrieb ab. **Der Rationalbetrieb wird so zu einem neuen Normalbetrieb.** Deshalb wollen wir Ihnen in diesem Buch einige wenige, aber grundsätzliche Empfehlungen und Hinweise für die Entwicklungs- und Konstruktionsarbeit geben, die wir als immer wieder hilfreich, weil zielführend erfahren haben.

14.2 Nützliche Strategien für die Entwicklungsarbeit

Wenn Sie die Methoden und die zugehörigen Beispiele aus Kapitel 3 bis Kapitel 13 reflektieren, stellen Sie fest, dass sich wiederkehrende Muster oder Strategien im Vorgehen identifizieren lassen. Dies arbeitet auch Hutterer heraus (Hutterer 2005). Bei genauerem Hinsehen fällt das auch auf, wenn Sie sich die Landkarten in den Steckbriefen ansehen. Es finden sich eine Reihe von Ähnlichkeiten in völlig verschiedenen Methoden, z. B. folgende:

- Ein **Abgleich** von Eigenschaften und Zielen kommt immer wieder vor.
- Das **Abstrahieren** vom Vorliegenden, das Bearbeiten der Lösung im Abstrakten (weniger Elemente, weniger Denkaufwand) und das Konkretisieren zurück ins Vorliegende fällt leichter.

Unter **Strategien** verstehen wir bewährte grundlegende Handlungsmuster bei der Entwicklung erfolgreicher Produkte. Diese Handlungsmuster finden sich auch in den Methoden wieder und prägen deren Wirkungsweise. Lindemann bezeichnet diese Strategien auch als Grundprinzipien des Handelns (Lindemann 2007, S. 54). Das Verständnis für diese Strategien hilft Ihnen als Entwickler bei Ihrer Arbeit auch unabhängig von der Anwendung einer spezifischen Methode.

Die Methodik ahmt unser Gehirn weitgehend nach – so wird sie „gehirngerecht" (siehe Abschnitt 2.1.1). Sie arbeitet beispielsweise nach dem Trial-and-Error-Prinzip, d. h. mit dem **TOTE-Schema** oder mit unserem **Entwicklungszyklus** im Kegel. So machen wir das intuitiv, d. h. unbewusst, und zwar auch „blitzschnell", sodass wir es kaum merken. Wir sind mit „noch brauchbaren" Lösungen zufrieden. Es muss nicht die „Superlösung" sein. Das spart Denkenergie, ist also ebenfalls „denkökonomisch". Dieses „Nachahmen des Denkens" in der Methodik lässt sich einfach erklären. Was wir heutzutage als Methodik vorfinden, basiert vielfach auf dem, was die Väter der Konstruktionsmethodik als ihre eigene Erfahrung in vielen Konstruktionsjahren erfahren und in Form von Vorgehensvorschlägen und Handlungsanweisungen niedergeschrieben haben.

Wir wollen hier exemplarisch auf neun dieser Strategien genauer eingehen und diese anhand von Produktbeispielen aus den Kapiteln veranschaulichen. Zu betonen ist, dass es sich nicht um eine 1:1-Zuordnung handelt. Jede Methode kann mehrere dieser

14.2 Nützliche Strategien für die Entwicklungsarbeit

Strategien enthalten und jede der Strategien lässt sich auch in mehreren Methoden finden. Die Übersicht erhebt auch nicht den Anspruch auf Vollständigkeit. Es gibt noch mehr Strategien dieser Art, genauso wie es noch viele weitere Methoden gibt, auf die wir im Rahmen dieses Buches nicht eingegangen sind. Auch hier haben wir eine bewusste Auswahl getroffen.

14.2.1 Strategie #1: Kritisches Hinterfragen von Anforderungen

Die Bedeutung einer kritischen **Anforderungsklärung** haben wir in Kapitel 4 am Beispiel des Öffnungsmechanismus für einen **Werkzeugkoffer** dargelegt. Die bisherige Lösung funktionierte nach dem Flip-down-Prinzip (d. h. Befestigung des Clips an der unteren Bodenseite des Koffers und Öffnungsbewegung nach unten). Es gab etliche Stimmen von Kunden, dass dieses Prinzip der Intuition widerspreche. Ein Öffnungsmechanismus nach dem Flip-up-Prinzip (d. h. Befestigung des Clips an der Deckelseite des Koffers und Öffnungsbewegung nach oben) fühle sich natürlicher an. Also könnte man dazu verleitet werden, die Öffnung nach dem Flip-up-Prinzip als Anforderung für ein neues Koffermodell zu formulieren.

Eine kritische Analyse ergab aber, dass für etwa gleich viele Kunden eine Öffnung nach dem Flip-down-Prinzip intuitiv erschien. Das Prinzip hatte zudem noch viele andere Vorteile (unter anderem eine bessere Stabilität und Robustheit des Clips). Die eigentliche Anforderung lautete insofern: Ermöglichung einer intuitiven Öffnungsbewegung des Koffers. Wie realisiert man dieses Ziel aber auch für Kunden, für die ein Flip-up-Mechanismus intuitiver erscheint? Wie in Kapitel 4 beschrieben, war die Lösung eine geänderte Gehäuseteilung (von 50:50 im alten Koffer auf 70:30 im neuen Koffer). Dadurch erfolgte intuitiv eine korrekte Positionierung des Koffers am Boden mit dem Deckel nach oben. Dadurch wurde auch die Flip-down-Öffnung intuitiver (Bild 14.2).

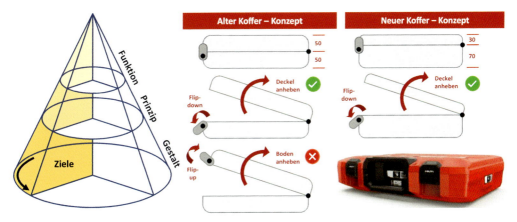

Bild 14.2 Strategie „Kritisches Hinterfragen von Anforderungen" am Beispiel des Werkzeugkoffers (© Foto: HILTI AG)

14.2.2 Strategie #2: Denken in Alternativen

Das Gehirn ist meist mit einer „brauchbaren" Lösung zufrieden. Es denkt ungern in Alternativen. Nach Dietrich Dörner ist „Denken [...] anstrengend" und wir „sind gerne denkfaul" (Dörner 1989). Es hat sich aber als hilfreich erwiesen, bei der Entwicklung von Lösungsideen zu einer Problemstellung in **Alternativen** zu denken. Entwickler sollten immer prüfen, ob nicht auch andere Lösungen infrage kommen könnten als die erste, die ihnen in den Sinn kommt. Hierbei geht es nicht darum, möglichst viele Lösungen zu sammeln. Das Ziel ist es, realistische und vielversprechende Alternativen zur vorhandenen Lösung zu generieren, um dadurch auch die Chance auf bessere oder innovativere Lösungen zu erhöhen.

Wir sehen das am Beispiel der **Oldham-Kupplung** aus Kapitel 7. Über die Methode „Variation der Gestalt" ließen sich schnell und zielgerichtet Lösungsalternativen für Ausgleichskupplungen entwickeln, um die bestehende Lösung hinsichtlich der Verschleiß- und Dämpfungseigenschaften zu optimieren (Bild 14.3). Auf Gestaltebene wurden hier die Parameter Größe, Lage und Zahl von Systemelementen variiert. Um ein noch größeres Feld an Lösungsalternativen zu erschließen, lohnt sich eine Variation auf Prinzip- oder Funktionsebene. So sind ähnlich wie im genannten Beispiel viele Patentanmeldungen für ein Unternehmen entstanden, das für die Automobilindustrie Kugelgleichlaufgelenke liefert.

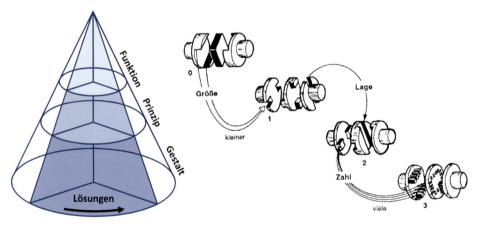

Bild 14.3 Strategie „Denken in Alternativen": Variation der Gestalt am Beispiel einer Wellenkupplung

14.2.3 Strategie #3: Frühes und regelmäßiges Prototyping

Gelegentlich ist man so in das Durchdenken des Produkts und seiner Eigenschaften vertieft, dass man über das Ausprobieren nicht nachdenkt. Gerade bei neuen, noch unbekannten Konzepten hilft eine frühe Überprüfung der Idee mithilfe eines **Proto-**

14.2 Nützliche Strategien für die Entwicklungsarbeit

typs, um die grundsätzliche Eignung des Konzepts und dessen Systemverhalten zu erkennen. Ein frühzeitiger Versuch zeigt Ihnen, ob Sie in eine zielführende Richtung entwickeln. In Kapitel 10 wird als Anwendungsbeispiel eine sogenannte Kite Spreaderbar, also ein Gurt für das Kitesurfen, vorgestellt. Die Spreaderbar bildet den Verschluss des Trapezes um die Taille und nimmt die Zugkraft des Schirms auf. Die erzeugten Konzeptideen für die Schließe der Spreaderbar wurden mittels Rapid Prototyping physisch hergestellt und einem Benutzertest unterzogen. So konnte schnell ermittelt werden, welche Konzeptalternative weiterverfolgt wird (Bild 14.4).

Orientierender Versuch am 1. April 2017 bei Raumtemperatur 21 °C								
	Lösungsalternative 1				Lösungsalternative 2			
Probanden	Lea	Tim	Pia	Bob	Lea	Tim	Pia	Bob
Zusammenführen der Elemente	+	+	+	0	++	+	++	++
Wertigkeit beim Schließen	-	-	0	-	++	++	+	+
Rückmeldung haptisch	++	+	0	+	+	++	++	++
Lösen der Schließe	++	+	++	++	++	++	+	++

Bild 14.4 Strategie „Frühes und regelmäßiges Prototyping" am Beispiel der Kite Spreaderbar

14.2.4 Strategie #4: Abstraktion und konzeptionelles Denken

Es lohnt sich, zur Lösung einer Aufgabenstellung auch mal den „Blick über den Tellerrand" zu wagen und Lösungen auf einer höheren Entwicklungsebene zu suchen. Dieses **konzeptionelle Denken** praktizieren viele Entwickler unbewusst, wenn sie keine gute Lösung auf der Gestaltebene finden und sich fragen: „Das muss doch eigentlich noch anders gehen?"

Am Beispiel des **XYZ-Verstellers** aus Kapitel 6 können Sie natürlich versuchen, die Schwachstellen der alten Lösung konventionell, d. h. auf der Gestaltebene, zu lösen. Um das Wackeln der Faser beim Einstellen zu verhindern, spannen Sie die Lineareinheiten ohne Lagerspiel vor. Oder Sie wollen kürzere und billigere Lineareinheiten und recherchieren nach anderen Lieferanten. Diese „konventionellen" Strategien führen in diesem Beispiel nicht wirklich zu einem durchschlagenden Erfolg. **Sie arbeiten auf der Gestaltebene und verharren beim bisherigen Konzept.** Doch dieses ist ungeeignet und durch Gestaltungsmaßnahmen allein nicht zu retten.

Wie viel einfacher und denkökonomischer ist es doch, sich gedanklich kurz zurückzulehnen und bewusst zu fragen: „Wenn ich auf der Gestaltebene keine befriedigende Lösung finde, dann vielleicht eine Ebene höher auf der Prinzip-Ebene?" Auch ohne Methodik fallen Ihnen vielleicht vergleichbare Lösungen ein, bei denen kleine Verschiebungen exakt geführt werden, z. B. die verstellbaren Weichen in Gleisanlagen, der Hefter für Büroklammern oder der Taster in einer alten Morseanlage. Und schon denken Sie konzeptionell, indem Sie in diesem Fall auf die Prinzipebene abstrahieren (Bild 14.5).

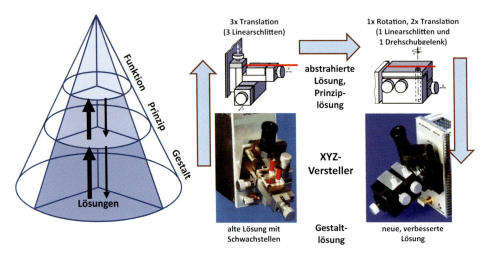

Bild 14.5 Strategie „Abstraktion und konzeptionelles Denken" am Beispiel des XYZ-Verstellers (© Fotos: QFM Fernmelde- und Elektromontagen GmbH)

14.2.5 Strategie #5: Zerlegung des Problems

In Entwicklungsprozessen treten sehr häufig komplexe Problemstellungen auf. Deren Lösung stellt Entwickler oft vor große Herausforderungen. Eine altbekannte und bewährte Strategie, mit dieser Komplexität zurechtzukommen, ist die **Zerlegung des Problems** in Teilprobleme. Diese sind besser überschaubar, somit leichter zu bearbeiten und meist auch einfacher zu lösen. Das unterstützt den natürlichen Hang des Gehirns zur „Denkökonomie". In der Methodik des Entwickelns und Konstruierens kann ein Problem nach unterschiedlichen Gesichtspunkten aufgeteilt werden, z. B. nach folgenden:

- Anforderungsbereichen (Leistung, Zuverlässigkeit, Umweltgerechtheit, Kosten usw.)
- Teilfunktionen (Energiefunktionen, Steuerungsfunktionen usw.)
- Baugruppen oder nach Bauteilen (Antrieb, Steuerung, Software, Gehäuse usw.)
- Problemzonen am Einzelteil (Lagersitze, Welle-Nabe-Verbindungen, An-, Abtriebszone usw.)

14.2 Nützliche Strategien für die Entwicklungsarbeit

Die Aufteilung nach Teilfunktionen war der Schlüssel für die erfolgreiche Entwicklung des Antriebs einer Ansetzmaschine im Textilbereich aus Kapitel 5. Dabei wurde die Gesamtfunktion (Was will der Kunde?) ganz systematisch in Teilfunktionen aufgeteilt und deren Teillösungen dann zur Gesamtlösung zusammengefügt (Bild 14.6). Die entgegengesetzte Strategie zum Aufteilen bzw. Trennen ist das Vereinigen bzw. Integrieren. Dies geschieht z. B. beim Morphologischen Kasten (Beispiele eines Trenngeräts aus Kapitel 9 oder einer Oldham-Kupplung aus Kapitel 7), indem unterschiedliche Teillösungen gezielt zu aussichtsreichen Gesamtlösungen kombiniert werden.

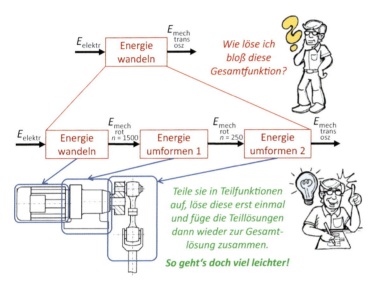

Bild 14.6 Strategie „Zerlegung des Problems": Aufteilung der Gesamtfunktion in Teilfunktionen, die leichter zu lösen sind

14.2.6 Strategie #6: Bildhaftes Denken

Bildhaftes Denken beschreibt eine spezifische Art des individuellen Denkens, die Bilder als Denk-Makros nutzt. Diese sind als Verknüpfungen oder Vorzugsverbindungen in unserem neuronalen Netz im Gehirn abgelegt und werden durch Sehen, Üben und Training gespeichert. Im Unterschied dazu steht das begriffliche Denken, das sich als Sprache artikuliert. Begriffe sind dabei meist kompliziert codierte Sachverhalte (Zeichenmengen mit Grammatik) und stark unterschiedlich, z. B. je nach Nation.

Die meisten Konstrukteure denken aus gutem Grund bevorzugt bildhaft. Im Unterschied zu Begriffen können mit Bildern viele Informationen konzentriert gespeichert, gesamthaft aktiviert und höchst effizient genutzt werden. Ganz augenfällig wird die Leistungsfähigkeit des bildhaften Denkens z. B. bei der Methode der Lösungssammlungen (Kapitel 8). Bild 14.7 zeigt Ihnen für die Aufgabe des federbelasteten Schwenkgelenks zum Gewichtsausgleich der OP-Leuchte (siehe Anwendungsbeispiel in Kapitel 8) zwei Modelle, die die gleiche Lösung für diese Aufgabe beschreiben. Wahrscheinlich werden Sie das bildhafte Modell sehr viel schneller auffassen und verstehen als das begriffliche Modell.

Kognitionspsychologen ordnen das bildhafte Denken der rechten Gehirnhälfte zu und das begriffliche Denken der linken Gehirnhälfte. Es scheint also Gehirnareale zu geben, in denen das bildhafte Denken verortet ist. Da bildhaftes Denken so kennzeichnend für Konstruktionsdenken und so bedeutend für dessen Leistungsfähigkeit ist, ist die Beschreibung der Methoden in diesem Buch mit ausführlichen Beispielen und vielen Bildern ausgestattet.

Aufgabe
Federbelastetes Schwenkgelenk
Welches das Gewicht der
OP-Leuchte in jeder
Leuchtenposition
vollständig kompensiert

Lösungsvorschlag mit **bildhaftem** Modell

Lösungsvorschlag mit **begrifflichem** Modell

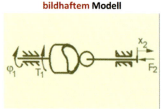

Ein Rohrabschnitt ist konzentrisch auf einer Welle gelagert. Die Lagerung nimmt Radial und Axialkräfte auf. Der Rohrabschnitt ist auf seiner, der Lagerung abgewandten Stirnseite als Kurvenkontur ausgeformt. Auf diese Kontur drückt ein Rollenstößel, der fluchtend zur L... Rohrabschnitts längsverschieblich geführt wird. Der Rollenstößel besteht aus ein... rderem, dem Rohrabschnitt zugewandten Seite eine Rolle dreh... ird durch äußere Kräfte (z. B. Federkräfte) gegen die Kurvenk... Wird der Rohrabschnitt in seiner ... Rollenstößels auf der Kurvenkontur des Rohrabschnitts ab und beweg ... er Geradführung oszillierend vor und zurück. Diese oszillierende Bewegung kann ... uen um eine Druckfeder zu be- und entlasten. Wir in dem System der An- und Abtrieb vertaus... und drückt eine Druckfeder über den Rollenstößel auf die Kurvenkontur des Rohrabschnitts, wird je nach Stellung der Kurvenkontur zum Rollenstößel ein positiv oder negativ wirkendes Drehmoment auf den Rohrabschnitt ausgeübt. Dieses Drehmoment kann genutzt werden, um das Gewicht der OP-Leuchte mit ihrem Tragarm zu kompensieren.

Bild 14.7 Vergleich einer Lösungspräsentation in einem bildhaften Modell (links) und einem begrifflichen Modell (rechts)

14.2.7 Strategie #7: Kommunizieren mit Bildern

Vielleicht haben Sie folgende Erfahrung auch schon gemacht: Um ein Problem oder einen Gegenstand zu erklären, verwenden Sie viele Worte und am Ende gelingt es Ihnen doch nicht, im Gehirn Ihres Gegenübers das aus Ihrer Sicht „richtige" Bild zu erzeugen. Oder eine Diskussion dreht sich im Kreis, oft so lange, bis jemand zum Stift greift und eine Skizze zeichnet oder einen Ablauf skizziert. Hier hilft sie ebenfalls, die „Kraft der Bilder". Das Bild im Kopf wird auf die Tafel, das Flipchart oder auf das digitale Board gebracht. Plötzlich wird es durch eine **Visualisierung** möglich, gemeinsam ein und dasselbe Problem, denselben Gegenstand zu diskutieren und eine Lösung zu finden oder weiterzuentwickeln. Trauen Sie sich, auch nicht perfekte Lösungen aufzuzeichnen. „Something to hate", ein erster konkret dargestellter Ansatz, ist oft besser als „luftleerer Raum", in dem Sie abstrakte Gedanken diskutieren. Sie werden sehen, dass Sie am Schluss durch das Verfeinern, Anpassen, Umändern oder sogar Verwerfen Ihrer explizit gemachten visualisierten Gedanken auf eine sehr gute und bereits im Team diskutierte und damit vergemeinschaftete Lösung kommen.

Das Ideenblatt aus Kapitel 3 ist ein einfaches Werkzeug, die Gedanken zu Ideen zu formen. Insbesondere durch sein Skizzenfeld regt es die Anwender an, Ideen mit einer Darstellung zu visualisieren und somit „diskutierbar" zu machen. Bild 14.8 zeigt die im Rahmen eines Kreativitätsworkshops mit einer einfachen Handskizze visualisierte Idee, für den Schallschutz im Gleistunnel großflächige Gummielemente zu verwenden.

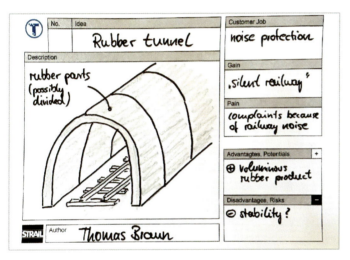

Bild 14.8 Anwendung des Ideenblattes mit Skizzenfeld, um Ideen zu visualisieren

14.2.8 Strategie #8: Bewusster Wechsel der Perspektive

Das Prinzip des Perspektivenwechsels empfiehlt sich, wenn bei der Bearbeitung eines Problems aufgrund von Routine eine alternative Problemsicht nicht stattfindet, wenn man quasi in einer Sackgasse steckt. Hier hilft es, angestoßen durch eine bewusste Reflexion, die **Perspektive** oder den Betrachtungsgegenstand gezielt zu **wechseln**. Das können auch bestimmte Produkteigenschaften sein. Ein Produkt hat eben nicht nur technische Eigenschaften, sondern auch solche der Kosten, der Zuverlässigkeit, der Ergonomie und des CO_2-Verbrauchs. Ziele hierfür müssen schon in der Anforderungsliste enthalten sein. Dieser Perspektivwechsel wird so zum *Muss*. Der Wechsel kann beispielsweise zwischen folgenden Kategorien stattfinden:

- alternative Produkteigenschaften
- abstrakt und konkret
- Gesamtsystem und Detail
- Gestaltung und Berechnung
- Synthese und Analyse
- geplant und opportunistisch
- bottom-up und top-down
- bildhaft und begrifflich

Für den Bereich Entwicklung und Konstruktion relevante **Beispiele** sind etwa folgende:

- unterschiedliche Produkteigenschaften (technische, wirtschaftliche, ökologische, Design-Eigenschaften)
- unterschiedliche Sichten im Produktlebenslauf (Planung, Entwicklung und Konstruktion, Fertigung, Montage, Nutzung, Service, Recycling und Entsorgung)
- Sichten der Stakeholder (Markt, Kunden, Hersteller, Zulieferer, Wettbewerber, Geldgeber)

Kosten sind für den Erfolg und somit für den Konstrukteur ebenso relevant wie die ihm vertraute Technik. Auch er muss „umdenken". Ein Perspektivwechsel bringt oft die Miteinbeziehung der Arbeitsvorbereitung und Kostenkalkulation mit sich. Es empfiehlt sich, die Kosten mit Vertretern dieser Bereiche gemeinsam zu schätzen. Zwar liegt Kostenrechnern ein Schätzen der Kosten nicht. Sie wollen alles genau kalkulieren, was eine fertige, bemaßte Konstruktion voraussetzt. Doch auch wenn sie sich nicht trauen zu schätzen – ermutigen Sie sie dazu. Es ist allemal besser, im Entwurfsstadium die Kosten zu schätzen, als den Entwurf fertig zu konstruieren, dann festzustellen, dass er zu teuer ist, und ihn dann nachträglich aufwendig zu ändern.

Beispielsweise wurden die Herstellungskosten des Betonmischers aus Kapitel 13 von 133 000 € auf 84 500 € (um 36 %) gesenkt (Bild 14.9), wobei der Mischer auch noch leistungsfähiger, kleiner, leichter, leiser und wartungsärmer wurde. Das alles geschah in enger Zusammenarbeit von Fertigung, Montage, Beschaffung und Kalkulation gemäß der neuen Perspektive: „auf ein Kostenziel hin konstruieren".

14.2 Nützliche Strategien für die Entwicklungsarbeit

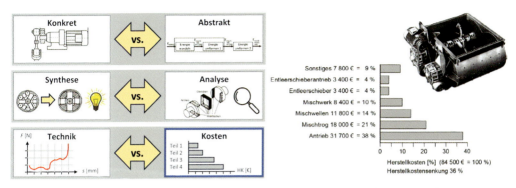

Bild 14.9 Strategie „Bewusster Wechsel der Perspektiven": Fokus auf Kostensenkung am Beispiel eines Betonmischers

14.2.9 Strategie #9: Kombination aus Erfahrung und Methodik

Methodik wird gelegentlich als Gegensatz von **Erfahrung** und **Intuition** wahrgenommen, ja teilweise als Bedrohung der eigenen Entwicklungs- und Konstruktionskompetenz. Das Gegenteil ist der Fall. Methoden können Ihr intuitiv arbeitendes Gehirn triggern und Erfahrungen mit anderen Produkteigenschaften und Anwendungsfällen aktivieren. Im Beispiel in Kapitel 11 wird das methodische Vorgehen im Konzeptvergleich mit den Erfahrungswerten aus dem erlebten Motorradfahren kombiniert. So entstand im fünften Methodenschritt des Konzeptvergleichs ein durchdachtes Ergebnis. Die Kombination aus Methode und Erfahrung gibt Ihnen das gute Gefühl, die richtigen Entscheidungen getroffen zu haben (Bild 14.10). Warum also soll eine bewusst an Sie herangetragene Methodik ein Widerspruch zu Ihrem persönlichen Arbeitsstil sein? Bauen Sie diese ein.

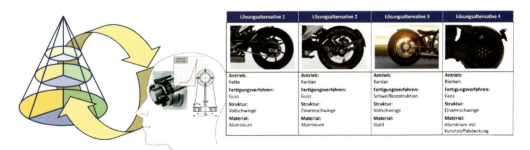

Bild 14.10 Strategie „Kombination aus Erfahrung und Methodik" (© BMW AG, München, Deutschland)

14.3 Das Beste aus beiden Welten – natürliches Denken *und* Methodik

Methodik steht nicht im Widerspruch zu Erfahrung und Intuition

Die Kombination aus Erfahrung, Intuition und Methodik bringt Fortschritt im konstruktiven Denken und Arbeiten – und sie macht Spaß! Sehen Sie sich die Beispiele mit dem Morphologischen Kasten in Kapitel 9 an. Sie sehen Funktionen und zugeordnete Teillösungen und sofort beginnt es in Ihrem Kopf zu arbeiten: „Die beiden Teillösungen passen ja überhaupt nicht zusammen! Aber die zwei – das könnte echt etwas werden!" Ihr Gehirn arbeitet intuitiv und bringt seine Erfahrungen ein, angeregt durch methodische Elemente wie die Gegenüberstellung unterschiedlicher Teillösungen. Methodik nutzt Intuition und Erfahrung.

Unsere Empfehlung: Nutzen Sie beide Welten – Normalbetrieb und Rationalbetrieb

Ein sinnvoller Kompromiss ist deshalb unsere Empfehlung: Lassen Sie das Gehirn intuitiv aus Erfahrung kreativ und schnell arbeiten, aber immer wieder mit einigen methodischen Hilfen, um Fehler und Einseitigkeiten bzw. Entscheidungsverzerrungen (Bias) zu meiden. Nutzen Sie also beide Welten und machen Sie das Beste daraus.

Gemäß Strategie #6 fassen wir unsere Empfehlung in Bild 14.11 nochmals bildhaft zusammen:

- Bild 14.11 links: Rationalität entspricht dem sichtbaren Teil eines Eisberges, damit aber nur 10 % der gesamten Arbeit. Unbewusst im Normalbetrieb geschieht das meiste (denken Sie ans Autofahren).
- Bild 14.11 rechts: Die schönsten Äpfel pflückt man mit entsprechendem Aufwand oben im denkintensiven Rationalbetrieb (mit der Leiter als Symbol des schrittweisen Vorgehens). Unten geht es im unbewussten Normalbetrieb schneller.

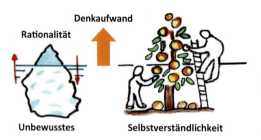

Bild 14.11 Nutzen Sie beide Welten und wechseln Sie bewusst den „Betriebsmodus"!

Literatur

Badke-Schaub, P.: Gruppen und komplexe Probleme. Strategien von Kleingruppen bei der Bearbeitung einer simulierten AIDS-Ausbreitung. Peter Lang GmbH, Frankfurt am Main 1993

Badke-Schaub, P./Frankenberger, E.: Management Kritischer Situationen. Produktentwicklung erfolgreich gestalten. Springer, Berlin 2004

Dörner, D.: Die Logik des Misslingens. Strategisches Denken in komplexen Situationen. Rowohlt, Reinbek 1989

Ehrlenspiel, K.: Zur Rolle des Unbewussten und der Denkökonomie beim Konstruieren. Vortrag. Tagung „Human Behaviour in Design 2003". Hohenkammer, Bayern, 13.03.2003

Ehrlenspiel, K./Meerkamm, H.: Integrierte Produktentwicklung. Denkabläufe, Methodeneinsatz, Zusammenarbeit. 6. Auflage. Carl Hanser Verlag, München 2017

Frankenberger, E./Badke-Schaub, P. (Gast-Hrsg.): Empirical Studies of Engineering Design in Germany. In: Design Studies, Vol. 20, Nr. 5, 1999, Elsevier Science, Oxford

Frankenberger, E./Badke-Schaub, P.: Designers. The Key to Successful Product Development. Springer, London 1998

Häusel, H.-G.: Life Code. Was dich und die Welt antreibt. Haufe, Freiburg 2020

Hutterer, P.: Reflexive Dialoge und Denkbausteine für die methodische Produktentwicklung. Produktentwicklung München, Band 57. Dr. Hut, München 2005. Zugleich: Dissertation. TU München 2005

Kahneman, D.: Schnelles Denken, langsames Denken. Pantheon, München 2014

Lindemann U. (Hrsg.): Human Behaviour in Design. Individuals, Teams, Tools. Springer, Berlin 2003

Lindemann, U.: Methodische Entwicklung technischer Produkte. Methoden flexibel und situationsgerecht anwenden. 2. Auflage. Springer, Berlin 2007

Nelius, T.: Untersuchung des Confirmation Bias bei der Problemanalyse in der Konstruktion und Evaluation einer methodischen Unterstützung. Institut für Produktentwicklung (IPEK), Band 143. Karlsruher Institut für Technologie (KIT) 2022. Zugleich: Dissertation. Karlsruher Institut für Technologie (KIT) 2021

Prüfer, T.: Einfaltspinsel. In: ZEITmagazin, Band 32, 2022

Strohschneider, S./Weth, R. von der: Ja, mach nur einen Plan. Pannen und Fehlschläge – Ursachen, Beispiele, Lösungen. 2. Auflage. Huber, Bern 2002

Index

Symbole

3D-Druckverfahren *157*

A

Ablaufplan *31*
abstrahierte Lösungsvorschläge *171, 175*
Abstraktion *315*
Additive Manufacturing *226*
Akkuschrauber *77*
Alternative *200, 297, 314*
– Alternativenschrott *206*
– echte Alternative *206*
alternierendes Generieren und Beurteilen *129*
Anforderung *65, 201, 211, 262*
– Anforderungsdokumentation *71*
– Anforderungsklärung *12, 67, 313*
– Anforderungsliste *72, 81, 296*
– Anforderungsmanagement *67*
– funktionale Anforderungen *74*
– Kundenanforderungen *69*
– Qualitätsanforderungen *74*
– Stakeholder-Anforderungen *80*
– technische Anforderungen *80*
Anlaufkupplung *160*
Ansetzmaschine *98*
Anwendungsanalyse *69, 78*

Anwendungsbeispiel *6, 9*
Anwendungsprozess *69, 78*
Applikationsprozess *273*
Applikationssystem für chemische Dübel *273*
Attraktivitäts-Risiko-Portfolio *54*

B

Bahnübergangssysteme *42*
Bauweise *154*
Berührungsart *153*
Betonmischer *294*
Betriebskosten *285, 291*
Bewertung *242*
Bewertungsergebnis *246*
Bewertungskriterien *243, 244*
Bezugslösung *126*
Black-Box-Darstellung *26*
Brainstorming *5, 50*
Business Model Canvas *70*

C

Checkliste für Suchfelder *45*
Christbaumständer *2*

D

Denken
- bewusstes, rationales Denken 18
- bildhaftes Denken 317
- Denkmuster 17
- Denkökonomie 310
- Denkstrategien 39
- eigene Denkmuster und Erfahrungen 177
- konzeptionelles Denken 315
- kreatives Denken 18
- unbewusstes, intuitives Denken 17

Differenzialbauweise 157

E

Eigenschaft 28, 65, 243, 262
- Eigenschaften ermitteln 35

Einflussfaktoren 49
Ein- und Ausgangsgrößen 26
elementare Vorgehensweisen 30
Entscheidung 261
Entscheidungsfindung 242
Entwicklung
- Entwicklungsauftrag 65
- Entwicklungsebene 27, 199
- Entwicklungsprozess 262
- Entwicklungsschwerpunkt 77
- Entwicklungs- und Konstruktionsstrategien 39
- Entwicklungszyklus 2, 12, 33, 312

Entwurf 23
- Entwurfsphase 202

Erarbeiten von Lösungsprinzipen 117
Erfahrung 12, 321
Ergebnis 11

F

Failure Mode and Effects Analysis (FMEA) 257, 263
- Anwendungs-FMEA 263
- Design-FMEA 263
- FMEA light 4, 258, 264
- Komponenten-FMEA 263
- Prozess-FMEA 263
- System-FMEA 263

Fallbeispiel 6
Fehler 267
- Fehleranalyse 267, 276
- Fehlernetz 268, 280

Fertigungsverfahren
- alternative 298

Fischgrätdiagramm 47
Funktion 22, 90, 198, 265
- Funktion beschreiben 91
- Funktionsanalyse 27, 93, 265, 275
- Funktionsbaum 266
- Funktionsebene 28
- Funktionsintegration 159
- Funktionsstruktur 26
- Funktionsstrukturen mit Teilfunktionen 95
- Funktionssynthese 27, 93
- Funktionstrennung 159
- Gesamtfunktion 26, 87, 203
- (Hand-)Kraft verstärken 173
- Hauptfunktion 265
- Ist-Funktion 90
- Nebenfunktion 265
- Soll-Funktion 90
- Teilfunktion 26, 89, 201, 203

G

Gelenkwechsel 135
Gerechtheiten 166
Gestalt 22
- Gestaltebene 28
- Gestalt festlegen 144
- Gestaltmerkmale 120, 148
- Gestaltvariation 149
- Gestaltvorstellungen 145

Gestellwechsel 164
gewichtete Punktebewertung 254

H

Hauptumsatz 95
Herstellungskosten 286
– Baugröße 287
– Losgröße 289
– Stückzahl 289
Hinterradführung 247

I

Ideenbewertung 54
Ideenblatt 51, 209
Ideenraum
– Erweiterung des eigenen Ideenraums 176
Innovationsworkshop 52
Instandhaltungskosten 291
Integralbauweise 157
integrierte Variantenbewertung 130
Intuition 12, 321
Investitionskosten 285, 291
Ishikawa-Diagramm 47

K

Kano-Modell 74, 81
Kegelmodell 27
Keilriemen 159
Kite Spreaderbar 229
Klappsitz 115
Klemmring 145
– Ausführungsformen 147
Kombinatorik 205
Kompaktheit von Bauweisen 156
Komplexität 4
Komponente
– Hauptkomponente 210
Konstruktionskatalog 173
Kontaktart 153
Konzept 197, 200
– Gesamtkonzept 202, 208, 214
– Konzeptphase 202
Konzeptvergleich 4, 239

Korkenzieher 125, 171
Kosten
– des Kunden 302
– Kostenbegriff 285
– Kostendegression 291
– Kostenentstehung 284
– Kostenfestlegung 286
– kostengünstig konstruieren 283
– Kostenschätzung 305
– Kostenstruktur 297
– Kostentreiber 297, 305
– Kostenverursachung 285
– mitlaufende Kostenkalkulation 305
Kraftfluss 125
Kreativitätsmethoden 50
Kunde 65
Kundenbefragung 63
Kunststoffschwelle 56
Kurbelpresse 16
Kurvenscheibengetriebe 189

L

Lastenheft 65
Lebenslaufkosten 291
Lösung 28
– Gesamtlösung 97
– Lösungen abstrahieren 32
– Lösungen erarbeiten 34, 201
– Lösungen konkretisieren 31
– Lösungsabsicherung 131
– Lösungsalternativen eingrenzen 247
– Lösungsbaum 205, 214
– Lösungsfeld 119, 197, 200
– Lösungsidee 198
– Lösungskonzept 197, 200
– Lösungsmuster 17
– Lösungspfad 208
– Lösungsraum 197, 200
– Lösungssammlung 3, 13, 171, 175
– Lösungssammlung „Kraft vervielfachen" 173
– selbst erstellte Lösungssammlung 182

M

Maßnahmenliste 270, 277
Materialkostensenkung 292
Merkmal
– Basismerkmal 75, 81
– Begeisterungsmerkmal 75, 82
– Leistungsmerkmal 75, 82
– Merkmalsvariation 120
– Prinzipmerkmal 120
– prinziprelevantes Merkmal 120
Methoden 3, 19, 20
– Methodenablauf 11
– Methodenauswahl 4
– Methodenbeschreibung 9
– Methodenkarte 11, 37
– Methodennavigator 11, 38
– Methodensteckbrief 10, 12
– Methodenvermittlung 6
Methodik 12
– gehirngerechte 309
mitlaufende Kostenkalkulation 305
Modell 21
Morphologischer Kasten 164, 197, 202, 212
Motivationsbeispiel 9
Motorradlenker 23

N

Nebenumsatz 95
Neuheitsgrad 199
neuronales Netzwerk des Gehirns 17
Normalbetrieb 18, 310
Nussknacker 198

O

Objektmodell 29
Operation 26
Ordnungsschema 197, 202
– mehrdimensionales 218
Orientierender Versuch 13, 221

P

PDCA-Zyklus 36
Perspektive wechseln 319
Pflichtenheft 66
physikalische Effekte 24, 121, 173
Planetengetriebe 152
Prinzip 22
– Prinzipebene 28
– Prinzipskizze 119
Problem
– Problemzerlegung 316
– Teilproblem 201
Problemanalyse 47
Produkt
– Produktbenchmarking 76
– Produktsteckbrief 70, 79
– Produktvergleich 76, 82
Produktideenfindung 41
Produktmodell 23
– Funktion 26
– Gestalt 23
– Prinzip 24
Produktsteckbrief 3
Prototyp 226, 315

Q

Qualität
– Qualitätsmanagement 263
Quality Function Deployment (QFD) 85

R

Rationalbetrieb 19, 310
Reduktionsstrategien 206, 212
Regel 287
Reibradgetriebe 151
Requirements Engineering 67, 85
Reverse Engineering 178
Risiko 260
– qualitative Risikobewertung 269, 277
– Risikobewertung 269

– Risikomanagement 261, 263
– technisches Risiko 261
Risikomanagement 261, 263

S

Saftpresse 239, 258, 267
Schaltungsart 163
Schnittstellen 80
Schutzrecht
– abdecken 177
– umgehen 177
Schwachstelle 69, 78
– Hauptschwachstelle 269
Segeljolle 115
Situation 11
Skizze 204
Stakeholder 65, 80
standardisierte Ein- und Ausgangsgrößen 92
Status
– Status beurteilen 36
Strategie 312
Struktur
– Strichstrukturen 126
Strukturbaum 265, 274
Suchfeld 45
System
– Systemstruktur 265
– Systemverständnis 265
Systematische Variation 3
Systemgrenze 26
Systemverhalten 222, 223

T

Target Costing 284, 295
technischer Sprachgebrauch 91
Tischkreissäge 87
TOTE-Schema 36, 312
Tragarm für OP-Leuchten 186
Trennschleifer 210
Trigger-Fragen 46

U

Überblick über das Lösungsfeld 176
Übersichtskatalog „Mechanische Getriebe" 190
Unternehmensstruktur 306
Ursachenanalyse 47
Ursache-Wirkungs-Diagramm 47

V

Value Proposition 79, 82
Value Proposition Canvas 53
Variantenbaum 128
– systematischer 131
Variation
– der Gestalt 143
– der Kinematik 122
– eines Prinzips (Veränderung der Geometrie oder der stofflichen Eigenschaften von Wirkelementen) 124
– eines Prinzips (Veränderung von Wirkbewegungen oder Wirkkräften) 123
– Lagevariation 151
– Variationsmethode 130
– von Prinzipen 118, 119
Verbindungsart 152
Verbundbauweise 158
Verschleißkosten 302
Versuchsergebnis 228
Versuchskonzept 226
Verträglichkeit 208
virtuelle Produktdarstellung 23
Visualisierung 318
Vorgehensmuster 17
Vorgehensweise 12
– bewährte 19

W

Wellenkupplung 160, 221
Werkzeugkoffer 62, 75
Wertanalyse 295
Wirkkette 204

Wirkprinzip 24, 223
Wirksamkeit 4
Wirkweise 224
Workshop 209
– Ideenworkshop 199

X

XYZ-Versteller 131

Z

Ziel 28, 260
– präventive Zielabsicherung 263
– technisches Entwicklungsziel 261
– Zielabweichung 260
– Ziel festlegen 33
– Zielkonflikt 74, 201, 212
Zielkosten 296
Zulieferkataloge 174